上海文化发展基金会图书出版专项基金资助项目

Sustainable Urban Design:
Local Strategy in the Perspective of Conflict

莫霞 著

冲突视野下的可持续城市设计本土策略

上海科学技术出版社

内容提要

本书聚焦"可持续城市设计"，旨在以一种"冲突"楔入的视角和本土建构的线索贯穿，考察城市空间可持续发展建构面临的主要冲突领域，并借助与城市发展阶段性特征紧密结合的实证研究，探索"冲突视野下的可持续城市设计本土策略"的理论体系。全书紧紧围绕上海城市发展要求与诉求，关注城市发展中各要素的平衡把控，以及城市社会要素对于城市设计的需求和影响，探寻可持续城市设计本土策略的实践对策及策略建议，并探讨制度方式上的配合可能与变革顺境。

本书是对当前我国城乡发展问题的思考和应对探索，也恰恰应和了在新时期、新形势下的紧要任务和迫切需求。同时，借助一种多学科综合的、"冲突"研究与分析的思路和阐述，注重考虑不同文化背景的受众，相信对规划设计行业的学者、专业人员和学生有所启发，为政府和行业提供专业视野和决策支持，为关注自身生活与城市发展的人们提供认识的桥梁。

图书在版编目（CIP）数据

冲突视野下的可持续城市设计：本土策略 / 莫霞著 .
—上海：上海科学技术出版社，2019.1
ISBN 978-7-5478-4200-3

Ⅰ. ①冲… Ⅱ. ①莫… Ⅲ. ①城市规划－建筑设计－研究 Ⅳ. ① TU984

中国版本图书馆 CIP 数据核字（2018）第 220484 号

冲突视野下的可持续城市设计：本土策略
莫 霞 著

上海世纪出版（集团）有限公司
上海科学技术出版社　　出版、发行
（上海钦州南路 71 号　邮政编码 200235　www.sstp.cn）
浙江新华印刷技术有限公司印刷
开本 787×1092　1/16　印张 18
字数 470 千字
2019 年 1 月第 1 版　2019 年 1 月第 1 次印刷
ISBN 978-7-5478-4200-3/TU · 269
定价：150.00 元

序一

可持续城市设计相关研究在我国还处于起步阶段，尚未构成一个成熟的体系和完整的系统，更缺乏联结现实国情和社会情境的策略研究——中国有着自身特殊的城市发展情境及历史文化原因，地域的广博、每个城市独特客观的自然环境特征等，都促使城市设计必须结合本土现实来探讨更具实践性和可行性的具体策略与方法。

与此同时，当前中国城市空间的可持续发展建构正面临日趋复杂而多元的冲突，城市空间的发展涉及政府、商业利益群体、民众等多元利益主体，既受到人与自然、价值冲突、贫穷与消费、效率与公平等可持续发展建构的根源性冲突的影响，也置身于城市设计建构总括式的冲突境遇之中。

由此，本书开拓研究视域、突破专业束缚，借助多学科综合的分析建构，同时侧重本土经验和模式的探索，拓展城市设计的思维模式与实践体系，探索中国城市空间可持续发展建构的现实路径。

本书作者莫霞从业近 20 年，致力于城市设计、城市更新等专业领域，一直具有专注的热情、持续的投入，累积了丰富的实践经验。尤其，2013 年博士毕业后进入华建集团华东建筑设计研究院有限公司规划建筑设计院工作，始终奋斗在第一线，不忘初心，砥砺前行，为上海的建设发展贡献了自身的一份力量。紧紧围绕可持续发展的城市规划研究领域，莫霞参与了大量的规划实践工作，并在这一过程中，注重理论与实践的互动与结合，更加深入地思考在不同冲突要素下，我们必须面对和坚持的价值导向与发展期许。

本书可以说是其理论研究和实践探索的综合成果的总结；适用于城乡规划专业学生，城乡规划学相关专业教师，与城市研究有关的社会人士，对城市规划、社会发展有兴趣的读者；可作为城市设计相关专业课程阅读材料，具有科技学术上的良好作用与意义。我郑重推荐本书，并期待后续在实践研究与理论提炼上的进一步展现。

曹嘉明

中国建筑学会副理事长

上海市建筑学会理事长

2018 年 12 月 20 日

序二

　　本书是莫霞博士十多年来研究和实践相结合的心血之作。浏览全书，感慨良多，有几个词跃然心上：冲突、本土、知与行。

　　把"冲突"作为认识可持续城市设计的视角，也许是当年作者人生最重要的一个创新。从 2006 年到 2013 年，作者在同济大学建筑与城市规划学院，师从王伟强教授攻读博士学位，研究城市设计。其论文能结合社会学研究的方法，把解决冲突（如公与私的冲突）作为可持续城市设计的策略问题来研究，是令人耳目一新的。

　　人类可持续发展的原则，经过多年讨论，慢慢形成了共识，承担共同但有区别的责任；城市设计的策略，则必须因地制宜，应对城市具体的自然环境、人文环境和建成环境。作者生于齐鲁大地，长在浦江之畔，"本土"不是空洞的概念，而是对城市生活深刻的理解。

　　作者从 1996 年进入同济大学城市规划专业本科学习，毕业后工作了几年，再攻读硕士研究生、博士研究生，其专业学习的经历有十几年。可以想象，她对于专业的认识是在不断的递进中积累的。城市规划学科在 2011 年升格为"城乡规划学"一级学科之后，更加体现出多层次、多方面和多学科融贯交叉的特征。近年来，经济地理、社会学、公共管理学、资源环境学等相关学科的参与度有了显著的提升。一个"知"字，多少光阴！

　　书中反映的"行"，是与六年来作者在华建集团规划建筑设计院工作的经历紧密相连的。其中有一个施展才华的重要契机，就是上海的静安、闸北二区合并为新静安区，苏州河两岸进行城市设计整合、新静安区进行总体城市设计的研究。在这一系列的实践工作中，作者以前的研究积累有了用武之地。调研、协调、作图、汇报，她带领团队，夜以继日，忘我工作，把对专业的热爱，表现为执着的投入和持续的热情。自然，她也收获了成果和荣誉。

　　在我的眼中，这本书正是一个年轻的博士生成长为一位成熟的主持规划师的见证！

　　知不易，行更远。

李振宇

同济大学建筑与城市规划学院院长

2018 年 12 月 20 日

序三

正如作者强调的，"可持续城市设计"是 21 世纪城市所面临的诸多挑战和压力下的必然产物，指明了城市设计理论与实践拓展的未来方向。本书以一种创新的、结合社会学的视角，来认识城市设计、思考可持续城市设计的关键问题，对当下城市设计的可持续发展议题、多学科融合的城乡发展应对，都具有很好的借鉴与启发。

近些年，全国不少城市在积极地开展城市设计的相关工作。尤其，2016 年 2 月中共中央国务院《关于进一步加强城市规划建设管理工作的若干意见》要求：着力转变城市发展方式，着力塑造城市特色风貌，着力提升城市环境质量，着力创新城市管理服务，走出一条中国特色城市发展道路。其中在塑造城市特色风貌方面，要求提高城市设计水平，明确城市设计是落实城市规划、指导建筑设计、塑造城市特色风貌的有效手段。鼓励开展城市设计工作，同时要抓紧制定城市设计管理法规，完善相关技术导则。支持高等学校开设城市设计相关专业，建立和培育城市设计队伍。2016 年 9 月，在全国城乡规划改革工作座谈会上，分析了城乡规划工作面临的新形势、新任务、新要求，研究推进城乡规划改革的总体思路，部署城乡规划改革重点任务。会议明确要建立城市设计制度。

本书的出版正是对当前城市发展问题的思考和应对探索，也恰恰应和了在新时期、新形势下的紧要任务和迫切需求。同时，借助一种多学科综合的、"冲突"研究与分析的思路与阐述，并注重考虑不同文化背景的受众人群，相信可以对规划设计行业的学者、专业人员和学生有所启发，也会使每一个关注城市发展的人对相应内容产生浓厚的兴趣。

最后，衷心祝贺本书获得上海文化发展基金会图书出版专项基金支持并顺利付梓发行。

叶贵勋

上海市城市规划设计研究院原院长

2018 年 12 月 20 日

挑战与变革：城市设计的理论与实践

21 世纪城市发展面临的严峻挑战

1900 年，城市人口仅占世界人口的 10%；1950 年，城市人口占世界人口的 30%；2008 年，城市人口首次超过世界人口的 50%；2018 年年初，世界人口突破 74 亿，而城市人口所占比例也增加至 55%。联合国经济和社会事务部发布的《2018 年世界城镇化展望》报告指出，到 2050 年全球城市人口总量预计将增加 25 亿，城市人口所占比例将增加到 68%。城市人口的迅速膨胀一定程度上造成城市建设规模急剧扩大、建设活动无限蔓延，进而导致全球变暖、生态环境毁损、资源和能源短缺等一系列全球性问题。在今天，城市发展进程受到了前所未有的挑战，人类面临着严峻的生存危机。

多项科学证据表明，因为人类活动的结果，尤其是煤、石油和天然气燃料在建筑、运输和生产等方面的大量使用，导致 CO_2 不断增多，使得全球变暖日益明显，而全球变暖的危害不仅在于造成越来越多的风暴、洪水、热浪威胁、飓风、冰川融化，更在于其危害的不可逆转性。尤其在城市地域，虽然其面积仅占陆地面积的 2%，但由于大量人口、资源和社会经济活动的集聚，城市人口消耗了生活用水总量的 60%，能源总消耗量的 70%，占垃圾产生总量的 75%，所排放的 CO_2 占总排放量的 78%，城市热岛效应更为突出，空气污染进一步加剧。许多城市正在以严峻的资源危机和脆弱的生态环境承载着人口的超负荷活动，城市环境质量大大降低，城市防灾也形势严峻。这迫使政府、理论学术界和社会公众不得不去思考：如何才能使 21 世纪成为中国从不断向环境透支与索取、能源与资源高消耗、利用模式粗放，转向合理利用各种资源、集约利用能源，进而促进从不可持续发展转向真正的可持续发展？

实际上，人类所面对的一系列全球性问题，必须全社会配合来共同解决。而城市是"权力与集体文化的最高聚集点"（刘易斯·芒福德，1983），也是人类聚居和能量消耗、污染和废弃物排放的主要场所，其建设和发展也就成了人类消耗能源和资源、改变环境和生态足迹的最重要的方式。人们认识到，城市可能是主要问题之源，但也可能是解决世界上某些最复杂、最紧迫问题的关键，而城市完善的体制也使之成为实施可持续发展政策的有效起点。因此，我们迫切需要对城市的模式进行研究。城市设计是建构城市空间的重要手段，并一直在城市模式的研究中扮演重要角色。21 世纪的城市设计，应当对城市的发展模式和设计模式都有所作为，并需要在理念上和技术上进行深入探讨并加以支持。

转型期中国城市可持续发展建构的冲突境遇

全球化、城市化、市场化及民主化的相互作用在今天交织在一起，加快了社会价值观和意识形态的转变，社会文化与经济发展的联系空前紧密，城市的组织模式和发展模式也因之产生了巨大转变，资本、市场、稀缺资源的竞争日益加剧，并不断引发社会问题与生存危机。可持续建构的命题应运而生，并日益发挥重要且核心的现实作用。人们试图在危机中不断探索城市发展的创新模式，并积极构建促进生存与平衡的城市发展的适宜路径。

可持续发展已被我国作为社会经济发展的基本战略之一。科学发展观、生态文明、和谐社会、低碳转型等先进理念相继提出，以"生态示范区"和"生态城"等形式为代表的可持续实践探索广泛推展，为具体化地落实可持续发展提供了有力支撑。然而，尽管过去几年，中国城市在可持续性方面取得显著进步，特别在满足城市居民基本需求上获得了很大成功，但在某些方面却落后于平均水平。直到今天，具有典型意义的"可持续城市"的成功实践仍未出现，甚至还存在着这样的不利倾向："可持续"被简化为单一的考量、削弱成陈词滥调，模棱两可或者被奢侈地、无目的地建构——当前我国城市的可持续建构，既呈现出国家层面政治推进的强大示范性，也存在城乡地域层面发展的巨大差异性；既有大范围推展的规模优势，也存在迎合热潮下的盲目跟风；既表现出新时期发展机遇激发的创新性，也蕴含浓厚的实验性与探索性；既体现出一种高瞻远瞩的理想建构，也由于实践力不足而局限重重。

转型期的中国社会，在面临着与其他民族、国家同样的风险与危机的同时，由于本身的独特性，还有许多内生性的问题，使得国家内部又有着独特的风险与问题：一方面，存在各种阶层与群体的不断形成并彼此互动纠葛，衍生出一系列社会冲突问题，如旧城拆迁和居民的补偿与安置已事关城市和谐稳定与发展；利益格局也在不断进行调整，新型社会控制机制因在建立和完善之中而效力不强，利益团体的复杂则直接变现为价值认同的差异，并激化矛盾的发生发展。另一方面，20世纪90年代以来，我国短期内突发式的城市扩张和加速城市化，使其面临巨大环境压力且无处外推，造成狭小范围内的发展策略失效。冲突的发生从未像今天这样如此频繁和激烈，朝向可持续发展的城市危机消弭机制也从未如此急需和必要。

城市设计理论与实践的变革诉求

城市设计作为"一种解决经济、政治、社会和物质形式问题的手段"（戈斯林等，1984）、"一种社会空间过程"（阿里·马达尼普，1996）、"一种动态的艺术和一种程序"（蕾切尔·库珀等，2009），一直在城市模式的研究中扮演着重要角色。经过多年的发展，城市设计已经具备了完善的体系，有自身的目标、设计方法、评价标准和实施手段。这一体系发展得如此成熟，以至于城市设计的专家可以用它来解决已有的城市问题或者营造新的城市。

然而，当今城市生活与社会情境的多样性和复杂性，以及当前城市发展所面临的环境、资源问题，促使思维模式与实践体系面临重大挑战。一方面，我们看到，今天的城市空间已不再像20世纪60年代至80年代那样被认为是一种经济与社会进程的"容器"，而是日益增多地被置于特定的地域特征、社会文化及政治背景来考察，作为一种重要的和可辨识的当地的生活与生产要素、一种整合和平衡的要素及一定地域内人们生活中社会关系的结果。相应地，城市设计越来越多地涵盖自然生态、社会意涵及应用层面，并将与城市空间相关的观念、社会、文化、政治、行为、结构等因素的相互作用联系起来形成一种综合建构，以寻求城市问题的解决和发展困境的突破。另一方面，尽管作为刺激经济发展、美化和推销自己城市的重要手段（张庭伟，2001），城市设计已在我国城市建设中发挥了重要作用。但由于长久以来盲目追求"大规模""高速度""城市美化"，导致"建设性破坏"突出、再格式化泛滥，空间极化生产现象也日趋明显，我国已有的城市规模和空间形态受到巨大冲击，社会结构及生活方式也发生了深刻变化。与此同时，很多城市设计的理论研究与实践仍体现为一种空洞的口号和枯燥的教条，对变化无所适从，对迫切需要解决的问题也显得束手无策。

正是在上述发展趋向与现实需求的双重作用下，当前中国城市设计的理论与实践发展亟须将重点拓展至关涉经济发展、社会平等和环境保护的多元目标，融合中国自身特殊的城市发展情境和历史文化原因，结合本土现实问题来探讨更具实践性和可行性的城市设计策略可能。本书试图借助多学科综合的分析建构，面向当前城市空间可持续发展建构的核心冲突问题，同时侧重本土经验和模式的探索，聚焦"可持续城市设计"，以一种"冲突"楔入的视角和本土建构的线索贯穿，考察城市空间可持续发展建构面临的主要冲突领域，并借助与城市发展阶段性特征紧密结合的实证研究，探索"冲突视野下的可持续城市设计本土策略"的理论体系与实践机制，集理论研究与实践探索于一体。

目录

第一部分　理论框架

借鉴和利用已有的理论，探寻研究的多学科渊源所在，考察城市设计、城市可持续发展研究、"冲突"相关的理论架构与关联性内容，并明晰这些理论研究内容间的相互关系，及其对策略研究整体的意义与价值所在，共同成为本书基本的和开放性视野的理论框架构成。

海洋大学景色。
2017.8.12秦莫菲

勿喂鱼食

理论溯源

策略研究的宏观背景：城市化和城市发展模式

诺贝尔经济学奖获得者斯蒂格利茨 2000 年曾在世界银行中国代表处指出：21 世纪初期影响最大的世界性事件，除了高科技以外，就是中国的城市化。

近几年我国城市化水平不断提高（图 1.1），进入快速增长期，并伴随着迅速工业化的过程，近 10 年来年均提高约 1.26%，2017 年城市化率已达 58.52%，中国 2030 年城市化率预测可达 70%。2010 年中国城市化水平发生质的变化，进入以城镇人口为主的阶段，跨入了城市社会的门槛，中国的社会结构与经济结构不断改变，并引起全球层面人口的城乡布局转变。推进城市化进程，从某种意义来说，已成为今天解决多重社会问题的一个关键手段。然而，"城市化既可能是没有什么可以予以超越的未来的光明前景，也可能是前所未有灾难的凶恶兆头，因为未来怎样就取决于我们此刻的所作所为"（沃利·恩道）。工业革命以来迅猛的城市化进程，也使得城市人口持续增长和高度集中，诱发对资源的不合理开发和利用，对生态环境造成了严重危害，并伴随着工业化过程带来了如资源浪费、环境污染、城市拥挤、住房紧张等问题，同时不断引发社会问题与生存危机。这迫使人们不得不深刻反思城市发展模式，并积极探索生存与平衡的适宜模式。

一方面，我们有必要借鉴过去人们积极应对城市化问题的有益模式及探索。虽然我们不能单纯依靠某一经典理论来达成提高效率、改良社会及实现美好生活的整合性目标，过于倚重模式也往往容易陷入"物质空间决定论"的巢窠，但无论是田园城市、城市美化运动，还是机械理性与有机疏散的思想及新城建设，事实都反映出了人们积极应对城市化问题的理论与实践探索，并对今天城市化进程加快伴随全球化浪潮洗礼下的城市发展途径与方法，具有重大的启发与借鉴意义。

另一方面，必须看到，城市条件及其驱动力在当代都已发生根本性的变化：区域发展和全球发展的不平衡加剧了城市化发展的复杂性；发展中国家的城市化已构成当今世界城市化的主体；城市也已成为促进全球化、社会与经济增长、其后变化及环境保护等各因素之间互动的"节点"（雅克，2010），并成为增长、创新和可持续发展等进程的核心。这对于处于快速推进经济社会现代化发展阶段的中国而言尤其如此。城市化不仅仅是经济发展

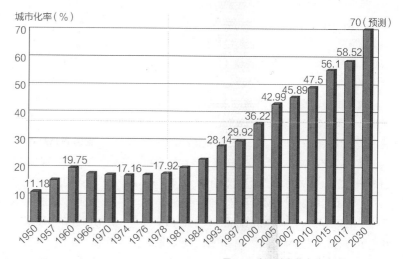

图 1.1 中国城市化之路（1950—2030）

的一种"结果"，更是一种重要的生产手段，且已
成为带动经济发展的"原因"。其中，既有城市空
间"量"的增加，如城市建成区扩大、增加新的城
镇等；也有"质"的提高，如旧区的改造与重组。
城市化作为一种生产手段已引起城市规划与设计的
功能转变，行之有效的相关行动变得更加迫切，而
留给人们的行动期限越来越短。

策略研究的指导思想：可持续发展的理论探析

"可持续发展"是关乎人类未来生存的必然选
择。1987 年世界环境与发展委员会（WCED）正
式提出"可持续发展"的概念，其实质是追求人类和
自然的和谐发展，同时追求人与人之间公平发展的权
利，不以牺牲后代人的利益来满足当代人的需要，也
不以牺牲发展中国家和地区的利益满足发达国家和地
区的需要。其核心是发展，其标志是资源的永续利用
和保持良好的生态环境。自此，可持续发展不仅成为
经济学、生态学、地理学、社会学等众多学科研究的
焦点，也成为全球共识和指导各国社会经济发展的总
体原则，构成我国社会经济发展的基本战略之一。可
持续发展的理论和实践日益扩展和深入。

要理解和探究可持续发展深层次的思想内涵，
"发展理论"和"生态伦理学"构成了两个重要来
源。其中，发展理论的最早范本是西方的政治与
经济组织模式，其基本精神是从西方的认知范式出
发，核心是经济增长和现代化，强调用经济的、技
术的、政治的手段推进工业化、都市化、民主化和
资本主义化，其内涵也随着可持续发展概念的诞生
得到新的提升和拓展，从经济领域扩大到社会、政
治、环境等综合的领域（表 1.1）。

我国也相应地提出了"科学发展观"，为具体
实施可持续战略提供了科学的观念。生态伦理思想
经历了 20 世纪 60 年代、70 年代的酝酿和 80 年
代、90 年代的发展，其实质是强调人与自然的和
谐统一，并以自然的价值论和权利论为核心（表
1.2）。由此可以发现，可持续思想的历史渊源实
际体现出了人与人、人与自然双重维度的整合发展
和系统生态。"可持续发展"在本质上远远超过了
发展与生态伦理的加和，需要从空间上横向协调和

表 1.1　国际社会发展思想的演变

发展阶段与特征	主要思想及发展状况
二战后至 20 世纪 60 年代发展观的起点	1. 最初的目标为促进经济与社会发展 2. 单纯追求"经济增长率" 3. 没有形成关于"发展观"的理论阐发
20 世纪 70 年代发展观的转型	1. 侧重于重建国际经济新秩序 2. 提出内源发展思想 3. 提出在发展中要保护环境的思想
20 世纪 80 年代新发展观的形成	1. 可持续发展思想形成 2. 制定实现可持续发展的综合政策
20 世纪 90 年代至今新发展观的广泛认同与拓展	1. 可持续发展思想的丰富与完善 2. 众多的国际会议、大量的国际合作 3. 可持续具体项目的实施

均衡、从时间上纵向延续和生长，是时间尺度和空
间尺度上针对负效应的双重限定。

"可持续发展"的概念范畴在今天已从注重生态
伦理、自然属性，深入扩展到以经济、社会、资源
和环境为重点的广义领域，并涉及政治、科技、空
间尺度等多维视角。这一时期与可持续发展意义相
关的概念还有"绿色发展""可持续生计""协同进
化发展""生态发展"等。虽然至今为止，概念的表
述众多，但简言之，可持续发展被认为是一种正向
而有益的过程，是指一个系统全方位地趋向于结构
合理、组织优化、运行顺畅的均衡、和谐的演化过
程。通过上述对可持续发展思想演变与内涵的分析
界定，考察当前城市可持续发展的重点与现实，则
可以为可持续城市设计理论与实践内容的研究提供
更为深层的思想指导与行动指引。

策略研究的渊源：城市设计理论的当代诠释

半个多世纪以来，城市设计的发展已从最初
的"视觉艺术＋物质形态"，到关注"行为、心
理、社会、生态"，如今已经建立了要达到"优化
城市综合环境质量"这一目标共识（图 1.2）。在
中国，自 20 世纪 80 年代的引入和酝酿、20 世纪
90 年代以来的迅速发展，城市设计作为一门当代

表 1.2 西方主要的生态伦理思想

年份	作者或机构	重要思想
1923 年	阿尔伯特·施韦泽	在《文明与伦理学：文明的哲学》（1923）一书中，提出了敬畏生命的伦理学；后来又提出把道德关怀扩展到一切生物，要求对所有生物行善
1933 年	利奥波德	在《大地伦理学》中提出，为促进持续发展，必须考虑生态、社会和经济因素；考虑资源基础（既包括生物的，也包括非生物的），而出发点落于这一伦理取向：维护自然环境整体的伦理。首次提倡人们要和自然环境建立"伙伴关系模式"，并进一步揭示经济决定论是环境破坏的根源，主张不但要借助法律、经济的手段管理自然，而且要辅之以伦理的手段
1962 年	蕾切尔·卡逊	在《寂静的春天》一书中，凸显了因过度使用化学肥料等而导致生态破坏、环境污染，使人类不堪重负而灾难重重。当时比较严重的环境污染已在美国一些城市出现，但关于"环境"的条款尚未出现在政府的公共政策中。人类关于发展观念上的争论由此在世界范围内引发
1968 年	以佩切伊为首的罗马俱乐部	致力于研究人与自然关系问题，提出当代人类面临的几项关键任务：第一，人类文化上平衡的重建；第二，依据"新的生命伦理"，采取促进自然财富长期保存的政策，引导人们开发和利用环境；第三，坚决反对对技术进步的盲目追求；第四，通过"人的革命"提升人的素质，以控制和驾驭物质革命的狂奔
1972 年	巴巴拉·沃德和雷内·杜博斯	在《只有一个地球》中明确提出"持续增长"和"合理的、持久的均衡发展"的概念
1972 年	联合国	在瑞典斯德哥尔摩举行了第一届环境大会，通过《人类环境宣言》和《人类环境行动计划》等文件，这是人类历史上第一次从环境角度关注全球问题，虽然没有解决多少实质性问题，但促进建立了联合国环境规划署，把保护环境和改善人类生存条件提到了联合国议事日程上，人们开始探索发展与环境相协调的发展模式
1972 年	罗马俱乐部	发表《增长的极限》研究报告，给西方社会长期以来的自由乐观主义思潮带来极度震撼。其相关论证为之后的可持续及环境保护的理论奠定了基础
1976 年	阿诺德·汤因比	在《人类与大地母亲》（1976）和《展望 21 世纪——汤因比与池田大作对话录》（1976）两书中提出"拯救母亲说"，将"大地"形容为"人类的大地母亲"
1980 年	以"自组织理论"为核心的奥地利天文物理学家埃里克·詹奇	在《自组织的宇宙观》（1980）中研究强调了建立一种生态学类型的经济及技术发展方式
1983 年	彼德·罗素	在《地球脑的觉醒》一书中提出"地球觉醒观"，提出当今社会低程度的协同已导致了各种全球性危机，亟须借助变革来建立一种整体论、生态学的新世界观，促进社会高协同发展，加强对各种危机的应对
1986 年	霍尔姆斯·罗尔斯顿	在《环境伦理学：大自然的价值以及人对大自然的义务》（1988）及《哲学走向原野》（1986）两部著作中，坚持了利奥波德《大地伦理学》的整体主义思想，提出了自然价值论，为自然生态系统的保护提供了一种独立于人们主观偏好的、客观的道德根据
1984 年	汉斯·萨克塞	在《生态哲学》（1984）一书中，技术被看作是人与自然的联结中介，提出技术发展对自然的作用后果直接与人们的未来相关。在使用技术时，人类应承认自然自身的价值，同时应当好"受托管理人"，保护自然

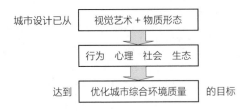

图 1.2　城市设计概念的演化趋势

新兴的交叉学科也早已发展起来，迅速充斥了纷繁多样的理论和大规模的建设实践，并贯穿于我国法定城市规划各个阶段的始终（表 1.3）。另外，在战略规划、城市整体风貌设计、历史名城（街区）保护规划、城市规划的管理等扩展的规划工作领域中，城市设计也致力于城市空间结构的改造、新街区建设、居民生活改善等目标，侧重于城市的不同方面、不同要素，发挥着其独特作用。而不同阶段城市设计的研究对象、尺度、成果表达是不同的。

城市设计是在相关学科领域内发展起来的，因而与其他相关学科和实践领域有着密切的相互关系：既得益于其他相关领域成果的融入，也对于其他领域的发展完善起到推动的作用；并不是简单地

介于城市规划和建筑学之间的一个设计环节，而是城市建设各个领域中不可缺少的因素。由于自身的特点与复杂性，城市设计必须在社会学、政治经济学的背景下来考察：一方面，城市设计强调的场所、精神都具有强烈的社会性；另一方面，城市设计的参与者不仅有建筑师和规划师，还有市民、政府、业主等多种角色，各方利益之间的博弈，使得城市设计与政治经济学不可分割。

今天城市设计理论的发展早已突破了功能性理论范畴，形成了功能性理论、规范性理论和决策性理论这三个部分。此外，随着城市设计的理论、实践与政策相互促进的日益加强，城市设计法令规范在今天已成为确保城市设计实施效率的决定性因素。从美、日、英等国运作多年且相当成熟的城市设计制度来看，其法令的建立与落实都相当完备，涉及土地使用分区控制、城市设计指导纲要、建筑特殊控制、公共参与城市设计程序以及弹性的法令工具，如开发权转移、计划单元整体开发、特定专用区管制、社区设计指导和日本的建筑规定、地区开发制度等。

表 1.3　我国法定城市规划体系的内容

内容		工作重点	研究对象	工作尺度
城市规划	城市设计贯穿于各阶段	城市与区域规划	研究生产力布局区域性基础设施，统筹城乡空间关系，协调城市间区域性结构关系	城市群及城市县城范围	1:100 000~1:10 000
		城市总体规划	研究城市规划期内的人口、社会、空间发展目标及关系，统筹城市各类土地利用及基础设施规划，协调城市近期、远期发展与目标	城市（县）市镇域范围	1:50 000~1:5 000
		城市分区规划	以城市相对独立的各功能区为对象，研究落实总体规划的各项要求，处理好人口、土地利用与各类基础设施的相关内容	城市功能片区	1:20 000~1:5 000
		控制性详细规划	对局部地区的建设进行的规划控制，确定土地利用、开发容量、建筑高度、覆盖率、绿化率、容积率、城市基础设施及建筑退让红线	建设项目	1:5 000~1:2 000
		修建性详细规划	对局部地区建设项目进行的规划安排，确定土地利用性质、项目规模、开发容量、建筑形态及相互关系、空间的群体关系、建筑高度、覆盖率、绿化率	建设项目	1:2 000~1:500

在我国当前的城市建设体制下，尚没有确立城市设计制度并为之立法：2007 年我国新颁布的《城乡规划法》并未提及城市设计；2005 年颁布的《城市规划编制办法》虽然提出控制性详细规划应当包括"提出各地块的建筑体量、体型、色彩等城市设计指导原则"，但对城市设计编制的内容、层次和深度均无明确规定。其法制化过程还需要加强以下工作：其一，专业规范，包括城市设计与建筑规划的准则、特殊目标的奖励内容规范；其二，相关的法律法规，包括城市设计运作程序、组织规范及技术规定。

另外，伴随着全球化的进程和经济中心的转移及不断进行调整，当前城市与城市之间的交流与影响跨越了传统空间的制约，城市结构也趋于动态。中央政府、地方政府的改革实验，非正式规划的广泛实践，正在我国城市规划与设计领域发生、发展，这也要求城市设计师在城市的定位与发展背景上具有更广阔的视野。也正是由于前文"挑战与变革"中所述的一系列原因，我们在短时间内很难形成对各方面详尽的全面研究和实证，达成一种整体的系统建构。作为一种预测性和实验性的应对，城市设计还将面对冲突与矛盾激发的多种可能性。因此，我们还需要汲取国际上先进的发展理念、实践经验，甚至是有益的发展路径，如"城市创造"就是西方城市设计经验与日本实际相结合的城市设计理论。总的来看，国内外对城市可持续发展的日益重视，为可持续城市设计提供了良好的发展环境，而我国当前以东滩生态城等为代表的可持续实践也处于探索和发展的进程之中，这些都有利于城市设计的可持续讨论和议题的发展与深化。

策略研究的现实承载：生态城市的规划建设实践

生态城市建设中所运用的技术、方法和经验，一直是城市规划与设计解决环境问题、发展技术革新、拓展影响广度的重要方面，无时无刻不体现出城市对可持续发展战略的实施程度和实施效果。生态城市的理论及实践的发展，影响着并反映了城市对可持续性建构的追求，从而促使生态城市相关的实践探索，成为可持续城市规划与设计发展的关键所在。

1971 年联合国教科文组织发起的"人与生物圈计划"的研究过程中，苏联城市生态学家亚尼斯基首次提出了"生态城市"这个理想城市模式，并在 1987 年进一步提出包含五个层次的完整的"生态城"设想；1996 年城市生态组织则提出较为完整的生态城市建设十项原则，发展到涉及城市社会公平、法律、技术、经济、生活方式和公众生态意识等多方面更为丰富的原则体系；日本建设省从 1992 年开始组织专家学者探讨生态城市建设的基本概念及具体步骤，认为生态城市的建设至少包括节能、循环型城市系统，水环境与水循环，城市绿化这三方面内容。另外，以保罗·索莱里的生态城市为代表的生态理想城市构想也陆续出现，虽然其实现在现阶段存在不少难以克服的困难，但作为对城市在能源、空间、环境等方面的集约高效发展的创造性构想，对于当代城市以及城市设计自身发展而言，极富启发意义。

国内外一系列生态城市会议和学术讨论会（伯克利，1990；阿德莱德市，1992；塞内加尔，1996；莱比锡，1997；库里蒂巴，2000；深圳，2002）和人居环境生态建设主题大会（斯德哥尔摩和赫尔辛基，1992；苏德霍恩，1995；伊斯坦布尔，1996）的召开，促进了生态城市理念的普及和传播，也极大地推动了国际生态城市理论研究和在全球范围内的建设实践。

进入 21 世纪，世界各地在生态可持续的设计原则指导下，更为积极地开展生态城市建设规划的实践探索。印度的班加罗尔、巴西的库里蒂巴和桑托斯、德国的克罗伊茨贝格地区和海德堡市、美国的伯克利、瑞典的克里斯蒂安斯塔德、丹麦的哥本哈根、澳大利亚的怀阿拉和波特兰都市区等，无论是在建设规模还是深入程度上，大多依据城市的特点有所侧重地建设，均取得了令人鼓舞的成就和可借鉴的成功经验。为了应对能源危机和气候转暖所带来的问题，国际上又兴起低碳城市研究（表1.4）。随着 2009 年全球 192 个国家的环境部长参加了哥本哈根世界气候大会，碳排放已经成为世界

表 1.4   国外低碳城市建设的积极实践

类别	地区	实践内容
政策立法	哥本哈根（丹麦）	能源结构；绿色交通；节约建筑；城市规划；天气适应
	伦敦（英国）	市政府以身作则。严格执行绿色政府采购政策，采用低碳技术和服务；相继出台《低碳转型计划》《能源法案》、新财政刺激政策等，提出一系列低碳伦敦的行动计划
	西雅图（美国）	公众参与；家庭能源审计；阻止城市继续向外无限扩大，将重心重新放回中心城市建设；积极改善电力供应结构
	巴塞罗那（西班牙）	《太阳能热条例》
	德国	建筑节能法、机动车辆法、热电联产法、节能标识法、生态税改革法、可再生能源法
	美国	《低碳经济法》（2007）、美国复苏与再投资法案等
	日本	《能源合理利用法》（2008）、《绿色经济与社会变革》（2009）等
建筑	奥斯汀（美国）	实施绿色建筑项目
	伯克利（美国）	提高建筑标准
	柏林和海德堡（德国）	提高建筑能效标准
	旧金山（美国）	城市太阳能体系
	休斯敦（美国）	房屋节能改造项目
能源	哥本哈根（丹麦）	废热供暖；海上风电
	伦敦（英国）	改善建筑能源效益，发展低碳及分散的能源供应
	多伦多（加拿大）	湖水水源热泵空调系统
	沃金（英国）	分布式能源
	香港（中国）	热电联产系统
	墨尔本（澳大利亚）	强制性能源审计；太阳能计划
	赫尔辛基（芬兰）	区域供热和热电联用
	安阿伯（美国）	成立能源基金推动能效改进；LED 街道照明
	弗赖堡（德国）	鼓励使用太阳能
	洛杉矶和奥斯汀（美国）	绿色电力计划
	内华达（美国）	太阳能电厂
	雷克雅未克（冰岛）	利用地热
	塞尔帕（葡萄牙）	太阳光伏发电
交通	巴塞罗那（西班牙）	自助自行车交通系统
	哥本哈根（丹麦）	推动城市自行车交通复兴、节能减排的同时，有效缓解交通拥堵，成为欧洲的自行车之都
	弗赖堡（德国）	交通规划政策的核心，在于鼓励人们使用对生态危害小的交通工具和设施，包括提倡步行、使用自行车和公共交通等
	墨西哥城（墨西哥）	提高出租车能效
	伦敦（英国）	降低地面交通运输的排放；交通拥堵收费，通用车票
	首尔（韩国）	无车日
	旧金山（美国）	清洁交通（城市地铁、轻轨、公交、清洁能源汽车）
	斯德哥尔摩（瑞典）	电动汽车、生物能源汽车，交通拥堵收费
	巴黎（法国）	高效的地铁系统，鼓励发展公共自行车
	东京（日本）	发展轨道交通，对低污染车辆在税收、停车方面给予优惠
	波特兰（美国）	实施公共交通优先战略，将公共交通和土地规划紧密结合
	新加坡	限制私人小汽车使用，采用"拍牌"、加税、收取拥堵费等经济调控措施，对私人用车有着种种限制

性大问题，中国也高度重视。事实上，随着城市化进程加快、城市机动化水平迅速提高，如果不采取有效的规划策略，未来资源利用及环境问题都将会成为我国城市发展的制约。以"低排放、高能效、高效率"为特征的"低碳城市"，试图通过产业结构的调整和发展模式的转变，合理促进低碳经济，形成新的增长点，增加城市发展的持久动力，并最终改善城市生活。节能减排也已成为当前我国建设资源节约型、环境友好型社会的重要战略构成。

总体来看，生态城市已成为中国各地城市发展的模式导向，其建设实验也已初步形成以各级行政区域为主体的梯级体系，遍布各个区域和主要城市。然而，其理想建构的实践真正落实却亟待拓展与检验：始于 2005 年东滩生态城建设蓝图的中国生态城市项目，当前仍以较为独立的城市或地区为建构单位，并大多借鉴国外生态城市的发展理念与技术原型，并未形成自身的成长体系，还处于很不成熟的初级阶段；其建构内容主要集中在循环经济、节水与节能技术使用及浅层次的指标界定范畴，缺乏结合地域特征、当地文化、组织制度等来进行整合建构，亟须拓展建构方法与实践能力。

社会学的视野启发：社会空间及"本土"相关的考察

社会学的视角和社会学的想象力，具有一种链接"个体－社会－历史"的自如思维和自由心智的品质。正如 C. 赖特·米尔斯在《社会学的想象力》中所做出的经典诠释："它（社会学）是这样一种能力，涵盖最不个人化、最间接的社会变迁到人类自我最个人化的方面，并观察二者之间的联系。在应用社会学的想象力的背后，总是有这样的冲动：探究个人在社会中，在她／他存在并具有自身特质的一定时代，她／他的社会与历史意义何在。"安东尼·吉登斯则聪明地使用"社会学的双向阐释"来描述社会学认知与现实世界的双向互动过程：社会学用各种理论和框架来阐释和理解我们的生活世界，与此同时，这种对生活的解释反过来成为社会的构成，影响我们的行动。正如学者们研究指出的，社会学及其相关理论（政治学、经济学、哲学、社会科学方法论等）对生产和社会的发展具有决策、咨询、论证、预测等多方面作用。社会学理论本身也极具反思特性，有利于促使人们根据社会发展的客观规律来分析各种因素、预测未来发展趋势、做出更为适宜的决策。因此，本书试图结合社会学相关视角来对空间的逻辑进行解读，对城市社会空间规律进行研究和认识，并且社会文化、制度模式等社会学所关注的重要议题将进入探讨的范围。

随着全球化的逐渐蔓延和城市化的快速扩张，人们生产与生活方式的扩展与纵深发展呈现出多元共生的特点，个体生活方式、空间交织领域、历史发展态势等诸多观念都随之改写，在现实中呈现出多向性和任意性的特点。"共时性""历时性""时间的空间化"等术语正体现了人们对此的深刻认识。历史上首次真正将空间与社会紧密联系起来的则是 20 世纪 70 年代以来以列斐伏尔、大卫·哈维和爱德华·索雅等为代表的新马克思主义、后现代地理学等学派所形成"社会－空间辩证法"理论。他们认为，现实中的城市既非社会经济活动在地理空间的简单投影，也不是完全沿袭规划师笔下试图创造城市与自然、经济与社会、集中与分散相平衡的空间规划发展而来，而是社会与空间相互作用的产物。其中，大卫·哈维（1973）指出"空间和空间的政治组织体现了各种社会关系，但又反过来作用于这些关系"。列斐伏尔（1974）则提出了"空间生产理论"，认为空间实践是空间生产的驱动力，城市空间的独特生命力就是"空间的社会生产"；城市空间所呈现的复杂状况，正是因为城市和一种政治与经济的生态密切相关；爱德华·索雅、罗维斯和斯科特等人则对社会空间提出其辩证的看法，认为空间并不仅仅是一种"容器"，社会组织和空间过程实际上不可分оразн地交织在一起，而有组织的空间结构代表了对整个生产关系组成成分的辩证限定，这种关系既是社会的，又是空间的；爱德华·索雅还在列斐伏尔的启发下提出了"第三空间"的重要概念，认为城市生活的空间既是真实的，又是想象化的；既是结构化个体的位置，又是集体的经验与动机。

"社会－空间辩证法"促使人们对于城市空间的理解实现了一种视野上的巨大转变，而社会需求的复杂性和空间分化的发展趋势，则进一步促使人们对社会空间的分析拓展深化。皮埃尔·布迪厄强调社会现象借助"场域"的特征而展现出其深层权力运作的本质，并把权力场域作为元场域、把权力资本作为核心资本的原因；罗伯·希尔兹的社会空间化的分析，指向空间范畴在根本意义上的社会建构，指出这一建构既包括对环境具体干预的层面，也包括社会想象的层面；马克·戈特迪纳进一步提出了城市研究的"社会空间视角"，批评传统城市社会学过分重视技术作为变迁主体的推动力，并强调城市空间是要受社会复杂的政治、经济、文化等多种因素的影响；米歇尔·福柯与安东尼·吉登斯则从权力的角度对空间问题做了深入的论述。除此以外，还有众多学者从信息城市、网络社会等不同视角进行了探讨。

总结来看，随着空间与社会的联结实现了一种从疏离到紧密的理论与实践演进，以及"社会－空间辩证法"引领下的社会空间研究变革性发展、多元化拓展，不同时期各学科对空间的认识得以综合地反映出来，也提供了极富启发意义的"社会空间"建构的视点借鉴。

一方面，体现为对于空间的重要性及其与社会多元化联结方式的关注，强调空间对于其中社会因素的再现。本书更倾向于考察"社会空间"作为一种资源价值、生产工具、社会反映的特性，以提升城市建设与规划设计策略的社会适宜性。另一方面，则在于考察空间与社会文化、公共资源、权力、资本等核心领域相互影响和建构的内在机制，以促使空间行动与社会主体，以及本土社会、经济、文化和制度背景等与全球化、城市化过程之间，朝向冲突消解，产生良性互动。

当前，我国也已有很多学者从城市空间的冲突应对、城市空间的生产、社会发展与行动模式、文化资本、制度与权力等与社会空间紧密关联的视角对城市空间及城市问题展开研究，进行了富有价值的探索。可以说，社会空间作为一种具体的社会事物的存在形式，其复合多元的研究视域，在全球化背景下的今天，有助于拓展当下语境与社会现实的联结视野，并有助于启发全新路径和领域中的研究实践，对于快速城市化和现代化过程中的中国社会和城市发展无疑具有借鉴意义。尤其，对于当前我国城市空间可持续发展建构所面临的复杂局面而言，提供了不可或缺的分析视点，值得城市设计者深入研究，也为可持续城市设计本土策略的研究提供了总括性的视点借鉴和认知启发。

与此同时，长久以来，对于"本土化"及"本土"意义的探寻和对本土理论的探索，在各个时期和各个学科都有不尽相同的理解，涉及社会学、人类学、经济学、心理学、人文地理学等多学科的理论建构，并涵盖本土过程及模式思考、城市空间建构的本土研究等多元化的研究视角。

首先，在社会学理论中最早出现了"本土化"的概念。在社会学变迁史上，本土化最先出现于20世纪20、30年代的拉丁美洲社会学界和中国社会学界。第二次世界大战以后，社会学本土化从地区性的学术运动开始逐步成为一场世界性的学术运动。社会学理论可以理解为是建立在人性和社会情境共同面对的问题上而发展起来的。试图建立一种世界各国普遍适用的社会学理论和方法是不切实际的——各国、各地区的社会学研究，必须结合自己社会的文化背景和生活实际，寻求解释自己的研究对象的社会学理论和方法论。正因如此，20世纪60年代以来社会科学领域开始兴起"本土化"的研究潮流，也称为"本地化""扎根化"。作为一个现代社科研究后发的国家，反对文化殖民主义的现实及长期"西学东渐"的历史，使得我国亟须改造外来的社会科学知识，来适应现实国情的需要。城乡关系分裂成为中国现代化开启以来最为深刻的现代性问题，新的历史条件下需要促成城乡的互哺与互动的关系。

费孝通在探索社会学本土化方面做出了卓越贡献，从"寻求社会学传统与现代的统一、追求社会学研究应用策略和价值关怀的协调、探求社会学研究从文化反思到人的自觉"三个角度，分析和归纳了其社会学本土化思想架构。社会学本土化不同于作为发展中国家现代化的"方式和途径"的"本土化"概念，在语义上可以理解为外来某种事物与本国、本地、本民族存在环境和条件相互适应的程度。

其次，在人类学研究方面，自20世纪初开始西方各种学派的理论和方法先后传入中国，以相关国外理论为指导，并结合中国的传统方法，老一代的中国人类学家着眼调查和研究中国的社会和文化，并在实践中予以验证。埃里克·沃尔夫（2006）指出："人类学曾经一度关注文化特质如何传遍世界，却也将其对象划分成为相互分离的个案，每个社会都具有自身独特文化，这些文化被想象作为一个整合的、封闭的系统，相对立于其他同样封闭的系统。"在人类学如何实现本土化的对话中，东西方的人类学家既有共识也有差异，而这恰恰反映了基于两种不同文化传统所衍生的地方性差异。

第三，经济学的理论探索本身就充满了主观性和规范性：主观性体现了个体的私人知识和传承的社会习惯，规范性体现了个体的社会关怀和立场视角。

第四，心理学方面，"本土契合性"的概念得以提出，指研究者的研究成果和活动与被研究者的行为和心理，以及生态、经济、社会、文化、历史等方面的高度符合、吻合或者调和的状态，并由这一概念进一步演绎出各种文化"脉络观"的合理性和为"本土契合性"所应包容的特性。

第五，人文地理学的"本土化"考察及本土研究视野也极富意义。其中，人本主义地理学从人与地理环境的关系角度来认识文化景观；文化生态学则认为自然生态存在五个方面的区域文化影响特征：文化区的地理位置、地表形态、气候、土壤、资源。新区域地理学与文化生态学一样，同样对人的活动进行关注。时间地理学理论则在早期传统的对地方性问题的研究占据了举足轻重的作用。

总的来说，针对人地关系、城市的形成和发展与地理环境的关系、地理环境影响下的文化形成与扩散、文化景观等的研究，构成了人文地理学本土研究的主要视域。本质上，在改造自然中人类所逐渐意识到的影响因素正是构成现代本土理论的主要方面。

就本土过程而言，在西方形而上的体系内，在笛卡尔开始启示说"我思故我在"之后，西方人在西方本土不断地扩大着理性的自我，同时在西方以外不断地建构着其认为是正统的社会秩序。西方的知识体系和科学虽然先进，但它若要在发展中国家成长并成为推动当地社会发展的力量，必须有一个本土化的过程，即它必须与发展中国家原有的文化发生适当的整合融通，必须融入当地的本土的原有社会结构中，才能成为一种解决发展中国家问题的有效工具手段。

就我国自身的发展进程而言，本土化视阈在直接推动当地社会经济发展方面的作用，也在逐渐引起人们的重视，特别是当大规模地采用西方现代科学技术手段，产生了严重的环境污染、生态恶化、遗传变异等后果之后，人们日益增多地开始对本土价值与意义给予重视与发掘。新加坡国立大学的郑永年教授积极探讨了"中国模式"，在其《中国模式：经验与困局》一书中对中国发展的基本经验、中国的民族主义、国家建设、政治改革与民主化道路、农民与乡村自治以及中央与地方关系等话题展开探讨。可以发现，现代化进程启动以来的中国，内向化、本土化的发展战略相对缺乏。中国城市设计在当前仍缺少主导和系统的现代化理论与经验，并遭遇到了西方城市设计及其建筑发展过程中曾遇到的问题；与此同时，具有极强"示范"作用的西方城市设计实践经验及理论示范，往往引发公众的倾倒与憧憬，消减了对于自身文化的自尊、自信。这种接受形式导致的结果，则是把原本多元化的城市设计价值取向单一化。

再者，就已有的关于城市空间建构的本土研究来说，我国著名作家冯骥才在谈到城市文化形象时指出："现在我们已经深刻地感受到，在无形的层面上，比如不同城市人的集体性格，仍很鲜明，彼此迥异；但在有形的层面上，比如城市的形象上，我们已经渐渐找不到自己。我们有自己的个性，但却没有自己的容貌。这种感觉十分难受、无奈和困惑。"张鸿雁则在其针对城市的定位进行的研究中提出创造中国的城市个性、建构中国本土化的城市形态，提出本土化主张"既是保护城市形态的民族特色需要，也是在中国走向世界的同时有效保护民族性的城市形态和'城市文化资本'，进而构建中国城市发展的可持续发展力的需要"。

另外，建筑的本土性探讨相对较多，并经常以"地方性"为表述，指的是建筑与所在地的自然条件、经济形态、文化环境和社会结构的特定关联。海德格尔曾说："在将空间与地点相结合，地点从而得到确定之中，建筑实现其本质。"齐康提出："……地方性建筑与社会经济、历史文化、科技、地方性建筑材料、建筑相关工程措施等都有关联。"此外，城市居住环境构成城市本土性的重要载体。居住区本土化的环境格局和多样化的景观空间体系塑造，往往离不开场地固有的地域特点、历史文化的沉淀。李少云（2005）则以城市设计在美国、日本和中国台湾等地区的本土化现象为参照，考察影响城市设计在中国发展的本土化因素，以及现代城市设计在中国发展过程中清晰的本土化趋势，并

分析了城市设计本土化的运作体系等（图1.3）。

总结来看，本土相关的研究可以归结为两大类问题：其一，关于学科自身的本土化过程，涉及西方理论的转化与融合问题；其二，发掘和探讨本土所内含的独特性与共识性，或者相反来看，即同质性与差异性，如上文所述及的"本土契合性""脉络观""中国模式""内向化"等相关讨论的展开。事实上，西方的知识体系和科学虽然先进，但若要在发展中国家成长并成为推动当地社会发展的力量，必须有一个本土化过程。在我国的城市建设中，尽管本土化在直接推动当地社会经济发展方面的作用正逐渐引起人们的重视，尤其随着可持续理念逐渐被人们接受，本土策略的合理性进一步得到重视，但却仍普遍存在这样的现象：城市的营造思路，包括空间布局、尺度、符号说明、发展模式等多以引用西方学者观点为主，缺乏对于我国城市在世界性的城市变迁潮流中应扮演的角色与作用的考量，缺乏有力主张与变革措施。可以说，当前我国在这一领域的理论及应用研究还相对匮乏。

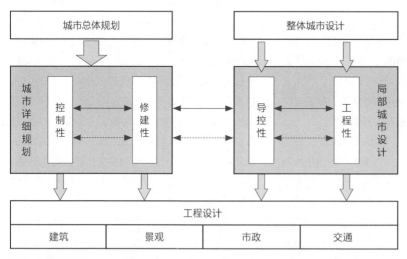

图 1.3　城市设计本土化运作体系

城市设计的趋势面向

从发展状况来看，当代城市设计的总体趋势是：其侧重点已经从注重城市的物质层面日益转向对社会影响、政策管理层面的整合性分析，并愈益增多地与人的维度、生态及可持续视野紧密联系，试图为更加有效地促进城市发展提供一系列策略支持。随着可持续发展的意义超越资源、环境而不断外延，其对于城市设计的影响渗透也日益得到更广泛的体现。以此为出发点，聚焦以下三个城市设计研究的趋势面向：强调建构平衡的自然生态；关注社会空间及生活模式；注重应用形态与价值考量。这三个方面实际上是彼此联系、相互交织的，也体现着城市设计的发展轨迹与未来导向。出于集中视线进行分析的考量，传统城市设计中关于具体形态与设计手法等方面的内容，在此未展开分析。

强调自然生态的城市设计

城市所处的独特历史空间条件、城市肌理及大地景观特征、城市发展的现实情境与潜在的环境建构可能，促使当代城市设计愈加强调一种平衡的自然生态的建构，强调在城市设计过程中以自然为本，以实现城市生态系统的动态平衡为目的，协调人与环境关系，寻求生态环境优化。

早在古希腊时期，柏拉图、亚里士多德等哲学家就提出"美是和谐"这一概念，中国古代哲学也提出"天人合一"的和谐理念，推崇天人之和、社会与人的协调以及心物之统一。工业革命以来，迅猛的城市化进程引发了城市设计对生存模式与平衡模式的不断探索，从新协和村、城市美化运动，到田园城市、广亩城等设计思想，无不反映出与自然结合、生态和谐的理念。当"人类中心主义"[1]的世界观自 20 世纪以来遇到了自 A.N. 怀特海等人提出的"非人类中心论"的挑战，充分肯定自然具有"内在价值"、强调人与自然价值的平等的"生物中心论"[2]和"生态中心论"等主要内容得以宣扬，并随着 20 世纪 60 年代西方开始出现的"人口爆炸"(population)、"环境污染"(pollution)、"资源枯竭"(poverty) 危机，日益增多地在城市规划与设计领域产生重大影响，并促使城市设计者重新思索都市与自然环境之关系。这一时期城市设计关于生态建构的具有代表性的是麦克哈格的"设计结合自然"理论，保罗·索莱里的巨构生态城市理论，以及亚尼斯基提出的完整的"生态城"设想等[3]。

在 20 世纪 90 年代以后，随着可持续发展思想在世界范围内的广泛传播，开始出现大量有关可持续发展及设计的论述，其中许多尝试将各种自然生态的思想和设计方法整合成系统的理论，也彰显了城市设计对于自然生态考量的日益广泛和深入。其中，巴鲁克·吉沃尼在其著作《建筑和城市设计中的气候考虑》中就不同气候区域提出了建筑和城市设计的方法、策略。约翰·蒂尔曼·莱尔在《面向可持续发展的再生设计》一书中提出人类生态系统设计和再生设计原理。美国的吉迪恩·S·格兰尼则发表了《城市设计的环境伦理学》一书，针对基于特定气候的城市设计实践、城市形态与能量消耗之间的关联性及城市自然环境与人工环境之间的相互关系等内容进行了系统分析与探讨。辛·凡得

---

1 多数当代学者认为，主要由西方现代文明引发的今日全球性生态困境的根源之一，源自于基督文明视人类为万物主宰的"人类中心主义"的世界观，这种落后的哲学观点通常认为只有人才具有道德地位，人是万物的主宰，所有其他东西被人类使用时方具有价值。

2 包括阿尔伯特·施韦泽 1923 年的"The Ethics of Reverence for Life"；保尔·泰勒 1986 年的《尊重大自然》；等等。

3 麦克哈格运用生态学原理研究大自然的特征，从而更合理地认识和改造人类的生存环境。美国人保罗·索莱里等人则基于所处时代的危机感和责任心，试图以技术和生态的结合为出发点，对城市在能源、空间、环境等方面的集约高效发展，做出有意义的探索，陆续提出了很多生态理想城市的构想；意大利建筑师玛西莫·玛利雅·寇吉从仿生学的角度出发，把城市设计成树形，鸟巢式的独立式住宅挂在作为结构支撑的垂直"树干"上；而苏联城市生态学家亚尼斯基首次提出了"生态城市"这个理想城市模式，试图按生态学原理建立起一种经济、社会和自然三者协调发展，物质、能量和信息高效利用，生态良性循环的人类聚居地，即高效、和谐的人类栖境。

来恩和史都华·考文合著的《生态设计》，提倡节能、建筑、永续农业到生态垃圾处理，呼吁呵护环境、滋养人心的美好生活，提出了生态化设计的五条原则：因地制宜的设计方案；评价设计的标准－生态开支；配合自然的设计；人人皆是设计者；让自然清晰可见。

进入 21 世纪，具有代表意义的，蓝道尔·托马斯编写《可持续发展的城市设计——一个环境的举措》（2003）一书，对未来城市的设计的基本原则进行了归纳和总结，重点关注了城市设计所涉及的环境问题，以及在城市环境的物质影响方面：建筑、景观、交通体系、能源、水、垃圾等，重点放在新能源体系上。此外，道格拉斯·法尔在其著作《可持续城市化：城市设计结合自然》（2008）中更为鲜明地提出将"结合自然的城市设计"作为一种迫切的行动要求，并深入探讨了随着高性能基础设施和建筑的建设需要及结合步行和多样化场所的创造和增加，而新兴和日益增多的设计变革运动——"可持续城市化"。蒂莫西·比特利则在《生态城市：在城市的设计与规划中融合自然》（2010）一书中强调："生态城市应从大自然中学习、模拟自然生态系统，将自然形态和图像纳入建筑和城市景观，与自然结合进行设计和规划"，并从建筑、街区、街道、邻里、社区、区域等不同尺度总结了生态城市设计的要素。杨沛儒（2010）则这样宣称："任何的城市设计议题都必然涉及自然系统，所有的城市设计与建造任务都具有转化为某种形式的生态设计的潜质。"

关注社会意涵的城市设计

传统的城市设计是要处理好城市空间形象，即使到现代，这还是城市设计最重要的内容。但是，当西方国家进入后工业时代，城市物质空间规划逐渐走向成熟，人们日趋增多地认识到城市空间的复杂性，导致对城市空间单纯的物理性分析的"物质空间决定论"就显得力不从心了。一些后现代的城市空间研究学派逐渐转向了城市社会学、文化地理学、政治经济学等研究领域。实际上，现代城市设计受到重视正是在西方城市规划由物质规划转向经济及社会综合性规划的背景下出现的，实质上是一种恢复和反省，借助"社会使用"和"场所构建"的传统，彰显其对于城市发展社会意涵的关注与考量，并日益增多地将与城市空间相关的观念、社会、文化、政治、行为、结构等因素的相互作用联系起来认识和建构。

城市设计"社会使用"的传统与人、空间和行为的社会特征密切相关，其中人如何使用、复制空间，以及对空间理解和认知上的关注构成了重要内容。凯文·林奇从城市的社会文化结构、人的活动和空间形体环境结合的角度提出，"城市设计的关键在于如何从空间安排上保证城市各种活动的交织"，进而提出应从城市空间结构上实现人类形形色色的价值观之共存。简·雅各布斯也是这一思潮的领军人物，其在著作《美国大城市的生与死》中提出了城市设计的选择性原则："城市设计原则应是一种图示说明的策略和对生活的澄清，要帮助人们解释城市的含义和使用的规划秩序"；雅各布斯关注诸多要素的社会功能，强调其作为居民日常活动的"容器"和社会交往的场所。克里斯托弗·亚历山大的工作也是社会使用传统的写照，在其《形态合成笔记》与《城市并非树形》的文章中，对城市设计的反思成为重点要表达的内容：关注设计哲学中"无文本的形式"的失败，以及如果忽略行为与空间的联系的城市设计所可能导致的危险。1970 年英国皇家建筑师学会在一份报告中指出，城市设计关注现有城市形式新发展的关系，关注其社会的、政治的和经济的要求及现有资源。美国学者阿纳托尔·拉波波特则从文化人类学和信息论视角，提出城市设计是作为空间、时间、含义和交往的组织；认为城市形态塑造应该依据心理的、行为的、社会文化的及其他类似的准则，应强调有形的、经验的城市设计，而不是二度的理性规划。另外，莱昂·克里尔提出应将具有历史感、纪念性意义及标志性的历史建筑和传统公共空间引入现代城市或者将二者有机结合在一起，认为将居住、工作、交通、游憩等集合到各个城市社区甚至街区地块中，形成非同一性和多样的城市经验及由日常生活过程形成的人际关系网，是街区真正成为城市生活的完整有机单元（图 1.4）。

随着信息化作为全球化的重要特征之一，信息化进程对社会结构的影响力日益受到关注。社会学界的一些重要学者也将视线更多地转移到了对城市社会及空间结构在信息化进程中的演化问题上，兼具社会学与规划学背景的曼纽尔·卡斯特与彼得·霍尔合著的《世界的技术城市》（1994）重点分析了作为信息化进程重要特征之一的信息产业兴起及相应的各类高新技术园区的建立对城市社会结构、空间结构的影响。

尤其，卡斯特自 20 世纪 80 年代以来，以其机敏和睿智，发现了信息技术尤其是网络技术所带来的社会结构的变迁与当代社会系统之重塑，建立了网络社会理论。卡斯特在 1996 年发表《信息时代》三部曲，包括《网络社会的崛起》《认同的力量》和《千年的终结》。在这一系列关于技术和空间的讨论中，卡斯特描绘了向信息化社会转化的趋势以及新的空间形式与过程，指出全球经济是围绕资本和信息的全球网络而组织起来的。他指出网络社会既是一种新的社会形态，也是信息技术革命催生出的一种新的社会模式，并提出了网络社会中的新空间逻辑，即流通空间和场所空间。雷姆·库哈斯则这样理解网络生活："我们在真实世界难以想象的社区正在虚拟空间中蓬勃发展。我们试图在大地上维持的区域和界限正在以无从察觉的方式合并、转型，进入一个更直接、更迷人和更灵活的领域——电子领域。"电子空间的出现，使人类行为及对环境的经验与感知状况发生了变化，模糊了物质空间的构成，影响和改变生活，并促使社会关系、城市结构发生新的变化。此外，就城市形态而言，发达的交通和通信设施有可能使城市进一步分散化，形成新的城市单元和城市中心。

"场所构建"的传统，则着重关注城市空间的设计作为审美对象和活动场景的功能。创造成功城市空间所需的活跃性、多样性成为其中的焦点，特别是物理环境对于场所功能、活动的支持。在过去 30 多年中，"为人制造场所"逐步渗透成为城市设计的主导观念，并以下列事件为代表：英国的弗雷德里克·吉伯德早在 1983 年就提出"城市设计主要是研究空间的构成和特征""存在于自然骨架中的建筑物和小城市，常常能使人看到它和环境的全貌，因此它们在自然背景中显得格外突出，是沉静的背景中的活跃因素"。

Team10 提出，城市设计涉及空间的环境个性、场所感和可识别性，城市社会中存在人类结合的不同层次。雅各布斯对城市开发中单一的区划和"总体"规划也进行了无情的鞭挞。她认为单一的区划对城市社会、经济结构的多样性、复杂性和城市活力严重忽视，并为我们开辟了一个观察、认识城市环境的新的视角和方法，即对城市环境与日常生活互动关系的关注。旧金山城市规划局则在 1971 年的城市设计规划文件中指出："城市设计必须首先处理人与环境之间的视觉联系和其他感知关系，重视人们对于时间和场所的感受，创造舒适与安宁的感觉。"伦佐·皮亚诺提出了"人文城市"模式这一设计理想，并在法国里昂国际城、意大利热那亚旧港改建和德国柏林波茨坦广场等规划项目中予以落实和体现，建筑、环境与人，新老景观、新老建筑，形成了良好的依存和互补关系。而

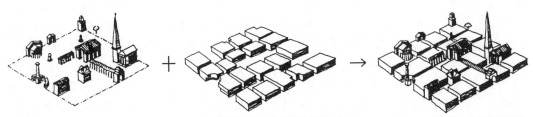

具有纪念性的传统建筑和城市空间　以私有空间为主的、均质的现代城市街区　有意义、可感知的城市

图 1.4　莱昂·克里尔的城市重建概念示意图

丹尼·伯纳姆和普莱特－茨伯格在其著作《城镇和城市设计原则》中介绍了作者十年来规划设计的十二件城镇和村落作品，其理论强调历史、传统、文化、地方特色、社区性、邻里感和场所精神。在设计上则显示了设计者对人类天性的理解，对存在于人类、社团、环境构成、场所意义之间逻辑的理解。

1979 年，挪威建筑师诺伯舒兹在《场所精神：迈向建筑现象学》一书中指出了存在空间的核心在于场所。诺伯舒兹试图以"人的存在"为出发点来综合秩序与意义，提出"场所"理论、"居住"理论，揭示了"聚居"的"意义"。爱德华·雷尔夫的《场所与无场所》是最早导向现象学和关注心理和经验"场所精神"的著作之一。雷尔夫指出不管如何"无定形"和"难以感觉"，无论我们何时感受或认识空间，都会产生与"场所"概念的联系。场所是从生活经验中提炼出来的意义的本质核心。阿波利奈尔曾经这样写道："塞纳河在米拉波桥下流淌，时间在消失，而我没有挪动。"人的关系在历史与城市中，处于一种持续的相对性中，而现代的城市也正是记载了部分的历史。

阿尔多·罗西正是在不停地寻找阿波利奈尔的"我"，在他所熟悉的城市中寻找一种充满理性与意义的城市建筑语言，并把这一切编织到现代城市之中去。这一切在他发表的《城市建筑学》的城市建筑理论中得到了阐述。他认为传统的建筑形式、场所和空间在城市发展及其形态结构形成的过程中起着至关重要的决定作用。事实上，不论是以抽象还是实质的观点而言，"空间"是由可进行实质连接、有固定范围或有意义的虚体所组成的。"空间"之所以能成为"场所"的主要原因，是由空间的文化属性所赋予并决定的，每个场所都是独一无二的，体现出其周围环境的特性。这些特性既包括"有材料质地、形状、肌理和色彩的有形物体"，也包括更多无形的文化交融，某种经过人们长期使用而获得的印记。以英国巴斯的圆环及皇家月弯的弧形墙为例，它不只是实际存在于空间中的物体，同时也表达其发展、孕育及实存的环境。毕尔巴鄂借助古根海姆博物馆这一杰出建筑形成新的

特色场所，进而产生了巨大的直接与间接、经济与社会的效益，提升了城市形象与知名度，也是典型的案例。

观察实时城市系统也正成为理解当代和预测未来城市环境的一种手段。实时影像揭示了当城市系统综合时现代都市的动态性：信息和通信网络流线，人们和交通系统的运动方式，街道和社区的空间和社会习惯。实时城市计划则可以通过高度可持续的方式改善人们的生活质量，通过动态分配公共资源回应城市状况的波动。比尔·希利尔和朱丽安·汉森的《空间的社会逻辑》、比尔·希利夫的《空间是机器》和朱丽安·汉森的《家庭和住宅的解码》等一系列书籍和文章则开拓了空间研究的新领域。空间句法理论由比尔·希利尔于 1983 年提出，是综合图形背景分析、关联耦合分析与城市空间解析方法，也是"环境范型"和"逻辑空间"研究的延续；通过对一百多个城镇和城市设计方案解析，证明了城市空间组织对人的活动与使用模式的影响，主要涉及三个方面，即空间的可理解性、使用的连续性和可预见性。

此外，与城市空间环境与社会问题更加联系密切的是，伊恩·本特利试图激起和发展当前的争论以及新的实践形式，其在《城市变革：权力的人与城市设计》一书中，面向空间转变的文化支撑、权力联盟、行动选择等方面，探索建筑环境与城市物质形态得以生产和消费的复杂的社会、经济、政治以及文化进程之间的联系，来朝向城市变革的更好的城市环境转化、社会问题解决。基里尔·斯塔尼洛夫（2007）在其著作《通过环境设计的城市可持续发展：时间－人物－地点响应城市空间的策略》中，集中探讨了如何采用可持续的解决方案来设计和管理城市环境，并强调了稳定社区的建立，以及更具时间考量和进化过程的城市设计方法。其注重的是将城市设计作为一种分析工具，而非在于干预本身。格雷格·扬（2008）则通过提出一种新的系统"Culturisation"——文化在社会、经济和生态方面被赋予一种新的、重要的创造性考量，批判和反思的文化被纳入城市和区域的规划设计。帕特里克·康登（2010）则将城市的发展与

生态、经济和社会后果紧密联系起来，综合自己的知识和研究，将住房权益、工作分配、经济发展、生态系统等问题纳入城市设计的建议框架之中等。

强化运作机制的城市设计

纵观国内外城市设计的历程，都经历了从最初的城市设计需求到城市设计理论发展，并开始面向实施的过程（表 1.5），即城市设计正逐渐从强调理论形态走向注重应用形态。一方面，作为物质环境设计，城市设计表现为由多阶段所组成的设计"求解"过程（王建国，2004）；另一方面，就城市设计的实质而言，它作为一种社会系统设计，涉及社会、政治、经济、文化诸多方面。城市设计作为社会实践，作用于城市空间发展的进程，体现为从策划到维护的整个实践过程。由于每个城市的空间结构关系、肌理与形态都蕴含着特定的行为模式与文化内涵的积淀，今天的社会问题往往与空间的发展密切相关，价值观与行为准则、场所及特征、社会平等、社区、城市活力等领域的社会要素，逐渐成为当今城市设计的精神核心和重要构成，这也促使作为物质环境改造的重要手段之一、作为一种重要的公共政策（乔纳森·巴奈特，1974）的城市设计，成为解决当前社会问题的一种重要手段。

当前，城市设计的应用正越来越注重有效调控体系和理想政策过程的促进，并越来越多地借助设计原则、框架和体系建构、组织管理、实施运作、制度及行动配合等多元视域，对城市形态、环境及城市公共空间的建设进行控制和干预、协调各方利益、促进社会公平，进而塑造理想的城市。

其中，在设计原则的建构与调控方面，1984年加拿大的迈克尔·霍夫则确立了五个生态设计原则：对进程和变化的理解、经济最大化、多样性、环境素养、改善环境。加拿大的马克·罗斯兰在 1991 年提出了一系列生态城市设计的原则，包括修正土地使用方式、改革交通模式、恢复被破坏的城市环境、提倡社会的公共性、促进资源循环、倡导采用适当技术与资源保护等。1995 年，西姆·范·德·莱思和 S·考沃合作完成了《生态设计》一书，提出了生态化设计的五条原则：因地制宜的设计方案、评价设计的标准－生态开支、配合自然的设计、人人皆是设计者、让自然清晰可见。黄珉斐则结合城市可持续发展的维度，提出了未来建构可持续城市的导向：向城市内部发展，营造高品质的都市人居环境；老城区的更新；新交通模式；多功能混合型城市；分散多中心模式；网络型城市体系。2005 年 6 月，著名城市设计专家乔纳森·巴奈特在第六届亚洲太平洋建筑国际学术讨

表 1.5　国内外城市设计发展阶段对比

国家	现代城市设计理论产生（引入）		对城市设计需求的活动时间	城市设计理论发展并开始面向实施		备注
	城市化水平	时间		时间	发展状况	
美国	40%	1900 年	1900 年以后	20 世纪 50 年代以后	城市设计在各个城市开展，以纽约、芝加哥等为代表；城市设计理论形成与不断发展	理论发源地，从形成到逐渐成熟；理论引入相对城市化水平略落后
日本	40%	1955 年	1955 年以后	20 世纪 60 年代以后	开始城市创造活动	
中国	30%	1980 年	1980 年以后	20 世纪 90 年代中期	理论学术研究日益广泛，城市设计向实施纵深发展	理论引入相对城市化水平略超前

论会上发表主题演讲，提出了有关城市设计的生态基础设施的六项原则。美国规划学会所著的《规划与城市设计标准》，则实用性地介绍了一系列土地使用规划与设计和评估的经验法则。杨沛儒在《生态城市主义：尺度、流动与设计》一书中提出从形式、物质、流动、尺度与时间五种设计维度，消解快速城市化与高密度城市中发展与自然系统之间不断发生的冲突。

在城市设计整体框架与体系建构方面，马修·卡莫纳在《城市设计的维度》一书中，从六个关键维度——社会的、视觉的、功能的、时间的、形态的和认知的，视野广阔地建立起基于全球和当地双重语境的城市设计理论与实践的研究框架。2006 年，新西兰环境部为促进高质量城市设计，支持新西兰城市设计协议，编写了《城市设计工具》，列出了城市设计的若干工具，主要为调查和分析工具、社区参与工具、提高认识工具、规划和设计工具及实施工具五个部分。其中在规划和设计工具部分，针对城镇或城市范围工具由城市设计策略、城市设计框架和设计导则构成。董慰则强调城市设计应把城市空间视为整体，对空间要素及要素之间关系进行整合设计，着重研究了对城市空间整体发展起战略性谋划作用的城市设计框架的建构，试图促进以整体性思维重新认识城市设计，给予和还原城市设计作用的有效空间。

在城市设计的组织管理与实施运作方面，2000年，英国交通、环境与地方事务部（DTERE）与建筑及建成环境委员会（CABE）提出将城市设计作为"为人创造场所的艺术"。"城市设计涵盖了空间使用的方式和诸如社区使用安全及外观在内的诸多因素。调整人与空间、行为与城市环境、自然与人工环境间的关系，并寻求能创造成功的村落与城镇的方案"，徐雷提出了"管束性城市设计"的概念，并强调它是我国目前城市设计研究的

主要缺损领域和今后相对长的时期中城市设计的重要研究方向，同时阐述了管束性城市设计的方法策略，重点突出其开发管束和设计引导的双重职能作用。扈万泰提出了城市设计运行模型框架，重点研究了城市设计的法律地位、技术措施、立法体系、机构建设、实施管理技术等系统内容。庄宇则从城市设计实施的现实性要求出发，系统化地讨论了关于城市设计运作的组织、保障、动力及过程的问题。

此外，关于城市设计制度及其行动配合，李亮将城市设计作为在中国城市规划变革背景下的一种非正式规划类型，在探讨中国城市规划领域的改革动向、分析城市规划与城市设计共同的制度环境与社会改革背景的基础上，尝试提出城市规划变革的总体趋势和可能路径，试图对城市设计进行重新定位，并从实践和研究角度提出城市设计的发展要求。金勇（2008）在《城市设计实效论》一书中，基于中国当代城市设计的本土化与实践的理论困境，将城市设计作为面向公共价值的社会实践，探讨了城市设计的实践过程与角色、实效分析与评价、背后成因等，并结合上海太平桥地区的城市设计实践展开具体分析。乔恩·兰则更为细致地指出："从日常生活到节日庆典、从对待隐私和财富的态度等，活动的模式取决于特定文化背景下人们的社会角色和生活特点。环境模式、建构的材料、色彩等也可以用于理解和交流……对待个性化和合作的态度，可能是城市设计最重要的以文化为基础的变量。"值得强调的是，与社会平等相对应，人人都具有选择权。而这种选择权存在的前提是社会可能的提供。越是繁荣、富于活力的城市，提供给人们选择的机会就越多。良好的城市设计，可以通过提倡城市生活、城市经济、开发与发展模式、城市空间形式等设计要素的多样性，来适应社会人群的多样选择需要。

城市可持续发展研究的关联考察

主要冲突与可持续发展的关联影响

在我们的社会生活中，冲突作为一种普遍现象而广泛存在，具有客观性。国内外关于冲突对可持续发展的影响的研究覆盖面广、视角和方法多样，囊括生态、意识形态、文化、经济、社会、政治等多重向度。本书首先着重于探讨三个根源性的冲突领域的影响、考察其相关理论研究，并由此促成关联性冲突视域的分析架构（表 1.6 和图 1.5）。

其一，人与自然的冲突。没有自然，人类是无法生存的。人对于自然而言具有能动性，是作用主体，自然是相对被动、消极的一方；同时自然界对人类而言，则具有制约性，是根源所在。自然环境对人类不仅具有作为资源的经济价值，更具有生态价值、审美价值。然而，人口大量增加、科技发展和经验积累，特别是在工业革命之后，人类对自然的改造与影响日趋增强，自然界被人们当作取之不尽的宝藏和利益源泉。人们在毫无节制地掠夺开发的同时，自然界被大肆破坏，废水、废渣、废气大量排放，造成生态系统毁损。自然环境危机日益成为困扰人们身心健康和社会发展的全球性危机，人类与环境的关系长期处于一种人类试图主宰环境的单向度关系。

当人们借助于不断进步的科学技术、完成了从对自然的"敬畏"到对自然的"掠夺"的地位转变的同时，人们的思想和生活方式连同社会制度、生产关系一起也随之改变，进而对建筑与城市产生根本性的冲击。在今天，人与自然的冲突突出地体现在土地、水等资源领域，尤其在发展中国家，土地稀缺与冲突之间的因果关系是长期争论的话题。在水资源利用方面，夏忠等提出了建立模型、水源联合运用等举措。此外，能源利用、气候变化、垃圾

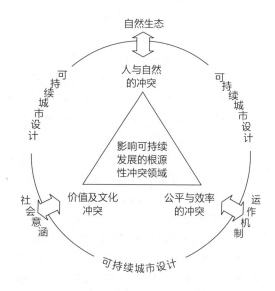

图 1.5　根源性冲突与城市设计可持续建构面向的关联图示

表 1.6　根源性冲突视域对可持续发展的影响

冲突视域	对可持续发展的影响
人与自然	1. 以人为中心的单向度的关系模式，亟待转换为一种互动与多元建构的关系 2. 科学技术作为重要驱动力，亟待从对自然的"掠夺"转向与社会情境相关联，与社会制度相结合 3. 除了体现可持续发展的自然环境保护、缓解发展与环境矛盾的要求之外，还与更为广泛的可持续发展指向密切关联：实现人与人、人与自然的互相优化、同步发展
价值及文化	1. 可以直接导向可持续发展建构的不同的现实诉求、策略选择及行为方式等，具有重要的发展导向作用 2. 可以借助文化冲突的正功能与社会现实的强烈关联，构成可持续发展型构的变革力量 3. 体现在城市与乡村、新建与旧有等多重发展领域，并对可持续发展的实现产生重要且核心的影响
公平与效率	1. 追求公平与追求效率体现出不同的价值取向和关系建构模式 2. 兼顾公平与效率已成为可持续发展建构的艰巨任务，并内含现实对策与理想境界协同建构的重要命题 3. 发达国家与贫困国家由于面向可持续发展的基础、目标不同，往往导向不同的发展情势与策略手段

处理等方面的冲突研究也日益增多。这些研究大都试图突破经济、环境的考察，更广泛地与政治、社会相联系来分析冲突问题的策略应对。这也反映出，当从一种单向度关系转向互动和多元，当技术驱动与更广泛的社会情境相关联，人与自然的冲突认知，除了体现自然环境保护、缓解发展与环境的矛盾之外，还与更为广泛的发展指向相联结，实现人与人、人与自然的互相优化、同步发展。

其二，**价值及文化冲突**。从整个世界来看，不同意识形态所隐含的价值冲突往往十分激烈。我国正处于市场经济体制改革引起的社会转型过程中，无论是生产力的发展、交往的扩大，还是体制的更新、社会结构的变化，都必然冲击着在原经济方式基础上建立起来的各种社会关系，引起人们价值观念的激烈碰撞，进而影响生活方式，带来利益关系的分化和重组。当人本主义的价值观念与科学理性至上的价值观念碰撞，进而走向两种文化间的冲突，并引发人与世界的双重危机时[1]，价值冲突则借由文化冲突凸显其背后的社会现实冲突，呈现为群体之间争夺权力和利益的对立，并引发城市与乡村、新建与旧有等领域的多元冲突，对可持续发展的实现产生重要而核心的影响。社会文化冲突往往具有促使本土社会文化更广泛吸收其他社会文化的精华，并引发利益格局、技术、政治权利、社会制度和习俗、教育等社会领域的强烈变革和发展等正功能。价值冲突可以借助于文化冲突的正功能与社会现实的强烈关联，构成促成可持续发展的变革力量。

总结而言，价值冲突与社会文化形态、利益调节、政策导向等，都存在着现实的和逻辑的内在关联。作为一种历史发展的必然，它既可能对城市的发展和整个人类社会的进步造成阻碍，同时却也构成了历史发展的契机，甚至成为历史发展的动力，可以直接引导人们朝向可持续发展建构的不同的现实诉求、策略选择及行为方式等，具有重要的发展导向作用。

其三，**公平与效率的冲突**。公平与效率在本质上是对立统一的。公平是社会发展的一个重要目标，涉及经济、社会、权力、分配性、关系性等平等问题。关于公正的各种理论流派始终紧紧围绕两

大主题：一是对平等、自由和权利的捍卫，二是对社会弱者群体利益的保护。广义上的效率自有人类以来就开始存在了，意指在其他所有条件不变的前提下，投入减少或不变而产出增加。效率是公平的重要基础之一，公平的缺失最终会影响效率。如果说效率、平等和稳定等价值是社会正常运转的基本要求，那么社会公平的实质就是在各个系统、各种价值之间维持一种道义上的均衡，既不使经济效率的发展损害社会公平，也不使社会公平生存于经济的无效率或低效率之中。然而在现实中，公平与效率却常常是背离的、矛盾的、冲突的。讲公平优先可能会弱化、降低工作效率，讲效率优先可能会掩盖乃至扩大社会不公。从现实的社会经济发展来看，世界各国奉行的都是效率优先。即使以"效率优先、兼顾公平"为指导，也存在着如何使先富"带动"后富，如何由少数人先富过渡到实现共同富裕的问题，而且也难免在一定时期和一定范围内出现贫富差距拉大和社会分配不公的问题。当前无论是使社会阶层结构更加合理、减少贫困人口数量，还是强调收入分配秩序，改善社会劳动关系，都亟须经济效率与社会公平关系的协调。在某种意义上，中国社会现实中亟待解决的大部分问题的根源都在于此。

追求公平与追求效率体现出不同的价值取向和关系建构模式。而当今社会人们对技术、经济效益的一味追求已经成为可持续发展的现实障碍。例如，当代中国大城市社会空间重构与分异正形成居住分异、居住隔离等类似西方城市的社会问题，严重地影响着城市空间资源的公平分配，并对城市社会的可持续发展造成不利。在当下可持续建构的语境下，在资源有限的前提下，任何公共资源的配置行为都要考虑效率与公平，如何兼顾公平与效率已成为可持续发展建构的艰巨任务，并

1　20 世纪 50 年代末，斯诺提出了著名的"两种文化"理论：在人文学者和科学家当中存在着两种文化，一种是人文文化，一种是科学文化。由于科技文化的日益扩张，逐渐失去了相对萎缩的人文精神导引，背离了人的根本目的，引发了人与世界的双重危机。前者表现为人的自身的危机，后者表现为环境危机。

内含着现实对策与理想境界协同建构的重要命题。经济效率和社会公平二者从来就是有先有后、有所侧重的。其中的关键在于要具体分析、有所侧重地针对相互影响的程度，强调经济效率和社会水平的协调。

随着全球化趋势的不断扩大和深入，消费主义蔓延也日益成为当今城市发展的重要背景之一，并在当代社会成为一种生活方式，改变了城市结构和阶层。同时，由消费主义主导的经济全球化，对于发展中国家和地区的人民的现实利益也是不公平的、有损害的。一方面，在当今世界贫富分化日趋严重的情况下，发达国家与贫困国家往往基于自身利益格局选择不同的发展路径，而全球化是被今天的主导社会力量所创造的，这些力量则试图用来为其特殊利益服务，并随时准备动用它们的政治和经济力量以确保在任何情况下坚守其利益[1]；另一方面，许多城市都面临着贫困化程度的加深和贫富分化、种族宗教冲突、失业率和犯罪率居高不下等棘手的社会问题，社会隔离、贫穷与阶层分化日趋严重。

从本质上来说，消费主义、功利主义是与可持续发展的公平性、持续性以及共同性原则相背离的。将消费与贫穷的内在地联系起来考察，则可以发现如下冲突地带：第一，消费主义在当代文明世界里与可持续发展观形成了观念上的尖锐冲突，造成利润追逐、环境污染、资源浪费，并进而加剧贫困与阶层分化；第二，发达国家与贫困国家之间由于面向可持续发展的基础、目标不同，往往导向了不同的发展情势与策略手段。毛世英（2004）的提倡在此具有借鉴意义："要真正彻底地批判和抵制消费主义，实现人类的可持续发展，我们必须从经济、社会、生态、文化诸方面全面贯彻和实施以人为本、全面、协调的可持续发展观，同时在全社会提倡和建立一种注重环保、节约资源、适度消费、崇尚精神追求的可持续消费观。"

城市可持续发展研究的主要方向与考察视角

城市可持续发展，是指在现代化的城市建设中，以城市居民的利益为根本出发点，强调城市住区的发展与建设，协调人与自然、人与人及人与社会之间的关系，寻求经济、社会的良性发展，以及城市建设和环境保护的良性循环。其可持续发展包括三个子系统：城市经济、环境、社会。城市是人类最主要的聚居地和经济活动中心，城市的可持续发展直接关系到人类的可持续发展，研究意义重大。国内外相关研究涉及生态学、经济学、社会学、系统学等多个学科方向，并不断发展完善。

其中，研究的生态学方向更多地强调自然与生态平衡、环境保护与污染治理、资源开发与合理利用等基本的可持续发展研究内容，并试图探寻经济发展与生态环境保护之间的平衡与共赢；研究的社会学方向，关注人口的增长与控制，注重贫困的消除、社会的发展，以及利益均衡与社会分配、科技发展与进步等与可持续相关的社会学问题，强调经济效益与社会公正的平衡，而这也是可持续发展所追求的社会目标和伦理规则；研究的经济学方向，往往强调永续利用自然资源，加强良性的生态环境循环及考量环境承载力的可持续经济发展，将区域开发、结构优化、生产力布局、资源供需的平衡等，作为基本的研究关注内容，如"绿色经济"等有关研究；研究的系统学方向，则以系统论为基础，吸取信息论、控制论、计算机技术和决策论等学科知识，预测及研究系统的发展；强调综合协同地探索人地复杂系统的运行机理，以及可持续本源和演化规律所在，探寻时空耦合与相互作用关系，以建立统一考察与解释的基本评判规则。结合研究主题与现实国情，本书更多地着眼于生态学、社会学的研究方向来展开可持续城市设计本土策略的分析与探讨，尤其关注可持续空间发展建构的生态力、社会力作用，注重协调人与自然的关系、强调社会建构与发展。

---

1 发达国家侧重于保护环境、减少污染、提高生活质量；贫困国家的紧迫问题则是解决温饱、消除贫困、发展经济。发达国家指责发展中国家落后生产方式所致的环境污染、生态破坏，而发展中国家则声讨发达国家向发展中国家"转移"污染以及过度生活挥霍的不人道和不负责行为。占世界人口 5% 的美国，消费了世界 15% 的资源，制造了世界的大部分污染，但是美国却于 2001 年宣布拒绝认可《京都议定书》。

城市可持续发展的研究，涉及了多层次、多维度的考察视角。城市可持续发展的理论体系、战略研究、机制建构、评价体系及与城市形态相关的考察视角（图1.6），可以说构成了其中关键、核心的内容，也成为本书多学科交叉探寻城市空间可持续发展建构的支持路径，并探索其间的实践机制与应用可能的重要思路借鉴。

城市可持续发展的理论体系

作为一种新型发展战略和思路，城市可持续发展包括了多学科领域，其间各种思想和理论正日益丰富（表1.7），关涉理想城市、发展模型、政策宣言、设计理论与方法的多元维度，但仍处于不断探索阶段。系统完整的理论体系尚未形成，而城市经济、社会、环境及生态的持续与协调发展如何有效保障，还需在理论和实践的双重维度开展深入研究与探索。

事实上，对理想城市和发展模型的探索一直是城市设计的主要内容和发展动力之一。从柏拉图《理想国》、维特鲁威《建筑十书》、托马斯·莫尔《乌托邦》，到埃比尼泽·霍华德《明日的田园城市》、柯布西耶"阳光城"、弗兰克·劳埃德·赖特"广亩城市"等，无不在探索如何建立城市在空间、秩序、精神生活和物质生活上的平衡与和谐，开启了城市设计的智慧之门，并推动城市设计思想不断向前发展。当前科技革命、人文思想和生态可持续理念兴盛的时代背景，也推动各种新的城市构想陆续出现，为未来城市的发展做出了大胆而又理

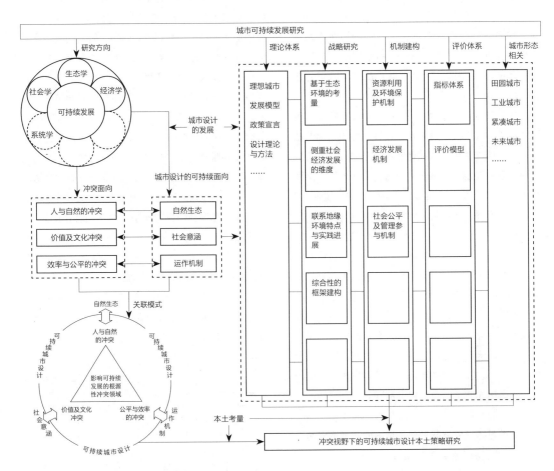

图1.6　城市可持续发展研究的综合考察图示

表 1.7　城市可持续发展的基础理论

时间	提出者	主要理论或著作	主要思想
1898 年	[英] 霍华德	田园城市	城市与乡村融合
1904 年	[法] 托尼·加尼耶	工业城市	城市功能分区思想
1915 年	[德] 格罗皮乌斯	新建筑运动	城市发展三大经济原则
1922 年	[法] 柯布西耶	明日城市	城市集中主义和阳光城市
1932 年	[美] 弗兰克·劳埃德·莱特	广亩城理论	消失中的城市，城市分散主义
1933 年	[德] 沃尔特·克里斯特勒	中心地理论	城市的区位理论
1933 年	国际现代派建筑师的国际组织（CIAM）	《雅典宪章》	居住、工作、游憩、交通的城市四大功能
1939 年	[美] 克莱伦斯·佩里	邻里单位理论	社区居民环境
1942 年	[芬兰] 埃列尔·沙里宁	《城市：它的发展、衰败与未来》	有机疏散理论
1959 年	[美] 凯文·林奇	《城市意象》	知觉图式应用于城市研究
1961 年	[美] 刘易斯·芒德福	《城市发展史》	人的尺度
1971 年	[苏联] 亚尼斯基	《生态城市》	人与自然和谐；遵循生态学原则
1973 年	乔治·丹齐克和托马斯·萨蒂	《紧凑城市》	针对城市的无序蔓延，强调混合使用和密集开发
1977 年	现代建筑国际会议	《马丘比丘宪章》	市民参与和文化遗产保护
1981 年	国际建筑师联合会第十四届世界会议	《华沙宣言》	建筑与人和环境作为一个整体，并考虑人的发展
1987 年	世界环境与发展委员会（WCED）	《我们共同的未来》	可持续发展
1992 年		里约宣言 21 世纪议程	
1995 年	[奥地利] 理查德·V·奈特	以知识为基础的发展：城市政策与规划之含义	整体的城市观；城市发展在知识社会里的若干原则
1999 年	[美国] 伊恩·贝格	城市竞争力模型	部门趋势、商业环境、公司特征和革新等作为核心竞争力
20 世纪 90 年代	[美] 安德雷斯·杜安尼与伊丽莎白·普拉莎白-扎别克夫妇，彼得·卡尔索尔普	新城市主义	传统邻里区开发（TND）；公交导向的邻里区开发（TOD）
2000 年	美国精明增长联盟	精明增长	紧凑、集中、高效的城市发展理念
2008 年	中国国家建设部与世界自然基金会	低碳城市	低碳经济、低碳生活以及低碳社会的建构
2010 年	中国交通运输部	《公交都市》	应对小汽车的高速增长，面向拥堵的交通

性的探索或预见。

为寻找科学的价值取向、探索实施可持续发展的正确路径，我国政府和社会各界也在理论探索方面进行了不懈努力，一系列支持政策和实施计划先后制定。我国制定了《中国 21 世纪议程》和《中国 21 世纪人口、环境与发展白皮书》两份纲领性文件，并结合国情指出了有关城市建设和建筑业发展的基本原则和政策。《国民经济和社会发展"九五"计划和 2010 年远景目标纲要》把可持续发展作为重大方针和战略目标，并明确做出了今后中国在经济社会发展中实施这一战略的重大决策。2006 年我国十届全国人大四次会议表决通过《中华人民共和国国民经济和社会发展第十一个五年规划纲要》，明确提出落实节约资源和保护环境基本国策，建设低投入、高产出，低消耗、少排放，能循环、可持续的国民经济体系和资源节约型、环境友好型社会。2007 年，"建设生态文明"在十七大报告中得以明确提出，强调以科学发展观为指导，从思想意识上实现三大转变，提出将传统的"征服自然"等理念转变为"人与自然和谐相处"，将粗放型增长模式转变为增强可持续发展能力的转型模式，从简单地把增长等同于发展、重物轻人，转变为强调人的全面发展这一核心。"十二五"规划首次把绿色发展，建设资源节约型、环境友好型社会写入纲要，把节约资源、保护环境作为约束性指标，为我国经济社会可持续发展指明了方向。2017 年，"十九大"报告指出生态文明建设成效显著，强调坚持人与自然和谐共生，加大生态系统保护力度，加快形成生态文明制度体系，以及进一步推进绿色发展等。

在可持续理论与设计方面，英国城乡规划协会在 1990 年成立了可持续发展研究小组，并于 1993 年发表《可持续发展的规划对策》，提出城市规划实践的行动框架中引入可持续发展概念和原则，以及将环境因素管理系统纳入空间发展规划的各个层面。这些技术措施与一系列社会经济、法律、政治、政策等相融合，共同对当代的城市产生着巨大的影响。为了将可持续发展的理念转化成一种具体化可操作的设计策略，1993 年美国出版的

《可持续发展设计指导原则》一书列出了"可持续建筑设计细则"。唐纳德·沃特森等编著的《城市设计手册》一书则介绍了"可持续设计"：代表着一系列以"保护并改善人类与相应自然系统的环境健康"为主旨的规划、设计、建造原则（图 1.7）。

可持续设计理念认为，人类文明是整体自然资源的一部分，地球上所有的生物形式都依赖这些自然资源。可持续设计不仅能影响场地设计、雨水收集、蓄水层补充、污染防治和复垦，还能通过消除有毒化学物质来改善空气、水和植被的质量。可持续设计需要理解自然系统对建城环境的各种要求及其所产生的各种环境后果。可持续设计的驱动力来自设计职业之外——主要是来自全球性问题在国际上引起的社会反映，诸如人口、贫穷、自然资源的受威胁与锐减、全球发展不均衡等问题。在致力于解决全球发展根本的思想与行动议程中，可持续设计是其核心内容。许多思想和讨论都脱胎于可持续概念，并不断修正着可持续设计的议程，与生物气候设计、生命循环和"从摇篮到摇篮"的材料回收、可持续的社区设计、生物区域主义等多个研究方向紧密联系。

城市可持续发展的战略研究

城市可持续发展的战略研究可以说是一项综合性、前瞻性研究领域，其目标、要素建构与选择机制往往着眼于可持续发展的综合性的框架建构、生态环境基础、经济社会基础、地域环境特点及实践进展等全方位的考量（表 1.8），这也构成了当前国内外可持续发展研究最为活跃的研究领域之一，并在现实中有效促进了人居环境的改善，成为社会发展的一种客观需求和历史发展的必然选择。

城市可持续发展的机制建构

虽然作为一种优良的发展道路和发展模式，可持续发展观要在本土达成现实的建构，还必须改变那种传统的孤立分割、随意决策的管理体制与制度模式，并能够更为合理地调控生产与生活活动、对生态环境结构与功能进行改善，切实促进社会参与及合理决策。

其中，**在经济发展机制方面**，世界卫生组织

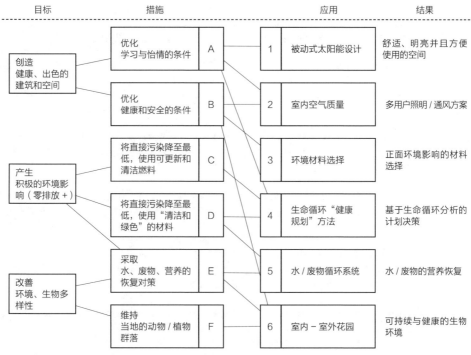

目标	措施		应用		结果

图 1.7　可持续设计的原则与实践

指出，城市可持续发展应强调资源的最小利用，并在这一前提下促进城市经济的高效、创新与稳定发展。21世纪的城市在多元的经济社会因素作用下，为了保障自身未来的有效发展以及竞争优势的不断提升，都试图努力地创造一个优良的生产、生活与投资环境，以便取得更富成效的发展。经济发展的机制因此构成了可持续发展建构的重要保障。经济空间规划、绿色经济、循环经济、绿色消费、产业共生、零排放理论、生命周期评价等是其中的代表性理论，着重于通过提高经济活动的环境效率，支持社会可持续性，促进产业可持续发展，并且协调人口、资源、环境与经济之间的关系，来朝向生产、消费、交通和住区发展模式的可持续，促进城市经济朝向更富效率、稳定和创新方向演进。需要警醒的是，"可持续发展"并不等同于"可持续增长"。

在资源利用及环境保护机制方面，如果不考虑生态系统的环境容量和自然资源的持续利用，即便能满足当前城市发展需求，但长远来看，必然成为发展的制约与限定因素。因而，资源利用与环境保护的机制等成为城市可持续发展的重要研究内容。

沃尔特·施塔尔从资源的角度入手，着重说明了资源及其开发利用程度间的平衡，是可持续发展必须遵循的一个原则。从经济学角度，美国经济学家托曼提出建立最低安全标准，以保护资源。关于最低安全标准，赫尔曼·戴利则将其规定为三个方面："可再生资源的社会使用速度，不可比可再生资源的增长与更新速度快；不可再生资源的社会使用速度，不可比作为其替代的、朝向可持续利用的可再生资源的开发速度快；社会污染物的排放速度，不可比环境吸纳污染物的能力快。"

当前，不可再生资源的保护、资源的循环利用、以最大限度地利用可再生资源等已成为城市可持续发展的基本原则。针对城市发展中所面临的资源和环境危机，如水资源短缺、环境污染、交通拥堵等，国内外学者也都在不断进行研究，试图寻求有效的解决方法。具有代表性的是，罗杰·皮尔斯建立了城市发展阶段环境的对策模型，根据不同阶段的城市发展中出现的资源环境问题，相应地提出适宜的环境策略，特别强调了应加强土地规划和环境规划控制。汤姆·丹尼尔斯和凯瑟琳·丹尼尔

表 1.8　城市可持续发展战略的主要相关研究

视角	提出者，时间，主要理论或著作	主要思想
综合性框架建构	Susannah Hagan 和 Mark Hewitt，2001，《城市争论：讨论城市的可持续发展》	收录了关于城市与文化、政治与规划、城市新陈代谢以及设计城市的广泛议题，涉及可持续城市的概念模型、政治与城市空间的生产、城市小气候模型、城市建筑环境、隐藏的技术、城市尺度上的能源等多方位的可持续探讨
	Keiner，2004，《从理解到行动：非洲和拉丁美洲中尺度城市的可持续开发》	聚焦撒哈拉以南非洲和拉丁美洲的城市，分析其需求背景，着眼于城市可持续发展所必需的体制、政策框架与战略实施，建构框架
	Okechukwu Ukaga 等，2010，《可持续发展：原理、框架及案例研究》	探讨了可持续发展的重要框架，提出了生态足迹、偏向思考、整体管理等可持续发展和项目规划的技术评估和应用的基本原则
	迈克·詹克斯与科林·琼斯，2010，《可持续城市的维度》	基于一系列可持续发展项目，全面探讨经济、社会、交通、能源和生态等多个维度的可持续举措，并考察他们之间及其城市形态上的关系
	Charlesworth 等，2011	围绕城市设计、基础设施和建筑三个实践领域展开城市可持续发展建构的探讨
基于生态环境的考量	彼得·纽曼等，2008，《作为可持续生态系统的城市：原则与实践》	考察城市可以效仿的自然形态和过程，提倡雨水收集、屋顶绿化、可再生能源利用、行人友好空间建构等简单的策略，形成重建模型，探索可持续战略
	杨沛儒，2010，《生态城市主义：尺度、流动与设计》	提出从形式、物质、流动、尺度与时间五种设计维度消解快速城市化与高密度城市中发展与自然系统之间不断发生的冲突
	蓝道尔·托马斯，2003，《可持续城市设计：一种环境的举措》	总结了未来城市设计的基本原则，重点关注了其中涉及的环境问题及城市环境的物质影响，包括建筑、景观、交通、能源、水和垃圾等
	Tai-Chee Wong 等，2011，《生态城市规划：政策、实践与设计》	强调节能、反污染措施、使用非汽车模式、建设绿色建筑、维护市区的自然和自然栖息地、促进再生资源利用等多方位的环境规划政策
	Bueren 等，2011，《可持续城市环境：一种生态系统的举措》	从生态系统的角度，以不同的空间尺度，将材料、水、能源、交通、宜居与健康等各种要素与可持续方案结合，探索治理工具
侧重经济社会发展的维度	David Elliott，2003，《能源、社会和环境：朝向可持续未来的技术》	聚焦能源与社会和环境的相互作用，并结合案例研究探讨替代能源解决方案
	Adrian Pitts，2004，《可持续性与盈利的规划与设计战略》	从经济上可行及盈利性选择的视角，强调建筑及城市尺度的务实的可持续设计，并作为未来可持续发展的指导方针
	Matthew Kahn，2006，《绿色城市：城市增长与环境》	着眼于"绿色城市"的建构，重点结合对环境库兹涅茨曲线的理解分析，探讨经济发展和城市环境质量之间关系及影响模式

视角	提出者，时间，主要理论或著作	主要思想
侧重经济社会发展的维度	Nadarajah, M. 等，2007,《城市危机：文化和城市的可持续发展》	结合亚洲城市典型案例分析，提出了实现可持续发展的城市文化理论，将文化指标评估作为决策者的重要工具
	Roland Anglin，2010,《促进可持续本土化和社区经济发展》	强调综合性和战略性的振兴策略，试图借助从基于市场的激励到公共部门学习、合作和社区能力建构的混合策略，来促进可持续的当地及社区经济发展
联系地域环境特点与实践进展	比特利，1999,《绿色城市主义：学习欧洲的城市》	侧重欧洲先进的可持续发展经验，包括住房与生活的选择、运输系统及政策、将绿色融入城市的创造性方式、调整"城市新陈代谢"、利用可再生能源等
	Peter Newton，2008,《转变：朝向澳大利亚可持续城市发展的路径》	面向澳大利亚及其人类住区所遭遇的资源约束、可再生能源利用等严峻问题，提出借助城市基础设施、机构设置以及未来的规划来寻求关键问题的解决
	Fiona Marshall，2009,《边缘的可持续发展：展望城郊动力》	面向城郊地域探讨了可持续发展的规划与重组策略
	彭震伟，2004，农村建设可持续发展研究框架和案例	围绕农村可持续发展和建设的目标，重点论述了可持续发展的经济发展战略、土地利用与村镇规划建设模式、新型能源的利用及其相关技术和废弃物管理和利用等内容
	Belinda Yuen 等，2010,《亚非气候变化和可持续城市开发》	聚焦非洲和亚洲的住房、可持续城市开发及气候变化等议题，结合实证、讨论、评估等来分析城市面临的挑战，探索解决方案
	Matthew Slavin，2011,《美国城市的可持续发展：创造绿色大都市》	从可再生能源和能源效率、气候变化、绿色建筑、交通设施等多个方面，面向旧金山、费城、密尔沃基等大城市，探讨解决方案、总结规划经验和政策内容
可持续社区的建设与开发	Roseland，2005；John Barry 等，2009；Mazmanian 等，2009；Woodrow Clark，2009；康登，2010；Stephen Coyle，2011	均提出借助镇与社区的转变或变革性战略来促进可持续生活与实践，涉及传统村庄、绿色能源、自然环境、交通、建筑环境和支持系统、住房权益、评估方法等多重建构领域，注重工具部署、政策激励、技术推进等多元化的行动制定
	Jane Silberstein 等，2000,《朝向可持续社区开发的土地使用规划》	提出可持续的土地利用规划，突出强调变革传统规划与土地开发监管
	Adam S. Weinberg，2000,《城市再循环及探索可持续社区开发》	强调社区中"回收利用"的可持续举措
	Novotny，2010,《水集中的可持续社区》	关注"可持续的环境与水文循环"，强调可持续的"水管理"
	Tumlin，2012,《可持续交通规划：创造活力的、健康的、适应性的社区》	侧重需求平衡而对各种运输方式给出详细建议

斯在《环境规划手册：朝向可持续社区与地域》中探讨了如何评估当地的环境条件，并提出了行动计划，涉及公众卫生、景观的自然区域、就业、建筑环境等领域，并结合相关的环保法律与方案，对当地政府的行动提出建议，促使其利用自身的规划工具和技术来定制综合计划。从城市生态视角进行的分析是这一领域研究的重心，并伴随着"生态城市"理念的不断深化、一系列会议与提议的不断展开，如1996年召开第二届联合国人类住区会议，1990年、1992年、1996年召开国际生态城市会议，以及生态建设实践的不断探索与丰富，为可持续城市提供了可借鉴的形成与发展机制。

关于社会公平及管理参与机制。当前城市的社会问题严重制约着城市的可持续发展。进入21世纪，生态环境及资源利用等问题已对全球构成了威胁，并伴随社会分层、贫困化等社会问题，严重影响着城市未来的健康发展。由于人们的生活方式及行为模式受到自身价值观的影响，社会可持续性提出人们应放弃传统的消费观念，改变行为方式的浪费与不合理，以促进社会公平与公众参与。耶夫塔克提出，在社会方面，城市可持续发展应追求文化与交流、信息传递等得到极大发展的城市，没有犯罪之类，且以富有生机、公平及稳定为标志。恰林基则指出，"生活城"及"市民参与的城市"是可持续城市社会特性的重要构成：其一，可持续城市是生活城，其应充分发挥生态潜力为健康的城市服务，不仅把城市作为整体考虑，而且也要使不同的环境适应城市中不同年龄不同生活方式的需要；其二，可持续城市是市民参与的城市，应使公众、社团、政府机构等所有的人积极参与城市问题讨论及城市决策。罗布·克鲁格等面向西欧和北美的城市环境建设，针对可持续发展政策在地方、国家及全球尺度下受资本主义社会关系影响而形成和受限的状况，讨论了可持续项目如何映射当代城市的政治和社会正义运动、保护规划和资源利用的空间政治，以及在新自由主义的背景下进步的可持续发展如何实践等重要主题，强调可持续发展应是对经济繁荣、社会公平和环境完整的全面体现。总的来说，国外学者对城市社会可持续发展的研究，主要集中于以下几个方面：为维持社会长治久安，应保证获得基本适宜的环境权利；保障公民公平获得培训、教育等权利，以全面提升公民素质；提升公民就业机会、提供选择的可能；积极发展经济、消除贫穷，避免社会冲突、协调各方利益；提高城市的空间质量，调节人们的生活方式；鼓励公众对于社会活动的积极参与，强化公民意识；提倡健康生活方式，促进公共活动及交往，加强邻里建设、健康服务，增强归属感与社会凝聚力。

另外，全球化背景下，可持续发展的国际合作研究也可谓是一种促进可持续建构的重要机制。在世界经济一体化格局下，全球合作、竞争和相互依赖成为国家和地区发展的显著特征。其中，南北差距的扩大、环境问题的全球化等，都对全球可持续发展造成了很大威胁。积极开展可持续发展的国际合作与研究共谋，可以为国家和地区发展提供行动上的有力支撑，促进环境外交，并为环境安全的保护提供科学依据。

城市可持续发展的评价体系

可持续发展的评价与度量，是考量可持续状态和可持续发展的进程的重要手段，是建立一种综合决策和协调管理的可持续发展机制的基础，可以为政府决策提供优先考虑的问题，并作为重要的科学依据，还可以提供给公众可持续发展的有效信息，从而也成为可持续发展研究的热点与前沿。

城市发展包含了自然、社会、经济等各方面要素此消彼长的过程，因而评价与检测一个城市是否朝向可持续演进，也是一个比较复杂的过程。当前可持续发展的评价研究，都是以追求区域环境、资源、社会、经济之间的协同发展为出发点，强调朝向可持续发展的评价指标体系和定量模型的构建。其中，评价指标大体可分为评估性、描述性这两类：评估性指标是评估各可持续发展系统协调度与相互联系的指标；描述性指标是标示发展状态的指标。由于复杂的多元参数组成了每一系统，因此评价可持续发展的指标体系也必然是复合性的，应能在时间上反映发展趋势及速度，在空间上反映其整体结构与布局，在层次上反映其发展水平与功能，在数量上反映规模构成。可以说，城市可持续发展的指标体系是反映城市社会、经济和环境长久健康发展的根本要素和重要标尺，构成了可持续城市内涵的具体化、规划与建设成效的重要度量，也构成了评估及调控开发建设的有效途径。可持续发展指标反映可持续发展的状态、质量、水平，主要具有描述发展水平，一定时期各方面要素持续发展变化的速率与趋势，以及综合测度区域整体发展协调性，从而反映整体发展状况这三方面的功能。

从 1992 年《21 世纪议程》号召各国、国际组织和非政府组织建立和运用可持续发展的指标体系以来，可持续发展相关的指标体系不断提出，如国际科学联合会环境问题科学委员会 (SCOPE) 提出的可持续发展指标体系，联合国统计处 (UNSTAT) 提出的可持续发展指标体系框架 (FISD, 1994)，联合国开发计划署 (UNDP) 提出的人文发展指标 (HDI, 1990) 等。同时，国家、区域层次上的可持续发展指标体系也不断涌现，有代表性的是加拿大、荷兰、美国等国家提出的指标体系等，如英国的 BREEAM、美国的 LEED、加拿大的 GBC 等生态控制评估体系等。可以发现，国外可持续发展指标体系往往是从资源、环境、社会、经济的现实和综合协调出来来进行体系设计，并尝试提出涉及可行性、实施途径与计划的指标设置，其统计范围往往界定相对明确，并着重体现出普遍性与特殊性的统一。

20 世纪 90 年代初以来，我国在面向可持续发展展开理论研究的同时，也重点对其指标体系进行了考察与研究。可持续发展指标的概念、原则、重要性的阐释、框架建构的思路等方面构成了最初研究的重点，在此基础上，其后的研究则进一步提出了有关具体的可持续指标内容的一些设想。对可持续发展状况进行数据评估的方式也得以初步开展，如中国科学院可持续发展研究组提出的"中国可持续发展指标体系"、中国 21 世纪议程管理中心课题组及国家统计局统计科学研究所提出的可持续发展指标体系等。总的来说，在我国，由于研究者的角度不同，对可持续发展的评价及指标体系的研究呈现出百花齐放的局面。可持续发展问题涉及面广、指标选取繁杂、涉及问题复杂，收集、解释和处理数据存在诸多不便，研究往往在实际操作应用上存在难度。相关研究还有待深入并值得重视，以促进可持续发展管理的基础和依据建构。

城市可持续发展与城市形态

工业革命以来，人们的生活方式与思想观念在城市化快速推进过程中发生了重大变革，日趋严重的生存危机与社会问题威胁着城市的发展，也迫使人们更为迫切地探寻可以促进长远可持续发展的城市形态与聚集模式。其中，埃比尼泽·霍华德的"田园城市"理论、弗兰克·劳埃德·赖特的"广亩城市"、刘易斯·芒福德的"有机秩序"理论等，均强调了生活回归绿色自然，以及城市地域空间上的低密度模式；1909 年丹尼尔·H·伯纳姆和爱德华·H. 本内特编制的芝加哥规划则推动了城市美化运动；帕特里克·格迪斯提出应该在更大的区域范畴上来解决城市与乡村的矛盾，强调人与环境的共生关系，揭示了未来城市成长和发展的动力；阿图罗·索里亚·马塔的带形城市、托尼·加尼耶的工业城市、柯布西耶的光辉城市等则是"机械理性城市思想"的重要代表，而其对功能分区和城市空间分布秩序的强调，则为此后的《雅典宪章》的城市功能分区思想奠定了基础；面对大城市发展的困境，芬兰建筑师埃列尔·萨里宁则提出了一种介于埃比尼泽·霍华德和柯布西耶二者思想之间、却又区别于二者的思想——"有机疏散"理论。这一思想最早出现在 1913 年的爱沙尼亚的大塔林市和 1918 年的芬兰大赫尔辛基规划方案中，整个理论体系及原理集中在埃列尔·萨里宁 1943 年出版的巨著《城市：它的发展、衰败与未来》中。这一理论试图通过重新建立"日常生活的功能性集中点"，调整城市结构关系，以"外科手术"剔除城市的衰败成分，使其恢复最适宜的用途，保护城市老的、新的使用价值的构想是一种极为冷静和理智的发展策略……这些人们积极应对城市问题的理论与实践对城市发展途径与方法的探索，都具有重大的启发与借鉴意义。事实上，"田园城市"模式引发了之后的新城运动；"广亩城市"成为后来欧美中产阶级的居住梦想和郊区化运动的根源；帕特里克·格迪斯的论著则对后来的人居理念、城市群模型与可持续发展思想都有启蒙影响；而整整一代规划师和建筑师，战后都开始敬重柯布西耶的著作和思想，并纷纷结合实践尝试运用他的思想。

在这样丰富的理论与实践发展背景下，具有重大意义的新城建设开始登上历史舞台，并经历了类型由少到多、规模由小到大、功能由单一到综合、结构由简单到复杂的演变历程。其目的从最初的疏解人口、提供住宅演变为实现城市重新布局促进区域协调发展，从单纯解决大城市拥挤问题演变为国家或地区发展政策的重要组成部分，其地位则从母城的附属逐渐强化自足性进而发展为区域联动互补。1944 年英国大伦敦规划、1965 年法国巴黎的战略规划、1956 年日本制定的"首都圈第一次基本规划"等，都是新城建设实践的重要范例。美国、北欧等工业化国家也都进行了大规模的新城建设实践。

总的来看，国外大都市新城的规划建设，一方面是适应城市郊区化发展客观规律的必然选择，另一方面是为了促进城市空间结构协调和功能配置合理的政府行为。在我国，随着 20 世纪 90 年代以后城市进入高速发展的新时期，新城规划建设也已从单一功能的卫星城规划建设阶段转变为相对独立的新城规划建设阶段。大城市的地域空间结构的变化尤为显著，单中心的发展模式已不适应快速城市化进程，开始进入由向心聚集转向离心分散的转折时期。新城开发正在成为中国 21 世纪大城市空间扩展的主要方式之一。随着生态可持续思想的渗透，新城开发也日益与可持续性构建紧密结合，并试图型构着城市未来的理想生活。

随着 20 世纪中后期开始的逆城市化及城市蔓延等现象的出现，城市土地资源浪费、能源过度消耗等问题日趋严重，进而迫使人们重新思考城市在空间上应该采取什么样的发展形态。紧凑城市的思路得以提出，其本质上是一种与分散化思想相对的集中化思想。紧凑城市建构的核心在于强调了适宜步行、有效的公共交通，以及促进人们交往的紧凑形态和规模。1998 年理查德·罗杰斯推出了他的专著《一个小行星上的城市》，阐述了他以紧凑城市的形态解决交通、资源危机的理论。理查德·罗杰斯及其合作者在上海浦东陆家嘴城市中心区城市设计国际咨询的方案中表达了紧凑城市的理念，也在西班牙玛捷卡市的城市设计中实践了这种构想，并为伦敦提供了可持续发展的规划框架，对城市的可持续发展研究做出了积极有益的探索。麦克·占克斯与尼克拉·丹普西（2005）针对"紧凑城市"中普遍应用的"密度"一词进行了阐释，进而分析了可达性、能源利用以及可持续评估等因素对城市形态可持续发展的影响，并结合城市实践探讨可行方案、提供有益的经验借鉴。

我国一些学者针对紧凑型用地布局和城市结构，提出了相应的理论模型，如朱喜钢针对南京市提出的"有机集中"式模型，段进提出的"集中型间隙式山水化空间发展模式"，管驰明、崔功豪提出的"公交导向"的城市空间模式，李翅提出的土地集约利用的城市空间发展模式等。

当然，也有众多学者从不同视角，研究与探索城市形态和城市可持续发展所具有的联系与影响。迈克·詹克斯与科林·琼斯（2010）结合一系列城市可持续发展的项目，将可持续发展的多重维度联系起来综合考察和分析城市形态的构成元素，包括密度、土地利用、区位、可达性、交通设施以及建筑环境特征等，强调了适应城市、绿色空间在心理上及生态上的效益、可持续的生活方式等问题维度。康登（2010）进一步探讨了新的城市形态是如何影响地球变暖的温室气体的生产，分析了建构更加宜居世界的社区设计规则。

总的来说，今天的人们已认同当前国内外对城市可持续发展的理论研究和应用，涉及人与自然的和谐、环境和社会发展的包容、可持续发展战略、可持续发展的机制与管理规划工具、城乡可持续发展的未来格局引导等诸多方面。同时，人们也在不断尝试加强和拓展城市可持续发展策略，日趋强调综合决策、公众参与与机制选择，并日益彰显于各国的可持续战略、政策及法规建设，物化于蓬勃的可持续城市建设与技术拓展，来综合协调经济增长、社会进步与环境发展，促进和保障城市可持续发展建设，以共同应对所面临的全球性危机。

"冲突"的理论架构与借鉴视角

"冲突"的概念及其与发展的关联作用

唯物辩证法关于矛盾的普遍性原理告诉我们：矛盾存在于一切事物之中，并贯穿于每一事物发展过程的始终。所谓"矛盾论"，即事物对立统一的矛盾法则，是唯物辩证法的本质。这里的"矛盾"也就是西方冲突理论学者文本里的"冲突"（conflict）。本书所指的"冲突"，属于社会事实的一种现象和特征。普遍存在于该社会各处并具有其固有存在，不论在个人身上的表现如何。今天冲突无疑早已成为一个哲学范畴的概念，在社会、政治、军事、经济等不同领域的重大问题的分析中也越来越具有典型意义。其与发展关联的作用与影响方面可以概括为以下五个主要方面。

第一，冲突作为变革的动力。冲突是一种社会常态，作用于当今的社会基础、公共领域、制度体系等，具有冲击性、催化力，可以成为促进社会变迁的加速器。蒂埃里·德·蒙布里亚尔提出，冲突往往源于有关各方计划的不可兼容性，某些方面希望维持或扩大潜力的意愿与其他方面类似的意愿发生冲突。而适度的冲突则往往极富建设性，可以转化成为一种正面的变革力量。马克思认为，没有冲突，就没有进步，并做出了关于社会和社会冲突中与变迁背后关键力量的理论假设，认为资源分配的不平等产生了固有的利益冲突。拉尔夫·达伦多夫把冲突的根源归结于权力分配不均，认为冲突能够直接导致社会变革；社会的主要过程和主要特征并非均衡状态，而是不同的社会集团为争夺社会权力及其优势地位彼此争斗所造成的冲突状态，冲突的形成和化解的过程就产生了社会变迁。

第二，冲突促进社会的稳定。刘易斯·科塞认为冲突的功能具有双重性：既可使社会发生变革，又可使社会趋向稳定。在一定条件下，冲突具有防止社会系统僵化、保证社会连续性、减少两极对立的可能以及促进社会整合和增强组织适应性等正功能。齐美尔对于冲突对社会整体后果的描述为：在存在高度相互依赖性的体系中，激烈程度较低但频率较高的冲突反而有利于释放紧张，进而提高系统的稳定性。乔纳森·特纳则指出，相对于最初温和形式的冲突，这样的利益组织化与清晰表达的后果是一个更大的安排，包括竞争、讨价还价和妥协。事实上，正是由于冲突制造了一种紧迫的情境，冲突的双方因此互为媒介和镜子，可以从"他者"或外来的角度，来探明由于自身长久的潜在影响而不能表明的性质、特点、社会文化与不足等，从而能够更清晰地认识到不足和优势。

由此，一方面，在不同的发展阶段和社会环境中，冲突有可能成为解决自身问题的工具，并促使原有的体系朝向更趋适宜的方向改变；另一方面，从社会发展的逻辑、历史规律中生成的冲突，还可以利用对立要素之间的相互作用与影响，促使社会文化、行为方式在具体的社会生活中运动起来，进而促进社会整合并达到某种均衡。

第三，冲突激发生成价值导向。21世纪的中国处在由传统社会向现代社会演化的过程中，对物的依赖仍是人们活动的主要特点，社会的方方面面被货币、商品、资本、利润等明显左右着，影响着我们的价值取向、社会秩序和发展方向等。这迫使我们正视冲突、分析冲突并合理地转化冲突。实际上，社会价值的转变也构成了新型社会秩序建构的重要一环。如何在价值的冲突和差异中树立一个导向性的公共价值、建立主导价值观显得尤为重要，有利于为社会提供趋向稳定、健康、良性转型的政策导向，为人们变革现实的建设与发展行动提供理论支撑与实践指引。

第四，冲突影响型构社会秩序。在当代，随着现代性进入危机和转折阶段，像我国这样的转型社会正努力寻求和创建适合于本国国情的社会秩序模式。在马克斯·韦伯看来，"秩序"这个词代表着涉及以某项准则、规范或规则为取向的行为的任何关系；一个社会不可能没有冲突和无序的现象，但把它们控制在一定的范围之内就构成了一种社会秩序。杨敏在其《社会行动的意义效应：社会转型加速期现代性特征研究》一书中指出，正是在社会与自然、个人与社会的矛盾和冲突之中，资本、科学技术、国家权力建构起了一种现代社会秩序。这一过程经历了社会价值的转变、社会主体的解放以及社会秩序的建构，而这些也进一步构成了新型社会秩序成型和再调适的重要条件；通过秩序的内化、普遍化和实践化过程，以制度化、法制化手段对行动进行的引导性支持或强制性调控，来消解冲突激化后爆发的风险、减少消极对待冲突的做法，则实际构成了发展过程中至关重要的环节所在。

第五，冲突协调整合实践活动。人与自然的冲突、效率与公平的冲突等都是在具体实践的过程中发生的。一方面，存在实践中的主体选择。"由于社会结果是所有那些我们与之互动的人互相依赖策略的产物，所以我们在实际的冲突中，往往设法限制他人的策略以确保自身选取的策略"（杰克·奈特，2009）；社会结构则体现为行动者的互动模式，产生于行动者不断的创造及再创造中并得以持续；从根本上讲，也由个人之间的微观际遇产生支撑的（科林·琼斯，1981）。可以说，实践中的主体选择既体现为对政治、社会、伦理、个人生活等方面的一种人本归附，同时也受到客观规律、自然条件的制约，并在历史的实践中不断检验、修正，成为经验积累并为未来的选择提供参考依据；另一方面，则体现为实践中主客体之间借助一种相互改造的过程，来实现冲突的化解、整合、转化。

今天人类实践创造活动的局限性、失范性，正造成越来越多的冲突，差异、断裂等构成了多元社会的重要特征。这些都需要我们积极探索实践活动的冲突调节体系，激发和确立实践主体的价值、行动选择，通过各种形式的规范、参与及互动来促进社会行动主体之间、人与社会之间的互构，使对立和冲突转变为协调和整合，在协调和整合中洞察对立和冲突。

冲突相关的研究方法与主要思路

冲突研究则呈现的是一种非线性的建构，而冲突研究的方法在本书中更多地体现为一种反思与批判的过程，可根据定量、定性的不同分为两个方面。20世纪西方的许多学者把定量方面的研究工作逐渐引向数量化，博弈论、决策论等构成了其中的重要思路。冲突分析在今天已成为一种重要的决策分析方法，既可以用来指引冲突者选择最佳策略，也可以用来指导调解者或仲裁者进行工作。其主要特点则体现为尽最大可能地利用信息，借助对诸多难于定量描述的现实问题进行逻辑分析，对冲突事态的结果做出预测及过程分析，促使决策者能更科学周密地思考问题。我国相关研究中的应用也日趋增多，并涉及价值观、利益冲突、资源配置等多元视角。

比较研究也是一种重要的方法。借助横向或纵向的比较，通过考察不同时期、不同层面、不同领域的现实状况与表现，有利于探寻冲突形成的内在原因，总结和制定冲突的转化方向、调适对策。再者，整合的方法，注重借助多学科的多领域研究，以一种多元话语局面展开多种声音的对话，激励一种解决城市发展问题的思路与方法。此外，关系及过程分析对于冲突研究十分重要。冲突现象往往至少涉及两个或两个以上的客观实体，而各个冲突实体往往具有其自身的利益倾向与行动方案。通过考察冲突发生的背景、各方参与冲突的动机与目的及事件主要发展过程等内容，把握内在关系与过程机制，构成了对复杂的冲突问题进行分析与解构的基础，从而成为解决冲突问题的关键所在。此外，政策及制度设计也是冲突研究的重要方法，并随着近年来环境危机的日趋严重、社会问题的日趋凸显而更多地被人们重视和应用。

结合冲突建构的视点来分析相关城市空间发展问题的研究，主要涉及城市化进程中资源与环境危机的应对、城市更新机制、转型时期的城乡关系与机制建构、城市设计与建筑相关领域的冲突考察与实践研究。其中，在城市化进程中资源与环境危机的冲突应对视域，张向和聚焦城市生活垃圾处理场的选址和运行管理引起的冲突问题，开展垃圾处理场的邻避效应及其社会冲突解决机制的跨学科研究；彭佳捷将社会学冲突论引入地理学，提出了空间冲突的概念内涵，并以此为基础构建了空间冲突测度的基本框架与指数模型，分析评价区域发展的空间冲突水平，对了解区域城市化过程中的主要问题及其空间特征，并进行空间冲突的有机调控。关于城市更新机制的冲突应对视域，王春兰对以房屋拆迁和居民安置为中心的城市拆迁冲突做出了分析考察。任绍斌则结合城市更新的类型和模式划分，重点分析不同类型和模式城市更新中的利益主体构成、利益冲突形式以及利益冲突的焦点，认为城市更新中利益冲突的焦点集中在政府、开发商和产权人之间的规则性冲突、分配性冲突和交易性冲突。在此基础上，提出了城市更新中规划协调的公平性、全局性和伦理性立场，以及相应的规划协调策略。

面向转型时期的城乡关系与机制建构问题，许和隆在充分利用政治学及其他学科，特别是经济学对制度与文化研究成果的基础上，着重分析了转型社会制度与文化的冲突及其互动。涂姗针对社会经济转型时期农村土地冲突的特点和类型，对农村土地冲突的利益相关者进行了界定和性质分析，并运用博弈论方法对冲突中利益相关者的策略进行了探讨，并对引发冲突的原因深入剖析，提出了规避冲突的措施。郑卫基于对规划制定决策机制、土地征收矛盾的研究分析，对邻避设施的实践建设问题进行综合考察，进而总结提出城市公共设施建设冲突的解决对策。

此外，在城市设计与建筑相关的冲突研究视域，谢菲针对信息时代城市发展中面临的城市建筑文化趋同、人的社会本质异化、建筑产品化、城市肌理破坏等诸多问题与困扰，试图从城市经济、技术和人们价值变化深入分析信息经济对城市设计发展影响，研究并摸索未来城市设计可能的方向。柳玲等分析了建筑设计的特点和建筑设计冲突产生原因的基础上，如何更为技术化地通过分解设计结构矩阵进行冲突检测，建立其建筑协同设计中的信息冲突模型，试图对建筑设计过程中多学科的协调工作进行最优化处理。阎树鑫等在《面向多元开发主体的实施性城市设计》一文中，与实践更为紧密结合地指出了面向多元开发主体的实施性城市设计

在运作机制、"融入"、"独立"方式上的问题与艰难，进而提出解决思路。

总体来看，多学科交叉地引入对冲突问题的研究、从分析冲突角色及其利益关系的视角切入、探讨综合性立场下的协调与应对策略等，是当前冲突研究的重要内容构成。从冲突主题本身切入、综合建构冲突分析语境来推展的相关研究还相对匮乏，尤其缺乏与城市设计密切关联的、针对城市空间可持续发展建构所面临的冲突问题进行策略应答的研究与探讨。

与之相联系，本书试图阐明这样一种关系：当社会现实出现冲突与问题，表面处于对立角色的参与者之间实际上也是一种相互依存的关系，损益与共，其长期利益是一致的。社会建构的相关理论及方法，则可以提供一种行动和实践的整合性研究视角，为理解社会现实、记录和分析其构造与发展过程提供新的思路。虽然从外在表象来看，可持续城市规划与建设的内容千差万别、建构方式纷繁多样，但究其本质，仍可以归结为一项促进社会经济发展的社会行动。从根本上，如果社会行动缺乏连贯一致的意义，实践缺乏稳定的形式，社会发展就会呈现出一系列的波动或冲突。正因为如此，本书试图面向冲突现象背后的社会动因及本质问题，内在地将冲突理论、社会建构、社会行动三者联系起来考察，型构"理论、方法、应用"立场联结的"冲突"的分析建构（图1.8）。

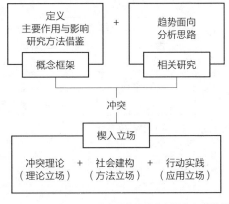

图1.8 "冲突"的理论分析架构与借鉴维度

冲突理论的架构

冲突理论的产生可以说在西方社会学界造成了强烈影响，它有力地打破和揭露了功能主义对社会现实认识的片面性，并很快对社会学各分支学科的经验研究加以渗透，广泛体现在政治社会学、组织社会学、社会分层、种族关系、集体行为等领域（表1.9）。社会学中的冲突理论发端于马克思，其20世纪中期的发展则归功于马克斯·韦伯和齐美尔。马克思对社会发展的冲突理论做了基础和决定性的研究，他认为，没有冲突，就没有进步，这是人类文明延续至今的法则，并提出了关于社会和社会冲突中与变迁背后关键力量的理论假设，认为资源分配的不平等产生了固有的利益冲突。根据马克思的观点，社会被划分成拥有不平等资源的阶级。由于存在这些明显的不平等，所以出现了"融入"社会制度的一些利益划分。这些利益冲突发展到某个程度就会爆发成积极的变革。不过，并非所有受这种观点影响的人都像马克思那样看重阶级。在助长冲突方面，其他划分也被认为是重要的，比如各种族群或政治派别之间的划分。事实上，无论以哪种冲突群体为重点，社会被看作是本质上充满张力的；即使是最稳定的社会制度，也代表了对抗群体之间一种不稳定的平衡。这两种立场绝不是完全无法共处的。正如安东尼·吉登斯在《社会学》一书中指出的，所有社会都可能就价值观达成某种普遍共识，当然也都包含冲突。

马克斯·韦伯则认为权力、财富与声望分布的变化和一种资源的拥有者掌握其他资源的程度是关键性的，社会流动的程度——获得权力、声望与财富的机会——成为产生使人们倾向于冲突的不满与紧张的重要变量。另外，马克斯·韦伯还发展了关于社会间冲突的理论。他认为，一个系统中政治权威的合法性程度，很大程度上依赖其在更广阔的地缘政治体系中的声望，而政治权威是一种提高自己合法性和控制资源分配能力的手段，合法性的缺失提高了冲突的可能性。与马克思认为冲突最终会变为革命性的和暴力性的并导致体系的结构性变迁不同，齐美尔对冲突的分析则关注于冲突如何提高团结与统一。齐美尔认为，冲突是一种社会结合形式；对共同利益的认识，在一般情况下，会导致高度工具性和非暴力的冲突。冲突使群体边界清晰化，使权威集中化，增强了对越轨行为与歧见的控制，并加强了冲突派别内部的社会团结。最早使用"冲突理论"这一术语的是美国当代社会学家刘易斯·科塞。他在《社会冲突的功能》（1965）中指出，冲突有积极和消极两个方面的作用，可将冲突视为一种促进社会发展的手段，一种可以刺激社会变迁的创造性力量。

发展到20世纪70年代，冲突理论已成为在社会学中占据统治地位的理论质疑。拉尔夫·达伦多夫是第一个广受关注的现代冲突理论家，他认为"稳定、和谐与共识"与"变迁、冲突和强制"

表1.9   冲突理论的思想演进

观点	盛行年代	代表人物	基本假定	对冲突的看法
传统观点	20世纪50年代之前	赫伯特·斯宾塞，塔尔科特·帕森斯	冲突的防治	1. 负面效益，健康社会的"病态" 2. 必须设法避免
人群关系与社会变迁	20世纪50年代至70年代	马克思，马克斯·韦伯，齐美尔，拉尔夫·达伦多夫，刘易斯·科塞	冲突的接受	1. 自然存在而无法避免 2. 可能会产生正面效益
微观过程与组织形式	20世纪70年代至今	兰德尔·柯林斯	冲突的激励	1. 绝对需要且有正面力量 2. 应维持适当水平
阶级分析和世界体系	20世纪70年代至今	赖特，伊曼纽尔·沃勒斯坦	冲突的激发	1. 矛盾引发且无法解决 2. 将资本主义作为动力，强调资本性 3. 解放性的推动力

构成了社会现实的"两张面孔"。拉尔夫·达伦多夫在《工业社会中的阶级和阶级冲突》中，吸取马克斯·韦伯关于权力及权威的理论，在此基础上建立其阶级和冲突理论，其思想呈现一种以"权威关系"为基础的辩证冲突论。与马克思认为冲突是社会内部运转的主要动力来源这点不同，拉尔夫·达伦多夫将冲突视为所有社会部门间不平等的权力问题，提出了处理外部冲突的重要性。他提出在假定的社会中，冲突不是由历史发展产生的内部矛盾造成的，而是由其他社会施加压力导致的，许多冲突不是像马克思所说的那样能被解决，而经常是通过妥协而被控制。拉尔夫·达伦多夫把冲突的根源主要归结于权力分配不均，并认为冲突能够直接导致社会变革。这点刘易斯·科塞与他不同：前者很少从制度上去探索、寻求冲突的根源而是着重分析冲突造成的后果，他把冲突的根源归结为人性的原因。同时，刘易斯·科塞认为冲突的功能具有双重性，既可使社会发生变革，又可使其趋向稳定。对科塞来讲，当冲突提高了基于团结、权威、功能相依和规范控制的整合时，冲突是有益的，它更具有适应性。

事实上，早期冲突论者认为秩序理论、冲突理论都是有用的理论工具，其关注宏观的社会结构问题，对结构功能主义也只是进行修正、补充。1975 年兰德尔·柯林斯《冲突社会学：迈向一门说明性科学》一书的出版，标志着冲突问题的研究进入了一个新的阶段。他提出，社会结构是行动者的互动模式，是在行动者不断地创造和再创造中产生并得以持续的。相比较而言，兰德尔·柯林斯关注于架通微观与宏观的联系，并认为宏观现象从根本上讲，是由个人之间的微观际遇产生支撑的，而拉尔夫·达伦多夫和刘易斯·科塞的理论则比较多地强调个人层次的冲突变量和过程。兰德尔·柯林斯的命题中更多地考虑了社会密度这一核心问题。这里，作为过去互动链的典型，社会密度构成了宏观结构的一部分，但也可以作为个人为实现其利益所使用的物质资源。可以说，冲突问题的研究由兰德尔·柯林斯开创新的基础，而狭义上的"冲突理论"此时作为一个流派已经呈现弱势。

另外，在 20 世纪 60、70 年代，许多西方资本主义国家先后经历的数次经济衰退，导致许多城市的内城衰落，城市生活空间恶化，全球性经济危机凸显。由此，着重于资本主义社会矛盾根源研究的西方学者，不断尝试从马克思主义资本论、阶级学说、"新马克思主义"思潮等理论中找出问题所在。其中，"新马克思主义"在应用于城市规划研究时又被称为"新政治经济学"，着眼于通过社会经济学方法来分析城市规划及城市发展问题，试图解释城市规划在资本主义经济条件下的权力运作问题，以证明城市物质的地理空间布局是基于不同利益集团追求利益、人为操控的结果，而非自然及市场力量作用。C. 赖特·米尔斯（1989）提出"分析性马克思主义"，突出特点在于其对社会分层的分析，以及对源自社会阶级结构作用机制的关注，但依然限于马克思主义传统之内——局限于将理论指向于彻底解放的目标或解放的可能性。沃勒斯坦则分析了世界体系，对基本的社会关系做出了区分，并强调了世界体系中的一些周期性动态。大卫·哈维说过："在地方住房市场的组织和许多城市问题中，财政超级机构承担了重要角色。"

"新马克思主义"提出，冲突的无法避免往往由于社会生产关系和利益不同而引发，并且往往由于无法调和资本主义的固有矛盾而无法得到最终解决，进而产生周期性的危机。新马克思主义的理论有利于更深刻地对城市物质空间变化背后所隐含的政治社会因素进行认知，并有利于规划从以往偏于单纯的城市形体规划扩展到更宏观的社会政治经济领域。但同时，只重视资本主义国家的社会结构及生产方式对城市空间的影响，忽视其他范畴影响下社会过程的影响，且强调矛盾冲突的不可调节性、资本的决定性等，则使得这一理论的应用范围有限。

今天冲突理论在国外已在社会、政治、军事、经济等不同领域的纠纷谈判、水力资源管理、环境工程、运输工程等方面得到了应用，中国也已在社会、经济、国际关系、组织管理与政策及制度设计等领域开始应用。冲突理论对于本书还具有这样的启发意义：冲突理论站在结构功能论的均衡理念对立面上，重视研究社会的冲突如何影响人性和社会情境的变迁与更新。这种借助对从利益、权力、制度、合法性、社会根源性等多种社会学视角的分析，将"冲突"的立场扩展至经济、权威、资源或其他交互关系或独特领域的视角，以及把冲突的形态更好地运用到社会情境和人性发展轨迹中的方法，有助于打破对社会现实认识的片面性、增强本质性和结构性的认知，有助于剖析城市空间建构的社会与政治条件、协调各方利益、缓和社会矛盾、促进政府政策内容的渗透，可以促使更具针对性地分析当前城市问题及其原因，并进行更为系统的逻辑梳理，拓宽了策略研究的视野、启发了策略研究的方法。

方法立场：社会建构的过滤

人类社会的现代化与科学技术的迅猛发展高度关联，甚至可以说是科学技术催生了现代性和现代社会。与此同时，现代科学带来的社会与文化问题开始显现。人们开始认识到，科学技术似乎具备了"生机控制能力"，开始主宰国家的兴亡和社会的盛衰；科学技术开始披上了意识形态外衣，试图垄断和控制整个社会和政治经济乃至文化命脉……针对这些问题，从20世纪20、30年代起，一些具有批判与反思精神的社会学家、哲学家开始对科学的技术应用然后是科学知识本身进行质疑和批判实践。20世纪70年代兴起的科学知识社会学（SSK），突破了古典知识社会学将知识限于乔瓦尼·巴蒂斯塔·维科意义上的人造世界的对象领域，也抛开了科学社会学主要将科学作为一种社会建制，主张包括科学理论在内的一切知识的内容归根结底是由社会、文化因素的参与和作用而形成，其经常被引用的那些社会性侧面有：社会关系、利益、共识、习俗约定、劝说、修辞、权势网络、文字记载等，进而形成了研究科学知识的进路或策略——通常被称为"社会建构论"，强调的是一种与技术决定论相对立的观点。

"社会建构"一词通常被认为是彼得·伯格和托马斯·卢克曼在1966年出版的《现实的社会建构》一书中明确提出的。他们认为，表现为客观实在的社会现实除了由行动者构成的客观内容之外，更是由思想、信念、知识等主观过程所进行的社会建构。"社会建构"通常意味着社会实践（包括知识领域和物质领域）及其结果的人工性质。其基本观点是：某些领域的知识是社会实践和制度的产物，或者说是我们建构起来的。1984年在荷兰屯特大学举行的以社会结构论为主题的研讨会和1987年该次会议论文集的出版，标志着社会建构论的正式形成。比克基于这次研讨会的内容汇集，将广义的社会建构论分为三种分析框架：技术的社会建构（SCOT），即狭义上的以比克和平奇（2001）为发端的社会建构论方法；系统方法（SYS）；行动者-网络理论（ANT）。虽然研究方法不尽相同，但三者的基本观点是相近的：认为技术的变迁并不依循固定的单向路线前进，也不能由经济规律和内在的技术"逻辑"来解释。

根据"建构"程度的不同，有些学者对社会建构论进行了特定的区分。最有代表性的是西斯蒙多所划分的"强"与"弱"社会建构论。在弱建构论中，社会建构论不拒斥技术变迁的非社会因素作用，也承认技术效用的存在，虽然这在很大程度上依赖于技术使用的社会情境。强建构论则更为激进，进一步认为技术自身对于技术的性质、力量和效用没有影响，科学知识与技术的内容是由社会建构的，亦即认为科学知识的真理性和技术的有效性并非来自于自然的内在规定，而是由社会因素决定的（西斯蒙多，1993）。

总的来看，这些理论正是通过不断提升与整合，甚至是重建与转化，来促进更普遍的领域内发挥更好解释力的实现。当代社会建构主义思想广泛地渗透到多种理论取向中，其影响并不限于哲学和社会理论，而是波及社会学和社会科学各分支学科，并试图对一些沿袭已久且并被视为理所当然的观点提出质疑与挑战。在当前，社会建构理论具有丰富而略有分歧的内涵。

在此对社会建构论脉络的梳理，对其相关理论及其应用、发展、转化等所进行的介绍和探讨，也并非只因为这些理论与研究已取得的成就与问题所引起的广泛关注，更重要的在于，试图借助与其相关的理论考察与功能提炼，形成对于可持续城市设计策略建构目标与导向的机制过滤，并促进独特视域的问题解决途径的形成。这一视点的引入首先离不开对其方法论上意义的注重：一方面，强调行动者的互动建构社会生活的过程，其中既包括客观内容的建构，也包括由思想、信念、知识等引发的主观内容，其本质上体现的是一种群体主义的方法论，强调知识建构的群体性、科学的文化多元性等（安维复，2008），体现了从决定论向互动论的根本性转变；另一方面，则更加重视行为体社会实践的结果，倾向于朝向实践意义的社会建构主张，既充分承认人们的行为在社会政治、文化、经济环境等因素的影响下具有局限性、相对性，同时又不否认人们的思想和知识有可能为实践提供真知或者部分提供。社会建构所体现出的方法论意义，在强调城市发展过程性的同时，更为城市发展模式的变革提供了可能。

社会建构所引用的种种社会性侧面，则有利于我们对城市的"潜在环境"和"有效环境"[1]进行相互吻合的整体性建构。我国的城市规划与设计内容作为一种引导的形式、研究的议题、发展的策略，在二者的联结方面却存在诸多脱节与断裂。而社会建构的借鉴则在于其对于社会关系、利益、共识等社会性侧面都考量进来，把科学知识与社会文化联系起来，从而拓展了我们分析社会因素影响及作用的视野，并鼓励通过创造去适应和引导社会活动，提升规划策略的社会适宜性。

此外，值得强调的是，社会建构所蕴含的多层次的技术观，以及对技术与社会发展的关系重构。技术的社会建构论在打破了基于"自然－社会"传统二分法的前提下，考察技术与社会互动的研究进路，对技术与社会的关系进行了重新界定，认为二者是同一整体并相互嵌入，共同构成了一张"无缝之网"。来自于社会、政治、心理、经济等方面的因素体现到人造物中，技术则被视为一种"社会技术"——可持续城市设计也绝非是非线性的、单维的建构，是无法脱离各类作用于技术发展的社会因素的，因而也离不开"社会技术"的范畴。社会建构论引进了一种技术变迁的非决定论模式，认为

技术创新的社会选择在很大程度上决定了技术的社会影响；其对技术开发阶段各社会阶层、团体间相互协商、谈判重要作用的推崇，也打开了推翻主流技术框架、探索适宜技术的可能性。

社会建构所展示的建构与反省功能，则可以为书中所界定的研究领域提供不同于传统研究的新视角、发挥更好的解释力。其中，"建构"功能侧重：第一，将可持续发展看作是它和社会相互建构的过程，可持续发展在很大程度已构成当前社会发展的内在要求，并在和社会现实不断相互作用中自身也不断发展建构；第二，将可持续发展看作是人们在各种社会环境中行为的产物，其发展的策略既代表了主体的行动实践，也代表了社会对个体制约的影响及规定力量的呈现——目标体系、行动路径及准则制定等，都属于这一建构范畴。而由反思所引发的批判意识，或许是我们这个时代的精神特质。正如克利福德·格尔茨在《地方性知识》一书中指出，先前的以中性的语言来解释原始材料的那种起支配作用的理想现在受到了挑战，并逐渐为一种在时间的历程中，以及在与行动者的意义的关系上来理解人类的行为的思考范式所取代。而研究作为社会主体的人的行动模式也已构成认识社会的重要途径。总的来说，也正是这种建构与反思的双重功能促使人们在可持续发展理念的影响下及行动实践的过程中，形成了对既有社会发展形态和行为模式的批判、转化与变革，并继而引导出新型发展举措与未来指向。

应用立场：社会行动的实践

事实上，在日复一日的生活当中，我们每一个人都必须有能力行动，有能力互动，还得有能力理解我们所作所为的意义。最初的挑战来自于人的行为的规范性意涵。对于霍布斯、洛克和康德等现代早期哲学家来说，理解行动的基础，也就是理解人的处境的基本特征，因此也就可以理解在道德行

1　甘斯（1968）指出，规划者笔下的成果只是一个"潜在环境"，社会系统和使用者的文化将决定其成为"有效环境"的程度。

为上重视实现伦理原则的种种可能与限制。然而，更能让 20 世纪的大多数理论家们感受到严重挑战的，并非从一种哲学角度来看的行动的伦理，而是作为一种经验现象的行动的复杂性。其中，当人们沉浸在世界的理性契约[1]联结模式时，涂尔干首先开辟了一条路径，认为社会的逻辑应从社会现象本身所具有的特性出发，来对研究对象进行系统论述。他使用了"社会团结"的中心概念来表达人与人之间协调、结合的关系，并分析了前现代社会与现代社会的不同联结方式，即以机械团结迈向了有机团结。

裴迪南·滕尼斯则围绕着"共同体"与"社会"的概念来区别人类社会共同生活的两种形式，并采取了"本质意识"和"选择意志"两种不同的动机来描述共同体与社会的联结。滕尼斯的这种对两种生活形式的区别也揭示出现代城市模式瓦解着传统自然链接的方式、促使人类生活方式不断重组，进而使人们更多地陷入利益与理性算计的人际之中，不断带来新的社会问题的现实过程。社会行动的理想类型则是马克斯·韦伯社会学思想的重要内容。它并不是一种理想或目的，而是研究社会现象、社会行动的一种概念性工具和方法。马克斯·韦伯把社会行动分为四种理想类型，即目的理性行动、价值理性行动、情感行动和传统行动，并且认为目的理性行动是社会行动发展的方向。塔尔科特·帕森斯则从社会系统的角度深化了这一研究，赋予社会行动以社会关系、社会互动、个人意志等内涵，从而构造了社会行动的理论体系。塔尔科特·帕森斯提出"单位行动"的概念模型，认为行动是社会学分析的基本单位，并包含如下四个要素：第一，行动者或中介，即行动主体；第二，目的、结果，即行动的未来状态；第三，情景，包含行动的条件与手段；第四，规范，包括思想、观念与行为取向等制约行动的发展，影响手段的选择。

实践理论家们则将实践理解为行动的核心方面。其中，约翰·杜威强调人类社会状况的民主改进具有重要的规范意义；加芬克尔更倾向于参照经验研究的特定实例来进行推论，其兴趣在于行动者

使用哪些做法来建构这种秩序；安东尼·吉登斯则是力求将一种更为宽泛的实践观念，并不仅仅将实践看作定位在局部情境中的行为，而是更多地将实践作为纽带与关节，与社会系统和结构性模式整合在一起。其结构观念则从分析上将这些做法分解成四个要素：程序性规则（实践是如何实施的）；有关如何实施算作适当的道德规则；物质资源（配制性资源）；权威资源。安东尼·吉登斯还把社会行动分为本能行动、实践行动和话语行动，把合理化作为解释社会行动的依据，赋予了行动者更多的主动性，深化和发展了社会行动理论。此外，网络分析学者引领了有关行动与实践的关系性描述，体现为对于网络纽带如何"嵌入"文化意义与惯常行为形式的关注。这里，网络具有了两个基本的要素：行动者和社会联系，二者是一种双向建构的关系。

总的来说，本书中社会行动将被作为一个既定概念来使用，而其中包含了对行动者、行动的内容、意义及背景等的综合考察。竞争、冲突、顺应、同化等不同类型的互动关系，形成了不同的社会行动机制与导向；同时，社会行动与社会技术的应用、社会文化的建构、社会秩序的维持、社会结构的生成等都是息息相关的，并通过行动主体的观念或从行为的实行、实施、生产的方式入手，反过来又影响竞争、选择或冲突的现实格局，进而朝向具有重要意义的行动模式的确定。而在本书中，社会行动将突出"冲突主义"的核心意涵，重视"冲突"类型的行动建构，借助话语分析、情境分析、博弈论、互动关系的考察等来研究中国城市空间可持续建构的行动模式，探索城市空间可持续发展建构的现实机制与未来可能。

1　卢梭在其著名的《社会契约论》中认为，一个理想的社会建立于人与人之间而非人与政府之间的契约关系，即是理性的人之间的契约。

第二部分　分析范式：从"元话语"到"主情境"

"本土策略"在此作为一种转型与变革的重要思路提炼并重组构造出来，进而整体上呈现为对"可持续城市设计本土策略"理论本体的一种"元话语"式考察。以此为对象，"主情境"转而落实于冲突求解机制下的研究方式，借助社会建构下的"空间建构"与"社会行动"的不同策略维度奠定实证研究的基底。

贮水山的景色
2017.8.17 秦莫菲

全球化背景下本土城市发展的冲突境遇

世界银行在《2020年的中国》中指出："当前的中国正经历两个转变，即从指令性经济向市场经济转变和从农村、农业社会向城市、工业社会的转变。"这段文字表述了当前中国的社会背景。全球化正是在这样的背景下进入中国的城市生活的，也可以说，全球化加速了这一过程。事实上，今天任何一个国家或地区的经济发展和社会生活，都已经不同程度地处于一种全球化的背景之下。这已经成为理解当今世界各国及国际社会的经济、政治和社会形势的一个基本立足点，更是观察和预测人类社会历史变迁的一个重要的参考框架。正如英国社会学家莱斯利·斯克莱尔所描述的那样："全球化现象是资本主义体系向全世界扩张的过程。这一体系是由三种相互联系的主要结构所推进的：政治上是全球性的资产阶级利益要求；经济上是以跨国公司为主体的组织结构；文化上是以消费主义为主导的意识形态。"

今天城市研究的重要特征之一，正是将世界各国的城市放在一个全球性的经济、政治体系中来加以观察、分析和解释。萨斯基娅·萨森认为，城市在经济全球化过程中具有核心作用。当前，全球化已经深入到社会各个角落，城市作为社会文化的载体深受其影响。

与此同时，中国的城市化正处于快速发展期，改革开放以来高速增长主要得益于与发达国家间的工业代际差距、东中西部的发展阶段差距以及城乡二元基础差距所营造的城镇化和工业化的后发追赶动力，我国城镇化率平均每年有1%~2%的增长点，这意味着我国的城镇化率已经逐步接近中等收入国家的平均水平；同时，我国通过建立新型工业体系，大力承接产业转移和引进外资，工业经济获得跨越式发展，工业化进程的加快成为我国经济高速增长的另一大支撑。但是，随着工业技术创新及产业结构优化、农村人口转移及城镇化进程深化，我国仍处于城镇化和工业化浪潮之中。一方面，我国的城镇化质量有待进一步提升。先前过分注重城市规模扩张而忽视人口急剧的城镇化模式，把农业的转移人员仅仅当作生产者和劳动力，而未接纳他们及其亲属进入城市成为市民。另一方面，工业化仍滞后于城镇化，且工业化程度区域不平衡，有待统筹与深化。

改革开放以来我国经济的高速增长，同时也面临着资源、环境、要求成本等多方制约，造成了严峻的生态环境危机和社会矛盾的激化，并在长期发展中各类冲突不断积累并集中显现，造成我国未来经济社会发展的巨大压力。中国社会也正从传统社会向现代社会快速转型，在面临着与全球范围内其他民族、国家同样的风险与危机的同时，由于本身的独特性，还有许多内生性的问题。

因此，寻求当前我国城市空间可持续发展建构所面临的冲突视野下，问题的有效应答，也必然需要在一种全球视野下综合考量涉及社会、文化、经济、环境、政治等本土相关的重要因素，以对城市发展向度做出更趋适宜的考量，制定出促进城市功能、形态和结构本土整合的对策与安排。由此，本书首先从自然条件、经济模式、社会状况、制度模式四个特定方面，与影响可持续发展的根源性冲突相联系，在全球化背景下对本土城市发展问题展开分析（图2.1）。

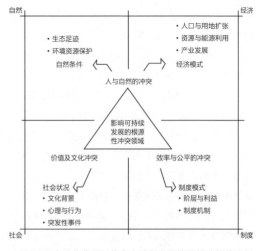

图2.1　全球化背景下的本土城市发展境遇的分析维度图

自然条件：足迹扩张与生态灾难

早在 1944 年，路易斯·塞特在其著作《我们的城市能否生存》中就警示了城市环境破坏的后果。21 世纪人类社会快速发展，全球大城市人口在今天正趋于稳定，中小城市人口则趋于萎缩；与此同时，物质生活水平基本稳定，尽管其在经济危机中部分下降。而中国特大城市、大城市则整体上体现为人口的急剧增长，中小城市人口则快速增长。总的来看，城市人口的持续增长和高度集中，并诱发对资源的不合理的开发和利用，对生态环境造成了严重危害。尽管全球生态承载力及开发节奏在当前正趋于稳定，并积极探索生态补偿等实践方式，但由于气候变化、栖息地破坏、污染等的共同作用，生态危机发生的范围正变得更广、程度更严重、可能性更大，不同地区发展变化不一，不同地域的人口对地球生态服务的需求具有明显的差异。而中国城市的开发节奏尤其迅速，生态承载力已接近峰值。

《寂静的春天》《增长的极限》《我们共同的未来》等都为人类未来的生存敲响了警钟。当"石油危机"给世界各国带来了巨大的冲击，自然资源尤其是能源资源在经济增长中的地位、作用和波及效应不断引起了人们的关注，促使人们意识到不顾能源资源过度开发与因此造成的资源浪费和破坏，将最终导致自然资源的不断衰竭，进而引发人类的生存危机。环境资源保护的必要性与重要性在今天日益凸显。从世界范围来看，非可再生资源的重要性已得到普遍关注，保护程度较好。但在我国，虽然保护开始得到重视，但严重破坏仍屡有发生，并对环境资源造成了不可估量的恶劣影响。而且，随着经济的进一步发展和人民物质生活水平的不断提高，城市和建筑发展对土地和能源的需求将越来越大。

因而，发展能源的战略决策均被给予了很大重视，可再生能源成为能源安全与环境的双重要求的新能源的战略选择。在我国，尽管可再生能源对于满足未来发展需求的重要性已被我国日趋增多地加以重视，如《可再生能源法》的制定实施，《可再生能源中长期发展规划》的编制，大力发展可再生能源的目标也得以明确，但现实的可再生能源利用仍然是低程度的，利用进程缓慢。虽然可再生能源已被作为我国新能源战略的重要选择，但目前尚未形成有效的推进机制。

事实上，许多潜在环境变化的影响是严重滞后的。城市开发对环境的影响往往远大于立即显现出来的情形，大量的环境影响根本是无法恢复的，而且也很难预测这些影响的连带改变。在亚洲有很多河流、湖泊，如尼泊尔加德满都的巴格马提河流，其污染超乎想象，河流变成了一潭死水，已根本无法恢复。此外，许多第三世界的城市缺乏对生活污水的处理，大约 50% 人口的饮用水供给不足。上海的黄浦江、苏州河也仍有环境保护的问题出现，并引起人们的关注和议论。与此同时，尽管个人行为对环境产生的影响通常较小，但恶劣行为的累积影响则会凸显。例如，曼谷有 7 万个小规模的工厂，单个工厂的环境影响并不大，但事实上，它们共同累积起来的负面影响比同市区的蒸馏厂和酿酒厂这些大型工厂还要大。对于滞后的环境及建设开发影响而言，也往往更需要长期地采取适当的预防和改进措施。环境保护问题会牵涉一系列部门，需要各部门及机构调整政策方针，共同努力。可以发现，当前许多环境影响已经跨越了国界，需要用国际架构协议来处理这些问题，比如美国墨西哥湾漏油事件。

经济模式：快速增长与粗放低效

工业革命以来的经济增长模式所倡导的"征服自然"的后果，是使人与自然处于尖锐的矛盾之中，并不断地受到自然的报复，实际上引导人类走上了一条不能持续发展的道路。狄更斯曾经这样来总结当时我们的城市："我们是无所不有，我们也是一无所有。"在我国，为了负载过多的人口、争取更多的空间、生产足够的粮食，人们侵占河滩、围湖造田、毁林开荒；为了满足快速增长的用水需求，人们建起一个又一个蓄引堤工程，可以让黄河断流，让海河干涸，把地下含水层疏干，利用每一滴水；而为了降低生产成本，污水、废水不经处理，随意排入江河湖泊。再加上在生态环境方面的先天不足，我国综合平均发展成本比世界平均水平要高出近 25%，与世界发达国家，如美国、日本及欧盟等的差距更为明显。这种传统的发展模式造成了自然生态恶化，环境污染触目惊心。与此同时，地方政府举债投资驱动下的经济增长，也使得地方政府债务急剧增加，经济发展的金融风险加大。而经济发展中因收入差距、区域不平衡所引发的社会矛盾不断增多，加剧了经济社会发展的动荡（周振华，2013）。现阶段我国的发展仍是一种粗放型模式，经济的快速增长在很大程度上建立在对资源、能源的高消耗上。

国际城市化的反面教训表明，城市在大规模快速发展时期，在规划设计上缺少预见性很可能使城市格局、秩序感、地方特性、历史保护、城市景观乃至建设强度等处在失控状态下。我国一系列新旧冲突、"建设性破坏"、"千城一貌、千屋一面"现象的出现，也正是发生在大规模快速发展时期。我国政府也有针对性地提出"以人为本"的发展观及"和谐社会"的发展目标，在战略上试图从以经济建设为中心的非均衡发展向促进经济社会全面协调可持续发展的均衡发展转变。"十九大"更是明确提出形成绿色发展方式和生活方式。当然，我国城市的基础设施建设已明显提升，大大弥补了发展基础薄弱的固有问题。

此外，在产业发展方面，发展中国家一方面可以借鉴发达国家成功的工业化经验，与此同时，却也使得后起国家借助多条道路来实现工业化的思路受到了限制。随着我国进入工业化的中后期，重化工业化实现了快速增长，并成为我国工业化的重要标志。另一方面，发展中国家和地区的产业发展在新的国际产业分工趋势下面临两大问题：一是承接制造业转移来促进本国或本地区经济发展的模式已难以持续，二是以高附加值制造业的发展来促进产业升级的空间正不断萎缩。这使得我国在极为不易地遵循吸收发达国家在工业发展上的经验，并建立自身工业化中后期发展需求的制造业体系之后，从中却只能获取日益缩减的利益，结构调整和升级动力的获得也越来越小。我国当前转型发展的重中之重，离不开产业调整升级及确定新的发展依据和方向。这也是上海、北京等主要城市所面临的核心发展问题。

本质来说，在改革开放之初，我国更多的是落实于技术引进、制度体系仿效，以迅速缩小与外部世界的差距，且取得了明显的成效。然而，到了今天，我国和西方发达国家的差距正在迅速缩小，中国国力在迅速增强，技术上我们更多地需要依靠自主开发；与此同时，西方市场制度的弊端也同时展现。我国亟须在一个新的发展起点上，重新认识和把握本土格局，朝向自主性发挥作用、内生性发展促进。这些与城市化、产业和技术升级及市场因素等密切关联，届时也构成了我国转变发展方式的关键驱动力。

社会状况：转型蜕变与多元分化

当不同特点的城市化地域模式被系统地联系在一起，传统文化、地域特色、社会心理、行为习惯与资源储备等却被大量吞噬。可以发现，我国现阶段很多发展模式都是"接受范式"[1]，无不打着西方主导的全球秩序的烙印。而大多执行由西方专家应用其发展理论规划出来的发展项目，仍然是一种"自上而下"的模式，处在本土情境下真正需要考虑问题的外围。阿诺德·汤因比指出，外来的挑战应适度，不能太过分，也非不足，否则社会文化的发展将因不能适应环境的变化而毁灭。这种适度在很大程度上不是来自外部，而是自身的容纳力。可以说，我们是否能在全球化时代保有自身的社会文化权力，在相当程度上取决于我们是否具有一种对于自身社会文化、地域特色的把握与创新。

正如卡尔·曼海姆在《文化社会学论要》中所

---

1 在急欲现代化的中国城市设计，公众往往被西方城市现代化的光辉成就所迷眩倾倒，缺乏对自己城市文化的自信与自尊，于是出现"示范－接受"的范式。再者，中国文化本身就具有较大的包容性与功利性，中国人思维定式上是模糊性的，一切被认为有用的都可拿来。诸如深圳、香港等这样的"舶来品"式的国际化城市，从某种意义上来说，就是这种思维模式下的产物。这些城市往往都没有深厚的地方文化根基，本身就不具备抵抗全球化的文化底蕴，在西方城市的示范压力下，必然成就这种"殖民文化"的生长。

说，由于社会生活对文化和价值的决定作用，又由于社会生活的历史性，所以文化和价值具有历史形态，不是一种转瞬即逝的历史形态，而是一种变化的、流动的和过程的形式，一种连续的具有一定规律的形式。文化传统影响着一个民族的精神面貌、思想观念及价值取向。就世界范围来看，针对文化传统与特色已形成保护和保存体系，但经济一体化浪潮、全球化的强大力量，在推动新的技术和设计思想在世界范围内更快推广的同时，也带来城市空间趋于同质的现象，淡化了地方文化的主体性。在消费社会高度发展的同时，许多城市正在失去它的历史和地方特色，成为雷姆·库哈斯所描述的"无性格城市"。历史的城市中心在迅速消失，取而代之的是一些虚假的模仿品。

中国的城市在第二次世界大战期间受到的破坏格外严重，发展缓慢。历史进程中的政治运动也破坏了大量城市重要的建筑和历史环境。20 世纪 80 年代以来，随着对外开放力度的不断加大，市场经济体系得以逐步确立，大量外资开始涌入，经济得到迅速增长。20 世纪 90 年代以来，全球化开始对中国产生日趋明显的影响，中国城市化也进入了加速发展的时期。这一时期中国城市在全球化冲击下再次经历了另一种历史性的断裂和嬗变，致使传统城市结构受到冲击，迅速丧失了城市特色。同时，中国也推进着以经济特区为先导，依次开放沿海城市、沿江城市和内地城市的政策，并现实地促进了经济的快速转型发展。城市化进程加快，城市建设急剧扩张，城市空间迅速膨胀、蔓延发展。与此同时，社会组织结构的转型，也给各地区的城市发展和城市规划带来了深刻的影响。

今天的人们开始日趋增多地关注文化软实力的重要性，并往往将其与经济硬实力相提并论。2002 年以来，文化建设成为中国社会主义现代化建设基本纲领的重要内容，文化发展被列入国家经济、社会发展的总体规划之中，一系列相关的重要文件先后出台，文化体制改革步伐加快。改革路径从单一的政府主导走向政府和市场共同推动，文化发展目标从唱响主旋律到主旋律与多样化并列。而继续革除阻碍文化发展的体制性因素，激活个体的文化创造力，主动融入和影响世界文化格局，将是今后中国文化发展长期且艰巨的任务。

事实上，在全球化、区域化、信息化等来自外部世界的政治、经济、技术、文化因素的共同影响下，同时面对城市内部工业化、城市化、郊区化同步作用的巨大动力和压力，21 世纪的中国正步入一个快速城市化激发的社会转型时期。转型时期的社会既充满生机，也存在错综复杂矛盾。中国传统格局与西方体系的冲突、融汇，人的思想传统、行为特征表现等均发生了不同程度的转变（表 2.1），

表 2.1　中西方社会心理及行为比较

类型	中国（传统）	中国（转型）	西方
方法	体验	体验 + 实证	实证
思想传统的影响	天命观 相互依赖 谦逊礼让 报大于施	支配自然 趋向独立 求异、竞争意识大大增强 功利化趋势	宗教观 自我独立 公平竞争 施报相等
文化传统的影响	人伦为本 社会取向 乐天知命 自抑取向	渗透传统伦理道德的契约关系 个我取向、价值虚无主义 趋于进取 成就取向（即行动取向）	契约关系 个我取向 积极进取 行动取向
政治历史传统的影响	封建主义 伦理型、非理性 等级秩序严格 长久稳定 差序格局	中国特色的社会主义 实践政治的理性主义 等级界限逐渐弱化 长久稳定为主 差序格局与社会分层同时并存	资产阶级民主政治 理性主义 平权开放 短暂波动 团体格局

当代中国社会的价值观念、行为方式、社会关系均发生了剧烈变化。

当现时代的伦理价值观在从一元变为多元，价值多元性和无主导性等基本特征引发了不同价值之间的激烈冲突，使人们产生了价值比较选择和整合上的困难。改革开放以来，中国社会发生巨变，体现在国民生产总值的快速增长、居民生活水平显著提高、个人需求日趋多样等物质层面，并由此而带来精神层面上的解放思想：由政治文化上更多地体现为严格服从转换为相对自由；道德上则由一种自觉认可与遵从朝向分化与弱化的现代社会道德。这种价值观的分化也是社会进步的一种表现，体现出人们生活水平提高之后身份意识上的自我觉醒。这里，公民身份意识实际包括两层含义：一是认识到自己拥有的权利与义务所在，即公民意识；二是对参与管理与监督权力运行的权利及责任意识。社会进步的一个重要表现为公民社会的不断成熟。对公民权利以及借助法律法规对于自己的合法权益进行维护，构成公民社会强调的重要内容。

中国的城市建设和更新同时产生了人们精神的焦虑。一方面，城市现代化在提供了广泛的社会舞台，使开放的个人人格有了许多不同层面的成长空间的同时，强调效率、理性与个人利益，以及压制非理性、抛弃传统的倾向。另一方面，也使现代社会逐渐显露出知识的分布与配置的失衡，以及社会信任与社会共识、社会的风险性等问题，造成了人与人交往的疏离，使失去了传统与记忆的人们在城市中感到自我精神的失落。这正印证了齐美尔提到的，在都市里有四种特征明显的、相互关联的文化形式：理智性强、精于计算、厌倦享乐、人情淡漠，并促使个人与社会的关系问题具有了一种全新的含义。可以发现，在现代化的社会变迁过程中，中国人的社会取向的互动方式与人格特质已经产生改变：无论作为一套社会互构方式，还是一套共同人格特质，其社会取向的强度都在逐渐降低，个我取向的互动方式与人格特质则逐渐形成及加强。

归根到底，人的社会心理及其行为模式作为一种深层结构的转型，无论如何演变都始终脱离不开中国社会的传统基础、本土格局。值得注意的是，人的社会心理及其行为的转型既不可能与物质文化的形态和制度的变迁保持同步，也不可能完全脱节。而借助对传统意涵的继承与演变，把握当代人的社会心理及其行为特征，关注本土取向的实践变量，可以在反映和型构社会现实的同时，使社会的转型发展可能朝向一种从渐变到蜕变的过程。

当前社会正面临着一些新的、复杂的致灾因素，并引发一系列社会问题。灾难防治目前已被认为是世界可持续发展的一个重要先决条件。此外，公民身份意识提升也会导致社会冲突事件的发生。在处理各种社会关系时，伴随公民意识的苏醒，如果公民更多地考虑自身权益而忽略了对方应有的权益，则会造成社会冲突事件难以达成统一的契约进而解决，得到的只是各方的暂时性妥协。同时，公民在社会冲突事件出现时也将不再仅仅是面临一个简单的事件，而是存在了多元利益及不同价值取向的差异和冲突。因而，社会事件的发生发展往往需要兼顾各方利益，促使各方能获得其期许的利益再分配，才能顺利推进并促进社会发展。此时，社会主导价值观的导向作用、政府部门协调与引导的作用就凸显出来。

制度模式：统筹调控与割裂失衡

邓小平指出："改革促进了生产力的发展，引起了经济生活、社会生活、工作方式和精神状态的一系列深刻变化。改革是社会主义制度的自我完善，在一定的范围内也发生了某种程度的革命性变革。"随着改革开放不断向纵深发展，社会结构发生明显变化，利益格局不断调整，利益团体的复杂变现了价值认同的差异，新型社会控制机制则因在建立和完善之中而效力不强，而一系列的社会问题、社会矛盾就此不断产生。

一方面，与20世纪80年代以来消除社会排斥及贫困问题之后已经成为世界各国公共政策所关注的主导内容，并影响各国的发展模式。相比较而言，我国进行中的社会转型首先带来的是社会阶层结构的分化。庞大的农业劳动者和城乡无业、半失业者等阶层被视为社会的"边缘阶层"。旧改中由于大部分拆迁对象都属于"弱势群体"，也导致征地拆迁成为引发矛盾的直接因素之一。与此同时，由于多层次社会阶层的形成及阶层分化，衍生出多元化的利益主体，形成了利益分化。在 20 世纪 80 年代初，世界银行的报告提出中国是相对公平的。今天，越来越严重的利益分化导致我国贫富差距越来越大。其中，广大贫困人口与新财富阶层与权贵各占两极。当前我国城市化进程中，城市建造者和城市居民之间也存在着目的和利益上的裂隙，这种裂隙是政治经济学的和空间生产的意义上的，而且到目前为止还没有完备的制度和程序来弥合。

当我们考察中国城市空间发展的实践，正如何子张研究指出的，在空间发展政策的制定与实施过程中，中央政府的空间发展政策成效弱化，城市政府的空间政策成为主导（表 2.2）。城市政府由于扮演了协调者和被协调者的双重角色，既容易导致区域协调难以进行，也易因为利益冲突导致"公地悲剧"。同时，现有城市规划法规政策，往往还存在没能很好地协调和保护受损方利益的情况。当居民通过行政复议、上访、法律诉讼等正式途径无法维护自身利益时，有的甚至会采取非正式途径，如阻拦施工、诉诸暴力手段等来达成目的，社会后果严重。此外，还存在无序调改、程序不公正，规划过程不透明等不利现象。

此外，对于城市空间发展建设而言，住房问题可谓是重中之重。然而，当前我国住房的市场化发展却明显存在诸多问题。根据学者结合对上海、北京和深圳等大城市的调查可以发现，其房屋空置率已远超国际警戒线 10%，而这一比例在不少地区甚至已达 50% 以上。面对一路攀升的房价，国家也陆续推出一系列政策措施，加以强力调控。尤其近年来，党中央、国务院高度重视培育和发展住房租赁市场，做出了一系列决策部署，来加快推进租赁住房建设、培育和发展住房租赁市场，深入贯彻落实"房子是用来住的、不是用来炒的"这一定位。就上海而言，整体住房租赁市场呈现快速发展的总体态势。"十三五"时期，上海将大幅增加租赁住房供应，供应比例由"十二五"的 13% 提升至 41%，计划新增供应租赁住房达 70 万套。总的来看，当前房价快速上涨势头得到初步遏制、投机投资性需求得到一定抑制。但我国房地产业仍体现为经济增长的重要来源，整个社会呈现为高房价、住房短缺并存的不利状况。

从世界范围来看，虽然也面临高房价的问题，但凡是房地产市场发展健全和公共住房体系完善的国家，都不是将房地产作为其经济增长和发展的主要资源，而是将其作为国家社会政策的一个重要部分。例如，新加坡可谓是亚洲社会房地产市场发展最为健康的国家，其发展既结合了欧洲在公共住房方面的经验，又结合自身国情，创造了特色鲜明、体系健全的公共住房制度，80% 以上的家庭住在公共住房，从而也促使公共住房投资成为国家社会性投资最为关键和重要的环节。另外，城市拆迁由于往往与居民生活直接关联，并往往与最为贫穷的一部分群体休戚相关，拆迁及补偿、安置事宜，已事关城市的和谐稳定与发展。与大多数发达国家在土地补偿与安置模式往往倾向租金返还、原地安置的模式不同，我国城市中的动迁改造往往采取全拆迁模式，容易引发一系列矛盾和社会问题。所幸的是，类似强调就近安置，统筹规划、就业、养老的一些拆迁模式也处于不断探索和实践中，并取得了

表 2.2　中央政府与地方政府的空间发展政策冲突

类型	发展规模	发展区位	发展模式	功能分区
中央政府	控制城市规模，强化对大城市规模的控制	严格保护耕地	强调集约式发展	主体功能分区规划
地方政府	努力扩大规模，实现高速发展	蔓延发展为主，飞地式的开发区发展	外延式粗放发展	逐步建立功能分区思想

一定成效。

反观我国的城市规划制度，可以发现，尽管住房建设规划得到了大力推进，绿色与可持续理念日益深入人心，生态城规划建设方兴未艾，低碳城市规划的标准规范和体制机制保障被作为重点领域支持……但总的来看，在城市规划的实践领域，制度落实的具体形式，仍体现为对于工程设计的偏重，缺乏更深层次和可操控的政策设计体系。在大多数发达国家，其城市规划制度在政策调控和引导上已发展得相对成熟。对于城市设计来说，由于具有高度的综合性，往往涉及政治、经济、文化和法律等多方面要素，这些要素都可能产生积极或消极的两个方面的影响。因此，城市设计必须寻求一种能够协调和均衡这些影响因素的组织模式，建立专门化的设计部门，采取合理有效的行政架构，以直接介入和引导决策设计的过程，协调利益、交流信息、理顺关系、监督执行，促进整体目标的实现，并确保城市公共政策前后的连续性与一贯性。而城市开发方式、建设项目性质、城市建设管理体制等的不同，往往使得城市设计运作管理具有不同形式。

按城市设计运作中不同的利益主体，庄宇将城市设计组织机构的形式大致可以分为以下三种模式：政府组织模式、第三部门组织模式、联合组织模式（表2.3）。目前，我国城市建设领域的管理体制采用的是接近西方国家"分权"的模式，城市设计工作由规划部门牵头，同时分散到多个职能机构负责，各机构分别处理各自管辖范围内的专项设计问题。王建国院士指出，对于专业设计力量较强的城市，如北京、上海等，较理想的应是以集权管理模式为基础，由在城市规划设计领域和其他相关领域具有相当造诣的权威学者组成的专家组进行讨论、商定和决策。在我国，第三部门组织模式、联合组织模式还有待补充与拓展。

全球化背景下本土城市发展的冲突特征

涉及自然条件、经济模式、社会状况、制度模式四个主要维度的本土观察视域，可以对全球化背景下的本土城市发展特征形成一种总观考察（表2.4）。可以发现，嵌入全球体系之中的城市，竞争加剧、争夺稀缺资源；社会价值观和意识形态也在转变；同时，城市文化的多元化与经济联系空前紧密，城市治理思想和模式不断创新。总的来看，在全球化语境下的城市发展往往体现出以下四个方面的核心特性。

表 2.3　城市设计运作组织模式比较

类型		特点	缺陷	国外案例	国内案例
政府组织模式	集权	政府全面管理，保证和控制城市设计的计划和实施过程	城市设计计划于开发市场的结合尚待加强	美国旧金山美国亚特兰大	上海静安寺地区深圳福田中心区西安钟鼓楼广场地区
	分权	各分权机构对城市设计研究较为深入细致	各分权机构之间交流协调能力有待加强	美国巴尔的摩	—
第三部门组织模式		半官方和非营利组织的介入，成为投资方、政府、市民间交流的媒介，更好地将市场与城市设计计划相结合	大型的重要项目中，第三部门尚难取代政府的统领和权威性作用	美国巴尔的摩查尔斯中心及内港开发管理部	—
公司联合组织模式		多元管理主体更适于综合考虑公共利益、开发商的共同利益与私人开发利益。具有更高的管理效率和内在积极性，将设计的整体计划与市场开发密切配合，成为积极型城市设计管理的组织形式	大大增加了组织者协调多方面利益的精力和过程	日本大阪商业城、横滨城市绿园	—

表 2.4   全球化背景下本土城市发展的冲突特征总结

分析维度			全球视野	本土境遇
自然条件	生态足迹	人口规模	大城市人口稳定，中小城市人口萎缩现象	特大城市、大城市人口急剧增长；中小城市快速增长
		物质生活水平	基本稳定，在经济危机中部分下降	发展变化迅速，收入增加，同时物价上升快
		承载力及开发节奏	趋于稳定，朝向生态补偿，但不同地区发展变化不一	承载力接近峰值，开发节奏快，生态破坏情况普遍且严重
	环境资源保护	非可再生资源	保护较好	严重破坏屡有发生，保护开始得到重视
		可再生能源利用	大力鼓励，作为新能源战略选择，且利用格局稳步推展	大力鼓励，作为新能源战略选择，但尚未形成有效的推进机制
		环境污染与治理	面临环境治理成本问题	面临严重环境污染，缺乏发言权
经济模式	人口与用地扩张	扩张模式	趋于明智	粗放型
		城市形态	存在低效蔓延	开发强度大，形式较单一，存在拥挤无序
		基础设施建设	基础设施改善	基础设施建设基础薄弱，但目前发展较好
	资源与能源利用		资源过度消耗，能源短缺	人均资源相对不足，高资源消耗及高能耗
	产业发展		产业能级提升	承接产业转移；产业结构须改善
社会状况	文化背景	文化传统保护	已形成保护和保存体系，但仍受经济一体化浪潮等的剧烈冲击	地方文化断裂；推进文化体制改革
		政治历史传统影响	团体格局；理性主义	相对自由和自觉认同；现代社会道德上的分化与弱化
		公民意识	强烈而成熟	公民意识开始觉醒；行为及选择的趋同性
	社会心理与行为模式		个我取向；理性主义	社会取向的强度在逐渐降低；精神失落
	突发性事件		频繁，造成重大损失	频繁，造成重大损失，且部分社会影响恶劣
制度模式	阶层与利益（制度基础）	阶层结构	社会排斥	阶层分化
		城市政府的角色	裁判员	实施者＋裁判员
		民间社会的角色	组织与动员力量较大	力量孱弱，亟待加强
		政府、部门间的空间利益冲突	利益相关度低，分歧相对较少	存在利益分歧与矛盾，导致发展政策、具体实施上的激烈冲突
		公众与政府的空间利益冲突	空间开发内容	空间开发顺序，规划无序调改，过程的不透明性
	制度机制	住房	更多地体现为高房价问题	高房价与住房短缺同时并存
		安置模式	租金返还，原地安置	全拆迁为主
		城市规划制度特性	偏重政策设计	偏重工程设计
		城市设计运作组织模式	集权、分权、第三部门组织、公司联合组织多种模式	集权模式为主导

（1）**联结性**。城市的发展体现为全球力量和地方力量双重复合作用下的共同结果。这两方面的力量又包含着相互影响、相互交织的多种关联要素，世界各国之间相互依赖与相互渗透日益加深。

（2）**博弈性**。全球化又体现为一种包容着矛盾的实践进程，似乎在提供着一种共同生存与发展的空间，实质却在各国城市的本土地域时刻激发着经济的控制与反控制、政治的颠覆与反颠覆、文化的渗透与反渗透。

（3）**趋同性**。全球化在推动技术和思想在世界范围内更快扩展的同时，也带来城市空间趋于同质、地方文化主体淡化及体制趋同等现象。

（4）**差异性**。由于资源基础、产业模式、信息获取、文化导向及本土意识等诸多因素的影响，全球化语境下的城市图景仍呈现出不同秩序，存在重大差异，而这也正是世界多样性、发展阶段性的重要体现。

在这样一种社会情境与环境格局下，冲突的发生愈显频繁而激烈，城市危机的消弭机制愈显亟须和必要。这迫使我们必须借助更加广泛的研究视阈、更多层次的技术手段，积极拓展黏结传统与现代、理想与实践、现实与未来的内源性发展道路。基于前文的分析视野，可以进一步提炼全球视野下本土城市发展的未来面向和重要考量，其中既包括了不利因素，也暗含了发展可能，亦为可持续城市设计策略建构提供一种总括式的引导与界定：①低生态承载力、环境资源保护的被动局面，迫使城市开发的环境影响、生态保护与维育必须得到更大力度的本土关注，亟须更具可操作性的技术引导与实施保障；②以资源换发展的、大规模快速的粗放型发展模式，动摇着我国未来发展的根基，激发面向中国现实发展阶段与需求，促进全面协调和均衡发展的本土发展模式的探索；③社会转型时期中国社会中多元价值的冲突、个我取向的加强，促使我们更加强调实践中人与社会关系的协调与互动，并密切关联传统基础、本土格局进行一种动态性的过程建构；④全球化导致社会文化、制度体系及社会生活等被影响或侵蚀，亟须发掘本土情境中的文化价值与制度可能，保有社会文化权力、创新制度方式；⑤社会阶层分化与利益冲突加剧，激发本土城市建设与改造进程中协调各方利益关系、促进制度建设有效机制的建构。

中国城市可持续发展建构的现实及问题

面向全球化背景下的本土城市发展境遇，本书试图将我国城市可持续建构的理论和实践情境联系起来考察，审视理想建构到实践落实之间存在巨大鸿沟的问题所在——这一方面体现于当前可持续建构存在的诸多不利倾向，另一方面则引发对于可持续建构问题的观念性思考、审视城市设计可持续建构的前提，并回应当前本土城市冲突发展境遇的核心维度，进而在此基础上提炼"可持续城市设计"的建构导向。

可持续建构：从理念到实践的鸿沟

我国早已将可持续发展作为社会经济发展的基本战略之一。1991 年，我国发起召开了"发展中国家环境与发展部长会议"，发表了《北京宣言》。1992 年 6 月，在里约热内卢世界首脑会议上，我国政府庄严签署了环境与发展宣言。《中国 21 世纪议程》这一纲领性文件也随后得以制定，并结合国情指出了有关城市建设和建筑业发展的基本原则和政策。2003 年党的十六届三中全会则完整地提出了"科学发展观"，深化了可持续发展理念，为具体实施可持续发展提供了科学的观念。2007 年"建设生态文明"在十七大报告中得以明确提出，这是党中央首次把"生态文明"这一理念写进党的行动纲领。

生态文明的崛起是一场涉及生产方式、生活方式和价值观念的世界性革命，是人类社会继农业文明、工业文明后的一次新选择。建设生态文明必须以科学发展观为指导，从思想意识上实现三大转变：从传统的"向自然宣战""征服自然"等理念，向树立"人与自然和谐相处"的理念转变；从粗放型的以过度消耗资源破坏环境为代价的增长模式，向增强可持续发展能力、实现经济社会又好又快发展的模式转变；从把增长简单地等同于发展的观念、重物轻人的观念，向以人的全面发展为核心的

发展理念转变。2011 年《国民经济和社会发展第十二个五年规划纲要》明确提出，要深入贯彻落实科学发展观，以加快转变经济发展方式为主线，深化改革开放，保障和改善民生；促进绿色发展，建设资源节约型、环境友好型社会等，为我国经济社会未来的可持续发展进一步指明了方向。同时，一系列可持续发展的实践探索通过"生态示范区"和"生态城"等形式大规模地广泛推展。

随着国际上针对能源危机和气候转暖问题兴起了低碳城市研究，当前我国的低碳城市发展项目也已启动并具有积极和强劲的发展态势。2008 年世界自然基金会将上海、保定等选为首批试点城市，启动了中国低碳城市发展项目。气候集团则于 2009 年提出《中国低碳领导力：城市》报告，通过 12 个不同人口规模的城市发展案例研究，展现中国在探索低碳经济模式中的努力，首次提出低碳经济的城市领导力体系，包括政策激励与制度安排、技术创新与应用、投融资机制和多方合作。对于当前低碳城市的建构而言，拥有低碳生活理念和生活方式是至关重要的。

低碳城市生活低碳化的策略首先在于建筑物使用中及家庭、交通上节能。其次在交通方式上，改变单纯依靠城市道路、节能型汽车的推广等技术措施来解决城市交通问题的思想观念，重点从政策执行、技术改进、观念综合转变方面来加强城市低碳交通体系建设，构建以公共交通为主的城市发展模式。另一方面，低碳城市的规划须加强对城市作为一个要素整体的关注并尊重城市发展的基础，而非落于碎片化的个人要素、机械地推行单一的规划理念；须加强各方协同作用，而非一方单一化的努力。

然而，尽管中国城市这些年在可持续性方面取得明显进步，特别是在满足城市居民基本需求方面获得较大成功，但在某些方面却落后于平均水平，如空气污染和 SO_2 排放量仍远远高于发达国家和世界卫生组织的标准。究其根本，很多城市的开发建设尽管都已经采用一些比较成熟的节能生态技术，还有的在生态环境改善上做出了重要贡献，但直到今天，具有典型意义的"可持续城市"

的成功实践仍未出现，甚至还存在着这样的不利倾向。

（1）"可持续"被简化为单一的考量。例如，只侧重经济增长的发展指向，或者仅仅从生态的角度阐述；甚至，一些建设项目大张旗鼓地仓促推进，却因为前期研究或规划不够深入、决策失误，以及实际建设实施过程中的偏差或妥协等，使得项目不具备可持续性发展，最终夭折或搁浅。

（2）"可持续"被削弱成"陈词滥调"或"模棱两可"。"生态城"的概念在今天似乎有泛滥的迹象，尽管听起来合理，但面对实际问题却难以操作，甚至只是合理化政策的挡箭牌。

（3）"可持续"被奢侈地、无目的地建构。试图建设"世界第一村"的黄柏峪村可持续发展项目在今天已经搁浅，东滩生态城系统性的可持续建设也已处于停滞状态……然而，不管前面的生态城市面临多么复杂的困境，后进之士却似乎并没有过多担心，也不在乎昂贵的造价：苏州生态城投资250亿元，北京门头沟中芬生态城投资1500亿元，仅在2010年，天津中新生态城就要求确保年内完成投资170亿元……"生态城"正竞相成为一个巨大的试验场。

综合我国城市可持续发展建构的实践与理论情境可以发现，当前我国城市的可持续建构呈现出以下三个层面的冲突发展情境：①在地域层面，既呈现出国家层面政治推进的强大示范性，也存在城乡地域层面发展的巨大差异性（"可持续"被简化为单一的考量）；②在规模层面，既有大范围推展的规模优势，也存在迎合热潮下的盲目跟风；③在机制层面，既体现出新时期发展机遇激发的创新性，却也蕴含浓厚的实验性与探索性；既体现出一种高瞻远瞩的理想建构，也因由实践力不足而局限重重。

正如埃列尔·萨里宁说过的："过去的城镇建设方法已经不再适用，现在和将来的方法必须完全基于新的前提，而所有这些新的前提条件能够也只有在现存的困难中发现"。当交通和能源的严峻形势无法削弱"小汽车"模式的泛滥，生态危机的不断出现也无法停止人们对自然资源掠夺的脚步，社

会保障措施的不断出台也无法阻止贫富差距的加大。中国既存在人与自然、价值观念、贫穷与消费、公平与效率等影响可持续发展的种种冲突，同时也存在着自己独特的社会情境、发展优势，城市可持续发展建构的出路势必是在对这一现实境遇充分认识的情况下，或是建立在一种朝向可持续建构问题观念性思考的前提认知之上。

可持续悖论：城市设计的前提限定

这里关于"可持续悖论"的探讨，正是通过"原野悖论、技术悖论、条件悖论"这三个彼此独立又内在联系的认识视角，试图对当前中国可持续发展所面临的现实性问题形成观念性思考。

第一，原野悖论。在今天，城市规模越来越大，城市面临的困扰和压力越来越大，城市的环境困境日益加剧，对自然环境的侵蚀与日俱增，人与自然的和谐听起来虚幻而遥远。可持续城市究竟是田园牧歌般的"原野"还是高楼大厦的"丛林"——当城市离自然与宁静越来越远，越来越多的人渴望城市能够具有"原野"特质，拥有乡村的田野化与淳朴感，带来轻松而新鲜的生活境界。"原野"型的可持续发展，似乎成了人们的最终向往。

于是，人们重新回想起"理想国""乌托邦"及《生存蓝图》的构想等，试图改变和逃避当前无处不在的"异托邦"。早期的理想城市思考多停留在物质层面，而空想社会主义们则开启了将理想城市上升到社会改良与改造实践之中，从更广阔的角度联系整个社会经济制度来看待城市，把城市建设和社会改造联系起来，其理想城市的设想在日后成了田园城市、卫星城市等规划与设计理论的重要渊源。事实上，对理想之境的探寻一直是城市规划与设计的主要内容和发展动力之一；城市设计也一直在积极探索如何建立城市在空间上、秩序上、精神生活和物质生活上的平衡与和谐，试图有效推动城市发展与理想建构。

直到今天，人们对"乌托邦"理想模式的追求仍在不断拓展，正如美国学者莫里斯·迈斯纳所说："假如乌托邦业已实现，那么它也就失去其历史意义了……而乌托邦是一种完美的状态。应当是

静止的、不动的、无生命和枯燥的状态。如果乌托邦已然实现，就将标志着历史的终结。"这实际上也暗含着"原野悖论"的范畴："原野"本应是人迹罕至的理想之境，是一种终极的美好状态。城市的可持续发展离不开对"原野"理想之境的追求，这催生了我们不断为理想的未来发展做出大胆而有理性的探索和预见，并朝向一种更美好生活的建构可能；另一方面，必须看到的是，当我们穷极所能来建构这一情境时，事实却在削弱着"原野"的特质。而纯粹的"原野"也永远不会成为城市。抛开城市的现实问题，毫无约束机制地来空谈理想化的可持续，绝不是真正的可持续。

因此，在城市的建设发展过程中，必须把握好一个"度"，进行有限度的、控制节奏的开发，形成良性发展的"契约"式生活。当前可持续发展战略的核心应能落实于人们在实践中的行为模式；落实于人类如何在追求可持续发展的道路上，适度且合理地分配和使用资源、有限度地影响和改造环境，以逃脱城市的高密度挤压与大街区充斥的压迫景象，避免城市生活功能素乱以及社会焦虑和社会分异，减少"社会空间"的震荡与变异。

第二，技术悖论。人口、资源、环境等因素在实施可持续发展中均构成了一种强力约束，而科技的进步有利于破除此约束的潜力及动力，国家关键技术战略的实施则构成了其中最积极有效的手段。从整体上来说，作为人类认识、改造和利用自然的基本手段和有效工具，技术成为人类改造自然，并控制自然向人类所需的方面转化的手段，技术的加速进步也满足了人类在交通、通信、能源利用等多方面日益增长的需要。然而，技术历来都是双刃剑，现代技术的两面性得到了空前强化。现代技术对人类文明的进步作用是毋庸置疑的，但它所带来的问题也同样尖锐复杂。当前全球面临的一系列问题，正日益显露出我们单纯强调高科技和高技术、强行移植的理论及实践形式来建设和发展的道路是行不通的，这不仅会造成文化单一和价值错位，还会造成社会内在结构与功能的失范与瓦解，造成城市空间的"失落"。

在现代技术起源的西方发达国家，资金密集型与能源密集型技术创造了巨大的财富，也带来能源枯竭和污染加剧等一系列问题。许多发展中国家在引进西方先进技术振兴民族经济的同时，亦经历了现实与理想的背离。同"原野悖论"一样，"技术悖论"实际也蕴含了一种辩证的冲突视野：一方面，技术可以提高人类改造自然环境、增强人类生存和发展的能力，技术进步本身提供了消除污染、建立新的平衡的可能性；另一方面，技术的负面作用又集中体现在自然、社会和人的异化等方面，产生如生态危机、价值失落和文化断裂等问题，损害人类长远的持续生存和发展的能力。这些问题反过来也促使人们开始重新审视技术的社会价值，在大力发展科学技术的同时，采取积极措施减弱和消除技术社会负效应的产生；坚持自然资源和环境保护的技术开发路径，以利实现人类与自然的持续发展。

第三，条件悖论。条件是事物存在、发展的影响因素。可持续发展需要必要条件，自然和文化资源、经济条件、社会文化制度、环境容量以及政治环境等因素都是重要构成。可持续发展，永远是在一定条件下进行的。然而，如果现时代的发展条件不成熟，我们就不能在当时当地推行"可持续发展"吗？恩格斯曾这样说过："我们只能在时代条件的限定下去认识，且达到何种条件程度，我们便能达到何种认识程度""每一个时代，包括我们的时代，其理论思维都是一种历史的产物，其在不同时代拥有极为不同的形式，因而也拥有极为不同的内容"。如果历史上的事件和事物总是因为这样或那样的原因，而放弃或削弱了走向可持续的祈愿，那么未来的可持续时代将是遥遥无期的。在今天，可持续发展作为这个时代坚定不移的理念导向，要求我们必须创造条件、拓展认识，有约束、有计划、有取舍、有先后地推进可持续发展。

我国社会经济的发展，构成了可持续发展的必要条件，也是可持续发展的重要推动力。人的发展，作为可持续发展的前提，则构成了可持续发展实践的重要促进条件。作为社会主义国家，实现人的全面发展是我们的重要目标，也是中国特色社会主义的本质要求、理想目标和价值取向。而可持续发展需要全社会的参与，核心是全体公众，主体是政府和生产者。归根结底，我们所提倡的可持续发展，最终还是为了"人"的发展和人的生活境遇。微观的可持续体验较之宏观的可持续建构，从利益相关程度上来说，显然前者更能够对个人的生活和行为产生影响。

在可能的社会经济条件范围内，可持续发展可以通过局部有效的、利于本土实践的方式，或者是渐进的、细微的手段来推进，而不是必须局限在宏大框架内进行完整建构。绝对完善的"条件"永远不会完全具备——这也是"原野悖论"的辩证观点，但现实有必要因想象而变革，朝向可持续发展的努力，势必在一定程度上反过来提升发展环境。结构决定、局部渗透、微小入手，都可能成为一个地区可持续发展的策略模式，成为一个地区实现可持续发展的某种"条件"，并反过来促进更多"条件"的形成。我国正处于经济与社会转型的重要时期，这种转型具有不平衡性，不同转型地区具有不同的转型能力。中国社会转型或现代化的过程，就是各个地区不断改善、增强和提升自己的强势因素，不断缩小、减弱和清除弱势因素和中势因素的过程。这种过程，实际上也就是一种创造条件来达成提升的过程。认识到自身条件的不足，并采取有效途径创造和形成必要条件，来达成未来的可持续发展，则构成了"条件悖论"所导向的正面语境。

总的来说，原野悖论更多地体现出对开发限度和强度问题的关注；技术悖论引申出对于技术多元化和适宜性的侧重；条件悖论则更为综合地涵盖了对发展阶段和人的维度的支撑体系的倚重。上述讨论实际指向了以下两种认识的角度：一方面，城市是不断成长与发展的事物，总是处于一定的历史文化情境和社会发展阶段，需要为所有市民提供丰富和多样性的生活质量，而市民、决策者、技术发展及制度与政策因素都在城市发展进程中被关联和检验；另一方面，人类社会为了自身的生存发展，不停地探寻现有城市的替代性方案，无节制地开发和应用高科技技术，并往往忽视公平与公正、忽视现实发展阶段，有的甚至不惜鼓励趋利性与对抗性，来实现利益团体自身的经济和政治目标。正是现实中这两种形态的时空交汇所体现出的矛盾与不调和，型构出了伴随城市理想实践的"可持续悖论"。这事实上也构成了城市设计朝向可持续发展建构的一种社会前提与观念限定（图2.2）。

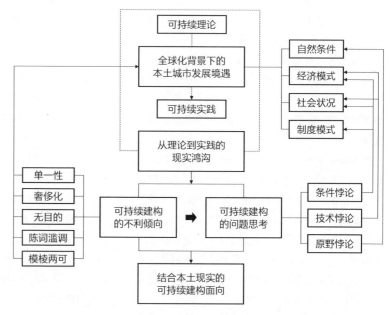

图 2.2 中国城市可持续建构现实问题考察路径

冲突激发的应对："可持续城市设计"

"可持续悖论"强调的关键在于，"可持续发展"是关乎人类未来生存的必然选择，将对未来世代产生长期影响。综合前文中全球化背景下城市发展的本土境遇与中国城市可持续建构的本土现实，我们试图从中提取本土城市可持续发展建构的问题面向：①尊重国情和当前发展阶段，重视多样性和差异性需求；②更多地面向本土现实冲突问题来提炼关键目标框架，促进策略的适宜性、保障实施的可行性；③多层次、多视角地进一步落实和完善创新机制，进行多方利益的协调，促进可持续建构从理想到现实的路径链接。

可以说，基于城市与人类社会的双重视角，有限度地、有选择地、动态发展地寻求城市未来的可持续发展，作为理想可持续路径的指示器，以及一种意为促进理想城市建构的催化剂，是在为日趋恶化的城市环境、日趋分化的人类社会，探求"可持续"为人们的生活形态所带来的未来可能性。毋庸置疑的是，在现代生态危机与环境污染泛滥不可收拾之前，在现在经济和政治趋势摧毁城市文化与特性之前，我们必须寻求全社会的配合来共同解决当前一系列全球性问题，对城市适宜的发展和变革模式进行深入研究。在环境威胁和环境恶化日益严重的今天，可持续的城市发展规划与设计是唯一可能与人类行为相结合的城市发展形式。

城市设计理论在今天有着自身的目标、设计方法、评价标准和实施手段。这一体系发展得如此成熟，以至于城市设计的专家可以用它来解决已有的城市问题，或者是营造新的城市。然而，当前中国城市与社会的发展在自然条件、社会状况、文化与制度及发展模式等方面所面临的复杂而严峻的形势，必然对城市设计实践产生重要影响，也使得城市设计的思维模式面临巨大挑战。当前城市设计的发展亟将其重点拓展至关涉经济发展、社会平等和环境保护的多元目标，以促进实现城市多功能的相互协调、价值体系的优化以及多因素的动态平衡。这种强烈的现实需求和未来取向，最终将促成城市设计深层次的可持续面向。

然而，当前中国城市设计的可持续发展建构也面临这样的现实情境：当今的城市空间已不再仅仅被认为是一种经济与社会进程的"容器"，同时，特定的地域特征与社会文化及政治背景被纳入考察，正如前文指出的，城市设计也涉及自然生态、社会意涵及应用层面，将与城市空间相关的观念、社会、文化、政治、行为、结构等因素的相互作用联系起来进行一种综合建构，以寻求城市问题的解决和发展困境的突破。在这一点上，中国本土的城市设计体系与国际上是对接的，如可持续理论、生态导向、设计导则等，其中也充盈着西方理论的贯穿与渗透，然而西方理论本身就充满着内在的冲突。例如，在对于可持续空间的认定上，欧陆更倾向于一种有机的、渐进的空间格局；而当代美国则试图改变原有郊区蔓延的发展模式，来朝向一种"新城市主义"所提炼的具有城镇生活氛围的、紧凑的社区形态；在可持续发展的时间迁移方面，西方理论谱系中所形成的一系列基本主题：类型学的、实践的、生态的、政策的等，其中都充斥着冲突与制衡，并随时间的延展，处于不同的认识与发展阶段、关注不同的核心领域，进而呈现出不同方向的可持续建构与侧重。

另一方面，城市设计在城市建设和城市运营中的作用正逐步凸显。通过开展不同层次的城市设计，我国许多城镇的环境面貌得到了很大改善；国内城市规划与建筑学界的理论交流与实践合作日益丰富，城市设计作为一种意识、一种观念也逐步开始为人们所普遍接受，人们的城市环境意识、参与性都逐渐提高。然而，正如前文所论述的，中国本土的可持续建构现实是粗放型、低程度的，城市再格式化泛滥，空间极化生产现象也日趋明显。同时，现今的一些规划与设计本身存在偏离可持续发展内涵建构的现象，在理论建构方面存在空谈理念、纸上谈兵的现象，在实践上也显露出急功近利与粗糙浮夸。正是这些加深了当前中国本土理想的发展理念与现实的社会矛盾之间的鸿沟，产生了当前城市可持续发展建构事实性的冲突与矛盾。因而，当前亟须寻求可持续城市设计本土理论突破、探索有效的本土发展策略的分析落点。上述强烈的现实需求和未来取向，也将最终促成城市设计深层次的可持续面向。

本书中，可持续城市设计是作为一个整体概念来建构的。这里并不囊括形态美学、经济发展、人口产业及法制化途径等涉及城市设计的全部问题，而是面向城市或事实上城市化开发建设的农村地域，着重强调涉及土地、水、能源、废弃物等与自然资源直接相关的方面，体现建构平衡的自然生态、增强保护、技术适宜、促进社会平等和健康生活的形成等核心目标，融合生态、社会、文化、行动、制度等重要因素，对空间要素做出更趋可持续的形态安排和政策安排，以及促进社会选择与行动过程的实施安排的一种社会实践，试图弥补当前城市可持续发展建设中环境和社会内涵建构的不足、避免现代城市设计发展的误区。无论是价值取向、目标体系，还是设计内容与方法，可持续的城市设计与传统的城市设计相比都有了新的发展和变化。

其中，以可持续发展为根本出发点，**在价值取向方面**，可持续的城市设计更加关注人与自然关系的和谐、环境和社会发展的包容，更加注重城市特色的引导和发展模式的探索，更加注重设计的社会选择与过程管理，更加强调技术的社会适宜与有效利用，将城市作为一个整合的系统来进行综合设计，以提升城市的形体环境、改进城市的空间格局、延续城市的历史文脉、优化城市的资源配置，并最终促进生态环境的保护、促进社会平等和健康城市生活的形成。

其次，**在发展目标方面**，基于经济、社会、环境协调发展的基本框架，针对当前我国的城市设计普遍存在的过于关注物质形态维度，以及空构生态环境维度、缺失社会建构维度的状况，可持续城市设计实际更倾向于导向对社会、文化、行动、制度的综合考量和多层次建构，并落实于具体的设计原则与方法。

再者，**就设计内容而言**，一方面，可持续城市设计以可持续理念贯穿于城市规划建设的不同阶段和层面，能够更具连贯性、针对性地协调和衔接在传统上存在分隔的城市规划和建筑设计。在有效落实可持续发展的整体设计意图时，也可为小型的或单体的设计提供环境。另一方面，可持续城市设计更加强调采取可持续的设计手段，并试图贯穿城市发展与建设的各个阶段，来达成对社会发展领域的渗透、影响和调控人们的行为模式、延伸和深化可持续发展的具体内涵。

另外，**在设计方法上**，可持续城市设计具有更广阔的学科视野，更有利于借助多学科综合来实现方法和技术上的创新，设计上可以更加灵活而具有包容性。同时，基于可持续发展深刻的发展意涵和城市设计自身的社会实践导向，可持续城市设计强调的是一个多因素共存互动的综合整体、连续动态的设计过程，更突出地将城市设计作为一种研究决策和社会选择的过程，保障其调控和组织的有效性。

"元话语"：可持续城市设计本土策略

本土策略：一种冲突应对的哲学思路

"本土"这个概念中似乎蕴藏了无尽的挑战和机遇，后现代著名学者阿里夫·德里克（1996）就敏锐地指出了"本土"可被视为希望和困境共存的据点。1974 年的联合国大会在《关于国际经济新秩序的宣言》中宣告："每一个国家都有权实行自己认为最适合自己发展的经济和社会制度，而不因此遭受任何歧视。新的发展观否定了西方发达国家发展道路和模式的唯一性。"当建立在自然和社会双重代价基础上的发展建构过程，从西方社会扩展并形成全球范围的发展困境，现代性得以反省自身处境，人类和社会的发展进程也面临一种社会重构、个人重塑、个人与社会关系重建的转型视界。这种转型视界势必将促使理论从根本上发生更新与重塑，城市规划与设计的理论视野和问题预设也相应地发生改变与进行调整。联合国教科文组织（UNECO）在《内源发展战略前言》中强调了这样的规划目标："研究符合不同社会实际和需要的内源与多样化的发展过程，它的社会文化条件、价值系统、居民参与这种发展的动机和方式。"道格拉斯·法尔则这样宣称："所有的可持续发展都是本土的。"

我国城市发展在今天日趋明显地面对人口、生态环境、老龄化、劳动就业、社会空间分异、城市犯罪、旧城改造中的拆迁等大量社会问题，其中许多都归结于"结构不良问题"（威廉·邓恩，2002），具有明显的中国特色与时代特征，并很难有现成的、成熟的策略应答可供参考。社会越开放和多样化，关于设计目的和手段引起的争论越错综复杂，关于最终结果的意见越来越是多种多样。同时也必须看到，从根源上来说，正是因为全球化、城市化及转型过程中所衍化生成的一系列"非本土"的事物，才会有今天所谓的"本土"存在。

我国要促进城市良好环境的建构、建立具有吸引力的公众领域、促进城市建设的良性发展，这些一方面需要与我国城市建设相关的各个部分和行业、设计者及其使用者等都必须直面我国国情，直面本土存在的种种社会问题。同时，还必须正确面对"非本土"的事物，甚至通过本土的消化、吸收和转换过程，以期获得社会整合的能力和持续不断的发展。事实上，在被切入至主体实施层面时，本土（性）往往相当于本土认同。地方主义可以被认识作为个体成员对其归属的社区的一种感情认同，甚或是盲目的忠诚与奉献。迈克·费瑟斯通则提出，在社会学传统里，"本土"术语及地方性和地方主义等与其相关的衍生概念，通常离不开并与其社会关系密切关联。

此外，具有启发意义的是，就如何建构中国本土空间理论的问题，诸多学者强调了从城市问题中把握创新契机、强调多学科的问题式对话的建构作用。基于全球视野来观察，空间模式与城市意义均在不断发展，这使得我国学者有机会凭借自身能力在空间与城市的理论发展格局中占有一席之地。刘陆鹏教授等指出，中国本土空间与城市理论的建构应对马克思主义空间理论进行挖掘和梳理，应批判借鉴西方空间理论，并开展多学科的问题式对话；苏州大学陈忠教授等则更为尖锐地指出，反思中国城市问题应从中国本土问题出发，这构成了我国学者对城市与空间理论研究的根本目的与途径所在；空间理论研究若离开了对中国本土问题的反思，将失去其内在意义。

可以说，当前对于"本土"或"本土化"关注，实际体现了理想视界与实践导向相统一的强烈需求。毋庸置疑的，我国的现实困境与冲突问题却绝不应被忽视或合理化——脚踏实地地观察、研究中国的现实，在冲突中寻求一种协调和融合的本土方式，强调与全球化、城市化、现代化互补的、符合转型社会与经济政治形态的本土化建构，是推动中国现实的进步、趋近未来可持续发展可能的必然选择。

"本土策略"，简单来说，就是本土的对策与谋略，在本书中即是为解决全球化、城市化视野下的中国城市发展问题而建构的原则和方法。本土策略是一个跨学科的研究对象，涉及极为广泛的理论体系。本书中所提出的“本土策略”，正是在借鉴和总结前人在相关学科的“本土化”研究探索，来建构本土策略的内涵，并择取首要的原则特征来提出逻辑框架、制定对策，试图在决策过程、行动过程中起到重要的促进作用——既是体现“理性原则”的具体化，又为“最终价值目标”的实现提供可行的方针。需要指出的是，与“本土化”研究思潮所强调的重点不同，这里的本土策略，并非基于对“没有了中国”的局面的担心，并非“这里”与“那里”的思考框架，而是朝向“可持续中国”的未来建构，探寻更趋适宜的冲突面向的理论与实践应对。其内在强调的并不是一种本土防卫机制，而是本土建构机制——“人本”与“人理”的双重建构。这也是为什么后文选择社会建构来进行过滤的原因之一。

结合前文有关“本土化”的研究探索，以及对于全球背景下本土城市发展境遇、可持续建构困境等的“本土”思路相关的综合分析，本书试图将本土策略的关注领域归纳为以下五个方面：①面向本土社会中的现实问题，考察本土社会中人们的价值观念、生活方式、建设发展模式，建构本土理论体系；同时，“知行合一”，结合实践内容研究探索。②重视大地肌理、社会、文化和历史脉络等要素的综合分析和考察，促进生态环境保护、人和当地环境关系的协调。③承认社会多样性和群体的差异性需求，综合考察地域性的社会指标，促进社会结构和社会生活的平衡发展。④联系人们共同生活和情感的“纽带”，强调精神情感上的意义，激起人们的自尊心、责任感和使命感，促其利益保障。⑤整体突出低成本效应、选择机制与可持续性诉求。

“本土策略”的定义可以概括总结为：本土策略，应基于城市与社会发展的情境考察，强调冲突视野下核心问题的有效应答，将涉及社会、文化、经济、环境、政治等本土相关的重要因素纳入进来，对城市发展向度做出更趋适宜的本土考量与对策安排，以协调城市功能、形态及发展结构，协调经济需求与自然保护、社会发展之间的关系，协调全球视野和本土特质、协调应用策略和价值关怀。

究其特征而言，本土策略首先体现为一种尊重传统、强调归宿感、符合国情与社会发展阶段的冲突应对的哲学思路，既具有不可忽视的实践功用和理论价值，是人类对现代化社会之弊端与缺陷加以反思的一种现代性努力，也反映出人类在面向 21 世纪时一种更为智慧也更为平等的努力，强调注重各发展要素之间的关联内涵。中国独特的发展路径也在于整合的理论对于表象的拨开，去理解和探寻建设实践与社会事实的本质；其次，是消除我国二元社会结构之对立、促进和谐社会构建的内在要求，也是解决我国发展问题应选择的道路，在注重差异性和特殊性的同时，更应体现出多样性与动态性；此外，本土策略植根于中国城市与社会，它应该是开放和发展的，不排斥其他理论与经验，强调互补性而非替代性。在本土策略研究过程中，需要以敏感、机智及批判的态度，借鉴国内外有益的概念、理论及方法，来探讨策略自身的内涵及特征，并深切体会其背后的社会历程与文化机制，来实现保存或修改、吸收或扬弃，并完成整合性的分析，贴合研究主题。

在今天，渗透思想、物质环境、制度形态、技术体系的多元领域，充斥着社会整合和冲突消解的意涵，“本土策略”作为一种转型与变革的重要思路正日益增多地被渐进地重组构造出来，越来越多地认可和重视地区发展的差异性和特殊性，试图厘清各发展要素之间的相互关联及内涵：除了物质性内容之外，更包含非物质的层面，朝向一种对城市发展模式、制度与文化建构、行为及互动模式、城市规划设计应答等核心建构领域的全面回应。其本质上是为了提高本土生活质量及环境质量，并与城市建设发展与空间建构紧密联系，来寻求思维与实践的双重创新，即迫使我们审视全球化境况下的传统基础与本土格局，以朝向现代性革新、多元化建构的可能；同时，也促使我们改变那些不合理的城市发展模式，以寻求契合性发展、达成创新性实践。全球化、城市化、现代化与本土的应答是互补的，单一地强调某一方面都不是最优方案；只有将它们有选择地整合起来以达到发挥优势、规避缺点的目的，才能在冲突与问题的情境中寻求一种协调和融合的方式，体现出在转换中判断的哲学思想意义。

"可持续城市设计本土策略"的概念框架

前文中关于可持续城市设计的理论界定，作为一种理论上的普遍分析框架和先验图式，初步考察了可持续城市设计与城市社会发展二者是什么样的关系及如何可能的。其中，非常明显的是，可持续城市设计的内容建构并不是仅仅局限于城市本身的发展，而是试图将与之关联的一个地域综合的人口、经济、社会、资源、环境等诸多因素纳入设计过程中，以激发更广泛的研究和讨论，帮助创造一个创新的设计结合可持续环境的提供、设施服务完善、经济蓬勃发展的城乡协调发展的形式。其丰富的内涵、多元的动力，在价值取向、发展目标、内容导向上，以及其对选择过程与实施维度的强调，与本土策略的内涵与特征十分契合。

我国城市设计本身贯穿于法定城市规划各个阶段的始终，及其所具有的多层次性、多学科多专业交融等学科特征，也使得可持续城市设计可以朝向一种"本土策略"实践的有效建构与实施推进。可以说，"可持续城市设计"恰恰回应了本书所强调的"本土策略"实践建构的一种未来轨迹，有利于承载本土策略对于本土要素整合、社会平衡、情感联结、选择机制与可持续性诉求等的综合关注，有利于社会、经济、环境与政治等各种因素以一种整合和互动的思路协调及运作，从而促使城市未来

的发展呈现出无限丰富的可能性，并最终促成本土策略实践的创造性空间建构。反过来看，本土策略也为可持续城市设计提供参考经验、建构指向和实现手段。李少云、刘云、张鸿雁、王淑芬、吴向宏等人的研究则提供了富有借鉴意义的相关研究视角与建构思路。在本书中，"可持续城市设计本土策略"是作为一个整体概念来建构的（图2.3）。

事实上，在理解和实践城市和区域的规划开发上的不同，在于覆盖众多国家和区域的变化显著的制度设置和文化根植（约翰·弗里德曼，2005）。我国的城市化道路也绝非是简单的城市规模扩张问题，而是体现为一个各种矛盾相互交织的、相当复杂的社会过程，涉及城市公共资源分配格局和社会空间布局的重大变迁。面对当前经济发展和社会转型下的需求变化，日益增多的城市问题与社会矛盾，都需要一种"可持续城市设计本土策略"的建构，以探索更趋适宜的城市发展模式、促进新形势下的城乡协调发展与社会和谐共融。本书则主要涉及如下一些重要的领域。

第一，冲突面向的策略发生情境。借助冲突主义的立场联结，借助我国城市可持续发展建构的情境分析，从逻辑到现实探讨社会世界的困境与未来发展的前景。社会世界不应该被当作一个被动的存在，而应作为可以被建构和被变革的对象，包括思

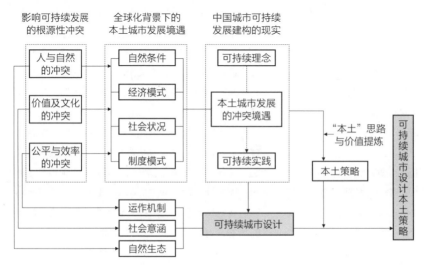

图 2.3 "可持续城市设计本土策略"概念体系生成框架

想领域、物质环境、制度形态等。借助可持续城市设计本土策略，可以促进这一本土建构过程的实现。

第二，时空关系。 可持续城市设计是在城市肌理的层面上，合理考量和处理其主要元素之间关系的设计。其设计对象涵盖城市的自然环境、人工环境及人文与社会环境，并可以借助对宏观、中观及微观的不同尺度的城市发展进行整合性考量，朝向一种符合城市未来长远和永续发展的设计考量，多层面、全方位地践行本土策略。正如道格拉斯·法尔所说，时间是可持续城市化变革的基本。可持续城市设计既与空间有关，又与时间有关，因为建构可持续发展的要素不但具有空间分布特征，还具有时间发展周期。本土策略除了可以通过可持续城市设计的设计和环境组织来实践，还须在时间维度保持某种程度的延续性和稳定性，才具有生命力和生长性。这种过程性与可持续城市设计的过程性是相辅相成的。

第三，行动格局。 正是在本土实践真实的时间演化过程中，社会性力量和物质性力量往往以相互作用和突现的方式交织，并受到人们行动的反复调节，如塔尔科特·帕森斯提出的，受行动主体的组织、行动目标的设定、行动的条件与手段等因素的合力影响，抽象地构成一种渗透本土地域、情感、过程与知识多维度的行动格局。这种伴随冲突限定或激发的具体实践情境可以有效地促进或阻碍一个地区的可持续发展。因此，可持续城市设计本土策略又必须在一种博弈建构的视野下，通过行动体系的配合，对冲突进行协调与缓解，对空间建构和策略实施的过程进行规范、约束或引导。

第四，制度安排。 城市设计的目的是制定一系列指导城市建设的政策框架，在此基础上开展建筑或环境的进一步设计与建设。可持续城市设计要成为一种有效的管理手段，也必须依靠公共政策手段，反映本土国情、社会和经济需求，并面向核心冲突问题，深入研究与策划城市整体社会文化氛围，探索城市设计管理模式及政策的发展趋向与调节机制，联结正式规则、非正式规则及其实施效果，提供特定的约束或激励框架，形成有利于本土可持续发展建构各种经济、政治、社会组织与环境发展的制度安排。

这里，从"可持续城市设计本土策略"建构的本质分析，一方面，可持续城市设计本土策略是以可持续发展为导向而进行的理论探索，城市化理论、可持续理论、城市设计理论、社会学及相关理论等学科交叉共同构成了其理论基石——这些理论不应被简单叠加，而应尽可能有机地紧密联系在一起；中国城市可持续空间的城市设计建构则构成了其实践基础——可持续城市设计本土策略是在城市化进程中广泛的可持续实践的基础上形成和发展的，又反过来指导建设的发展与顺利进行。另一方面，可持续城市设计本土策略体现出在今天新的理论发展趋势和实践发展形势下，中国城市设计的理论与实践发展必须突破"物质性"和"纯技术"的领域，结合深层次的认识论及社会政治经济学等学科领域，来更具"情境性"地进行一种"本土化"的整体建构——结合我国的具体国情、结合当代社会的价值再构、体现城市发展的政治经济路径及城市物质空间上的社会投影等，探讨相对具有普适性和可操作性的策略与方法。

综上可见，可持续城市设计本土策略的概念模型已成轮廓：以着重整体性、关系性、互动性与过程性的可持续建构为基本目标，以强调可负担、活力、多层次及联系密切的策略特征为实践导向，试图从多学科视角来研究当代城市设计本土建构的策略内容与方法，探索可持续城市更适宜的、可借鉴的形成机制。尽管目前关于可持续城市设计本土策略的直接研究成果还相对较少，但已经有很多学者和机构进行了丰富的相关研究。如果我们以更自觉的态度，研究和分析全球化、城市化过程中的本土化问题，借鉴成功的国外研究以及本土成果，从中不仅可以获取研究可倚重的理论依据及研究范式，还可以进一步建立研究的目标导向平台，指导可持续城市设计本土策略的深入建构。

与本土维度的综合研究及可持续城市设计架构相关联，本书对"可持续城市设计本土策略"主要特征的把握，主要强调以下三个方面。

第一，可负担性。 可持续城市设计本土策略必须是社会、经济、政治和环境可负担的，甚至与人们自身的心理与行为相匹配——可以被承受、被实践。以此为出发点，才能行之有效地建构选择、管理与实施机制等的本土化进程；本土策略强调从理念到技术的整体适宜，基于在共同的社会认知、个体的非理性因素综合影响下所建构的"元认知"，提倡多层次的策略手段——可以是低技术、高技术或是综合技术，动态有序地制定更趋适宜的本土策略内容。

第二，可根植性。除了可负担之外，可持续城市设计本土策略还应与人们的心理、行为及城市与社会各方面的发展脉络密切结合、相互调和，才可能更为有效地发挥作用，并蓄积潜在的能力，实现一种本地的"根植"。而这种根植的把控，首先在于对社会文化的理解和把握，强调一种脉络性，即尽量考量当地的社会、文化及历史脉络，并仔细厘清其与特定社会、文化及历史因素的关系，以彰显现象本身在中国社会中的特殊意义。务求以最适当的方法及程序，针对所探讨现象的本质与特征。其次，需要依靠一种持续性，包括资本、时间的持续投入及程度的持续加强；依靠一种创新性，涵盖知识的增多、理论的拓展的观念，在冲突的激发中实现创新发展和变革，以呈现多元化发展。

第三，可联结性。可持续城市设计本土策略应有利于调节多元价值、协调利益格局、增强参与互动、促进社会融合与活力，体现出一种"联结"的特质。这种"联结"不应是纸上谈兵，而应是可以被人们所感知、推行和调整一种选择和参与过程。在这里，本土策略不再被想象成为一套由个体成员所实施的一条规则，而是将其看成一种行动者在其中创造并产生出价值导向、行动构成及其他社会生活的手段。事实上，正是人、社会、空间之间深深透着本土印记的关联与互动，使得城市在不断发展过程中具有了历史底蕴、文化特征、城市特色与活力，而这些也构成了本土策略的特征与价值。

中国可持续城市设计本土策略的建构意义

事实上，城市发展中对于本土策略考量的发展模式探索早在 20 世纪 70 年代就已迅速崛起，东亚、印度、非洲、拉美及后来的俄罗斯都在不断探索、整理、提升发展模式理论。虽然其间的发展模式多种多样、内容丰富，却也面临着诸多困难，在

政治运作、信仰纷争、实用性及与世界秩序的对接等方面都存在着界定和操作的困难，很少有成型的本土模式能完好、独立地发挥作用。霍华德·威亚尔达指出，近年来的实践证明，一国的发展虽然很难归于某种单一的发展模式，但本土发展模式至少不失为混合发展形式的一种。因为本土发展模式毕竟是自立、自为的根本，本土发展模式即使难以在国家或地区层面上施展，但在社区层次上的有效性、适合性、经济性、可持续性是显而易见的。当然，本土发展模式也有不少问题，但是与那些单一的、静态的应对思路相比较，本土策略因其强调多样性和动态性等思想属性，具有优势。近年来，存在这样的现象：一方面，本土策略的价值边界似乎正在拓展，涉及全球环境治理、资源的有效利用和保护、文化多样性的保护、对发展的反思等多重可持续发展的维度；另一方面，本土策略也普遍存在被忽视与受压制的境况，并在某些方面具有消亡和终结的倾向。

当前已有的与本土策略相关的研究涵盖人文地理学、社会学、心理学、人类学、经济学与城市规划学等重要领域，并集中体现在地理环境、建筑与景观、社会关系与情感认同、社会文化与制度、诠释与适应的过程、技术与知识等方面；对本土策略可以落实于怎样一种生成机制，并在千差万别的实践领域中发生作用，更有效地促进城市建设与发展，还未进行系统研究。

中国经济社会的高速发展——长期保持两位数的经济增速，权威引导的市场经济，渐进民主化的政治体制改革等，为解释中国现象的"本土"理论框架的提出提供了合理性来源，并不同程度地影响着政治的制定与社会群体意识的唤起。然而，其中某种程度上仍带有一种长久以来的试图摆脱西方中心论的痕迹，学者和研究者对中国模式的积极关注也并没有掩盖其对中国发展中暴露出来的问题的审视。可以说，对于当前发展国情，我国更应对现有发展经验进行总结与反思，考察本土发展的过程及现实情境，更多地透视现象背后的作用机制，探索本土应对的发展思路与价值重估，而非自信满满地将其定位于某一种完善的模式、停滞不前。同时还

必须认识到，从根本上来说，任何理论模式、政策主张与发展计划，若想取得成效，终究还是应基于社会发展的本土实际，必须经由当地人们自身的努力，将之转化成一种本土性发展与内源性发展之动力。这也是本书强调"本土策略"的建构与利用，并将其纳入当代我国城市建设与发展研究视域中的重要原因。

正是我国独特的现代化进程、中华文明与情感方式、对科技发展的理性反思及我国内源性发展的迫切性，决定了我国城市发展必须走一条黏结全球与本土、传统与现代、现实与未来、理想与实践的人性化道路，并寻求相应的制度变革与环境条件的支持，在兼具传统与现代意识的同时，具有全球发展的战略眼光。在本质上，本书对于可持续城市设计本土策略内容的建构，强调的是一种要素耦合、新质突现的方式，试图通过相互关联的两个方面达成自身的建构：一方面是针对"传统"的"创新"能力，即产生具有生命力的新信息、新方法的能力；另一方面则是面向"情境"的"实践"能力，即对具体的问题挑战能够做出有效回应，并在挑战与回应中重构自身。

在一味追求技术和经济效益、经济结构与社会服务差异矛盾凸显的粗放型发展模式下，在社会心理与行为模式转变、社会阶层结构分化与利益冲突加剧的社会环境下，在本土制度方式与社会文化权力失衡，新型社会控制机制因在建立和完善之中而效力不强、有失公平的现实背景下，各种作用相互交织、相互影响，凸显一系列全球性问题与现实中的本土化表现的激烈碰撞，并更为集中而尖锐地体现在上海、北京这样的中国特大城市的实践发展中。非常明显的，传统的物质性建构已不能解决诸多新问题的出现，城市建设与发展的研究也越来越需要把城市发展过程与社会结构紧密联系起来，置身于中国自身的发展语境来分析社会实践中冲突产生的原因和条件，探寻防止冲突聚集、激化的有效措施和机制，探讨保障社会公众利益、促进公平的社会制度与设计方法。关于可持续城市设计理念与

技术内容的探索，离不开更为宏大的社会背景的支撑和包容，需要融合多学科、多领域、多元化、多样性的综合分析和整体考量，才能更具实践意义和社会意义。

我国可持续城市设计本土策略的核心发展目标，可以过滤为以下四个方面的预期。

其一，思想观念上的革新作用。 对于我国及代表性城市现实的发展格局、地域特征的本土情境的研究考察，更能反映城市的内在特点和复杂性，从而构成了城市朝向可持续建构格局的本土基石。另一方面，对本土社会、技术格局及本土特征的综合考量，也有利于激发我国城市可持续性建构的内生活力，促进现实发展机会的整合。可持续城市设计本土策略可以融汇这些优势而从发展的思想观念上有所革新。这里也应避免刻意限定可持续的本土化，而忽视外来与本土应有的融合。

其二，开发建设中的推动作用。 由于兼具空间、时间、政策等多维内容，可持续城市设计本土策略的建构，有利于促进我国城市开发建设实践中对本土现实机遇的把握，充分发挥地域优势并挖掘潜在价值。借助本土思路对更趋适合当地整体空间发展的、具有生长性特点的设计和管理策略的梳理，也有利于促进我国城市开发建设实践运作的更具前瞻性、可行性和实效性。

其三，技术方法上的驱动作用。 城市设计可以采用调查、评价、空间设计及反馈等多种方法，针对城市规划与建设进行技术调控。在可持续框架下对本土要素进行挖掘，可以促使在整个策略的执行过程中，除了单纯的技术考量之外，还将纳入社会评价与动态反馈机制等，促进调控体系的开放契合及动态关系。

其四，制度改革中的实验作用。 可持续城市设计本土策略有利于从结构架设、程序设计、实践导向的多方视野，来促进我国城市的可持续开发建设，更利于借助其多层次、发散性的建构模式，促成其在当前我国制度模式框架中的创新性和契合性实验。

"主情境"：冲突求解机制下的研究方式

"冲突"的理论范式与分解机制

适度的冲突往往极富建设性，可以转化成为一种正面的变革力量，促进社会的稳定，激发主导价值观的生成，并有利于社会秩序的再构以及实践活动的协调与整合。实践作为一种链接、一种黏合，是社会现象的再生过程。当冲突外化为社会实践及其人工性质中的力量型构，可以说，在更广泛的意义上，冲突体现为一种阻抗与适应的辩证运动，凸显出一种平衡和转换的实践效应与意义。美国都市文化学者曼纽·斯特就曾将都市意义确定为"直接与社会斗争动力有关的支配与反支配的冲突过程而不是复制单一文化的空间性表现"，并指出城市与空间"是组织社会生活的基础，对特定空间形式赋予特定目标的冲突是社会结构中支配与反支配最根本的机制之一"。结合前文对于"冲突"的界定和对于冲突主义立场分解的综合运用，本书试图将冲突问题分解为以下两个认识维度，作为下文考察城市发展与建设实践的基本理论范式。

第一，关于冲突的局势。人类对未来领域认识的局限性，只能在一定程度上避免某些冲突，冲突绝对不会发生的情况是不可能的；而在旧的冲突消解的同时，又可能引发新的冲突。也就是说，"冲突"总是表现为一定时期内的某种存在状态。拉尔夫·达伦多夫把冲突的根源主要归结于权力分配不均，认为冲突能够直接导致社会变革；齐美尔认为冲突使群体边界清晰化，使权威集中化，增强了对越轨行为与歧见的控制，并加强了冲突派别内部的社会团结；刘易斯·科塞则认为当冲突有利于团结与整合时，冲突是有益的……实际上，无论是从权力、利益、资源或其他交互关系还是独特的视角出发来审视一种"冲突"的状态，都可以将其归结为城市或社会发展中所体现或呈现的一种"冲突"局势。价值观、行动、制度等可以说都是各种力量在冲突局势中相互作用而产生的。冲突者（又称局中

人）、冲突变量及变量约束三者是冲突局势的基本构成，其中冲突者作为主体，楔入行动、冲突中以维护其自身利益。而当两方甚至多方不能达成一致的解决方案时，外部介入者则被邀请参与进来，予以帮助解决，往往依其权限而具有提供便利、仲裁或调解等功能；冲突变量指向引起争议与冲突的多方目标，变量约束则体现为其间必须满足的一种约束条件。

第二，关于冲突的应对。冲突一旦出现，冲突各方都试图采取有力的措施影响冲突的发展，使其结果更有利于自身利益。冲突功能主义认为一个弹性体系，如结构适度松散、允许冲突随时发生、制度化机制等，可以从冲突中受益。同时指出，结构应当由不变的和可变的两个部分组成。可变部分为不变部分提供了一个安全器。只要可变部分还经得起冲突的冲击，稳定的部分就是安全的。美国的行为科学家凯尼斯·托马斯（1977）从满足个人自身利益和考虑他人利益两个维度出发，提出了处理冲突的五因素策略模型（图2.4）。弗里德利希·哈耶克则认为，当今人类正面临着从小群体到大群体的转变，因此要从大范围来看问题，不要用适用于小群体范围的眼光来看大范围内的事——就"冲突"与"总体性"的关系来说，也许后者更是前者存在的场所。冲突各方的所有决策，将导致冲突发展成为某一特定的实际结果。

这里，无论是冲突者做出符合自身利益的一种选择，还是借助一种弹性体系或"总体性"的考量，在本质上都属于一种冲突局势下的选择、反应及建构过程，体现为对于社会世界现实困境的剖

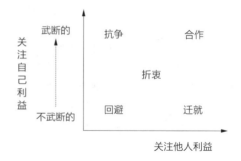

图 2.4　托马斯冲突处理策略模型

析与应答。冲突的应对，具体又可以体现限定或激发的作用过程：一方面，冲突包含资源冲突、决策冲突、设计冲突等多种类型，其中所渗透的冲突变量及变量约束的作用，贯穿经济、社会、环境建设发展的全过程，对城市的发展具有现实性的限定作用；另一方面，冲突的局势体现或反映出城市发展建设的前提、进程中的不合理或是需要变革的因素，因而激发人们积极采取策略方法来探寻冲突消解的方法、改进设计方案，对未来发展具有创新性的优化和提升作用。另外，就具体的应对方法而言，冲突分析在今天已成为一种重要的决策思路和分析方法。其往往通过对时间点、行动者、选择或手段、事态结局、优先序或优先向量等冲突相关因素的综合考察，解析冲突局势的背景、过程及内在关系，进行策略优选与综合评价，来朝向一种冲突协调与问题应对的实践途径（图2.5）。

在本书的分析中，由于更多地将冲突与社会政治经济发展的宏大背景相联系，并强调与可持续城市设计本土策略的研究面向相契合，其冲突分析的实践求解，更多地体现为一种把握核心要素、过程节点的定性研究，而定量分析主要作为策略实证研究的演进机制解析或局部论据支撑。

当固有的发展模式不能指导并解决现有的城市问题时，城市发展模式的变革就不可避免地发生

了。可以说，整个现代过程一再说明了冲突对于个人与社会关系的持久意义。当愿望与动机物化于现实中的人类世界与城市空间，势必在冲突中导向一种新型的话语结构与逻辑显现，在冲突限定下凸显核心要素的支配与控制，在冲突的激发下生成发展逻辑的衍生与变化；同时，还将促成人们在解决冲突、竞争或合作的行为选择与生活方式，以及政治系统、组织机构和制度方式等综合领域发生改变。这里，"冲突"的逻辑性意蕴是如此强烈，同时又可以如此密切地与现实世界发生联系与互动，有助于涵盖内在关系与社会现实的双重维度，来分析和考察我国城市可持续发展建构的冲突情境，剥离当前城市的可持续发展建构是如何受到冲突的限定与激发，进而进行一种有针对性和创新性的可持续城市设计建构。

正是借助于这样一种"冲突"的分析切入与实践建构，本书试图在"冲突视野"下探寻更趋适宜的可持续城市设计本土策略应答。这里的冲突视野则主要涵盖以下建构领域。

其一，冲突的求解机制。 关注冲突局势和冲突应对的实践维度，试图有效判断变量之间的相互依赖关系，分析变量与冲突的相关性及局部变量的变化影响范围，实现一种冲突分析的定性推理与求解。

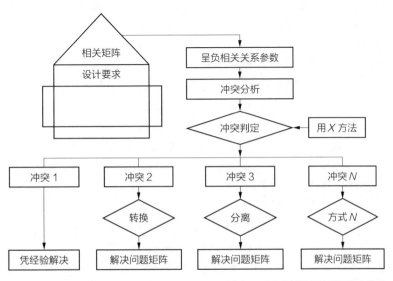

图 2.5　冲突分析的矩阵问题解决模型

其二，**冲突的变量调控**。城市设计过程是一个动态变化的过程，而冲突变量的限定和激发都可能引发城市设计内容的发展与变化。将之与可持续建构的现实目标相结合，则必须提供有效的手段来满足约束、适应变化，并通过对冲突变量的有效调控，实现设计决策、行动过程或制度方式的策略支持。

其三，**冲突的实践考察**。理论和方法的建构，最终还应能落实于实践的推进。在有效识别、应对可持续发展建构所面临的多维度冲突的基础上，与一定地域内现实性的实践案例联系起来，分析具体的冲突情境，考察冲突发生、发展和应答的过程，以及理论建构的实践关联，探索具体策略的实践机制。

中国可持续建构视野下的冲突话语与冲突角色

中国城市可持续发展建构视野下，同时存在相互制衡的三种话语的主导：政治的、经济的、民生的。三者之间的冲突则体现为政治、经济、社会不同领域的结构转型的一种综合关系，尤其是社会领域对于政治领域的反作用。通过对照西方理论与实践的时空发展谱系，还原中国城市空间发展建构的历史与社会空间，可以发现，城市形态及社会文化的变迁、发展的生命力及在全球化中的位置，这些内容共同导向了当前处于转型期的中国在可持续发展建构上"三权分立"的话语图腾：主导的经济话语、强势的政治话语、孱弱的民生话语。

其一，**主导的经济话语**。经济全球化使得城市间竞争日益加剧，城市的吸引力、空间的经济效益成为强调的重点，而规划的首要职责也转变为让市场充分发挥作用。但这同时却加剧了生活质量的恶化及资源与环境的危机状态。在发展战略或发展模式上，出现了两条发展路径：一种是优先发展经济；另一种则是以人的发展为核心，促进各系统的协调发展。虽然第二条路径正日益构成主流的发展语境，但经济为先仍构成了现实发展中的模式主宰。

其二，**强势的政治话语**。政府具有行政强制力，其投资往往具有基础性、启动性和先导作用。国家力量的"试点"效应在今天的中国分外明显，学者和活动家也将发展视为国家制作的一种特殊形式（巴维斯卡尔，2004）。在强势的政治话语下，合法性的问题

更易引起关注，并凸显出加重社会不协调的冲突因素。例如，客观上、主观上都有这样的因素："失范效应"的消极影响，即客观上加重社会不协调的因素，会给我国带来不协调、不平衡，包括刺激起过高的消费期待，加剧社会总供给与总需求的不平衡等。事实上，政治与社会意识对政治制度、全社会行为往往具有明显相关关系，其中政治意识在相当程度上决定着价值构成，价值构成又决定着制度架构，制度架构又从根本上约束着社会和市场最终对个人选择和行为产生巨大影响。

其三，**孱弱的民生话语**。发展的力量不但来自其政治压力与经济动力，更在于它能达成不同群体改善生活的愿望，正如巴维斯卡尔在文章中所描述的"干净绿色"德里城的制作与反制作[1]。转型中的中国社会，其政治、经济体制及社会生态都具有强烈的自身特性，既开创了自身发展历程中的先河，又难以在任何西方发达国家的过去经验中找到完全相同的参照；反映在其中的"民生"诉求，也与西方国家有很大不同。可以说，当代中国城市空间问题所激发的"民生"主题必须与自身的具体国情紧密联系起来考量。这也迫使"民生"的主张需要反馈到强势的政治领域来考察，并在经济发展语境中得到体现。

在过去完全计划经济环境中，我国的城市建设过程表现为一种显著的"自上而下"模式的政府行为，由政府颁布的"标准"控制完成，规划设计及使用者与政府决策之间的关系要求是统一的。从20世纪90年代开始，房地产开发作为一种强势的市场力量出现在城市大规模建设及更新改造的运动中，国家和私人资本开始共同进入这一领域，多元的利益主体和利益形态打破了原先以国家利益为主的单一利益关系格局。当共同面对具有唯一性和排他性的土地利用时，条块分割的传统行政体制、各部门对自身利益最大化的攫取、行政管理实体协调性不足和具有上位指导作用的综合性规划缺乏等，则往往导致职权重叠、资源竞争或布局不合理等冲突问题。

---

1 文章描述了"干净绿色"德里城中围绕城市人地制作的激烈争夺战。文章审视了国家试图控制和重组城市空间的努力，并指出通过抵抗也通过妥协，工人阶级争取保全住房与工作的斗争，改造了城市规划者和资产阶级试图强加给他们的环境与发展的关系。

与此同时，由于多层次社会阶层的形成及阶层分化，产生了多元化的利益主体，并进而构成了城市发展与建设进程中各自独立又相互关联的利益形态——个人利益、开发商利益、地方政府利益和社会公共利益[1]。城市化进程中的城市建造者和城市居民之间存在着目的和利益上的裂隙，这种裂隙是政治经济学的和空间生产的意义上，而且到目前为止还没有完备的制度和程序来予以弥合，这也凸显出民生话语的孱弱和势微。

总的来看，在国家、社会、大众的现实需求中，在城市可持续发展建设的策略谱系中，牵涉多且复杂的利益团体及多层次的目标体系。在这一特殊的社会背景下，城市建设与改造也就成了一个涉及政府、开发商和居民三方核心利益主体的复杂的系统工程。其中，不同的利益主体导向不同的行为选择，行为选择的不同则对冲突的影响也不一样。为了实现、维护和发展自身利益，各个主体在法律允许的行为规范框架内，形成了各方力量博弈互动关系。其中所内含的对于经济、政治、民生话语权的争夺与宣称的过程，则会在冲突中促进整合和朝向某种共识，并共同奠定了当代中国一种新型话语的基础。

这一新型话语所构成的复合语境，体现为一种包容着冲突与矛盾的实践情境，并围绕着政治的强势与弱均衡、经济的优先与反优先及民生的孱弱与强主张展开。但正如前文所反复强调的，在我国相当长的经济转型期中，计划经济的色彩仍将极为浓厚。城市设计中的政府干预仍将是主要的支配力量，政府既当运动员又当裁判员的情况会时有发生。随着经济类型、社会发展的多元化促进了现代城市设计引入我国，民众的现实需求与真实诉求日趋得到重视与强化。

王伟强指出，在这样一种过程中，规划师不再只基于中立立场来筹划城市发展，而是涉入社会的互动过程，既充当竞争团体间的调停者，同时作为某种利益团体自己又参与到协商之中。约翰·福里斯特则指出，要想在实践中追求合理性，规划师必须能政治地思考问题和行动，对权力和无权力之间的关系进行预测和重组。可以说，城市设计构成了当今社会利益的"调控器"之一，在其运行的各个环节——尤其是执行环节——都牵动着多元利益的关注。当前城市设

计的可持续发展建构，也需要面对并整合这种综合立场，在当前新型话语所构成的复合语境中，积极寻求冲突应对的策略可能与价值体现。

中国城市空间可持续发展建构的五个冲突领域

21世纪我国旨在为城市化进程和城市经济、社会发展提供更为充足的空间发展容量的新一轮城市空间快速扩张，一定程度上忽略了内涵式的发展，逐步暴露出经济、社会和城市空间发展的诸多失衡问题。城市的急剧变迁使其在作为人类聚居和创造公共财富的场所的同时，也同样承载着空间冲突、文化摩擦、资源短缺、环境污染和社会排斥等一系列矛盾。诸多的问题和矛盾在一个国家往往是部分出现，在中国却几乎似乎全部出现。可以说，中国当前的发展是令人困惑和迷茫的——这也是为什么我们很难直接诉诸某一种国外既成的模式，而是必须探寻冲突背后的问题实质、探索适宜国情的本土策略的原因所在。

这里需要指出的是，城市空间可持续发展建构所面临的一系列冲突，也是由其所内含的冲突因素所激发的。而关于城市和社会发展变迁内在的作用因素，国内外学者都从不同的视角提出了极具启发性的楔入视角。其中，马克思认为资源分配的不平等产生了固有的利益冲突，从而构成了社会和社会冲突及变迁背后的关键力量；马克斯·韦伯认为，权力、财富与声望分布的变化和一种资源的拥有者掌握其他资源的程度是关键性的，社会流动的程度——获得权力、声望与财富的机会，成为产生使人们倾向于冲突的不满与紧张的重要变量；拉尔夫·达伦多夫将冲突视为所有社会部门间不平等的权力问题，把冲突的根源主要归结于权力分配不均。兰德尔·柯林斯则旨在架通

1　李少云（2005）指出城市建设参与者的三个利益团体：控制决策权的政府管理部门、以取得最大经济利益为目的的开发商及使用城市建筑与环境的公众；王伟强（2005）将城市空间的塑造者从行为学的视角划分为政府、跨国企业、房地产及其相关企业、城市规划师与建筑师、城市居民五种，并分析其角色与行为；马修·卡莫纳等（2005）指出影响城市形态形成的主体包括政府及政治家、跨国企业、房地产商、专业人士、城市居民等；而道格拉斯·法尔（2008）则重点探讨了建筑环境形成的主导者，认为其由政府官员、市政人员、商人、建筑师、规划师、财务人员、开发商、建筑工人等广大人群构成。

微观与宏观联系，特别关注际遇、个人在物理空间的分布、人们各自在交换中使用的资源和资源占有不平等性问题；"新马克思主义"者则力求解释资本主义经济条件下城市规划中权力运作的问题，证明一个城市物质的地理空间布局并非是自然与市场力量作用的结果，而是各大利益集团人为操作、追求利益的结果；吴忠民基于社会力量配置结构的角度，将影响中国和谐社会建设的社会负面拉动力量归纳为三种：平均主义、没有任何约束的资本扩张、缺乏限制的公权扩张。李强则提出城市规划研究最主要的驱动力源自对城市空间布局外部性的平衡，从而实现整体效益优化的追求，而各外部性通过相互叠加或抵消，最终形成资源的可获取性和不利影响的接近度这两个影响社会群体重要因素；李怀则借鉴城市社会学的空间理论从权力逻辑、资本逻辑和社会逻辑三个方面探讨了转型中国社会的城市空间结构变迁的动力机制。以上从资源分配、利益、权力、市场、社会根源性等多种社会学视角展开的分析，也帮助我们拓展对当前城市空间和社会发展现实的认知，促进从一种更为本质性和结构性的视角来把握和剖析当前城市空间可持续发展建构所面临的冲突问题。

上文所概括的资源、利益、权力、市场等因素作用的相互交织与冲突激荡，实际构成了城市空间变化的动力——促进土地制度的改革、引发住区模式的转变、形成城市建设的需求和导向，进而促使上海城市空间自 20 世纪 90 年代以来，体现出城市建成区向外扩展、内部空间重组的核心特征，并呈现一种二者互相关联、互为因果的关系模式（王伟强，2005）。一方面，城市建成区向外扩展、城市郊区化的趋势明显。随着生态可持续思想的渗透，上海新城开发也日益与可持续性构建紧密结合、型构着城市未来的理想生活。另一方面，城市内部空间正在进行复杂而多样的结构重组，并集中体现于中心城区、黄浦江两岸等核心区域的建设、保护与开发。其中关注的重点，则往往离不开对于生态、文化、公共利益的考量，并正渐进地突破"旧城改造"，涉入"新城改造"的门槛。

20 世纪 90 年代以来，上海城市发展可以说经历了两次转型：20 世纪 90 年代体现为中央政府对上海城市功能进行明确定位，以及地方政府改变以工

业为主的产业结构等主要特点，浦东开发开放就为这一时期的城市转型提供了动力。发生在 21 世纪的城市转型，则得益于市场体系建设和城市功能的共同作用。上海的城市发展开始显现出依赖区域带动的新特征，并亟须突破制度上的约束，如当面临区域化发展的空间重构压力，由于上海所在的长三角走的是一条外向型发展的道路，所以上海必须在接受全球化深刻影响的基础上谋求发展，并亟须增强城市功能的空间传导效力、激发自身参与全球竞争的优势功能。因而，这里将结合上海自 1990 年以来与可持续城市设计紧密联系的城市空间建构的问题领域，聚焦城乡冲突、新旧冲突、资源及环境危机、公私冲突、全球与本土碰撞五个主要方面——这五个方面也是由于可持续发展密切关联的三大根源性冲突引发和促成的，分析生成核心的冲突议题（图 2.6，图 2.7）。

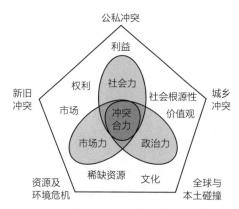

图 2.6　城市空间可持续发展建构的冲突领域构成

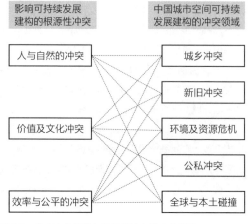

图 2.7　五个冲突领域与根源性冲突的内在关联

上海城市空间可持续发展建构的五个冲突领域

城乡冲突

随着迅猛推进的工业化、城市化，上海呈现传统的城乡二元结构向现代社会结构的大规模、高速度、深层次转变。城市地域向乡村大肆扩展，大量农民离开生活的土地迅速向非农产业转移，由此带来人口大量集中于中心城区，也形成了社会结构转型的强大动力。人们生活方式、社会面貌大大改变的同时，城乡差距等社会深层矛盾也日趋凸显。

第一，城乡争地。改革开放以来，尤其1992年以来，上海土地资源的开发利用和有效配置，对经济高速增长起到了重要的推动作用。但是上海土地的开发强度（建设用地占区域总面积的比例）较高，上海土地面积为6 787 km²，上海城乡建设用地规模在2015年已达到3 071 km²，开发强度已近50%；如果不计崇明三岛，开发强度则已远远超过50%。法国大巴黎地区、英国大伦敦地区、日本三大都市圈等开发强度一般只有20%左右。我国香港有710万人口，土地面积1 100 km²，人口密度是上海的两倍，但开发强度仅为24%。值得注意的是，目前上海的人均GDP离上述国际大都市的人均GDP还有数倍的差距。在未来经济发展的进程中，难免还要继续扩大建设用地，也会进一步提高开发强度。2017年12月国务院批复的《上海市城市总体规划（2017—2035年）》（以下简称"上海2035"）中提出，2035年上海市规划建设用地总规模不超过3 200 km²，与2020年规划建设用地3 185 km²相比，增长了15 km²。与2015年规划建设用地3 071 km²相比，增长了129 km²。据统计，1947年上海城市中心区域面积仅为82 km²，1990年达到280 km²，而从2000年到2015年，则从378 km²扩展至664 km²，5年间几乎翻了一倍。（图2.8）这一过程中，中心城区大规模基础设施建设和改造动迁了大量居民到郊区，郊区工业园区建设和房地产开发也吸引了大量人口，进而加快了上海郊区化速度。

由此，"城乡争地"的矛盾也急剧凸显，这也

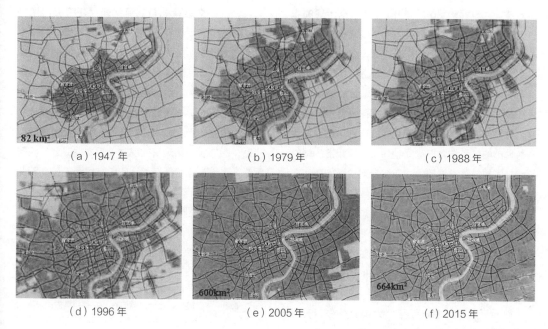

（a）1947年　　　　（b）1979年　　　　（c）1988年

（d）1996年　　　　（e）2005年　　　　（f）2015年

图2.8 上海中心城区用地面积扩张示意图

构成了城乡统筹的重大瓶颈。问题的根源则离不开当前土地征用制度本身的不完善、土地征收补偿费用不合理或补偿政策不到位、社会保障薄弱、征地范围过广等主要方面；当农民在没有长远制度保障的情况下失去土地，也造成其"生活难、就业难、入保难"的问题，促使"农村失地问题"或"失地农民问题"演变为严重的社会问题[1]。尤其在"新拆迁条例"还没有出台之前，面对城市化的趋势，无论农村还是城市，都在不断承受着拆迁的喜与痛。为此，如何确保在城乡协调发展之时，保护耕地、保护农民利益就成为当务之急，乡村振兴战略等得以提出并大力实施。

第二，规划管理及政策差异。 全国第一轮土地利用总体规划工作以耕地资源的保护为出发点，从 1980 年兴起，通过其后环环相连、不断推展的体系——"土地规划－计划－供应－监督－执法"，促使强调刚性的土地行政管理体系得以形成，并给予传统的过于偏重城市化空间拓展而弱于城市用地规模控制、以地方政府主导的城市规划管理体系极大压力。无论是我国 1999 年的《土地法》、2005 年的《土地管理法》，还是 2007 年的《城乡规划法》，都没有及时出台能够有效管理城市郊区的具体方法，尤其是对 20 世纪 80 年代以来出现的农村工业化迅速展开和集体所有制土地需求快速增长的新情况，没有在法律和制度上做出合理安排。城市和农村规划从法律规章、管理理念、机构人员都成了"两张皮"，在实际的规划管理上市区与郊区也往往采用规划部门与土地管理部门分而治之的策略，进而造成了具有中国特色的城市郊区病。在大多数城市的城乡结合部，受到城市集聚经济的辐射影响，农村经济发展较快。正是针对这一问题，在上海市政府 2008 年 10 月开始推展的新一轮机构改革中，原房屋土地管理局中的土地管理部门与原城市规划管理局整合组建，形成上海市规划和国土资源管理局这一新的机构。城市规划管理与土地利用管理衔接的有效促进，使得上海的城市规划与设计管理等得到了有效推展。

然而，集体土地未经征用为国有就进行开发建设，农业用地以使用权流转、合作开发等名义转为建设用地等现象大量存在，这不仅导致土地利用率低、建设布局混乱、基础设施严重短缺、环境恶劣、国有资产严重流失，严重制约了城市的发展，同时也具有违法建设难以有效禁止且愈演愈烈的趋势。政策差异也对城乡人居环境造成了显著的不同影响，包括经济政策制定的地区差异性，及由其所引发的资源投入方式和外在表现形式的巨大差异等（仇保兴，2007）。例如，城镇住宅和农村住宅同样都是住房，但是却在性质上极其不同、价值差别巨大——因而出现了"小产权房"，因为造在集体土地上，没有绿证（个人房产证），所以便宜很多。同时，在空间上，《城市规划管理技术规定》的"一刀切"造成基本无视中心城区、历史风貌保护区及近郊区和远郊区差别等不合理的现象。而实际上，城市中心区的人流密度大、街坊公共性强，应该提高建筑密度、缩小建筑间距。但目前规定仅仅在日照间距上有点微差，覆盖率（建筑密度）几乎没区别。上海多层住宅间距，中心城区规定为 1.0、风貌保护区和旧区改造为 0.9、内环以外为 1.2，而柏林规定中心城区为 1.0、中心以外为 2.0（李振宇，2004）——与上海差了一倍，很好地促进了中心与非中心的差别。

第三，交通模式与交通问题。 在积极谋求经济发展、市场驱动的开发模式下，城市的功能和土地往往为道路所隔断，并加剧了对汽车的依赖。交通拥挤堵塞，造成市民出行困难及巨大的时间浪费和行车成本损失，而交通事故率居高不下所导致的损失更是惊人。很多城市的公交系统仍然沿袭计划经济的僵化体制，城市公共交通企业主要依靠政府补贴、职工收入和运营效率并无根本性联系、服务质量下降也与领导升迁奖惩和职工福利无关，因此普遍处于管理粗放、连年亏损状态，"优先发展公共交通"的方针也得不到有效贯彻。就上海而言，随着 2010 年上海世博会的举办，其城市交通建设和体系发展均发生了重大变化。一方面，其交通

1　与城市扩张密切相关的农村就业问题、收入下降问题、养老问题、住房问题、社会保障问题、农村精英流失及子女的教育问题等，都与城市扩张、征用或占用农民的土地有关。

投资呈现出高强度投入的态势，保障了交通基础设施的建设完善，公共交通线网布局从骨架型向网络化转变，服务范围则扩大至郊区，综合交通系统不断发展完善。另一方面，朱洪等研究指出，虽然车辆使用强度有所降低，但汽车出行量增长仍十分迅速（图2.9），而上海城市交通体系的建设发展也在这种急剧快速发展的进程中呈现以下突出问题：其一，交通与用地协调性不足，出行空间调整难度大；其二，公共交通吸引力不足，微弱优势难以长期保持；其三，机动车出行需求与空间资源矛盾突出；其四，各交通体系之间协调性较差。地铁站存在远离大型社区，"最后一公里"现象突出的问题，公交系统不是没配套，而是与居民需求有较大差距。这些都促使上海城市交通的未来发展必须从交通系统内外诸多新特点和影响因素出发，积极探寻与城乡发展和生态环境相适应、与城市用地和空间布局相协调的综合交通模式。

第四，收入及社会服务差异。 作为利益格局的调整过程，改革本身就很难避免地在城乡、局部区域及不同社会成员之间造成收入差距、利益矛盾等。全球背景下上海不同产业的比较收益差距扩大，产业集群化造成向特定区域的投资更加集中，劳动工资水平由于体力劳动供给充分和过度竞争而停滞不前等，这些都进一步造成了收入上的更大差异。1990年至2010年，虽然上海城乡居民收入呈现较大幅度的增长，但农村居民家庭人均可支配收入增长态势较为平缓，城乡增长的绝对差距仍日趋扩大：农村居民家庭人均可支配收入年均增长率

为11.26%，城市则达到14.55%，前者明显落后于后者。

近年来，虽然随着农业税的取消、"三贴一补"政策的实施及政府在财政转移支付力度上的加大，农村居民收入已呈现较快的增长速度，在收入增长速度变化方面城乡正日趋接近（图2.10），但收入差距扩大的趋势仍愈演愈烈（图2.11，图2.12，表2.5），也引发人们对转变政府职能、审视效率和公平关系、强调社会组织发展等问题的广泛思考。尤其突出的是，随着卖方市场转变为买方市场这一商品领域的变化，新的短缺开始发生在医疗、教育、公共交通、社保及环境保护等公共服务与公共产品领域，而不再是商品领域。

另外，正如李军鹏指出的，我国目前正处于"六个高峰"，即人口总量高峰、劳动就业人口总量高峰、老龄人口总量高峰、城市人口激增高峰、环境压力高峰、社会稳定压力高峰的叠加时期。由此带来了人口生存保障、就业、社会保障体系、老龄化社会等一系列影响社会和谐发展的经济社会相关的问题，尤其是就业问题已逐渐成为我国社会经济生活中的基本问题。当前无论从其提供的数量和水平，还是从其满足公共需要的程度来说，都远远没有达到理想的标准，上海的情况也不例外。在房价不断攀升的同时，租金涨幅巨大，用工成本不断加大；就业存在与社区脱节的现象，通勤成本高。与此同时，大规模的外来人口，也给城市管理、安全运行及公共资源配置等方面带来诸多困难。城市中的外来务工人员、弱势群体等，由于各种原因相

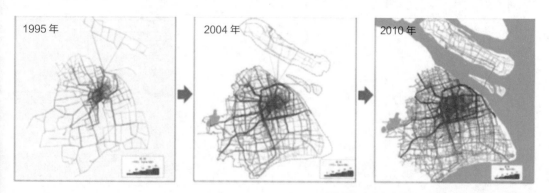

图2.9　上海机动车交通量发展历程（单位：万PCU/12h）

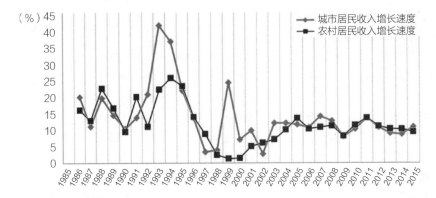

图 2.10   上海城乡居民收入增长速度变化（1985—2015）

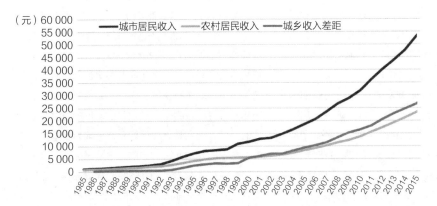

图 2.11   上海城乡居民家庭人均可支配收入绝对差距变化态势（1985—2015）

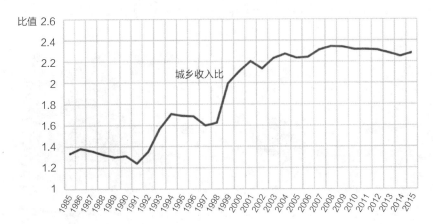

图 2.12   上海城乡居民家庭人均可支配收入相对差距变化态势（1985—2015）

表 2.5 上海城乡收入水平（1990—2015）

年份（年）	城市居民家庭人均可支配收入			农村居民家庭人均可支配收入			绝对差额（元/人）	差额发展速度（%）	差额增长速度（%）	城乡收入比（农村为1）
	总计（元/人）	发展速度（%）	增长速度（%）	总计（元/人）	发展速度（%）	增长速度（%）				
1990	2 182	110.48	10.48	1 665	109.54	9.54	517	113.63	13.63	1.311
1991	2 486	113.93	13.93	2 003	120.3	20.3	483	93.42	-6.58	1.241
1992	3 009	121.04	21.04	2 226	111.13	11.13	783	162.11	62.11	1.352
1993	4 277	142.14	42.14	2 727	122.51	22.51	1 550	197.96	97.96	1.568
1994	5 868	137.2	37.2	3 437	126.04	26.04	2 431	156.84	56.84	1.707
1995	7 172	122.22	22.22	4 246	123.54	23.54	2 926	120.36	20.36	1.689
1996	8 159	113.76	13.76	4 846	114.13	14.13	3 313	113.23	13.23	1.684
1997	8 439	103.43	3.43	5 277	108.89	8.89	3 162	95.44	-4.56	1.599
1998	8 773	103.96	3.96	5 407	102.46	2.46	3 366	106.45	6.45	1.623
1999	10 932	124.61	24.61	5 481	101.37	1.37	5 451	161.94	61.94	1.995
2000	11 718	107.19	7.19	5 565	101.53	1.53	6 153	112.88	12.88	2.106
2001	12 883	109.94	9.94	5 850	105.12	5.12	7 033	114.3	14.3	2.202
2002	13 250	102.85	2.85	6 212	106.19	6.19	7 038	100.07	0.07	2.133
2003	14 867	112.2	12.2	6 658	107.18	7.18	8 209	116.64	16.64	2.233
2004	16 683	112.21	12.21	7 337	110.2	10.2	9 346	113.85	13.85	2.274
2005	18 645	111.76	11.76	8 342	113.7	13.7	10 303	110.24	10.24	2.235
2006	20 668	110.85	10.85	9 213	110.44	10.44	11 455	111.18	11.18	2.243
2007	23 623	114.3	14.3	10 222	110.95	10.95	13 401	116.99	16.99	2.311
2008	26 675	112.92	12.92	11 385	111.38	11.38	15 290	114.1	14.1	2.343
2009	28 838	108.11	8.11	12 324	108.25	8.25	16 514	108.01	8.01	2.34
2010	31 838	110.40	10.40	13 746	111.54	11.54	18 092	109.56	9.56	2.32
2011	36 230	113.79	13.79	15 644	113.81	13.81	20 586	113.79	13.79	2.32
2012	40 188	110.92	10.92	17 401	111.23	11.23	22 787	110.69	10.69	2.31
2013	43 851	109.11	9.11	19 208	110.38	10.38	24 643	108.14	8.14	2.28
2014	47 710	108.80	8.80	21 192	110.33	10.33	26 518	107.61	7.61	2.25
2015	52 962	111.01	11.01	23 205	109.50	9.50	29 757	112.21	12.21	2.28

对较少地享有公共服务的机会。近些年党中央、国务院不断积极推进城乡统筹发展，迎来了新的经济社会发展机遇。我国近些年一系列有关城乡规划的重要讲话精神和重要指示要求，也日趋深刻地重视和指出了城乡协调发展的重要性，以及当前重要的工作目标、方向和要求。然而，目前制约农业和农村发展的深层次矛盾尚未消除，城乡环境状况也需要进一步改善。如何改变我国长期存在的城市和农村的二元结构状态，实现从农业经济和农村社会向工业经济和城市社会的转变，逐步消除城乡社会的巨大差别，城乡关系如何面对效率和公平，这些都亟须在实践中做出回答。

新旧冲突

"建"与"拆"的过程在我国正以多重方式释放着建筑和城市设计的创造力，拥有同时创造兼具"钢筋混凝土森林"和可持续生态城市的能量，同时也在测试着人类规模生产及市场化发展的局限，并使与不可逆力量奋力抗衡的文化、传统、习俗及传统城市物质空间显得势孤力单——一种"新旧冲突"激化的发展格局下，上海城市的时空格局、社会阶层结构、社会管理体制、社会组织与社会制度等不可避免地产生着全方位的变迁。

第一，城市年轮的断裂与再格式化的泛滥。城市的发展如同生命的兴衰，需要有机地生长。而像巴西圣保罗所出现的城市空间的布局和民众的生活条件都出现新的碎片化现象，是我们所要极力避免的。然而，近百年来，中国社会整体性的结构性变迁使得很多城市失去了应有的生命力。很多城市被"再格式化"，拆旧城建新城、快餐文化等的流行，破坏了城市的生长年轮，给城市的发展、历史及文化特色造成了伤害。

上海1990年以来的浦东开发和进一步的改革开放，使其进入了经济高速发展增长期。这一时期上海城市建设发展的规模空前，住宅建设速度惊人，旧城改造以"推光式改造"为主体大范围地推进。在经济发展上，这种旧城的改造是成功的，政府支出少，甚至能为公共设施的建设筹措资金，居民的住房面积、住房配备和绿化环境得到了提高。但在城市形态与文化上则日益呈现出大量负面效应：代表着城市文脉和历史记忆的旧城区被大规模拆除，旧有的城市肌理断裂甚至消失、历史文脉被截断。即便作为商业上成功运作的典型案例的上海新天地，其"拆十还一"的方式也是值得警醒的，而且取而代之的往往是毫无特色、千篇一律的"现代化"建筑。中心城区的居住性转变，也使得与普通居民生活密切相关的城市文化也发生了突变。

此外，大规模改造还日益突出地造成了城市拆迁补偿等矛盾的激化。不少低收入居民被迫进行住房消费，导致部分居民被迫外迁到缺乏生活配套设施的城市边缘地带，由此造成了工作与生活的困难，而回迁的居民往往发现，居住和生活成本都大

大提高。事实上，当"危旧房改造"开始追逐土地交换价值，并呈现一种开发导向而被不断推进，商业价值较高和改造成本较低的地区大多数都被开发完毕，而一些基础设施和住房条件都亟待改善的地区却由于改造成本过高而被"有选择地遗忘"，从而有成为城市"贫民窟"的危险。可以说，在经济和政治理性的驱动下，地方政府、资本和市场共同将城市转化为"增长的机器"，并试图借助规划的力量实现土地交换价值的提升。空间作为体现市民社会内涵、行使市民权利的重要场所的使用价值和意义却被忽视。

第二，空间的极化生产。吴雅菲等对上海外环线以内地区的居住空间分异进行了分析和计算。结果表明，上海居住空间结构已呈现出同心圆、扇形和多中心三种模式的合成特征，围绕长宁古北和世纪公园两个中心同心圆扩散、东西向上两个住宅租赁价格高值区扇形发展、交通导向较为明显的城市居住空间结构已经形成。其中，市场机制是居住空间分异的主导力量，包括城市规划在内的公共政策未加以有效引导也是重要原因，其后果是社会隔离加深、社会对比加剧与社会公平受损。不同阶层的城市居民居住在不同的城市空间单元内，城市居住区的同一阶层主体构成的格局更为强化，阶层之间出现了城市空间上的隔阂，这也就是城市社会地理上的"马赛克化"。在这种城市社会空间状态下，居住区成了"排外的装置"，而"房地产价格的弹性也有助于加强社区的一致性"（卡斯特，2001）。这种分异及边缘化的空间，有的表现为有防卫的高级社区，还有的则表现为外来人口聚居区、贫困和弱势群体聚居区。

这种社会空间分异的现象在20世纪90年代的上海已逐渐显现，上海的上只角呈现明显的居住分异，下只角也正处于日趋分异的过程中。其中，拆迁过程是"功不可没"的。在上海的中心区域，由于商务、办公、酒店、展览等第三产业的聚集，加上原住居民的同时外迁，一些城市地区出现了无人居住的现象，这种广受批判的"死城"现象，即为城市的"空壳化"。例如，南京东路河南中路至黄河路段及汉口路至天津路之间已全部开发建设成为商

办建筑，外滩地区河南路以东、广东路至宁波路之间的区域居民也日渐稀少。这种现象在人民广场、豫园也同样存在。事实上，自从中国实行住房商品化以来，以居住分异为典型特征的社会空间极化现象正日益明显。与此同时，作为一项制度安排，公共住房政策在一些地区由于目标定位的偏差，在经济适用房的区位安排中选择了"孤岛化、集中化和大型化"的空间模式，加剧了城市社会空间极化。

第三，**场所社会性的遗失**。越来越多的城市开始趋同于库哈斯（1995）笔下的"普通城市"，被资本按照利益最大化的取向、被政府精英按照自己的意图进行着空间重组，成为由各种复制而成的商务中心区、步行街、高级别墅区、主题公园拼贴而成的美丽画卷，而拥挤的贫民区、杂乱的跳蚤市场成为其中不和谐的"污点"，也是在壮观的未来城市规划模型中绝对不可能找到的。空间，成为规划师手中神奇的魔棒。这种神奇很大程度上来自于空间物质性与社会性的脱节：可以根据"需要"赋予各种外观或填充不同的功能，但设计所满足的"需要"，往往不是来自真正的使用者，而是拥有资本或决策权的"甲方"。人们真实的生活体验在千篇一律的所谓"现代化城市场景"中被机械化和同一化，导致场所地域性认同的丧失——空间距离的接近并不一定带来社会的认同。与之联系的，在当前我国许多物质空间的规划设计中，还几乎看不到"人"的身影，往往局限于数字的表达，缺乏真实生活的"空间记忆"。在设施布局方面，通常仅考虑空间规模和距离等物质性标准，缺乏对服务群体属性和需求差异的考虑，缺乏对开发机制的考虑，亟须拓展城市公共空间、公共住房供给、城市犯罪预防和环境安全等影响当代城市生活品质的重要因素，并对发展政策进行更为全面统筹的考虑。

另外一个问题，也是当前在城市规划和城市设计领域普遍存在的现象，评价城市发展状况的基础数据和指标主要集中于 GDP 等经济指标，对直接反映人们社会生活质量的社会指标的研究与应用发展滞后，也缺乏与正式的规划和行政程序的结合。真正意义上的社会关注亟须被引入现有的研究框架中，既包括对社会群体的特征属性、真实需求的探知，也包括社会研究技术方法的拓展，以及对当前城市管理体制的融入与配合。

第四，**公共空间的"私有"与"失落"**。现实生活中，由于城市政府自身利益诉求的滋生、公权与资本的共谋，相对于生产性空间的重要地位，那些和生产关系没有直接联系的公园、广场、学校和医院等公共空间，往往在逐步边缘化和私有化过程中，不断缩减甚至丧失，甚至成为被少数富人隔绝、独享的私人领地。在《公共人的衰落》一书中，理查德·桑内特（1977）历数了那些导致人们生活私有化及"公共文化终结"的社会、政治、经济因素，而且，"人们越是不去使用公共空间，就越没有动力去提供新的公共空间及维护现有的公共空间。如果其维护和品质下降，公共空间被使用的可能性就会降低，从而加剧了衰败的循环"（马修·卡莫纳，2005）。这种循环是当前我国城市更新中已经切实出现的和应被极力避免的，其中所渗透的则是资本逐利、公民空间权益、政府制度设计的三方博弈——以利润最大化导向，以地方政府片面的 GDP 追求及与资本利益共谋为特征，以制度公正相对缺失为条件的空间生产，亟待公众空间权益的保障与空间正义的应和。由于过去在基础设施方面投入长期偏少，以及过度强调了城市的生产功能上海城市公共空间呈现明显的供不应求。苏州河两岸在规划改造前，曾一度被肢解成一块块私家领地，造成普通市民无法接近苏州河岸，并在一定程度上造成了社会的阶层对立。可以发现介于有限且昂贵的城市土地价值，开发商总是尽可能地扩展居住、商业用地，哪怕需要牺牲公共空间、公共服务设施。例如，本已成为城市稀缺资源的公园正日益增多被赶来"搭便车"的高档楼盘密集包围，"公园物业"带来周边地产开发热潮，而类似陆家嘴地区这样的高密度建设区域，尽管高楼林立却缺少可供人交往的公共空间，成为罗杰·特兰西克所称的"失落的空间"。

环境及资源危机

正如本书开篇指出的，目前我国众多的城市正在以严峻的资源危机和脆弱的生态环境，承载着人口的超负荷发展和活动，造成环境质量、资源利用、空间发展模式、设施建设等多个方面的危机状态。

第一，城市生态失衡。近年来，随着建设用地迅速扩张，上海中心城区不断扩张蔓延，土地资源快速消耗，生态用地或被占用，或被分割，快速城市化更是加剧了这一趋势。据统计，2005 至 2010 年期间，上海市生态用地年均降幅占陆域总面积的 2%。与此同时，城市住房建设、产业发展、交通设施改善等对土地的需求仍十分旺盛，生态用地的缩减、城市生态的失衡是制约上海未来经济社会发展的重大瓶颈。过度占用土地资源、进行低密度开发对于上海未来的发展而言，显然是不可持续的。这种不利的模式还将造成土地产出率低下及土地的不可持续利用，造成设施建设的低回报率以及缺少规模效应、城市配套服务可达性差、城乡关系的不协调等不利状况。此外，甚嚣尘上的"雾霾天"之类的恶劣情况，似乎也进一步宣告了城市生态的严重失衡。

第二，污染严重，影响民众健康及生活环境质量。废水、废气、固体废弃物和噪声作为城市系统的代谢物，已成为现代城市最突出的四大环境问题，被人们称为"四害"。当前，我国城市的生活污水和工业废水的处理率还不到 30%，近 80% 的污水未经处理而直接排放，使得许多城市和周边农村河道、地下水源受到严重污染，同时随着人民生活条件的

改善，城市生活垃圾也日益增多。城市垃圾处理率还不到 50%，而且其中一半以上是未经处理的露天堆放，与发达国家相比差距巨大；城市的绿地被违法建筑不断地蚕食；随着汽车时代的到来，机动车尾气已逐渐成为城市主要的污染源。当前，雾霾、垃圾围城、噪声、机动车污染、油烟和扬尘污染等环境问题都极为突出，已严重影响了城市居民的生活环境质量和健康。一些地区的居民对环境的需求与现实的状况存在很大差距，矛盾突出。

第三，能源约束与高消耗，空间发展模式亟待转变。城市的快速发展往往带来能源消费的高涨，由此进一步造成能源短缺，这制约了城市未来的发展速度与水平，也影响着城市发展的未来方向。"十一五"时期，在不断节能减排的举措下，上海清洁能源比重上升、能源利用效率提高，"十二五"期间上海单位 GDP 能耗累计下降 25%，"十三五"期间则继续有所下降，能源消费增速明显放缓，但能源消费仍呈现总量持续扩大。上海单位 GDP 能耗"十一五"以来呈"W"形波动上升（图 2.13）。同时仍存在清洁能源比重偏低、工业能耗比重过高、交通运输业能耗刚性增长等诸多问题。事实上，城市形态不同往往存在建筑结构的不同，进而造成能源利用效率的极大不同。得到世界上众多专家认可的是，建筑的能源节省可以通过紧凑城市来促进实现。通过城市空间发展模式的转变，可以改善居民出行方式、出行分布，调整城市交通结构和城市建

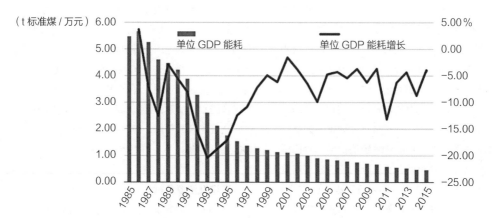

图 2.13   上海单位 GDP 能耗及其增速图（1985—2015）

筑耗能，进而影响着城市的能源利用效率。

第四，环境基础设施建设及管理制度薄弱。一方面，我国城市环境基础设施建设还相当薄弱，欠账很多，特别是生活污水集中处理、生活垃圾无害化处理和危险废弃物处置等建设能力尤显不足，上海也面临这样的状况。因此，上海从 2000 年开始连续推进了多轮"环保三年行动计划"，大大提高了城市环境基础设施的建设。但未来，在生态环境、水资源利用、城市绿化等方面，上海仍然有很大压力，还需要大量基础设施的建设投入。此外，就"公共物品"而言，其往往具有非竞争性和非排他性等基本特征。本质上，资源及环境属于"公共物品"，涵盖大量"公共领域""搭便车"情形便极易出现。政府由于兼具权力与权威性，可配置公共资源及调动各种资源进行资源和环境的强制性管理，由此往往构成了治理行动的主体。然而，尽管市场化和治理主体多元化构成我国当前资源与环境保护的行动取向，但从制定宏观政策到执行到微观操作，现实中的治理体系仍基本有赖于政府一己之力，市场、社会主体、个人的力量则严重缺位。同时，我国资源与环境管理政策制度于 20 世纪 70 年代开始起步，并逐步进入法治轨道。

公私冲突

当空间被理解为城市参与全球竞争的一种资本，城市规划建设则构成了城市政府达成资本增值的战略手段。可以说，城市化的过程就是城市空间的生产过程。全球化背景下利益均一的传统社会格局早已打破，利益主体的多元化与分化正日趋明显，并进一步造成分异的社会目标。中国城市空间现实的生产过程中，存在着以剥夺部分地区的利益、牺牲部分社会成员权利为代价的状况，导致不同地区和社会成员之间日趋增大的收入差距，进而造成城乡关系、经济社会的持续繁荣发展失去基础。城市可持续发展的实现，也往往因为错综复杂的经济、社会问题及其中所涉及的利益冲突问题而愈显艰难，社会行为协作过程中的利益冲突往往无处不在，且往往以公私博弈的形式引发行为冲突，并导向"发展的异化"，进而影响可持续发展目标的实

现。时间在浓缩成就的同时，往往也会造成矛盾的叠加。我国几十年内的快速迅猛发展，使得发展历程高度浓缩，社会环境和利益格局急速变革，并日趋增多地显化为激烈的公私冲突——涉及公共利益、公共资源、公共保障、公共政策等多个层面。

第一，公权的扩张与滥用。源于社会转型时期政府对现代化进程的推动与主导，以及当前公共权力还未具备完善的制约与监督等影响因素，现阶段公权在中国呈现出一种强烈扩张冲动的状态，公权力滥用、公共政策制定的非程序化、公权活动的非法制化等现象屡见不鲜。在促进经济增长与谋求自身利益的双重追求下，地方城市政府易于借助其所拥有的资源垄断与行政特权，与开发商、投资商等经济发展主体结成增长联盟（大卫·哈维，1989）。与此同时，我国的法治化及民主化进程相对滞后，非政府组织、社会力量等仍十分微弱，基本不能涉入城市政府、工商企业集团的增长联盟。例如，部分地方政府并未积极响应中央平抑高房价的政策，而这源于房地产等经营性用地的出让实际构成了城市财政收入的重要来源。事实上，中国当前众多的城市政府，已构成各自地域上一种垄断性"企业"——拥有最优的公共资本和最大的公共权利，由此而滋生出的城市政府的利益诉求，则很难再完全代表"公众利益"，并造成与市场、与民争利的行为，并极易引发公权活动的非法制化、公权力的滥用。

第二，公私利益冲突与公私关系的失衡。城市快速的建设和发展往往也伴随着私人利益的被侵犯。与此同时，2007 年《物权法》、2004 年的私有财产权"入宪"等规定了明确保护公民私有财产，也促使个人利益维护的意识日益得到增强。二者的交互促使公私利益冲突在当前的转型时期更为凸显，社会关系呈现恶化。公私冲突激化的一个重要表现则是由城市拆迁引发的公权与私权的对抗冲突。近年来，伴随城市化进程的快速推进，土地征用不断扩张，公私利益冲突不断增多。梁胜将城市拆迁中公权私权博弈下政府"公权"凌驾于"私权"之上的形式总结为以下三种：职能"错位"，政府与拆迁户对垒；职能"越位"，政府与开发商联手；职能"缺位"，政府在关键时逃避。

正如前文所讲，中国的居民向郊区外迁并不是市场化自主行为的结果，而是规划、政策导向下的被动结果，从动迁、基地规划、建设安置、社区管理的各个环节均是如此，上海亦不例外。虽然在这一被动前提之下，动迁过程仍存在居民的主动空间，但其背后强大的资本力量往往对政府的决策产生远大于居民力量的重大影响。居民的主动空间主要体现在居民与政府、开发商之间的博弈将决定"怎么迁"，即怎么补偿。尽管关于动迁的法律、法规、规章及动迁组的公告都会明示要用同样的计算标准来评定最后的补偿金额或房屋面积，但这只是表面的、公开的标准，而最后实际操作的标准，往往有可能因为不同的对象、不同的博弈过程而出现差异。在这场博弈中，居民所拥有的社会资本及行动能力会影响到最后的补偿结果，但是留给他们的主动空间仍然是很小的。与之相对的，开发商主导性的封闭性开发则很容易产生运作的不透明、监督的困难，增强黑箱操作的可能；如果再加上房产商与政府间的强烈关联，那么就更为可能存在的违规操作提供有效的保护与屏障，而给保护居民合法权益及公共利益带来更大的困难。

从专家角度来看，规划师、建筑师则可以借由其技术语境下的专业导向与权力行使，引入先进的理念与技术来规划其所涉及的住宅项目。但如果对普通居民的意见不够重视，则可能造成对本土居民的社会经济需求、文化传统根基的忽略。事实上，当缺乏制度化的权利保障体系，当越来越多的问题被排除在体制外进行解决，则往往导致了新的社会不公平；空间和产权上的公私冲突、私私冲突，直接导致了城市设计成片拆迁新建，进而造成实践建设中的"一刀切"与不合理现象。

第三，"空间正义"缺失。 进入高速城市化阶段的中国，空间生产与空间资源成为资本逐利、公民空间权益、政府制度设计三方博弈的主要战场。城市空间的社会生产过程中政治、经济的强势权利运作以及作为公共政策的城市规划、设计的技术层面的孱弱、制度公正的相对缺失、在很多领域造成了对公众空间权益的损害，加上旧的社会空间结构的解体、城乡冲突等问题，当代的中国城市化运动面临着表面繁荣的建筑奇观现象背后的社会空间危机，显现为"空间正义"的缺失，并进而带来了大量的问题。例如，城市空间建构的去生活化[1]、货币化[2]、绅士化[3]现象明显，拆迁改造的扭曲化、旧城保护的标本化、经济学原理的滥用化等问题存在。城市中的社会分化实际造成了不平等和不公正，居民收入贫富差距日益悬殊，处于强势地位的富人和权贵能够利用自己手中的资源轻易地实现各种需求并在竞争性或排他性资源方面实际阻碍了他人共同享有的机会，引发新时期的一系列城市与社会问题：城市区位分化，机动能力的实现，居住条件、医疗、教育等公共资源的再分配，社会治安状况恶化及社会不稳定因素等。尤其外来人口的大量涌入使上海社会就业、教育就学、城市交通等公共资源和公共服务不足及分配不平衡的矛盾不断显现，出现了"新二元结构"。而人口老龄化趋势的日趋明显，也使得上海面临"未富先老"的转型发展窘境。

第四，住房保障及公共服务不健全。 住宅在今天俨然已成为一种市场化制度下的"商品"，并因其所具有的耐久性、复杂和多重异质性、空间位置的固定性、昂贵性和政府行为性的多维度特征（劳伦斯·史密斯等，1988），导致了城市住宅建设及房地产市场发育面临复杂的社会情境，住宅市场也具有了很多不同一般商品市场的特殊性质。同

1　"去生活化"是当代空间生产与城市发展中的一个核心问题，"去生活化"是导致城市发展失序、城市问题高发的重要原因。

2　现代资源转换系统使货币与权力、地位、身份、名誉、才能、成就等自然或社会、有形或无形的资源相置换，将个人、类群、国家编织进一个高度互赖的转换网络。其次，货币经济、金融技术与核算程序集中表现了理性化逻辑，这种工具理性和技术理性被应用于现代个人、社会组织、国家的计算和行动、管理和决策，构成了现代性的首要特征之一。

3　"绅士化"这一城市研究术语是1964年鲁思·格拉斯在描述发生在伦敦内城街区的变化时首先使用的。其本意是指北美大都市的内城由于大量中间阶层的重新涌入而房价上升，从而使得这一城区得以复兴。后来这一术语也可以泛指某一城区房价上升以及中间阶层进入的过程。而在我国，绅士化在房价飙升的情况下，作为"居住分异"的一种特殊情况，开始在中国的大都市中集中发生，并由于房价基数的急速上升以及自购房意愿强烈，出现了一种"整体绅士化"。虽然购房者之间存在着阶层分异，"有房阶层"和"无房阶层"之间形成一个更大的差别。绅士化有效地概括了在中国的大都市区域住宅方面的社会事实。

时，住宅需求存在着基本消费需求和投资需求的双重性，也增加了住宅市场在国民经济中的特殊地位。回顾我国包括上海的住宅建设历程，其居民住房在很长一段时间内一直通过政府计划的方式供给，也使得住房建设成为政府沉重的财政负担。随着住房市场化的推进，大部分群体的住房供给问题得到了较好解决，但现实发展进程中也不断暴露出一系列严峻问题，如结构失衡、标准失控等，"蜗居""胶囊公寓""房奴"等这些反映房地产对国民影响的词汇也相应出现。就目前来看，我国的住宅建设涉及高档商品房、普通商品房、经济适用房、配套动迁房、公共租赁房、廉租房多种形式，可以发现，暂不论供给规模的问题，基本解决的还只是提供居所的目标，在相应的生活配套服务和就业、培训等发展机会的提供方面尚较为欠缺。

当前常见的规划设计内容则通常着重考虑空间规模和距离等物质性标准，包括城市公共空间、公共住房供给、城市犯罪预防、城市环境安全等影响人们生活品质的重要因素，还缺乏考虑甚至未曾涉及。这种做法可能会导致对开发性质、服务群体属性和需求差异等的忽视。同时，由于公共住房往往在空间布局上的相对集中和聚居群体的强烈趋同性，带来大规模相对同质的社会需求，如每日的通勤、儿童就学和健康服务等，给本来就较为欠缺的交通、教育、医疗等公共服务带来巨大压力。事实上，为低收入家庭给提供公共住房不仅仅是解决"有房住"的问题，更重要的是降低弱势群体的生活成本，让他们有更多的资源和能力获得新的发展机会，并降低社会失范效应的集中出现。另外，正如前文曾指出过的，城市拆迁由于与居民生活直接关联，并往往与最为贫穷的一部分群体最为休戚相关，而与大多数发达国家在土地补偿与安置模式倾向租金返还、原地安置的模式不同，我国城市中的动迁改造通常采取全拆迁模式，容易引发一系列矛盾和社会问题。

总的来说，公私冲突实际包含了资源、利益、行为等多层面的冲突意涵，并日渐成为激发社会变革的一种工具。由于公私关系失衡、公私博弈失控、公共利益受损而引发的空间建构的困境、社会问题及建设模式的调整，当然也包括自身问题的长期积累的引发、重叠，这些困境与问题的解决，需要城市规划及设计行为采取更具针对性和建设性的应对方式，其中不仅涉及利益格局的调整，也包含社会价值的追求。"公共性""利益关系"和"调节"等的实质性建构，最终还是需要通过外在的主体推动、政策语言及制度支持等的策略构成表现出来。

全球与本土碰撞

当前，全球化已经深入到社会各个角落，城市作为社会文化的载体深受其影响。这种影响在全球与本土碰撞的语境下，一方面表现为全球城市空间及结构体系的重组，推动城市空间的趋同与建筑文化的国际化；另一方面，则表现为重大事件双重效应的发挥、城市治理思想和模式的复制与创新。对于上海而言，近年来其着重推进"四个中心"建设打造全球城市，吸引了大量的跨国企业和国际组织入驻，形成了多个国际社区，并不断强化开放的制度环境建设，大力推进了制度环境与国际接轨。此外，上海浦东作为我国综合改革试验区，在制度建设方面具有先行先试的优势，有利于推动上海在"率先开放"中实现与国际全方位接轨。但是，国际政治经济格局调整所带来的竞争更为激烈、世界经济增长复苏出现反复等，也将对上海经济社会的平稳发展形成挑战，加剧了未来发展的不确定性。

第一，空间极度"资本化"。在现代经济发展模式下，资本力量呈现对生产资源空间配置的无形指挥，并试图不断从中获取超额利润。当前资本的全球流动指挥着产业空间的动态布局，促使经济价值链在全球和区域内的有效串联，促进城市和区域空间结构的资本调整。国际产业全球转移、消费主义蔓延已成为城市化要素波动背后的广泛、深入的直接驱动力，不可逆转地对城市和人类社会的发展起到了推动作用，深刻改变着城市。随着生产性服务业、跨国公司总部、金融中心在全球城市的聚集，全球化的空间体现为以超高、超大的办公楼宇，国际性枢纽机场，城市高新科技和金融区及提升全球化形象的项目建设等为代表，以购物中心、商业街、连锁店、超级市场、星际酒店、特色餐厅、文化交流设施和其他消费导向型巨型工程为典型……正如时匡指出的，通过吸引相关联产业，金融资本所具有强烈的目的性与导向性引发经济和生产活动在市场、管理等诸多方面相似性的聚集，促进新产业空间的形成与发展及城市空间的重组与更新。

事实上，全球资本对上海的青睐是推动上海20世纪90年代快速发展的动力之一。这一时期上海经济呈现出高速的增长，城市建设吸收了大规模的来自本地及国内外的资本，呈现出开发建设热潮，如浦东的开发开放。这个阶段上海振兴地方经济的总体利益和全球资本的利益的一致性，促使二者形成同盟，也使城市成为一部"增长的机器"而高速发展，其同时所付出的让步和代价则被掩盖（王伟强，2005）；设计所满足的"需要"往往不是来自真正的使用者，而是拥有资本或决策权的"甲方"——通过不同的外观形象象征出社会地位和经济价值的差异，这才是他们最为关心的，也使空间极度"资本化"的弊端显露无遗。

第二，城市空间趋于同质，地方文化主体性淡化。 刘易斯·芒福德曾说，不只是建筑物的群集，城市更是密切相关与经常相互影响的各种功能的复合体，其不单单是权力的集中，更体现为文化的归极。全球化的强大力量在推动新的技术和设计思想在世界范围内更快推广的同时，也带来城市空间趋于同质的现象。消费社会的高度发展，也使得我国许多城市正在失去它的历史和地方特色，成为库哈斯所描述的"无性格城市"。越来越多的城市被资本按照利益最大化的取向，被政府精英按照自己的意图进行空间重组。在建筑和城市设计方面，欧化和欧陆风格的风行以及传统建筑元素的符号化，使城市整体风貌呈现出无序和杂乱，无法展示出城市特色，也抹杀了建筑多样性；另一种倾向，如对中

国传统节日的粗浅理解和因应，甚至对传统节日的西洋式理解，如七夕节被转化成"情人节"，这些都大大削弱了传统文化的内涵和感召力。

郑时龄曾指出："文化不可能全球化，尤其在与文化密切相关的领域，地方化仍然与全球化并存。"然而，面对现代科技革命和强势文化的传播、蔓延，文化独立性更多的是被动的适应与固执的坚守。张鸿雁认为："在20世纪的100年中，中国城市的发展没能够创造出本土化的城市形态空间和相关理论模式。即使在当代中国城市建设的实践中，仍存在着一种城市形态'本土虚无化'的倾向……"当前亟须探讨如何在全球化和地方性之间取得平衡和共赢发展，把握传统文化的发展契机、实现身份认同及建构实施谋略。对于上海来说，城市文化的变迁相对于经济发展速度是滞后的。但幸运的是，尽管全球经济势力和消费主义的传播与渗透已加速改变了上海的地方文化，使其呈现出全球时代的动态特征，但其城市文化并未被全球经济进程全盘改造——新兴全球文化的传播与地方的适应或抵制并存。

第三，国际体系下重大事件的触媒效应。 作为全球信息化时代的重要作用方式，国际体系价值传播下发生于某一特定地域的重大事件（图2.14），往往可以以一种"眼球奇观"来吸引目光，在借助自身运营而带动经济及旅游发展，可适时推进城市改造的实施，并在短期内快速促进城市形象的提升，体现一种"乘数效应"。因此，重大事件不仅被视为"特效药"与"强心剂"，更被提升作为城市的一种重大发展战略。2010年上海世博会在建设过程所展示的重要理念、行动方式，正是上海积极探索在发展经济的同时引领社会文化与生活方

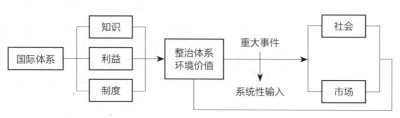

图2.14　国际体系价值传播下重大事件的作用机制

式，探索未来可持续发展方向的重要尝试。然而，重大事件本身往往在空间、时间上受到限制，其"强心剂"的作用也往往会在时间延续、内在发展机制上有所缺乏；往往对城市发展形成波段式的影响，呈现出"底波率"现象（吴志强，2008）。例如，从今天看来，作为重大事件的 2010 上海世博会在促进上海城市社会经济迅速发展的同时，也在一定时期内给上海城市发展带来了基础设施超常规发展等影响。2009 年同期大量建设、同时施工，造成了当时上海高峰时段道路满负荷运转，拥挤状况加剧。可以发现，全球资本与地方城市的利益同盟往往是暂时的，如何在参与经济全球化中求得本地社会经济和本土文化等整体利益的最大化，是上海未来发展必须深入思考和建构的方面。

第四，**全球化视域下的治理模式的变革。**全球化在促进社会财富集聚与增长，提高人们自由度与创造性，更好地满足当代人多元化需求的同时，也造成人们无节制的消费欲与利己心，造成全球范围内存在人口膨胀、环境污染，以及霸权主义、贫富分化等危机。《全球化世界中的治理》一书中指出，全球化对国家治理将带来四个方面的影响：迫使发展中国家改革体制，促使国家职能转变，推动"政府改造"运动，以及新一代"世界公民"和区域性联盟的增多；同时指出"……发展中国家实现市场经济路径的选择就成为解决问题的关键""政府干预是促进市场经济路径多样化的重要条件，而民主决策是保证在多样化的选择中找到合适路径的必要手段"。尽管该书的立场和思考方式深植于"西方世界"和来自发达国家的"发展模式"，但主要意图是就全球化与全球治理向西方国家政府提供理论与政策建言。其中很多观点对于我国正在进行中的行政管理体制改革与制度建设具有启发和借鉴意义。我国政府在管理体制上的渐进改革（表2.6），从初步的市场化尝试到推进职能转变，再

表 2.6　中国政府管理模式的演进阶段及特征

阶段	管理模式	表现特征
第一阶段 （1949—1956）	高度集中全面控制的全能型政府管理模式	• 中央政府集中掌握配置资源的最高权力，按照生产部门对国民经济实行专业化的全面直接管理，财政上实行统收统支，在产品和物资分配上实行统购包销、集中调拨等 • 在整个经济运转中忽视或者根本否定市场机制的作用
第二阶段 （1956—1978）	中央与地方适度分权基础上的政府管理模式	• 由中央和地方各级政府分别对整个社会从宏观、中观到微观实行全面控制，使国家对社会的整合能力增强 • 同时，因为不断地在政府体系内部或者在上下机构之间纵向收放权力，或者是在平行机构之间横向拆分权力，使之在全国形成了大大小小的全能型政府
第三阶段 （1978—1992）	计划经济体制下进行初步市场化尝试的政府管理模式	• 在这一阶段，我国仍然实行的是计划经济体制 • 这个时期政府管理模式的根本性缺陷还是在于政府管理模式缺乏市场机制的制度安排，但是相对于 1978 年以前的政府管理模式，这一阶段政府还是积极进行市场化的尝试
第四阶段 （1992—2002）	市场经济体制下推进职能转变的政府管理模式	• 这一阶段政府紧紧把握"职能转变"这一根本问题，多年的持续渐进改革，从根本上改变了原来的政府管理模式的职能设置和机构安排：第一，不断完善市场经济体系，充分发挥市场配置资源的基础作用；第二，建立现代企业制度，同时扶持和发展各种非公有制经济；第三，从根本上转变政府"无所不能"应当"包揽一切"的错误思想，坚持政府要"有所为，有所不为"，重新设置政府职能，凡是可以由市场机制来配置的资源就交给市场去做，政府撤销了直接干预微观经济的专业管理部门
第五阶段 （2002 年至今）	市场经济体制下加强行为规范的政府管理模式	政府管理模式进一步改革。由于上一阶段改革在较好地适应了市场经济发展的同时，也出现了政府失灵、公共权力失控、政府官员腐败、政府信用危机等问题，使得政府行为规范问题日益成为政府管理模式转型必须解决的当务之急

到加强行为规范，在其适应经济体制转型、适应现代社会发展建设的同时，也不同程度渗透了全球治理思想的作用与影响，如 20 世纪 90 年代以来重视公共治理模式变革的全球性趋势，就我国的实际情形而言，最明显的结果就是在一定程度上引发并促成了政府职能与角色的重新定位以及政府与公民社会之间关系的变革。

事实上，当我们联系中国的社会转型来考察，可以发现，中国 100 多年来一直呈现出"转"多于"型"，但是社会转型，不能只"转"不"型"，"转"意味着对旧社会形态的破除和改革，"型"意味着对新社会形态的重新整合。从 19 世纪遭到西方世界的冲击，到 20 世纪以来所经历的从革命转向改革的进程，农村包围城市的方式先后三次促成了国家的整合，并打开市场格局、促成了民主化的现实进程。当前新时期的社会转型则处于社会形态的进一步整合阶段，治理模式的重塑便凸显了出来，这实际也构成了改革成果稳定社会的一种现实需要。斯蒂格利茨在《让全球化发挥作用》中试图强调：市场经济是全球化所需要的，但发展中国家并非只能落于老牌资本主义国家走过的旧有途径。同时，市场的另一个缺陷在城市治理中还必须得到关注，那就是实现社会公平上的不足。即使作为较为成功的市场经济改革的我国，当前也正面临越来越突出的两极分化的问题。由此，斯蒂格利茨也认为，"看不见的手"可能不只是"看不见"，甚至可能并不存在，因而政府不应任由其自由发挥。

正如袁伟时指出的，"中国正处于转型社会，我们的政府也是转型中的政府"，对中国城市而言，政府的调控和国家的作用远大于西方国家，政府依然是城市空间演化的重要策划者。政府行为在经济转型时期表现为制度创新和宏观调控。今天城市快速扩张和郊区的蓬勃发展，除了和现有生产力水平以及城市化阶段有关，也归因于宏观政策和城市规划的引导。事实上，后发型国家的现代化面临早发型现代化示范及国内传统势力排挤、分散的社会利益群体抵制，必须消除不利于现代化的因素，需要政府发挥强有力的作用。同时必须看到，政府主导型国家对于后发型现代化的巨大作用及必然

性，但是这种类型容易实现经济现代化，对于政治和社会现代化就另当别论，因为内在于这种体制中有许多问题，比如形成集团利益，造成政治和社会腐败；政府对于维护自身的利益容易达成共识，但是对于利益受损容易发生分歧，从而导致改革受阻。仍处于转型之中的中国城市与社会，如何适应社会主义市场经济的发展要求，妥善处理好改革和稳定的关系，合理转换政府职能并确保其主导作用的发挥，切实推进政治民主和社会民主成为时代赋予中国城市和社会发展的关键任务，直接影响了未来城市空间可持续发展建构的成败与否。

多元冲突激发下的问题整合框架

前文针对中国和上海的分析，主要是面向"冲突的局势"的整体考察，从城市空间的可持续建构的视角，分析当前总括性的冲突话语与角色，从中厘选主要冲突领域、考察相关事例，建立问题因素的整合性框架（表 2.7），以作为实证研究的分析基础。

总体来说，正是在经济全球化、管理分权化、快速市场化等多元因素影响下，上海城市发展涵括人与自然、价值冲突、贫穷与消费、效率与公平等与可持续发展相关的主要冲突，也面临资源分配、利益、权力、社会根源性等相关冲突激发因素的影响作用，其城市空间的可持续发展建构面临重大挑战——这种挑战首先体现于本土城市自身，涉及城市粗放的增长模式、经济结构与社会服务差异等所造成的城乡失衡、城乡社会矛盾等多重问题叠加。城市进程中的新旧冲突，呈现"创造性的破坏"来批判地继承过去腐朽肌体的某些部分；资源及环境发展面临严重瓶颈；公权力的不规范与私有化趋势、私权扩张等引发公私矛盾在现时代的激化，公共资源与公共利益被大肆侵占；全球与本土的冲突互动，造成城市空间趋于同质、地方文化主体淡化，并在过去形成了追求空间的最大经济效益及追求短期利益的城市建设行为。因此，亟须我们面向其中根本性的冲突激发因素，并借助一种与城市和社会的发展脉络、理想形态紧密关联的视点启发与功能再构，探索城市空间可持续发展建构更趋可行的本土策略和实践方法。

表 2.7　上海城市空间可持续发展建构所面临的冲突问题框架与事例表现

冲突领域	编号	冲突表现		具体化的本土事例与现象表征
		主题	关键要素内容构成	
城乡冲突	1	城乡争地	1. 城市用地大肆扩张 2. "农村失地问题"严重	1. 上海建设用地超 50%，中心城区大肆扩张 2. 郊区化速度加快 3. 土地征用和补偿问题，以及"农民上楼"现象
	2	规划管理及政策差异	1. 城乡规划管理"两张皮" 2. 监督约束机制薄弱 3. 政策导向差异引起的不平衡	1. "规土整合"的衔接手段应对 2. 性质上差异大，"小产权房" 3. 空间上差异小，无视中心城区与郊区的区别
	3	交通模式与交通问题	1. 交通与城市功能及土地的协调性不足 2. 公交优先的政策得不到贯彻 3. 各交通体系之间协调性不足	1. 依赖汽车，汽车出行量增长仍十分迅速 2. 地铁站远离大型社区，存在"最后一公里"现象 3. 经济适用房高配停车位
	4	收入及社会服务差异	1. 城乡居民收入差距问题 2. 公共物品供给、环境建设水平差异 3. 就业等公共服务问题	1. 上海城乡居民收入较大幅度的增长，但城乡居民家庭人均可支配收入增长的绝对差距在不断扩大 2. "六个高峰"下的就业困境
新旧冲突	5	城市年轮的断裂	1. "建设性破坏" 2. "再格式化"泛滥 3. 城市空间布局和民众生活条件的"碎片化"	1. 新天地"拆十还一" 2. 不少低收入居民被迫进行住房消费，导致部分居民被迫外迁到缺乏生活配套设施的城市边缘地带，由此造成了工作与生活的困难
	6	空间的极化生产	1. 居住分异 2. 社会空间极化现象正日益明显	1. 上只角已呈现居住分异 2. 下只角在继续
	7	场所社会性的遗失	1. 城市空间物质外观与社会功能的分离 2. 缺乏人性考量与社会指标考察	1. "现代化城市场景"，存在同一化现象 2. 评价城市发展状况的基础数据和指标集中于 GDP 等经济指标，直接反映生活质量的社会指标的研究与应用滞后，缺乏与正式规划和行政程序结合
	8	公共空间的"失落"	1. 公共空间存在被逐步边缘化和私有化的危险 2. 公共空间建设的功利性与形式化，文化内涵及环境品质薄弱	1. 苏州河等滨水公共空间的被私有化 2. 城市稀缺资源公园等被"搭便车"，"公园物业"带来周边地产开发热潮 3. 陆家嘴 CBD 的公共空间的"失落"
环境及资源危机	9	城市生态失衡	1. 严峻的资源危机 2. 脆弱的生态环境 3. 人多地少的根源性矛盾	1. 雾霾天气的危害 2. 土地资源快速消耗，生态用地总量已明显减少 3. 城市住房建设、产业发展、交通设施改善等对土地的需求仍十分旺盛
	10	环境污染严重	垃圾、机动车及空气污染、水环境问题等，都对民众健康及生活环境质量产生重大影响	1. 黄浦江上出现的污染事件 2. 水源异味
	11	能源约束与高消耗	1. 能源高消耗模式，能源短缺问题严重 2. 未来节能减排任务繁重，空间发展模式亟待转变	1. 能源消费仍呈现总量持续扩大 2. 全市单位 GDP 能耗则呈"W"形波动上升 3. 清洁能源比重偏低、工业能耗比重过高、交通运输业能耗刚性增长
	12	设施建设与管理薄弱	1. 环境基础设施、建设基础薄弱 2. 主体单一，普遍存在"搭便车"现象，管理制度不完善	1. 城市环境基础设施建设还相当薄弱，欠账很多，特别是生活污水集中处理、生活垃圾无害化处理和危险废弃物处置等建设能力尤显不足 2. 从宏观政策制定到微观操作执行，基本上都全依赖于政府的力量，市场、社会主体、个人在整个体系中则严重缺位，资源与环境管理政策也十分匮乏

（续表）

冲突领域	冲突表现			具体化的本土事例与现象表征
	编号	主题	关键要素内容构成	
公私冲突	13	公权的扩张与滥用	1. 政府企业化，公共政策制定的非程序化，公权活动的非法制化 2. 市民社会、非政府组织的力量微弱	1. "海上海"中间一条路规划是城市路，现在小区中，政府要打开，小区居民反对 2. 联洋社区城市道路"小区化"
	14	公私关系的失衡	1. 公私利益冲突日趋明显，社会关系恶化 2. 缺乏完善的市场化运作体系和制度化的权利保障体系	1. 暴力拆迁事件的存在 2. 开发背后的资本往往有着强大的力量，留给居民的主动空间小 3. 很多问题被排除在体制外进行解决，也进而构成了新的社会不公平 4. 空间和产权上的公私冲突、私私冲突，直接导致城市设计成片拆迁新建
	15	"空间正义"的缺失	现实中的社会分化实际造成了不平等和不公正，空间生产和空间资源配置中存在社会正义缺失的现象	1. 外来人口激发"新二元结构" 2. 人口老龄化趋势促使上海面临"未富先老" 3. 城市空间建构存在去生活化、货币化、绅士化、标本化、扭曲化；城市区位分化、机动能力的实现、居住条件、医疗、教育等公共资源的再分配等现象
	16	住房保障及公共服务不健全	涉及公共住房建设，公共设施、基础设施的合理配置与有效供给，社会公共服务网络建设，城市环境安全建设与犯罪预防多个方面	1. 全拆迁模式 2. 高档商品房、普通商品房、经济适用房、配套动迁房、公共租赁房、廉租房，但是市场租赁住宅仍未达到应有的位置
全球与本土碰撞	17	空间极度"资本化"	1. 全球资本导向一系列巨型工程及产业集聚 2. 偏向资本及权力的"需求"	1. 上海跨国公司地区总部的数量变化 2. 浦东的开发开放
	18	城市空间趋于同质	城市空间缺少特点与文化，"无性格城市"日益增多	1. 小区91幢楼外形相似，老外找不到家大哭 2. 欧化和欧陆风格的风行及传统建筑元素的符号化，如一城九镇
	19	重大事件的触媒效应	1. 国际体系下重大事件乘数效应的两面性 2. "底波率"现象	1. 2010年上海世博会 2. 胶州路大火
	20	全球化视域下的治理模式变革	1. 各利益团体共同参与城市空间的塑造 2. 在中国现实语境下审视全球治理的场域，现实性变革与转型存在一系列制约与分歧	1. "政府改造"与区域联盟的增多 2. 政府职能与角色的重新定位及政府与公民社会之间关系的变革

社会建构思路下的策略分析版图

社会建构的思路

正是为了探查上述冲突情境本质上的社会发生机制与相互间的内在联系，本书还将以一种社会建构的视点启发，来促进一种可持续城市设计策略选择、冲突求解的社会过滤。正如拉尔夫·达伦多夫（1959）认为的，许多冲突不是像马克思所说的那样能被解决，而经常是通过妥协而被控制。在上述五个冲突的发生领域，一部分可以借助设计的早期阶段而减弱或消除，而大多数则是无法借助设计手段和开发过程来根除的。因此，这里分析的根本目的并非为了建立一种放之四海而皆准的知识框架，而是如前文理论框架中指出的，将社会建构理论引入城市可持续发展和城市规划与设计学科的研究视野之中，试图借助"社会建构"的视点发掘一种可通约的分析思路和导向框架，转换为一种技术手段、一种交流工具，来探寻不同社会环境和发展思路对于基本元素建构的作用与影响，朝向一种创新性的认识与分析问题的途径，并在更广泛的社会意义上，启发和指导当前我国本土可持续城市设计的应用视阈与策略生成，使"社会建构"的思路呈现一种面向当前核心冲突的包容性合题。

总结来说，本书中的"社会建构"强调的是一种方法论上的意义、社会性侧面的拓展、多层次的技术观念及建构与反省的功能，进而引发关于社会建构思路下的可持续城市设计本土策略变革取向的探讨：面向空间、技术、行动、制度多元领域的复合功能建构（表2.8），以利于考察和解析现实情境背后的社会作用因素及其影响机制。

建构导向1：空间的社会聚合性。经济全球化、快速城市化所激发的城市建设与发展的问题，突出地表现在城市空间布局与建构模式上。日本规划理论家渡边俊一曾经将早期规划者面对工业革命以后大城市的环境恶化、拥挤贫困等严重问题、为建立"理想城市"而形成的规划策略归结为以下三

个方面的基本理念：低密度开发、小规模化及用途纯化。正是将这三大理念集大成的《雅典宪章》所导致的大规模城市改造计划贬低了高密度、传统街坊和开放空间的混合使用，从而破坏了城市的多样性。这种固有缺陷在中国当前的城市发展建设中体现得尤为明显。因此，正如前文指出的，当前亟待引入一种社会空间的研究视域，拓展当下语境与社会现实的联结视野，启发全新路径和领域中的研究实践。这里空间社会聚合性的建构强调以下基本空间视点。

其一，空间是社会的产物。列斐伏尔指出，"任何一个社会，任何一种生产方式，都会生产出它自身的空间"；曼纽尔·卡斯特认为，只有"空间单位与社会单位之间存在一致性"时，空间才能被赋予特定的意义和功能。

其二，空间是社会力量的源泉。空间不仅是一种生产资料、一种消费对象，更是一种政治工具、一种符号和意义的系统。大卫·哈维认为"对空间的控制是日常生活中一种根本的和普遍的社会的力量资源"。

其三，空间与社会相互建构。空间的意义并不仅限于是社会、经济和政治过程的载体，它本身对于城市发展的模式及城市内部不同群体之间的关系的实质也十分重要。空间可以反映出社会群体内在的变化，往往受群体内聚力及动力支配，呈现或向心或离心的现实状态或发展趋势，空间原本存在的差异也构成了各种变化的背景。

现代城市空间的建构绝不仅仅标志着物质性的拓展，而是一个容纳了人们之间密切联系的社会空间，受到权力、资本、文化与价值观、场所及特征、风俗习惯、个人兴趣等社会因素的影响[1]。可

---

1 例如，孟德斯鸠曾强调在自然条件之外宗教、政府准则、习惯法等其他因素的重要性；英国学者斯梅尔斯在研究1945年后增长时期的英国城市时指出，围绕市中心区域的居住区开发地带已经成为城市增长阶段的产物，其中每一个阶段都受到不同的社会、经济和文化力量的影响；而费雷关于波士顿北肯山地区的著名研究，也显示空间不是纯自然的，而是渗透着价值和意义，不仅包含经济价值，更重要的还有场所生活所赋予的社会文化价值和象征价值；列斐伏尔（1974）、大卫·哈维、李怀（2010）、庄友刚（2012）等人则分析了资本、权利等多种要素对于城市空间生产和创造的参与；等等。

表 2.8   可持续城市设计本土策略的社会建构思路

建构面向	思路导向	主要内容
视点启发	方法论上的意义	强调行动者的互动建构社会生活的过程，更加重视行为体社会实践的结果，强调城市发展的过程性与变革可能
	社会性侧面的关注	重视社会因素影响的方式与程度，促进"潜在环境"和"有效环境"相互吻合的整体性建构
	技术观念的社会重构	体现技术变迁的非决定论模式，强调多层次技术观以及技术与社会发展的关系重构，提倡技术创新、协商、谈判等的重要作用，有利于适宜技术的探索
	建构与反省的功能	建构与反思的双重功能有利于提供新的研究视角，并发挥更好的解释力，有利于对既有社会发展模式的批判、转化与变革，继而引导生成新的模式
空间的社会聚合性	社会空间视点的聚合	空间是社会的产物，空间是社会力量的源泉，空间与社会相互建构
	社会影响因素的聚合	城市空间是容纳人们之间密切联系的社会空间，受到权力、资本、文化与价值观、场所及特征、风俗习惯、个人兴趣等社会因素的影响
	社会聚合性的建构重点	将城市空间的发展与建构置于特定社会的生产方式下来考察，将城市空间演化过程与社会过程结合起来综合解剖分析
技术与行动的社会嵌入性	技术的社会嵌入考察	1. 技术社会价值的嵌入：朝向"社会技术"的内涵建构，提倡采取可负担性策略、软技术、低技术、适宜技术等积极措施减弱和消除技术社会负效应的产生 2. 技术社会选择的嵌入：以维护自然生态系统的稳定和平衡为前提，注重社会发展的多方面问题，有针对性地、多维度地考量技术的标准、实践方法和实施效应，并通过选择不同的生存或行为方式来促成技术性质的改变
技术与行动的社会嵌入性	行动的社会嵌入机制	人类行动通过行动主体的组织、行动目标的设定、行动的条件与手段等反复调节，来促进或阻碍一个地区的发展。而现存的社会情境既是人类行动的场景，又是调节人类行动的力量的内在组成，人类行动也在这种调节中扩展自身
	社会嵌入性的建构重点	结合对社会情境的持续变化过程的诠释，探寻技术及行动实践过程中冲突各方通过交流、协调、谈判等来获得数据、获取发现的过程，尽可能地不断权衡各方群体利益，并最终促成社会过程的最终产品——城市建成环境的改善与发展
制度的社会激励性	制度作为一种行为形式	构成了群体行为对个体行为的抑制、解放和扩张，还应尽量充分地体现社会群体中个体的主动性和创造性，促进更多个人的全面自由的发展
	制度激励行动实现的机制	制度的确立与改进对于冲突的应对最具有根本性，可以节约成本、降低不确定性。当前加强可持续建构中有效激励制度的供给强调以下三个方面： 1. 制度结构，形成相互支持的制度结构，合理疏导矛盾、冲突及其可能发挥的功能，规范社会内存的资源与活力 2. 制度创新，通过制度创新遏制、规治甚至消解所面临的矛盾冲突，保障制度运行的公正性，促使制度成为一种社会激励，而非仅仅是一种约束 3. 制度原则，强调减弱矛盾恶性积累后激烈爆发的风险，减少消极对待矛盾和转移矛盾压力的做法，并促使外部性更多的内部化

持续语境下城市设计空间建构的社会性聚合，实质指向了这样一种思想，即关注社会性要素的空间建构功能：特定的社会关系生产特定的城市空间，城市空间的组织和意义是社会变化、社会转型和社会经验的产物，其中也囊括了由于社会政治乃至其他因素的涉入而导致的偏离与博弈；现有空间格局、社会情境下又激发社会群体的适应与调控反应，进而促进形成新的空间格局与发展契机。这里，空间的社会聚合性作为一种建构力量，将重新构建可持续城市设计策略建构的现实，体现为一种空间建构的实践意义和社会反映：将城市空间的发展与建构置于特定社会的生产方式下来考察，将城市空间演化过程与社会过程结合起来综合剖析。

建构导向 2：**技术与行动的社会嵌入性**。当前全球面临的一系列问题，正日益显露出我们单纯强调高科技和高技术、强行移植的理论及实践形式来建设和发展的道路是行不通的。人们正日益增多地开始重新审视技术的社会价值，在大力发展科学技术的同时，采取积极措施减弱和消除技术社会负效应的产生。在今天，"技术"内涵实际上已经指向了一种注重生产关系和物质利益关系调节的、关注社会价值整合的"社会技术"，强调借助社会推动、有效组织、实施与评测等多种手段来影响和调节社会活动、发展模式，并反过来又促进技术整合与创新、组织管理与协调。与之相一致的，社会建构论首先强调技术发展依赖于特定的社会情景，强调技术活动受技术主体的经济利益、文化背景、价值取向等社会因素影响，在技术与社会的互动整合中形成了技术的价值负载。

需要强调的是，技术作为一种实施工具，技术路线的选择是从理想到现实的第一步。朝向一种"社会技术"建构的可持续技术，则是可持续发展思想在技术层次上的映射，它所寻求的是自然、经济与社会协调发展的结合点，其在本质上体现了解决危机状态的一个理想响应，也显示出这样一种指向：其技术选择以维护自然生态系统的稳定和平衡作为自己的发展前提，注重社会发展的多方面问题，有针对性地、更加多维度地考量技术的标准、实践方法和实施效应，促进实现技术与生态的最优

化和整个社会的可持续发展。

此外，作为实践客观产物的技术，其本身的性质是不能选择的、只能通过不断改进来改变。然而，人们却可以通过选择不同的生存或行为方式来促成技术性质的改变。例如，可持续语境下选择基于自然系统自身恢复能力限度范围之内的技术，调节社会行为在经济和生态关系上的冲突等。从根本上，技术是否适宜还是应当取决于它们对发展目标的贡献能力；技术功能的发挥，根源还在于技术的结构与向度，而非技术的层级与广度。对于当前我国社会经济发展的现实条件而言，平衡的生态体系、适当的生活方式、废物的循环利用及本土技术等低成本、高效率的适宜技术举措，可以是更富价值的适宜技术手段。技术实践的最终结果还是需要对现实发挥建构和指向作用，并需要通过政策或立法的形式加以执行，否则就是一纸空白。这就决定了技术的研究与实施，一方面要关注政策导向，另一方面则要积极引导政策，使其参与到技术发展的实际决策中。

就技术的发展而言，社会建构论者将其视为相关因素建构的结果，认为人工制品的意义是由相关群体或角色赋予的；就技术的变迁而言，社会建构论者认为其并不是一个固定的单向发展过程，而是普遍存在不同角色或相关社会群体参与。海德格尔把关于技术的规定分为工具性的和人类学的两类基本观点：前者指技术是目的的手段，后者指技术是人类的行动。网络理论以"嵌入性"为思想基础，认为人类行动是被社会性限定着的，它嵌入于现存的个人关系网中，而不是由原子式的个人单独进行的。对于实践行动而言，现存的社会情境构成了行动的场景，也是行动进行力量调节的内在组成，并借助现实的生成特性、过程客观性和异质性要素的耦合，塑造出了实践情境的特性。

建构导向 3：**制度的社会激励性**。制度是被制定出来、可以影响人们行为方式及行动选择的一种规则系统。约翰·罗尔斯提出应该从两个方面对制度进行审视：一是作为抽象的目标，即由一个规范体系所表示的一种可能的行为形式；其次是这些规范制定的行动的实现。其中，在制度作为一种行为

形式方面，按康芒斯的说法，制度构成了群体行为对个体行为的抑制、解放和扩张。一种好的制度，致力于规范个人行为以使其既有利于个人利益又要符合群体行为目标的同时，还应该避免或消解基于多人合作而可能产生的自我否定式的矛盾与悖论，或者在它难以根本消除时，一旦出现，群体就有能力和办法去解决之。

在这个基础上，一种好的制度还要尽量充分地体现社会群体中个体的主动性和创造性，有利于更多个人的全面自由的发展。任何制度的设计及其贯彻与执行，都离不开执行者及受影响者内心的认可与接受。在制度所导向的行动实现方面，由于在人类应对挑战和危机的各种行为中，制度的确立与改进最具有根本性——它的作用就在于节约成本，降低不确定性。因此，随着如今可持续发展研究的日益深入，制度安排的作用日渐得到重视。王志忠指出，可持续发展面临的最大的障碍被认为是有效激励制度供给的不足。这使得在当前社会转型的过程中，政府部门及第二行动集团必须突破制度瓶颈、加强社会激励，以避免或消解社会冲突、建构未来可持续发展的制度可能。对此，本书尝试从三个方面予以阐析。

第一，制度结构。 在制度分化基础上形成相互支持的制度结构，并促进既有制度的改进与发展，是减少、化解、约束各种社会矛盾及其负面影响的根本之路。

第二，制度创新。 任何一个制度体系的创立都会致力于制度发明、制度创新及技术创新，来遏制、规治甚至消解所面临的矛盾冲突，防止群体合作被内在的矛盾冲突粉碎。制度供给者应注重制度本身及制度运行的公正性，鼓励人们遵守制度，从而促使制度不仅仅是一种约束，更成为一种社会激励。道格拉斯·诺思强调，在制度创新的动力问题上，很重要的是国家的作用，尤其法律层面的规则"不仅造就了激励与非激励系统去引导和确定经济活动，同时也决定了收入分配及社会福利的基础"。

第三，关于制度原则。 现代发展速度的加快和复杂性的增强，使得有效制度供给总是少于有效制度需求，从而造成有效制度缺乏、制度无力和制

度漏洞等情形。在这一情形下，缺少了社会由以产生社会运作机制的制度约束，冲突则会更加活跃，也势必造成更多的"外推""搭便车"及不合作行为。因此，减弱矛盾恶性积累后激烈爆发的风险，减少消极对待冲突问题的做法，并促使外部性更多地内部化，已成为当前我国发展进程中至关重要的环节所在。

关联的目标框架

总的来看，正是上述冲突因素及其外在表现的限定与激发，促使城市原有粗放的、碎片化的、单兵作战式的开发与建设模式，亟须一种可负担的、可根植的、可联结的促进本土可持续发展建设的模式予以替代——以此为根本指向，基于可持续城市设计本土策略的主要研究面向，并借助上述社会建构导向的动态过滤，以下三个方面的可持续城市设计本土策略目标得以建构（图2.15，表2.9）：①保有和提升城市作为地域资源和体现权利关系的使用价值；②强调文化、认同与沟通，关注社会文化特征的发掘及社会化公共领域的建构，从空间与社会、人与行动的关联视角楔入，来促进一种本土契合的策略生成；③以促进社会公正的制度建构、强调一种集体行动解决问题的能力，强化行动体系的管理、协调与联结功能。进而促进这样一种冲突性城市意义的本土转换：城市从作为商品或商品生产、流通的支持转变为作为社会生活的空间

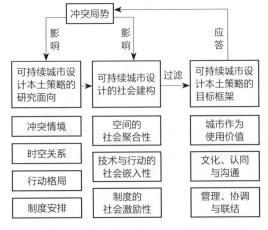

图 2.15 可持续城市设计本土策略目标框架的建构机制

表 2.9 社会建构下的可持续城市设计本土策略目标框架

主要目标		城市作为使用价值	文化、认同与沟通	管理、协调与联结
目标建构的导向		1. 作为地域资源 2. 体现权利关系	1. 社会文化特征的发掘 2. 社会化公共领域的建构	1. 促进社会公正的制度导向 2. 集体行动解决问题的能力
其中	包含在目标中的主要冲突主题	1. 生活品质 2. 社会阶层 3. 自然与历史资源 4. 资本逻辑与利益关系	1. 价值观 2. 文化传统 3. 生活方式 4. 社会环境	1. 中心治理与地方自主性 2. 权力博弈与社会选择 3. 市场机制 4. 制度模式
	包含在目标中的技术系统要求	1. 社会、环境成本为基础价值 2. 强调资源与能源的集约利用 3. 重视环境敏感性设计 4. 适当规模、分散式系统	1. 使用者取向之技术选择 2. 技术的条件特征 3. 技术的公共覆盖 4. 事前预防的导向	1. 技术的决策体系 2. 技术标准及配套措施 3. 技术的执行与推广 4. 模式成效与创新机制
	包含在目标中的关键性社会议题	1. 开发模式 2. 地产投机 3. 基础设施的非公共盈利 4. 公共空间建设	1. 公共领域与公共利益 2. 大众文化、地域文化 3. 文化趋同与无场所 4. 空间的衰落与孤立	1. 集权主义、官僚主义 2. 城市治理 3. 社会公允 4. 监督与评测
冲突性城市意义		城市作为社会生活的空间性支持 VS 城市作为商品或商品生产、流通的支持	城市作为社会文化的公共性载体 VS 城市作为计划格局下单向灌输的失落空间	城市作为良性社会行动机制下的制度性构体 VS 城市作为集权国家服务世界的机器
结构性目标转向		资源与价值 VS 资本与利益	沟通与特色 VS 单向与趋同	联结与改变 VS 权威与秩序

性支持，从作为计划格局下单向灌输的失落空间转变为作为社会文化的公共性载体，从作为国家服务世界的机器转变为作为良性社会行动机制下的制度性构体。

双重版图的架构："空间建构"与"社会行动"

可持续城市设计的本土策略建构，所面临的是一种对冲突面向的策略发生情境、时空关系、行动格局、制度安排的综合考察。与之相一致的是，对于中国这样一个地域广大、历史悠久的国家，如果对它的发展阶段、总体特性、社会影响要素及发展机制没有把握，只是以研究简单划割的要素和目标框架来孤立地看待可持续发展的社会情境和未来可能，这样的研究并不足以增加对中国可持续发展路径的独特性认识。

在这一意义上，面向社会建构思路下的空间、技术、行动及制度的功能特点与建构导向，本书试图将上述核心目标纳入"空间建构"与"社会行动"这两大视域进行整合涵构，将多维度的实践面

向与多层次的建构目标有机结合，来探究可持续城市设计本土策略从理论走向实践的适宜路径，并作为一种从本质结构入手的本土契合性研究的应用性版图划分（图 2.16）；试图在对城市空间可持续发展建构目标的理解上，考察冲突限定与激发的过程——既包括发展过程中冲突所导向的整合或同质，也包括不同强度和内容的冲突的相互作用，并分析不同行动者的实践取向，从而型构实际变化中的"空间建构"与"社会行动"的具体策略——而这两个维度实际也涵盖了前文所总结的可持续城市设计本土策略主要的研究面向。正是各个冲突要素组成其中的各个部分，并发挥其不同作用而最终促成城市空间发生了实质性的变化。尽管无法容纳所有的冲突可能和方式建构，但也正是通过将冲突作为方式理解的中心要素，部分地导向了一种社会建构的应用模型，人们可以更敏锐地感知和更清晰地解释其所处情境。在其中所感知的事实则可以发展成为一种本土承载和行动指引，型构可负担的、可根植的、可联结的本土策略核心。

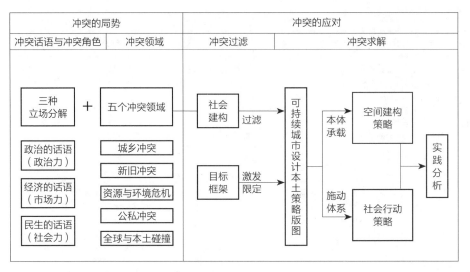

图 2.16　可持续城市设计本土策略版图的建构机制

空间建构：可持续城市设计本土策略的主体承载

空间作为物质性空间实践，既表现为人类活动、行为与经验的一种中介，也表现为一种结果。虽然资本和政府制造和控制着"空间的再现"[1]，但人们对于空间某些现象的感知是固定不变的，并不依赖于空间生产实现的具体情况。今天城市空间的发展演进，本身就体现为一种改造与重组的社会发展过程。从表面特征来看，城市体现为各组成物质要素二维和三维的形式、风格、布局等空间表现；而从内涵本质而言，历史、文化、政治、技术及人类各种活动和自然因素则构成一种相互作用的综合反映。而且随着现代城市连通性、流动性的增加，人口、观念、信息及城市规模与技术发展等也都处于不停的变化中，城市空间的内涵正日趋丰富、变动日趋频繁，社会化特征也越来越强烈，越来越多地体现出动态发展和多元感知的特征。结合这一过程及其结果对城市发展的空间样态和演变格局进行分析，将是一种融汇社会性因素建构的规律探寻和应用尝试，有助于启发和提炼城市发展的理想模式、拓展城市空间深层次的社会建构领域。

因此，本书对于可持续城市设计本土策略的建构，首先聚焦社会空间的本体建构，考察可持续城市设计本土策略的主体承载体系。21世纪的中国面临全球化语境下的制度文化困境、粗放型发展模式、转型期价值观念与行为模式转变、社会阶层结构分化与利益冲突加剧等问题，并在当前集中表现为城市空间所面临的城乡冲突、新旧冲突、环境及资源危机、公私冲突、全球与本土碰撞五个主要方面，其城市空间的可持续发展建构面临更为复杂的社会情境。因而，当下仅就环境论环境、就生态论生态、就空间论空间，已然无法突破现有框架而提供开放性的创新发展思路。布鲁诺·拉图尔曾极具启发意义地指出："如果我想成为一个探索客观性的科学家，我就必须从一个框架转向另一个框架，从一种视野转向另一个视野。没有这些转换，我就将局限在某种狭窄的眼界之内。"我们有必要紧密联系"社会空间"的建构视野，关联现实条件与社会情境，把握社会空间的建构内涵，针对地域特征及核心问题，并防止和避免那种单一的、物质性的、急功近利的建构模式，来有效黏结传统与现代、理

1　"空间的再现"是任何一个社会中（或生产方式）占主导地位的空间，是知识权力的仓库。空间的再现事实上就是空间按照权力意志被重构。这种空间被社会的精英阶层构想成为都市的规划设计与建筑。他们把这种空间视为"真正的空间"。他们经常把空间的表象作为达到与维持其统治的手段。

想与实践，促成现实的可持续发展建构的未来可能。而"社会行动"的应答对此给予了有力的回应。

社会行动：可持续城市设计本土策略的施动体系

从本质上来说，空间是人类生存和发展的基础，是人类社会行动和社会关系的媒介，空间对人类的发展构成了限制作用，而由于人类具有能动性，其社会行动都在空间中得以完成，人的社会行动和社会关系也在不断改变和创造着空间。正如发明和使用交通工具这一人类的进步，促使远距离的人可以快速进行空间移动而发生人际互动，今天的互联网则进一步对人类改变和创造空间产生了里程碑式的意义。可以说，正是在社会群体日常生活中的反复体验和复杂联系的过程中，人们获得了空间的直接意象，并进而得以感知潜在的道德规范、社会结构等。由此，社会价值也具体化地凸显了出来，并通过个人与社会的相互构建，影响个人的行为模式和策略选择，而这些又反过来构成了社会建构的重要途径，进而不断改变和创造着社会空间。

"社会行动"通常是由一系列的单位行动联系而成，一项单位行动在逻辑上是行动者、行动目的、社会"处境"与规范性取向的"四位一体"，行动作为一个过程，实际上就是将各种条件成分向着与规范一致的方向改变的过程。

需要指出的是，作为社会学研究中的重要内容，"社会行动"在本书中仍被作为一个既定的概念来使用，但不再局限于传统的、韦伯式的社会行动理解与界定，而更关注塔尔科特·帕森斯所赋予社会行动的社会关系、社会互动、个人意志等内涵。可以确定的是，社会行动本身就是一个与社会转型的实际密切相关的问题，我们对于其最终的"意义效应"的求解，则体现为一种共同的实践效果：其中，既离不开对社会主体行动的相互关联性和公共一致性的考量，离不开政策工具选择及运用

中的社会经济环境因素考量，也离不开实践行动的再生产过程中社会合作与社会秩序的整合重构。

综合而言，"空间建构"策略更多地体现出可持续城市设计对社会性要素的承载关系；"社会行动"策略则是一种视野转换下建构模式的行动应答，更多地体现为社会性要素对可持续城市设计的作用体系。可持续城市设计的建构原则与研究面向，实际始终贯穿其中，并从根源上产生作用与影响。可以说，双重版图的策略建构作为冲突视野下解决问题的方法和过程，体现出可持续城市设计本土策略的"一体两面"，具有不同的切入要点与分析侧重，同时却相互补充及相辅相成，有利于将目标指向串联起来进行考察，也有利于对社会建构因素的实质性探索，可以为进一步的实证研究提供具有可操作性的、社会契合的分析结构与内容框架。

城市的发展往往呈现出显著的阶段性特征，不同的历史发展阶段往往具有其相应的内在动因与发展机制，其中总会有某几个因素起到相对主导的作用，相应地，城市空间也体现出其特有的发展模式和形态。本土策略的研究也离不开对城市空间及社会经济发展历程的阶段性梳理，需要理清城市空间发展的脉络，探查其间重要的机制作用和动力因素，以此做出一种关于历史与发展格局、社会情境与发展趋势等的总体判断，为可持续城市设计本土策略两大建构维度的实证分析提供背景基底式的行进轨迹，为城市空间未来的可持续发展建构模式的选择提供借鉴与参考。这种判断不能草率得出，必须充分结合城市可获得性资源条件、现实的发展需求，以及在可预见时期内的重大战略机遇，把握影响城市空间发展的主要冲突因素及其组合形式——包括变量是如何影响城市可持续空间的建构，并通过整合或同质的过程、强度和内容的相互作用等产生实践状况的解读，形成一种综合性的联结考察、耦合分析。

冲突的应对：城市设计建构的实践分析路径

上海社会经济发展与城市空间演进特征研究

本书将上海社会经济发展与空间演进划分为三个发展阶段，简要分析、总结其核心特征、主要表现和作用机制（表2.10）。其中，在经济发展方面，可以发现，改革开放以来，上海经济总量规模已迅速壮大。1978年上海的生产总值仅为273亿元，1990年为782亿元，至2011年已达到19 196亿元。按可比价格计算，1978—1990年，年均增长约7.5%；1990—2011年，年均增长近12%；特别是1992—2007年，连续16年保持两位数增长。尤其，1990年以来借助浦东开发开放的东风、产业与经济结构的战略性调整，从而呈现具有外延扩张的特征的、空间结构和时间结构双维度调整的格局，并促使上海经济增长的空间得到极大拓展，经济增长迅速。在经济社会发展中，经济增长与产业结构之间存在着相辅相成的内在关联。

总结来看，1990年以来上海经济增长呈现三个阶段的周期性发展：① 1990—1998年为一个增长周期，经济增长陡起平落，1990—1992年大幅上升，1992—1998年又缓慢回落；② 1999—2005年，这一时期经济增长呈现抖起陡落，1999—2004年波动上升，至2005年又快速回落；③ 2006—2015年，经济增长陡起抖落，其中2006—2007年快速上升，2007—2015年则波动回落。

在产业发展方面，从20世纪80年代开始，第二产业中重点扶植的六个新兴支柱行业得以确立，同时第三产业投入在投资、人力资源及技术改造等方面不断增强。上海的产业结构在经过"六五""七五""八五"的不断发展之后，发生了大幅度的调整。第三产业占GDP的比重趋于逐年上升，第二产业占GDP的比重则趋于逐年下降；借助浦东开发开放的重大开放机遇，20世纪90年代初"三二一"产业发展方针得以建立，服务业随即迈入了一个快速发展的时期，1990—1998年第三产业的年均增速达到13.8%，占GDP的比重不断提高。在1999年，上海第三产业增加值比重首次超过第二产业，占GDP的比重首次超过50%；2000年后，第三产业所占比重增速有所放缓，并从2002年的52.9%开始逐年有所下降，在2005年降至低点50.4%。2006开始，随着《上海加速发展现代服务业实施纲要》等政府政策的推出及实施，以及参与国际分工的不断增加，第三产业又在上海聚生出新的发展能量，其增加值占GDP的比重开始有所回升，近几年则不断上升，目前已基本形成稳定的"三二一"产业发展结构，城市功能正在朝向服务化方向发展（图2.17）。

然而，这条转型之路也并非一帆风顺，尤其服务业增长幅度近两年所呈现出的较大波动，开始引起人们的普遍关注。据统计，在2010年上海经济企稳回升的同时，第三产业占生产总值比重约57.3%，较前年的59.4%反而有所下滑。实际上，2010年上海服务业的增长主要是受"世博效应"的影响，有专家认为，服务业近年来的波动似乎表明，上海之前的增长并非基于一种坚实的基础，房地产所占比重过高，而其他高附加值、创新型的服务业则相对缺乏。统计显示，世博会举办直接带动了上海批发零售、住宿餐饮和交通运输等服务行业快速增长；拖服务业"后腿"的则是前几年的两大"功臣"。总体上，就服务业的内部结构来看，上海正大力推进建设现代服务业和改造加强传统服务业这两大领域的建构，促进现代服务业朝向高产出附加值、智力密集、少资源消耗和环境污染的模式转型。

回顾上海社会经济的总体发展格局，可以发现"两个转变的同步进行"：经济体制上的从传统的计划经济向社会主义市场经济的转轨；社会结构上的从工业社会后期向后工业社会的结构转型的转变。在当前，渐进式体制改革在先易后难的发展之后进入了新的发展阶段，结构转型反过来对体制转轨造成了"倒逼"式的反推机制，强调改革从经济向社会领域的全面扩展，以及对于社会公正和利益协调

表 2.10 上海社会经济发展与空间演进阶段性特征的综合分析（1990—2015）

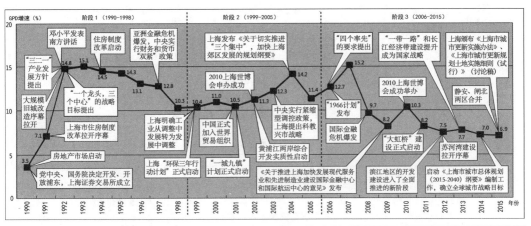

		阶段 1 （1990—1998）	阶段 2 （1999—2005）	阶段 3 （2006—2015）
经济发展	经济增长周期特征	经济增长陡起平落 - 1990—1992 年大幅上升 - 1992—1998 年缓慢回落	经济增长抖起陡落 - 1999—2004 年波动上升 - 2004—2005 年快速回落	经济增长陡起抖落 - 2006—2007 年快速上升 - 2007—2011 年波动回落
	产业结构总体特征	- 经济增长由第二产业主导，处于"调整中发展"阶段 - 第三产业呈"恢复性增长"，支持作用显著提高	- 经济增长开始转由第三产业主导，开始"持续稳定增长" - 第二产业比重与三产不相上下，开始进入"发展调整中提升"阶段	- 经济增长由第三产业主导，并保持"持续稳定增长" - 第二产业比重开始减少，但仍起重要支撑作用，保持"发展调整中提升"
	产业动力	- 主要：金融、贸易、钢铁 - 基础：交通运输设备制造、交通运输仓储 - 新兴：电子信息、房地产	- 主要：金融、贸易、房地产、电子信息、成套设备 - 基础：汽车、石化、钢铁、交通运输仓储 - 新兴：软件和信息服务	- 主要：金融、贸易、房地产、电子信息、软件和信息服务、成套设备 - 基础：汽车、石化、钢铁、交通运输仓储 - 新兴：航运、船舶、租赁和商务服务
	需求动力	- 投资是推动经济增长的主要动力 - 消费起到稳定支撑作用 - 净流出表现出一定脉冲效应	- 消费成为驱动经济增长的第一动力 - 投资起到较强支撑作用 - 净流出起到一定支撑作用	- 消费仍为经济增长第一驱动力 - 投资仍起到较强支撑作用 - 净流出起到一定支撑作用 - 居民活动（外来人口）驱动力明显
社会发展	社会发展阶段性特征	市场化转型发展阶段： - 经济结构战略性调整，对内对外开放不断深化，城市集聚辐射功能进一步增强 - 强化中心城综合服务功能，现代服务业大大发展 - 地方经济和市民收入增长良好 - 就业压力仍然较大，社会保障体系还需完善，农民收入有待提高；老龄化问题开始显现 - 市场法规体系和监管手段尚待逐步健全完善，体制机制制约因素较多	市场化改革形成阶段： - 经济体制改革不断深化，对外开放和区域合作提高到新水平 - 地方经济和市民收入保持增长；科技教育等各项社会事业实现新发展；中心城市综合服务功能显著增强；自主创新能力与社会管理增强 - 服务业发展仍比较滞后，社会经济和城乡协调发展任务艰巨；老龄化问题严重 - 体制机制瓶颈亟待突破	市场化逐步完善阶段： - 结构调整和高新技术产业化，应对国际金融危机冲击和自身发展转型的挑战，"四个中心"框架基本形成，服务全国能力不断提高，国际影响力显著提升 - 城乡居民生活持续改善，城乡一体化加速 - 基本公共服务和社会保障压力加大，城乡区域发展协调性有待增强 - 体制机制瓶颈更加凸显

（续表）

		阶段 1 （1990—1998）	阶段 2 （1999—2005）	阶段 3 （2006—2015）
社会发展	社会发展动因	国家战略驱动，产业转型与楼宇经济支撑；经济体制、土地使用制度、住房制度改革全方位启动。 - 南方谈话与开发浦东； - 一个龙头，三个中心；"四个中心" - "三二一"产业发展方针，中心城已"退二进三" - 旧城改造 - 亚洲金融危机爆发，中央实行财政和货币"双紧"政策 - "土地级差"收益的推动	城乡统筹：加强文化与环境保护；制度改革力度进一步加大。 - 工业从调整中转为发展中调整 - 实施"一城九镇"到"1966"为重点的城市发展战略，加快郊区城镇化推进步伐 - 郊区大力发展工业，传统城郊型农业向现代都市型农业转变的步伐加快 - 开展环保三年行动计划 - 加快发展现代服务业 - 中国正式加入世界组织；2010年上海世博会申办成功 - 中央实行紧缩型调控政策，上海提出科教兴市战略	城乡一体化加速；创新驱动与转型发展；制度改革深化完善。 - "四个率先" - 国际金融危机爆发 - 《国务院关于推进上海加快发展现代服务业和先进制造业建设国际金融中心和国际航运中心的意见》 - 虹桥交通枢纽投入使用 - 2010年上海世博会成功举办 - 11.15胶州路大火 - 2014年上海外滩踩踏事件 - 2015年11月静安、闸北两区合并
城市建设与空间发展	演进特征	城市空间急速扩张、规模发展： - 城市从单边发展过渡到跨越黄浦江开始向东部地区展开，城市形态逐步从沿黄浦江西岸的南北两翼格局向同心圆形态演变	城市空间结构调整、均衡发展： - 城市建设用地规模增长翻番。中心城向外的空间扩张呈低开发强度的低效圈层蔓延，浦西扩张规模大于浦东 - 郊区在城市发展中的地位和作用显著提高	城市空间整合再构、创新发展： - 城市人口密度、用地功能和结构、产业结构、城镇体系等方面逐步优化；上海城区形成了"轴向发展""多功能、多极核""开敞式""动态"的空间结构 - 确立全球城市战略目标，重点提出了以人为本、内生增长、底线控制以及空间政策等转变方向
	城市建设情况	- 中心城区建设明显加快，郊区农村则相对滞后 - 以"365"危棚简屋改造工程拉开大规模旧城改造序幕 - 现代化城市基础设施框架基本形成 - 环境质量明显改善，生态环境建设加速推进 - 信息化建设、管理现代化水平提高 - 以浦西外滩和浦东小陆家嘴为核心的中央商务区初步建成；浦西部分金融、商务功能转移，城市中心逐渐放大；外高桥、金桥、张江等地区开始发展	- 城市建设管理和环境整治取得重大进展 - 土地资源和环境容量约束趋紧，能源供求和安全问题凸显；中心城区交通拥堵等矛盾较为突出；工业仓储用地比重过高的问题仍然较为突出 - "环保三年行动计划"，黄浦江两岸综合开发等继相启动 - 保护和发展中心区海派城市特色 - 四大产业基地框架初步构筑，促使"1+3+9"国家级、市级工业区布局基本形成 - 中心城区人口密集区环境污染问题逐步解决 - 郊区实施"三个集中"，郊区化速度加快 - 中心城镇人口集聚加快，带动了郊区环境基础设施升级改造	- 中心城向外的空间扩张继续呈低开发强度的低效圈层蔓延；工业仓储用地比重仍过高 - 节能减排力度加大，但资源环境约束仍突出 - 加速生态型城市建设 - "1966计划"发布 - 2010年上海世博会成功举办，配套工程建设大力开展 - 世博会后续利用、虹桥商务区及"大虹桥"建设、上海迪士尼乐园项目、苏河湾地区建设相继启动 - 轨道交通建设快速发展 - 空间的整合再构为城市中心区的第三产业提供了多功能的发展空间 - 滨江地区的开发建设进入了全面推进的新阶段

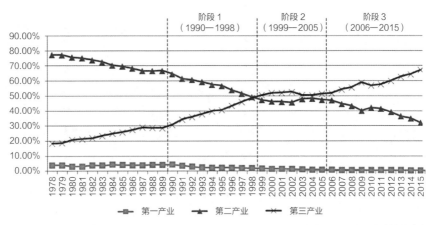

图 2.17 上海三大产业经济结构的演变

的注重。上海 40 年来时空压缩式的快速发展，也带来了现实中亟须面对的多种不同性质的发展问题和两难困境，各个层面的社会风险日趋增高。譬如，上海既要保持一定数量的劳动密集型企业，以便通过扩大就业来消化庞大的新增劳动力和农村转移劳动力，也要发展现代服务业和创意产业，加快技术创新和产品更新换代，以便通过增加产品附加值来消化不断增加的劳动力成本；还要不断加大保护环境和节约能源的力度，以便能够可持续发展。

从根本上来说，城市空间结构是城市要素按照各自经济区位的要求在空间范围内的分布和联结状态，是城市政治、经济、社会结构的空间投影。合理的城市空间布局强调以环境容量和资源承载力为依据，实现资源有效配置，保障城市环境安全，构成了促进城市可持续发展的重要手段。上海作为我国的特大型城市，在很长一段时期内仍延续了单中心"摊大饼"的发展模式。位于城市边缘的规划控制的隔离绿带屡受蚕食，导致市区与近郊工业区黏连成片，功能布局的不合理及其造成的环境隐患引发城市环境问题，并阻碍了社会经济的健康快速发展。上海由此开始更为积极地开展城市规划进行城市功能布局的调整（图 2.18）。

1986 年《上海市城市总体规划方案》得到国务院批复原则同意，上海建设和改造中心城、重点对浦东地区进行开发、充实和发展卫星城等城市发展方向得以明确。然而，由于上海是中国第一大城市，地位特殊，中央对上海城市转型持审慎态度。总的来说，1978—1990 年上海城市空间变化的速度较为缓慢。以 1990 年浦东开发、开放为标志，上海城市转型速度开始加快，城市空间显著重构。20 世纪 90 年代上海的城市建设模式建立在旧区城市更新与新区空间拓展之上，"土地级差"效应吸引的投资将中心城区的第二产业和危棚简屋迁移至城市边缘地区，腾让出城市发展的新空间，并实现城市空间拓展。城市开始从单边发展过渡到跨越黄浦江开始向东部地区展开，城市形态则逐步从沿黄浦江西岸的南北两翼格局向同心圆形态演变。20 世纪 90 年代后期开始，"可持续发展战略"在上海的专家层和领导层引起了重视，环保"三年行动计划"、创建生态型城市成为发展推进的重点。《上海市城市总体规划》（1999—2020）在 2001 年 5 月得到国务院正式批复，其中明确指出："上海是我国直辖市之一，全国重要的经济中心。上海市的城市建设与发展要遵循经济、社会、人口、资源与环境相协调的可持续发展战略……把上海市建设成为经济繁荣、社会文明、环境优美的国际大都市，国际经济、金融、贸易、航运中心之一。"由此，着眼于长三角一体化和大都市圈的发展，进入新世纪的上海着力于改变"大都市、小郊区"格局，推进从"一城九镇"向"1966 计划"转变的发展战略，以加快推进郊区城镇化的建设步伐，并进一步推动上海从过去高度集聚的单中心的

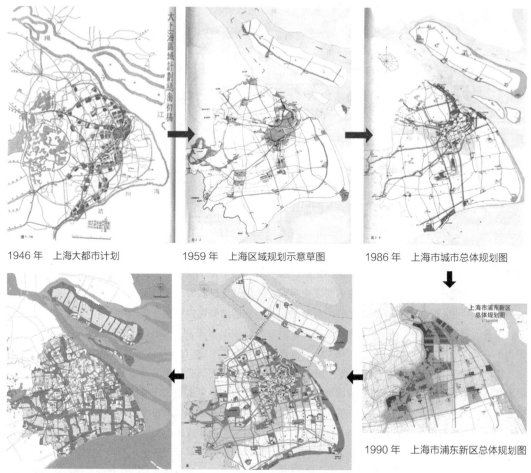

1946 年　上海大都市计划　　　　1959 年　上海区域规划示意草图　　　　1986 年　上海市城市总体规划图

1990 年　上海市浦东新区总体规划图

2017 年　上海区域用地布局规划图　　1999 年　上海市城市总体规划图

图 2.18　上海市城市总体规划的演进

空间结构布局模式向"多心、多核、组团式"的模式转化，优化城市空间结构布局。

　　在今天，上海的城市综合实力和经济规模已大大增强，城市建成区也从苏州河两岸、黄浦江沿岸，逐步向长江口南岸和杭州湾"两翼"发展，并越过黄浦江向浦东纵深发展，初步确定了国际大都市的地位；城市布局结构逐步完善，中心城从单心向多心发展，市域范围从单一城市发展成为组合型的特大城市，并促成了郊区城市化和农村城市化并存的相对均衡的发展格局（图 2.19）。然而，在人口密度、土地利用、城市体系及产业结构的多个方面，上海与一些国际大都市相比仍存在很大差距。上海"十三五"规划明确主要任务之一是优化

城镇乡村发展布局，推动市域空间发展一体化等。2017 年 12 月"上海 2035"获得国务院批复原则同意。"上海 2035"以新时代中国特色社会主义思想为指导，全面贯彻党的十九大精神，全面对接"两个阶段"战略安排[1]，全面落实创新、协

<hr />

1 "十九大"报告指出，综合分析国际国内形势和我国发展条件，从 2020 年到 21 世纪中叶可以分两个阶段来安排：第一个阶段，从 2020 年到 2035 年，在全面建成小康社会的基础上，再奋斗十五年，基本实现社会主义现代化；第二个阶段，从 2035 年到 21 世纪中叶，在基本实现现代化的基础上，再奋斗十五年，把我国建成富强民主文明和谐美丽的社会主义现代化强国。从全面建成小康社会到基本实现现代化，再到全面建成社会主义现代化强国，是新时代中国特色社会主义发展的战略安排。

调、绿色、开放、共享的发展理念，明确了上海至2035年并远景展望至2050年的总体目标、发展模式、空间格局、发展任务和主要举措，提出逐步形成"一主、两轴、四翼，多廊、多核、多圈"

的空间结构（图2.20）和"主城区－新城－新市镇－乡村"的城乡体系（图2.21），强调加强城乡区域统筹，提升主城区功能等级，完善新城综合功能，促进新市镇协调发展；提出从长江三角洲区

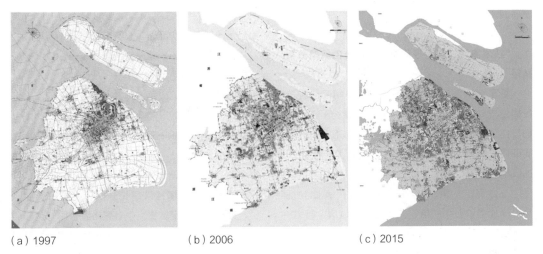

（a）1997　　　　　　　　（b）2006　　　　　　　　（c）2015

图 2.19　上海市土地利用现状情况

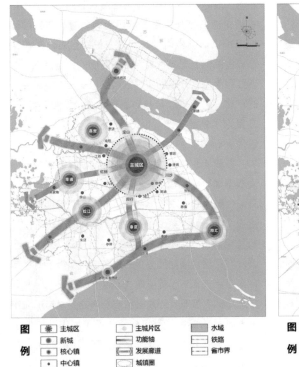

图 2.20　上海市域空间结构图

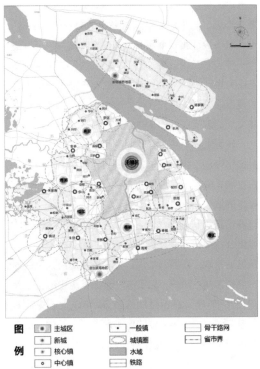

图 2.21　上海市域城乡体系规划图

域整体协调发展的角度，充分发挥上海中心城市作用，加强与周边城市的分工协调，构建上海大都市圈，打造具有全球影响力的世界级城市群。规划还提出，要转变城市发展模式，坚持"底线约束、内涵发展、弹性适应"，探索高密度超大城市可持续发展的新模式。

"技术路线"与"行动路线"耦合的策略分析路径

基于上述上海社会经济发展与空间演进的阶段耦合与特征解析，并借助一种社会建构下空间建构与社会行动策略耦合的生成机制，本书将上海的实证研究具体落实于"技术路线"和"行动路线"的联结性分析。

一方面，1990年以来上海具有代表性的规划设计项目涉及中心区、滨水区、老城区、新城/镇、功能区等不同范畴及类型（表2.11）。本书根据研究对象与侧重点进行选择过滤，基于不同的冲突面向和建构导向，择选陆家嘴金融贸易中心区、新天地、多伦路社区、黄浦江两岸的综合开发、东滩生态城、虹桥商务区、上海世博会及"后世博"七个城市设计实践案例的空间建构方式为坐标，进行一种技术路线分析（图2.22）。这里的案例选取与20世纪90年代以来上海城市发展的三个主要阶段密切关联，并内在地体现出一种可持续建构发生发展的现实过程：从对经济的过分倚重到功能整合、转型发展；从商业语境下的保护倾向到更加侧重文化内涵、综合环境，以及朝向更加全方位的保护格局；从偏于理想化的全体系生态建构到现实可操作的低碳、后续利用图景。随着2015年《上海市城市更新实施办法》颁布，提出实行区域评估，强化公共要素，以及促成实施计划等管理制度；一系列更新试点项目的推进，标志着上海进入系统展开更新工作的阶段；为了进一步加强历史风貌的保护，2017年又开始全面推进50年以上历史建筑普查工作，上海市人民政府印发《关于深化城市有机更新促进历史风貌保护工作的若干意见》的通知；"上海2035"率先提出要转变城市发展理念，促进城市发展从传统的增量拓展向存量提升转型，

等等。可以说，上海进入更新与创新时代，也促使我们后续结合相关案例进一步展开理论研究与实践考察。

阶段1（1990—1998）：着重聚焦陆家嘴金融贸易中心区、上海新天地两个案例的发生发展，其代表的是在中国GPD年均增长近12%、处于政治经济改革又一次高潮、服务产业比重不断提高的发展背景下，面向多元冲突语境的城市设计凸显经济权衡、风貌特色、运作视野，从而推动上海城市中心发展、历史地段保护，并由此奠定了上海跻身世界、转型发展的重要基石。

阶段2（1999—2005）：重点体现为多伦路社区的保护更新设计、黄浦江两岸综合开发的推展及东滩生态城的设计理想与实践困境的分析。在这一阶段，随着上海经济增长开始转由第三产业主导，开始持续稳定增长，中心城市综合服务功能显著增强，郊区在城市发展中的地位和作用也显著提高。在现实的快速城市化驱动下，政府着力探寻更为多元和适宜的城市发展模式，社会力开始在一系列矛盾激发下试图型构地区发展的助力，城市自主创新能力与社会管理迫切需要增强，文化与环境保护也进一步得到重视。多伦路社区、东滩生态城的案例凸显其社会及生态方面的典型意义；黄浦江两岸综合开发的实践推展更是多元冲突聚合下的产物，将环境改善与功能转型综合地容纳进来，并贯连了外滩改造、世博会建设等一系列的重大事件。

阶段3（2006年至今）：随着国际航运中心建设取得了阶段性成果，2006年上海再次明确建设国际金融中心的决心，提出了《上海国际金融中心建设"十一五"规划》，其经济发展在这一阶段之初呈现为快速上升。在2007—2015年，上海经济发展则呈现波动回落——仅在2010年上海世博会举办年较上一年有所增长。这一阶段无论是国际金融危机的爆发，还是国家宏观调控的举措、城市突发事件的发生等，都共同作用于城市现实的发展过程，并将城市空间扩张、资源环境约束、本土社会契合、城市转型发展等多层次的关联维度囊括进来，更为集中地体现在如2006年正式开始

表 2.11　1990 年以来上海主要的规划设计项目汇总分析

时间	内　　容	类型
1992 年 11 月	五个国家著名设计大师和设计联合体正式提交了有关陆家嘴中心地区规划国际咨询设计方案	中心区
1993 年 8 月	《上海陆家嘴中心区规划设计方案》正式编制完成，后上海市人民政府正式批复	中心区
1996 年 11 月	由卢湾区政府组织，瑞安集团和复兴公司参与，上海城市规划设计研究院顾问，美国 SOM 国际有限公司设计编制完成《上海市卢湾区太平桥地区控制性详细规划》	老城区
1998 年 10 月	《太平桥地区 109 号和 112 号街坊修建性详细规则》获批	老城区
2000 年	市城市规划管理局针对黄浦江两岸地区改建举行了国际规划设计方案征集	滨水区
2000 年 2 月	《上海市朱家角历史文化名镇区总体规划(1999—2015 年)》获批	城镇
2000 年 2 月	《上海市朱家角历史文化名镇古镇风貌保护区城市设计导则》获批	城镇
2001 年 1 月	《上海安亭中心镇及安亭国际汽车城详细规划》国际招标启动	新城镇
2001 年	国务院正式批复《上海市城市总体规划》(1999—2020)	城市整体
2001 年 3 月	金山区规划局组织编制《金山新城中心城区城市设计》	中心区
2001 年 3 月	闵行区政府组织浦江镇规划设计的国际招标	城镇
2001 年 4 月	松江新城规划和风貌规划设计国际招标启动	风貌区
2001 年 4 月	奉贤区组织了奉城镇规划的国际方案征集活动	城镇
2001 年 4 月	崇明县政府就东滩概念规划进行方案征集	功能区
2001 年 6 月	高桥镇总体发展规划以及"荷兰新城"详细规划概念的方案征集	新城镇
2001 年 7 月	上海市规划局组织编制完成《黄浦江两岸地区规划优化方案》	滨水区
2001 年 8 月	临港新城国际方案招标，9 家城市设计方案经专家评议确定了德国 GMP、意大利 A ＆ P、澳大利亚 urbis 三家参加深化工作	新城
2001 年 11 月	《上海崇明东滩总体结构规划》获批。通过崇明东滩概念规划国际方案的征集，最终采用了美国菲利普·约翰逊(Philip Johnson)概念规划	功能区
2002 年 1 月	市规划局对德国 GMP、意大利 A ＆ P、澳大利亚 urbis 三家公司临港新城深化规划最终成果组织专家评议，经专家讨论和比选确定 GMP 公司方案为征集参考主要方案	新城
2002 年 1 月	安亭新镇的规划设计编制完成	新城镇
2002 年 3 月	《上海市新江湾城结构规划及重点地区城市设计》方案征集最终成果评审	功能区
2002 年 6 月	市政府专题会议上通过外滩源保护与开发概念性规划	功能区
2002 年 7 月	瑞典 SWECO 集团、上海同济城市规划设计研究院编制了《上海罗店新镇镇区总体规划及核心地块概念性城市设计》	新城镇
2002 年 9 月	《上海市枫泾镇总体规划》编制完成	新城镇
2003 年	上海市政府批准黄浦江两岸综合开发结构规划	滨水区
2003 年 2 月	上海同济城市规划设计研究院编制了《罗店中心镇控制性详细规划》	新城镇
2003 年 6 月	五角场副中心城市规划设计进行国际方案征集	中心区
2003 年 7 月	《多伦社区保护与更新城市设计》获上海市规划局批准	功能区
2003 年 12 月	《浦江镇中心区及其以北区域 2.6 平方公里的修建性详细规划》编制完成	城镇
2004 年	徐汇龙华历史文化风貌区保护规划通过最终评审	风貌区
2004 年 1 月	上海市政府正式批复上海临港新城总体规划	新城
2004 年 1 月	上海市金山区枫泾镇新镇区控制性详细规划编制完成	城镇
2004 年 4 月	《虹口区多伦路保护与整治社区修建性详细规划》获批	老城区
2004 年 8 月	奉城镇老城区保护性更新改造规划编制完成	老城区
2004 年 11 月	衡山路复兴路历史文化风貌保护规划出台	风貌区
2004 年 12 月	经过方案征集，市政府批准嘉定区区域总体规划纲要，规划提出由嘉定镇、安亭镇和南翔古镇组合形成嘉定新城	新城
2004 年 12 月	上海市政府批准《上海陈家镇东滩城镇总体规划》	城镇
2005 年	上海市会同铁道部、民航总局，确定了依托虹桥机场建设虹桥综合交通枢纽的战略构想	功能区

（续表）

时间	内　　容	类型
2005 年 1 月	"高桥新城"的建设实施方案完成	新城
2005 年 1 月	普陀区规划局启动真如城市副中心启动区"城市设计方案"征集	中心区
2005 年 4 月	编制完成《中国 2010 上海世博会总体规划方案》成果，并上报市政府审批	功能区
2005 年 5 月	《浦江镇中心区 6.5 平方公里修建性详细规划》编制完成	城镇
2005 年 6 月	《朱家角镇控制性详细规划》编制完成	城镇
2005 年 7 月	人民广场、外滩历史文化风貌区保护规划专家评审	风貌区
2005 年 11 月	市规土局批准并公示上海市老城厢历史文化风貌区保护规划	风貌区
2006 年 2 月	市政府批准《虹桥综合交通枢纽地区结构规划》	功能区
2006 年 3 月	市规土局批复同意上海市北外滩滨江地区城市设计	滨水区
2006 年 3 月	编制豫园地区城市设计	老城区
2006 年 7 月	《中国 2010 上海世博会园区城市设计》编制完成	功能区
2007 年 5 月	杨浦区规划局组织初审黄浦江沿岸杨浦段城市设计	滨水区
2007 年 8 月	静安区规划局组织召开《苏州河滨现代服务业集聚区城市设计方案》国际招标专家评审会，对 5 家公司的方案进行评审	滨水区
2007 年 9 月	市政府正式批准了《上海市真如城市副中心规划方案》	中心区
2008 年 4 月	长宁区规划局组织编制虹桥涉外贸易中心城市设计	功能区
2008 年 7 月	山阴路历史文化风貌区保护规划终期评审	风貌区
2008 年 9 月	普陀区规划局组织编制中环线（普陀段）沿线地区城市设计方案初成	功能区
2008 年 10 月	上海青浦新城西区概念性城市设计国际竞赛启动	新城
2008 年 10 月	静安寺地区节点城市设计国际方案征集活动正式启动	功能区
2009 年 1 月	市规土局批准并公示上海外滩滨水区城市设计暨修建性详细规划	滨水区
2009 年 3 月	上海市江湾历史文化风貌区保护规划修编获批复	风貌区
2009 年 7 月	上海市规委会审议《虹桥商务区控制性详细规划》，并于 7 月 16 日报经市政府批准	功能区
2009 年 11 月	外滩金融集聚带建设规划（城市设计）成果汇报会召开	功能区
2010 年 1 月	北外滩第二、第三层面城市设计国际方案征集开始	功能区
2010 年 10 月	上海市规土局公布上海世博会地区后续利用结构规划方案（草案）	功能区
2011 年 3 月	上海国际旅游度假区核心区控制性详细规划（草案）上网公示	功能区
2011 年	上海市基本生态网络结构规划	城市整体
2011 年 3 月	上海世博园区后续利用规划草案编制完成	功能区
2011 年 8 月	徐家汇地区城市设计工作启动	功能区
2011 年 9 月	徐汇区规土局组织进行黄浦江南延伸段城市设计	滨水区
2011 年 11 月	上海市政府批准实施《虹桥商务区规划》	功能区
2011 年	上海市人民政府正式批复同意《苏州河滨河地区（闸北段）暨天目社区控制性详细规划》	功能区
2012 年 1 月	《虹桥商务区核心区南北片区控制性详细规划及城市设计》，经市政府批准实施	功能区
2012 年 3 月	虹口区规划土地局会同同济规划设计研究院启动《北外滩滨水公共开放空间城市设计》	滨水区
2014 年 4 月	上海市大型居住社区第二批选址规划	城市整体
2014 年 6 月	上海市普陀区桃浦科技智慧城（W06-1401）单元控制性详细规划	功能区
2015 年 11 月	闸北区、静安区二区合并，撤二建一，同期新静安针对总体结构、重点地区等展开研究	功能区
2016 年	老城厢地区城市设计国际方案征集	老城区
2016 年	上海市闸北区苏河湾地区城市设计国际方案征集启动	功能区
2016 年	《崇明世界级生态岛发展"十三五"规划》出台	功能区
2016 年	浦东新区黄浦江沿岸单元（杨浦大桥至徐浦大桥）控详规划局部调整（暨浦东新区黄浦江滨江开放贯通规划）	滨水区
2017 年 12 月	《上海市城市总体规划（2017—2035 年）》获得国务院批复原则同意	城市整体

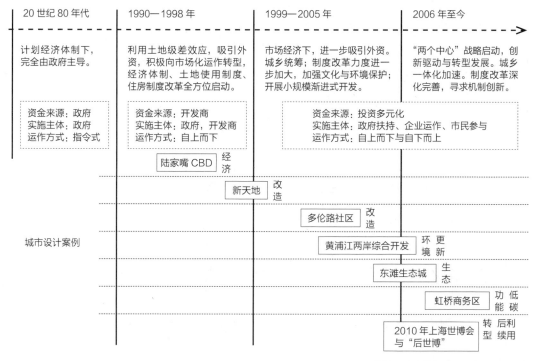

图 2.22　城市设计案例的时间分布及特征架构

建设的世博园区工程、2008 年启动的虹桥商务区的规划建设这样的典型案例之中。与此同时，陆家嘴金融贸易中心区、黄浦江两岸的建设开发等还远未结束，后世博时代的世博会拉动效应减弱，后续利用强化，上海在多区域、多层次、动态化的规划设计推进语境中，于转型过程中面临多方面冲突的合力激发——既面临重大挑战，又具有无限机遇。

　　其间，以城市设计案例综合为主体，关涉社会事件与行动的渗透，本书后续章节试图结合一系列具体事例和关键问题的讨论：一方面，以城市设计与规划分析内容为着眼点——考察城市设计案例的主导发展阶段，在上海城市发展中扮演的角色，能够重点反映的问题所在，明晰研究观点；另一方面，结合城市设计案例发生发展的全过程，考察其间相关的社会事件与行动，在案例分析中融入对于冲突领域的建构及其主要表现的具体化分析，进一步提炼其间有益的本土策略；同时，试图将冲突分析的要素纳入进来、融入研究之中，对城市设计案例发生发展的战略背景、设计谋略、空间建设实践、效应与评价等进行分析与阐述，结合冲突领域所涵盖的问题面向进行统合考察，提取策略共性之处（图 2.23）。

　　另一方面，则是针对 2007—2012 年这 5 年内上海《新民晚报》中涉及五个冲突领域的社会事件进行汇总分析（图 2.24），并参考其间有关城市热点的关键主题事件（表 2.12），根据研究对象与侧重点进行选择过滤，提炼为"快速城市化进程中的新区开发，旧区改造与文化复兴，宜居环境与生态建设，促进社会和谐的本土治理"四个主题展开一种行动路线的分析。四个主题各有冲突侧重地将 20 世纪 90 年代以来影响和催生上海城市可持续发展建构的重大事件、社会行动、冲突表现纳入进来，在内容组织上尝试一种连续的、过程式的分析，并与嵌入其间的规划设计案例相辅相成，来共同达成一种社会语境和行动进程的描摹与展示（图 2.25）。每个主题不同程度地涵盖更为细分的探讨领域（图 2.26）。

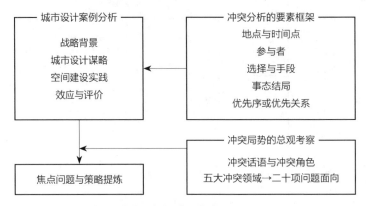

图 2.23　空间建构策略研究的"冲突"楔入方式

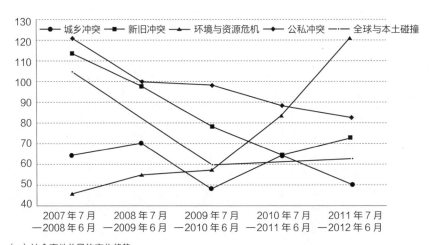

（a）社会事件总量的变化趋势

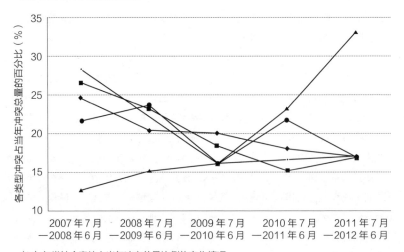

（b）各类社会事件占当年冲突总量比例的变化情况

图 2.24　上海《新民晚报》中冲突领域相关事件的统计分析

表 2.12 有关城市热点主题事件的汇总分析

时间	城市事件	主题	关键词	举办地
2006 年 6 月	第 3 届世界城市论坛	可持续发展的城市：由理念到行动	可持续发展、贫困	加拿大温哥华
2006 年 6 月	第 1 届城市发展与规划国际论坛	汲取先行国家城市化经验教训，构建资源节约型、环境友好型社会	城乡统筹、城市化	中国北京
2006 年 10 月	第 10 届威尼斯建筑双年展	城市·建筑和社会	城市化、全球城市、连通性、多元化	意大利威尼斯
2006 年 10 月	第 1 届人类发展论坛 2006：健康与发展国际研讨会	健康、发展	人口健康、中国卫生保健体制改革、弱势群体、中国卫生政策	中国北京
2007 年 4 月	美国城市规划协会 99 届年会	都市蔓延和新的都市发展模式	城市更新、经济发展、增长管理、土地利用规划、环境保护、能源政策等	美国费城
2007 年 5 月	城市决策者的国际论坛	分享可持续战略与解决方案	可持续性、全球变暖、生态城市	法国里昂
2007 年 5 月	城市发展国际论坛	全球化时代的城市发展	经济与产业、社会与文化、科技与教育、空间与环境	中国上海
2007 年 6 月	中国城市转型及规划	城市转型和人口、居住	城市化、空间重组、创意经济、城市流动人口、居住的机动性	英国卡迪夫
2007 年 6 月	第 2 届城市发展与规划国际论坛	全球化时代的城市文化转型、历史文化名城保护和创新文化培育	—	美国
2007 年 7 月	全球化的城市	全球城市发展议题	尺度、速度、形态、密度、多元化	英国伦敦
2007 年 8 月	第 9 届亚洲城市化大会	有关城市形态、进程的理论和研究	城市人口变迁、城市系统、生活质量、可持续发展、社会公平、城市管治、亚洲城市化	韩国春川
2007 年 9 月	可持续性城市发展会议	可持续性相关议题	气候冲击、绿色建筑、气体减排、环境补偿	瑞典马尔默
2007 年 10 月	可持续发展城市峰会	可持续发展社会议程	可持续发展、城市角色、可供给住宅、城市复兴	英国伦敦
2007 年 10 月	2007 年世界人居日大会	安全的城市，公平的城市	邻里关系、活力社区、安全和谐	荷兰海牙
2007 年 10 月	绿色房屋 2007 年大会	最新的科学技术	气候、最新发现、人类生活、冲击、观念转变	澳大利亚悉尼
2008 年 6 月	第 3 届城市发展与规划国际论坛	灾后重建、生态城市——我们共同的家园	生态城市、防灾减灾、城市重建、基础设施	中国石家庄
2008 年 6 月	第 23 届世界建筑师大会	演变中的建筑	建筑专业、社会问题	意大利都灵
2008 年 6 月	第 1 届世界城市峰会	宜居并且充满活力的城市	城市治理、城区规划、基础设施建设以及环境管理	新加坡

（续表）

时间	城市事件	主题	关键词	举办地
2008 年 11 月	第 4 届世界城市论坛	和谐的城镇化	社会和谐、经济和谐、环境和谐、空间和谐、历史和谐、城市的代际和谐	中国南京
2008 年 12 月	第 1 届世界环保大会	应对金融危机，推动绿色经济	环保、新能源产业	中国北京
2009 年 7 月	第 4 届城市发展与规划国际论坛	和谐、生态：可持续的城市	生态城、城市安全、基础设施、城市交通	中国哈尔滨
2009 年 9 月	第 6 届亚洲城市环境国际会议	—	节能减排、建设低碳社会	中国长春
2009 年 10 月	第 2 届世界环保大会	绿色经济，循环经济	环保、新能源、节能、循环经济	中国北京
2009 年 10 月	第 2 届人类发展论坛 2009：环境与发展国际研讨会	贸易、城市化与环境	贸易、城市化与环境的内在关联、贸易及城市化的绿色发展进程	中国北京
2010 年 1 月	经典城市国际论坛 2010 年会	城市环境与价值再造	低碳环保、生态文明、新能源项目及创意文化	中国北京
2010 年 3 月	第 5 届世界城市论坛	城市的权利：为分化的城市架起桥梁	可持续发展、贫富差距、城市平等、绿色和全面的城市	巴西里约热内卢
2010 年 6 月	第 5 届城市发展与规划国际大会	绿色、生态和数字化：中国城市的发展模式转型	低碳生态城市、绿色交通、公交优先、可持续发展	中国秦皇岛
2010 年 6 月	第 2 届世界城市峰会	宜居与可持续发展的未来城市	领导与治理、生态友好的宜居城市及和谐、可持续发展的社区	新加坡
2010 年 7 月	第 3 届世界环保大会	中国绿色经济	低碳、节能环保、新能源、绿色建筑、生态农业	中国北京
2010 年 8 月	第 12 届威尼斯建筑双年展	人们在建筑中相遇	全球化、生活方式、关系的协调	意大利威尼斯
2011 年 1 月	经典城市国际论坛 2011 年会	新城市、新中心、新秩序	城市发展、城市未来建设	中国北京
2011 年 6 月	第 4 届世界环保大会	经济转型与发展中的低碳使命	低碳、企业的市场与未来、生态城市建设、绿色经济、固废处理、新能源和可再生能源	中国青岛
2011 年 6 月	第 6 届城市发展与规划国际大会	城市发展与规划国际大会	绿色交通、可持续发展、生态城	中国扬州
2011 年 9 月	第 24 届世界建筑师大会	设计 2050	气候问题、人口问题和可持续发展	日本东京
2012 年 6 月	城市可持续发展北京论坛	文化：城市可持续发展的动力	文化创意、水资源利用技术、交通拥堵治理	中国北京
2012 年 6 月	第 7 届城市发展与规划国际大会	宜居、低碳与可持续发展	绿色建筑、生态城市、绿色交通、公共交通	中国桂林
2012 年 7 月	第 3 届世界城市峰会	宜居和可持续的城市	宜居和永续过程中的领导作用和管理方法	新加坡

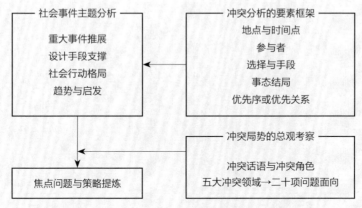

图 2.25　社会行动策略研究的"冲突"楔入方式

综上，将上述"技术路线"与"行动路线"的架构进行联结和叠合，则可以初步描摹出空间建构策略与社会行动策略实证研究的耦合分析的图景（图 2.27）。需要强调的是，一方面，在"技术路线"的案例研究中，应尽力避免纳入太多的其他因素干扰本质性的认识，并尽量缩小在具体实践和空间问题上的不无道理的分歧——即使缩小的程度与我们所要求的尚有距离，结果仍需进一步思考和研讨——这一原则将指导我们得以更好地审视最为迫切的问题和最为急切的需求；同时，不能把某一建构领域视为是从属于或服务于相应的空间形态或社会现象的存在，而要将其作为社会技术或生活方式的一个具有建构功能的组成部分，以免误入简单的物质决定论或文化决定论的陷阱中。此外，为了避免过分约化的倾向，本书将在案例的空间建构策略分析中，注重对其实践建设、技术方法、公共政策等变量的具体分析，来促使策略研究更具可行性、实践性。另一方面，在"行动路线"的社会事件发展的研究中，则需要关注其中所蕴含的静态和动态的两种路径：其一，社会行动要素可以静态地划分为行动的主体（行动的主体及其目的、需求）、行动的场域（行动的条件、手段）以及行动的规则（行动的战略、制度、规范）等不同考察领域；其二，对于实践过程或微观样本的研究，体现为一种动态发展的分析路径，即体现为对行动起点、程序和结果的过程性认知。动态和静态的分析相互结合，则有助于促成更为全面的对于社会行动策略的实践分析。

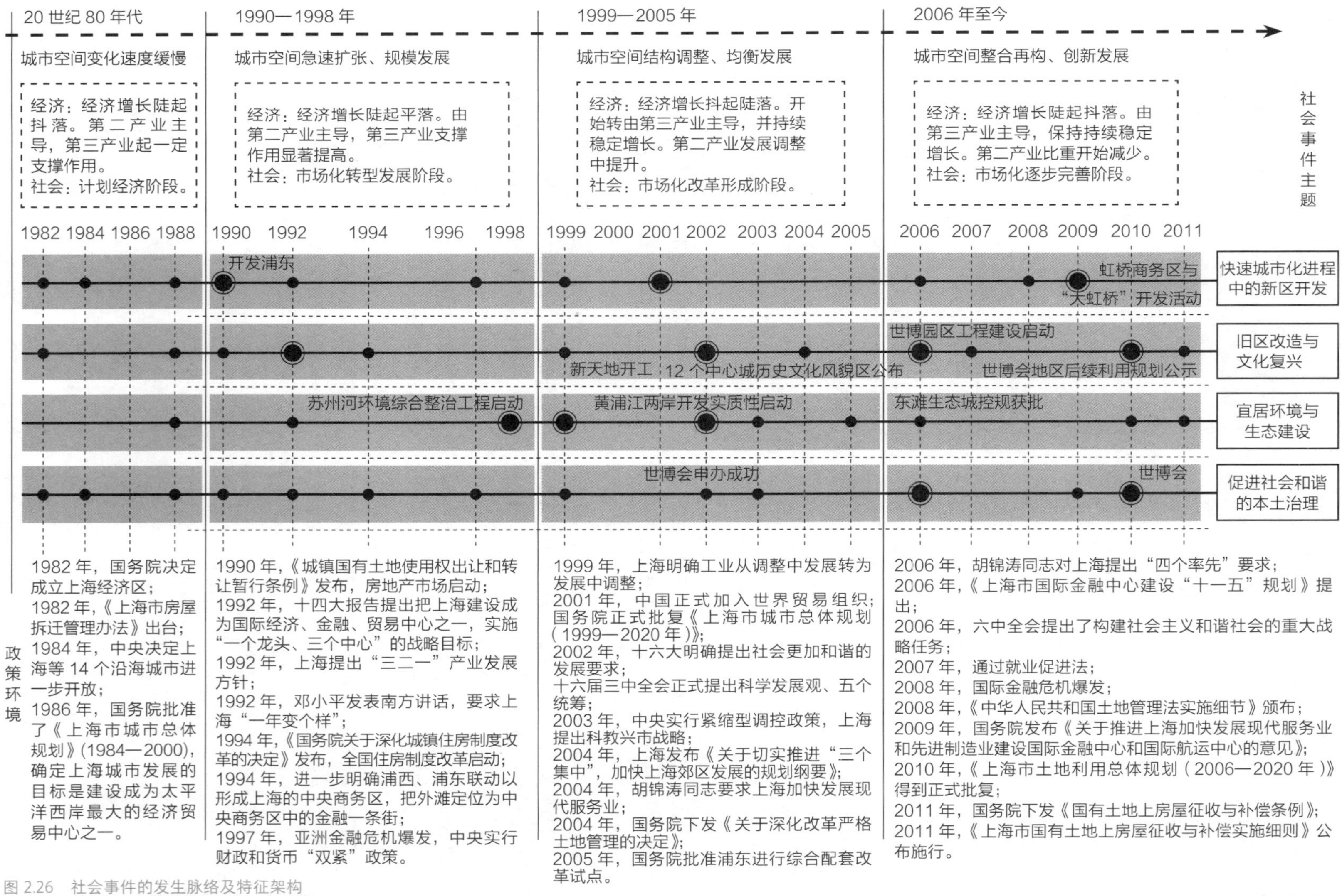

图2.26 社会事件的发生脉络及特征架构

社会事件主题
- 快速城市化进程中的新区开发
- 旧区改造与文化复兴
- 宜居环境与生态建设
- 促进社会和谐的本土治理

20世纪80年代　城市空间变化速度缓慢

经济：经济增长速度起步平淡，第二产业起主导，第三产业起一定支撑作用。社会：计划经济阶段。

1982　1984　1986　1988

1982年，国务院决定成立上海经济区；
1982年，《上海市房屋拆迁管理办法》出台；
1984年，中央决定上海等14个沿海城市进一步开放；
1986年，国务院批准了《上海市城市总体规划》（1984—2000），确定上海城市发展的大方针，目标是建设成为太平洋西岸最大的经济贸易中心之一。

1990—1998年　城市空间快速扩张、规模发展

经济：经济增长速度平淡，第二产业起主导，第三产业支撑作用显著提高。社会：市场化转型发展阶段。

1990　1992　1994　1996　1998

开发浦东

苏州河环境综合整治工程启动

1990年，国务院决定开发浦东；
1990年，《城镇国有土地使用权出让和转让暂行条例》发布，房地产市场启动；
1992年，十四大报告提出把上海建设成为国际经济、金融、贸易中心之一，实施"一个龙头、三个中心"的战略目标；
1992年，上海提出"三二一"产业发展方针；
1992年，邓小平发表南方讲话，要求上海"一年变一个样"；
1994年，《国务院关于深化城镇住房制度改革的决定》发布，全国住房制度改革启动；
1994年，明确浦西、浦东联动以形成上海的中央商务区，把外滩定位为中央商务区中的金融一条街；
1997年，亚洲金融危机爆发，中央实行财政和货币"双紧"政策。

1999—2005年　城市空间结构调整、均衡发展

经济：经济增长速度起落，开始转由第三产业为主导，并持续稳定增长。第二产业发展调整中提升。社会：市场化改革形成阶段。

1999　2000　2001　2002　2003　2004　2005

新天地开工　12个中心城历史文化风貌区公布

黄浦江两岸开发启动实质性启动

世博会申办成功

1999年，上海明确工业从调整中发展转为发展中调整；
2001年，中国正式加入世界贸易组织；国务院正式批复《上海市城市总体规划》（1999—2020年）；
2002年，十六大明确提出社会更加和谐的发展要求；
十六届三中全会提出科学发展观，五个统筹；
2003年，中央实行紧缩性调控政策，上海提出科教兴市战略；
2004年，上海发布《关于切实推进"三个集中"加快上海郊区发展的规划纲要》；
2004年，胡锦涛同志要求上海加快现代服务业发展；
2004年，《国务院关于深化改革严格土地管理的决定》，国务院下发《关于深化改革严格土地管理的决定》；
2005年，国务院批准浦东进行综合配套改革试点。

2006年至今　城市空间整合重构、创新发展

经济：经济增长速度起落，第三产业主导，保持持续稳定增长。第二产业比重开始减少。社会：市场化逐步完善阶段。

2006　2007　2008　2009　2010　2011

"天钥桥"开发活动

世博园区工程建设启动　世博会地区后续文化利用规划公示

东滩生态城规划获批　世博会

虹桥商务区

2006年，胡锦涛同志对上海提出"四个率先"要求；
2006年，《上海市国际金融中心建设"十一五"规划》提出；
2006年，六中全会提出了构建社会主义和谐社会的重大战略任务；
2007年，通过就业促进法；
2008年，国际金融危机爆发；
2008年，《中华人民共和国土地管理法实施细则》颁布；
2009年，国务院发布《关于推进上海加快发展现代服务业和先进制造业建设上海国际金融中心和国际航运中心的意见》；
2010年，《上海市土地利用总体规划（2006—2020年）》得到正式批复；
2011年，国务院下发《国有土地上房屋征收与补偿条例》；
2011年，《上海市国有土地上房屋征收与补偿实施细则》公布施行。

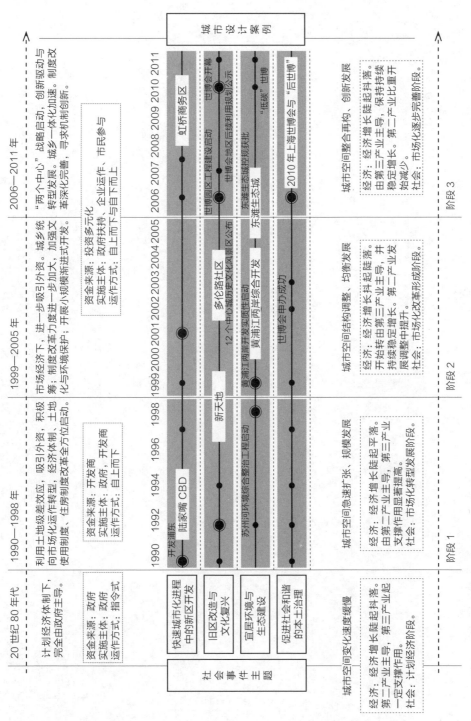

图 2.27　技术路线与行动路线耦合的实证分析框架

第三部分 空间建构：
七个城市设计案例

聚焦冲突要素激发下的空间谋略与承载体系，考察本土城市设计的空间建构方式，择选陆家嘴金融贸易中心区、新天地、多伦路社区、黄浦江两岸地区的综合开发、东滩生态城、虹桥商务区、上海世博会及"后世博"七个案例，开展空间建构策略研究。

陆家嘴金融贸易中心区："楼宇经济"的时空演变

20 世纪 90 年代以来，陆家嘴金融贸易中心区的规划设计与建设实践，构成了上海振兴经济和重建中心商务区、突破政治社会瓶颈的重要举措（图 3.1）。

20 世纪 80 年代，世界经济出现了新一轮全球化浪潮，金融国际化和世界生产向新兴工业化和发展中国家的其他地区全面转移，外资开始大规模进入中国。中国 20 世纪 80 年代的改革开放，使得当时以广东为中心的沿海特区的开发开放及迅速发展，上海这个传统的工商业中心却开始落后。20 世纪 80 年代后的 10 年间，上海 GDP 占全国的比重从 7.1% 下降到 4.1%，其经济发展遇到了前所未有的困难和挑战，不仅落后于亚洲"四小龙"，即中国香港、中国台湾、新加坡和韩国，而且在经济发展速度和经济活力方面甚至落后于许多东南沿海的城市和地区。在此政治经济时代背景下，开发浦东的理念从 1986 年开始得到不断加强，并在党的"十四大"报告中作为国家战略得到明确——"十四大"确定"以上海浦东开发开放为龙头，进一步开放长江沿岸城市，尽快把上海建成国际经济、金融、贸易中心之一，带动长江三角洲和整个长江流域地区的新飞跃"，进而促成了陆家嘴金融中心的发展与浦西的再开发。在 1990 年，

	阶段 1（1990—1998）	阶段 2（1999—2005）	阶段 3（2006—2015）
运作背景	利用土地级差效应，吸引外资，积极向市场化运作转型，经济体制、土地使用制度、住房制度改革全方位启动。 资金来源：开发商 实施主体：政府、开发商 运作方式：自上而下	市场经济下，进一步吸引外资；城乡统筹；制度改革力度进一步加大，加强文化与环境保护；开展小规模渐进式开发。 资金来源：投资多元化 实施主体：政府扶持、企业运作、市民参与 运作方式：自上而下与自下而上	"两个中心"战略启动，创新驱动与转型发展；城乡一体化加速；制度改革深化完善，寻求机制创新。
规划设计与建设进程	1990 年，国务院宣布开发浦东，并在陆家嘴成立全中国首个国家级金融开发区； 1991 年起，"土地滚动"的开发模式开始在陆家嘴实行； 1992 年 11 月，陆家嘴 CBD 规划国际咨询设计方案正式提交； 1993 年，《上海陆家嘴中心区规划设计方案》得到批复； 1994 年 5 月，金茂大厦破土动工； 1994 年 10 月，东方明珠广播电视塔建成； 1995 年年底，陆家嘴、金桥、外高桥、张江等构成重点小区土地滚动开发的重要支撑； 1996 年起，"税收滚动"取代了"土地滚动"开发模式； 1997 年年初，上海环球金融中心开工，后因亚洲金融危机爆发停工。	1999 年 3 月，金茂大厦全面营业； 1999 年 8 月，上海国际会议中心建成； 1999 年 9 月，上海地铁 2 号线建成通车； 2000 年 4 月，上海浦东世纪大道建成通车； 2001 年 3 月，上海科技馆建成； 2003 年 2 月，上海环球金融中心工程复工。	2006 年，《上海浦东金融核心功能区发展"十一五"规划》中提出"陆家嘴金融城"的概念，确定区域未来将向东扩展； 2008 年 2 月，陆家嘴金融贸易中心区东扩计划启动； 2008 年 8 月，上海环球金融中心竣工； 2011 年，《陆家嘴金融城新型管理体制的方案》制定，引入"业界自治"原则，创建多方参与共治的陆家嘴金融管理体制和治理机制； 2012 年起，陆家嘴中心绿地新添健行步道、休闲座椅、直饮水机等一系列设施； 2015 年，基本形成亚太区域性国际金融贸易中心。
阶段特征	整体规划设计完成，大规模开发建设推展	整体开发收尾，功能不断优化	增补完善，硬件与软件的双重深化发展

图 3.1　陆家嘴金融贸易中心区案例的阶段发展考察

国务院做出开发、开放浦东的重大战略决策，使上海中心区面临构筑21世纪国际经济中心城市中央商务区的重任，陆家嘴金融贸易区在此阶段开始了大规模的建设，并迅速跃升为城市重要的商务地区。

浦东陆家嘴金融贸易中心区的规划设计于1993年编制完成，并借助国家战略驱动、产业转型与楼宇经济支撑、行政管理体制大幅调整，在现实的发展引领了我国区域经济的发展，也为浦东和上海建成环境及城市空间结构的跨越型发展奠定了基础。正如凯伊·奥尔兹（2002）一针见血地指出："20世纪末经济全球化进程的力量就是通过陆家嘴这样有名的、具有象征意义的窗口推动着现代化大都市日新月异的建设步伐。"在全球经济整合背景下，当亚洲金融危机爆发的第三年，1999年财富论坛在上海举办，当时的中国一枝独秀——人民币没有贬值、金融体系保持稳定而经济保持高速增长，跨国公司落户上海的速度骤然加快。从1999年开始的一年多时间里，世界500强跨国公司中，在上海投资、设立地区总部或者研发机构的就有70多家。1999年上海的内、外环高架，杨浦、南浦和卢浦大桥，以及地铁2号线、世纪大道、金茂大厦、浦东机场等一系列大工程都已经或者接近完工。此后，上海浦东的开发也进入到一个崭新的阶段，从基础建设开始，开始完成硬件建设的投资和回收，同时以软件建设吸引人才，提升了地产价格。这一阶段陆家嘴金融贸易中心区的整体开发进入收尾阶段、功能不断优化。至2006年，《上海浦东金融核心功能区发展"十一五"规划》中提出"陆家嘴金融城"的概念，确定区域未来将向东扩展，这一计划在2008年正式启动。与此同时，2008年2月，立足于"世界金融磁场"这一理念的上海环球金融中心竣工，试图建成亚洲首屈一指的新金融中心和文化传媒中心的象征，也促进了陆家嘴金融贸易区以更强大的磁引力，吸引全球的资源和信息，推进上海国际金融中心的建设步伐，区域的增补建设和配套设施不断完善。

随着2011年《陆家嘴金融城新型管理体制的方案》的制定，强调引入"业界自治"原则，创建多方参与共治的陆家嘴金融管理体制和治理机制，

陆家嘴金融贸易中心区的实践建设进入到了硬件与软件双重建设的深化发展阶段。作为区域标志性的公共空间，陆家嘴中心绿地从添健行步道、休闲座椅、直饮水机等一系列设施，音乐节、文化主题活动等更多地在此开展，提升了空间的活力与价值。在今天陆家嘴金融贸易中心已基本形成亚太区域性国际金融贸易中心。

下文将着重分析20世纪90年代陆家嘴金融贸易中心区的规划设计推进，以及在大规模建设推展阶段形成的基本功能建设格局。可以说，受经济发展的主导影响，这一阶段的核心问题领域更多得落于五大冲突的经济、社会层面。此外，影响陆家嘴金融贸易中心区发展建设过程中的政府及市场的导向作用、相关政策指向以及局部的变革力量也得到了分阶段的、延续性的分析探讨。

陆家嘴金融贸易中心区的规划设计与建设实践

陆家嘴金融贸易区总规划用地面积28 km²。其中陆家嘴金融贸易中心区占地1.7 km²，范围东起浦东陆家嘴，西至人民广场，并以南京东路为市中心发展轴线，而陆家嘴与浦西外滩一带集中了大量的金融机构、银行、证券交易所、保险公司及商业贸易机构，形成金融商贸区。在国务院宣布开发开放浦东之后，上海市人民政府浦东开发办公室、陆家嘴金融贸易区开发公司相继成立，标志着浦东新区的开发迈入实质性的启动阶段。城市规划与设计作为一种特殊的政策制定行为，在开发过程中显示出了重要的指导意义。1992年11月，经过挑选的五个国家著名设计大师和设计联合体正式提交了有关陆家嘴中心地区（CBD）规划的国际咨询设计方案（图3.2），并进行了高规格的、严格的国内专家评审。1992年年底进一步组建多团队的规划深化工作组，确定"以上海方案为主，英国理查德·罗杰斯方案作为主要结合汲取的方案，同时汲取其他方案的优点"作为总原则进行规划深化，针对城市交通、空间组织、功能分区和用地规模等重要技术要素进行专项论证，形成面向实施的优化方案（图3.3）。优化方案在城市空间的设计中确定了核心区、高层带、滨江区、步行结构和绿地四

个层面的空间层次；在核心区设置"三足鼎立"的超高层建筑群，结合中国传统"阴阳太极"美学概念，构筑特有标志性景观。

选择理查德·罗杰斯合作公司参与评议咨询的过程是具有象征性意义的，有利于以一种"全球智力军团"的面貌吸引全球性经营的投资精英们来造就陆家嘴这一大都市开发区市场。这一类的公司大都在好几十个国家完成了标志性工程的跨国公司，善于运用新现代主义的建筑结构并巧妙地借助媒体的宣传效应，从而对一个地方的传统意识产生了极具变换的革故鼎新的效果。《上海陆家嘴中心区规划设计方案》于 1993 年编制完成并得到批复，确定陆家嘴中心区占地 171 hm²，规划建筑面积 418 万 m²，毛平均容积率 2.44，包括形态布局、综合功能、城市设计、道路交通、基础设施和控制与实施等重要内容。在这一规划的引导下，国内外资本大量流入陆家嘴。而集中、高强度的土地利用状况，充分体现出陆家嘴金融贸易中心区在土地集约使用、功能集聚方面的经济效应。在实际建设中（图 3.4，表 3.1），其开发建设单位——陆家嘴（集团）有限公司借助持续的项目建设和区域功能的完善工作，逐步推进陆家嘴金融贸易中心区内五大功能组团的形成（图 3.5，图 3.6）。

由于政府投入浦东城市开发的财政资金有限，开发启动阶段陆家嘴、金桥、外高桥、张江等重点开发地区实行的都是"土地滚动"模式，采取"土地空转、批租实转、成片规划、滚动开发"，即政

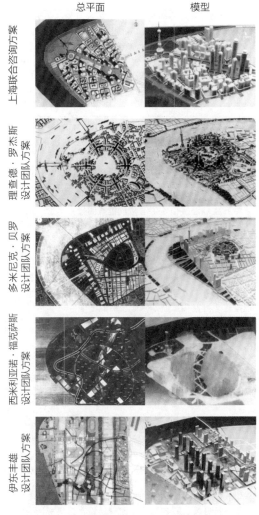

上海联合咨询方案

理查德·罗杰斯
设计团队方案

多米尼克·贝罗
设计团队方案

西米利亚诺·福克萨斯
设计团队方案

伊东丰雄
设计团队方案

总平面 模型

图 3.2 陆家嘴金融贸易中心区规划国际咨询设计方案

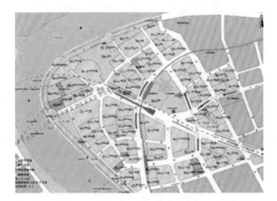

图 3.3 陆家嘴金融贸易中心区优化方案（1990）

1990—1993 年
1994—1996 年
1997—2000 年
2001—2006 年
2006 年至今

图 3.4 陆家嘴金融中心区建设阶段图

表 3.1　陆家嘴金融贸易中心区的建设进程

阶段	主要工程和相关政策	事件
以获得土地资源、规划咨询和金融招商为标志的启动阶段（1990—1993）	主要进行了 3 项工作：一是利用土地空转机制，获得了"货真价实"的土地资源；二是进行陆家嘴 CBD 规划国际咨询工作；三是优惠政策和配套措施的制定，吸引国内更多银行进驻	中国人民银行上海分行首先做出到陆家嘴 CBD 建设上海分行大楼的决定。在央行的带动下，中、农、工、建、商五大国有银行和证券、保险公司等一大批金融机构在其内建设办公大楼
以金茂大厦建设为标志的功能建设阶段（1994—1996）	金茂大厦	以国家外经贸为主的投资集团及全国 20 几家进出口贸易公司投入巨资，按已批准的控制性详细规划，建造金茂大厦（88 层、高 420 m、24 万 m²）。其开工建设促成了一大批省部级楼宇群的落户，促进了上海市、浦东新区与其他各省部经济上的往来
	香格里拉大酒店	为五星级酒店由香港香格里拉集团投资建造，而日本森大厦株式会社宣布投资建造环球金融中心
	正大广场	正大广场（27 万 m²）是由泰国正大集团独资建造的综合性商业中心，海洋水族馆、行人观光隧道等交通、娱乐项目也陆续由保利集团投资建造，这些都标明在办公商务功能之外，陆家嘴 CBD 内也有零售、商业和旅游娱乐等功能的出现
	1993 年，受我国宏观经济调控影响，土地批租数量在 1995 年急剧减少到 5 幅，在 1996 年则无一成交。总转让土地面积达 21 万 m²，平均净容积率 5.95，规划总建筑面积达到 125 万 m²。至此开发转入调整期	—
受国际及区域经济影响的开发波动阶段（1997—2000）	东南亚金融风暴之后亚洲经济遭受极大打击。以房地产建设为主的陆家嘴 CBD 再一次进入困难时期，土地转让的数量明显减少，不少已批租的土地进行项目转让，更多项目推迟了建设周期。共转让土地 4 幅，占地面积约 423 万 m²，规划总建筑面积约 25.3 万 m²，平均净容积率 5.98	陆家嘴集团公司在土地批租低潮的时候并未消极等待，而是严格按照已签订的土地批租合同的交地时间和市政配套的要求进行工作，确保所有已经参与开发的投资者顺利进行项目工程的建设，并在自身资金拮据的情况下，投入巨资建设滨江大道、世纪大道、中心绿地等项目，完全按已批的详细规划进行开发，在市政设施配套建设、旧房拆迁的同时，精心营造滨江公共空间、绿色城市空间
	—	因受亚洲金融危机影响，环球金融中心停工
整体发展和功能优化阶段（2001—2006）	2001 年以后，随着上海住房制度全面改革已趋成熟，住宅用地的内外差别取消，随即产生一个以住宅市场为主体，带动整个上海房地产发展的高潮。共转让土地 17 幅，占地面积 2 141 万 m²，总规划建筑面积约 11 728 万 m²，平均净容积率 5.48	陆家嘴 CBD 改变了以往传统单幅土地批租转让为主的模式。香港新鸿基集团在陆家嘴 CBD 内一次性转让 5 幅成片土地，建造规模达 42 万 m² 的集办公、商业零售、酒店为一体，结合地铁车站的综合性项目，远远超过 CBD 开发初期单幢办公楼的建设规模，创造了陆家嘴 CBD 开发建设的新模式
	中外投资集团公司、外资银行以及其他投资集团相继而来	香港汇丰银行首先显示了入驻的强烈决心，买下了日本森大厦的冠名权和部分楼面，其他银行集团也陆续迅速进驻，显示了地区日趋成熟的金融功能建设。区内沿黄浦江开发高级公寓的热潮也被带动起来
	—	2004 年，环球金融中心正式复工

（续表）

阶段	主要工程和相关政策	事件
整体发展和功能优化阶段（2001—2006）	随着经济形势的恢复，南部片区的汤臣一品、盛大金磐等高档公寓相继建成。同时，中心绿地西侧地块也快速发展，陆家嘴中心区的整体轮廓线随之日趋丰富和完整，其可供批租的地块也所剩无几，陆家嘴大规模的开发进程进入收尾阶段	五大功能组团形成
增补建设和配套完善阶段（2007年至今）	环球金融中心于2008年8月竣工	环球金融中心是以日本的森大厦株式会社为中心，联合日本、美国等40多家企业投资兴建的项目，总投资额逾10亿美元。原设计高460 m，工程地块面积3万 m²。在2003年为追求第一高楼的建设目标，在复工前进行了方案修改：比原来增加7层，即地上101层，地下3层，楼层总面积约37.7万 m²
	随着区内各用地批租基本完成，在建项目也在按部就班建设施工，区域整体巨大、恢宏的空间尺度和光鲜形象，逐渐显现出尺度过于宏大、服务设施困乏、欠缺人性关怀等问题，地区发展进入设施增补、空间重构的阶段	1. 商业设施的增补和完善是陆家嘴CBD空间演变的重要环节，商业业态和服务档次也更加丰富 2. 为优化交通环境，特别是人行与车行空间的矛盾，2008年4月地区内二层连廊系统正式启动 3. 跨地块城市综合体的开发方式开始出现
	《上海浦东金融核心功能区发展"十一五"规划》（2006）中首次将陆家嘴金融贸易中心区作为"陆家嘴金融城"这一概念提出，确定其未来将向东扩展，在2015年建成亚太区域性国际金融贸易中心	2008年2月，浦东南路以东、世纪大道以北、浦东大道以南、崂山西路以西约13.7 hm²地块的开发启动，标志着陆家嘴金融贸易中心区东扩计划已经启动

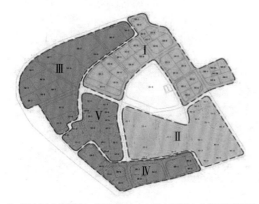

I 以中国人民银行、汇丰银行、中银大厦等中心绿地周边项目为重心的国家银行楼群组团
II 以金茂大厦、上海证券交易所为主题的中外贸易机构要素市场组团
III 以东方明珠、香格里拉酒店、正大广场为核心的休憩旅游景点组团
IV 以仁恒、世茂、汤臣、鹏利等滨江地带为代表的顶级江景住宅组团区组团
V 以陆家嘴中心区西区地块为中心的跨国公司区域总部大厦组团

图3.5 陆家嘴金融贸易中心区五大功能组团结构分析图（2004）

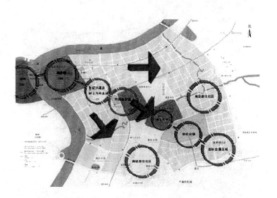

图3.6 陆家嘴金融贸易中心区发展示意图（2004年6月）

府以"空转"方式，把土地使用权一次性转让给各重点开发地区的开发公司，各开发公司通过兴办合资企业注入股本金，向境内外发行股票和银行贷款等；先把部分"生地"实行"七通一平"或"九通一平"开发成"熟地"，然后以"熟地"转让的收入再开发"生地"，如此循环滚动。"土地空转"的办法在陆家嘴金融贸易中心区的开发建设过程中第一次采用。其借助资金的一轮流动运转，将开发的成片土地完成了实际的出让手续，为开发公司的实质运作创造了先机。1996 年起，"税收滚动"

开发模式取代了老的开发模式，政府随着进入重点开发地区企业的增多，扩大税基、增加税收，进而以税收返还的形式将一部分资金注入开发公司，并推进新的土地开发、吸引更多企业，实现循环推动。由此，通过土地开发模式的不断创新，动员和利用国内外投资和银行贷款，加快土地资本向货币资本转换，对陆家嘴金融贸易中心区加速重点开发地区的开发建设起了重要作用，浦东也在这一过程中由"陆地上的孤岛"主动加入到了经济全球化的进程之中（图 3.7）。

1990 年

1994 年

2005 年

1999 年

2010 年

2018 年

图 3.7　浦东陆家嘴区域建设发展鸟瞰图

今天的陆家嘴金融贸易区早已发展成为中国内地金融机构密集、要素市场完备、资本集散功能强劲的经济增长极，是浦东奇迹的象征，也是20世纪90年代上海乃至中国经济腾飞的重要标志。作为跨国公司的总部基地所在，国际会展旅游与各类现代中介机构聚集区，滨江绿带、中心绿地等公共空间的建设依托黄浦江不断拓展；同时，城市和地区政府也意图通过嘉年华、房车赛等城市活动的陆续开展，以及水族馆、东方明珠等娱乐性设施的不断建设，来创造更加富有吸引力的场所环境。这一地区进出的人流巨大，城市活动高度集聚，似乎已满足了作为一个世界城市中心所应具备的要素。然而，城市中心除了作为城市的标识性地区、集聚资本和人气、满足市场活动等功能之外，还应该具有如下特质：同时满足精神和心理上的需要，并创造具有强烈城市性格与气氛的、活跃市民社会活动的场所；在开发上应体现土地使用的多样性与互相支持、空间安排的紧凑及捷运与步行系统的完善等；同时，陆家嘴金融贸易中心区呈现为一系列单幢建筑物的内向式的孤立存在；其地下公共空间缺乏有效利用，地面交通连接组织一直未得到改善；部分公共空间和设施的利用效率低，且有相当数量的公共设施还处在惨淡经营的状况。另外，用较低的土地批租价格出售给一些中央单位，但由于建设竣工交付使用的楼宇自用功能比例并不高，造成资源放空和功能转移，都使得这里出现了许多"失落的空间"。

陆家嘴金融贸易中心区建设的空间建构策略分析

回顾陆家嘴开发的历史可以发现，其实践建设几乎就是中国20多年来大城市快速扩张、改建的缩影：①作为政治强制力强势主导的、国家战略下的局部试验，城市利用低廉的地价和拆迁成本获得

了重大的发展机遇，城市用地扩张；②在资本强力作用下，陆家嘴内高楼林立，大企业集聚，掌握城市管理的政府得以彰显作为，参与开发的资本得以快速牟利；而原有城市肌理被大规模的开发破坏，建成区域交通与城市功能的协调性不足，过于依赖汽车也导致交通拥挤堵塞；③公共空间的建构成为了从属和事后补救的部分，服务设施匮乏、缺少人性关怀；④城市空间被同质化，缺乏特色及文化特质，建筑的物质外观与社会功能分离，缺乏城市中心生活的特质。

具有进步意义的则是：一方面，从中央政府到上海政府在陆家嘴的开发过程中一直起着十分重要的作用，尤其在浦东开发的初始阶段实现了强有力的政治启动，进而在改革开放日益深化、经济全球化洗礼的背景下，借助这一局部的新区建设实验，将城市特大工程作为其在全球范围发挥调控作用的现实物质载体，保障城市空间快速塑造或改变，并推动和引导了这一地区发展日益提升的公共导向。此外，也正是在这种国家战略推进与政策激励之下，注重土地集约使用、注重功能集聚，借助世界招标的规划设计推进，以及"土地滚动"模式等创新的开发运作机制，促使地区整体的发展得到了有效控制，并借助持续的项目建设和区域功能的不断完善，在全球意义上拓展城市、地区乃至整个国家的比较优势。在今天，尽管陆家嘴的建筑受到各种品评，公共空间的建设仍在完善，但毋庸置疑它在地区的发展控制上是成功的，其发展建设的现实格局也映射出上海特定时期内城市发展的意识形态和价值观，构成了上海城市和社会发展的时空缩影。表3.2对陆家嘴金融贸易中心区开发建设冲突应对的具体化策略进行了汇总列举，表3.3则对其间所体现出的对主要相关领域的冲突特征及影响进行了总结考察。

表 3.2　陆家嘴金融贸易中心区开发建设冲突应对的策略评价

冲突领域	现象表征	有利措施	不足方面
城乡冲突	1，2，3	A1，A2，A3，A4，A5	B1，B2，B3
新旧冲突	4，5	A1，A6	B4
环境及资源危机	—	—	—
公私冲突	6，7，8	A2，A3，A5	B3，B5，B6
全球与本土碰撞	9，10	A2，A4，A6	B3，B7
策略集合	1. 城市用地大肆扩张 2. 国家战略下的局部试验 3. 交通与城市功能的协调性不足，依赖汽车，交通拥挤堵塞 4. 物质外观与社会功能分离，缺乏城市中心生活的特质 5. 公共空间的"失落" 6. 政治强制力决定的开发导向 7. 资本强力作用下，成为摩天楼疯狂竞争的竞技场 8. 服务设施匮乏、缺少人性关怀 9. 资本导向的巨型工程，偏重资本及权力的"需求" 10. 城市空间被同质化，缺乏特色及文化特质	A1. 土地集约使用、注重功能集聚 A2. 国家战略推进与政策激励 A3. 地区整体的发展控制 A4. 世界招标的规划设计推进 A5. 开发运作机制的创新 A6. 注重持续的项目建设和区域功能的不断完善	B1. 交通拥挤，路网模式不合理 B2. 城市用地功能阻隔 B3. 以资本和权力为主导 B4. 孤立、排斥性空间的存在，公共空间利用效率低下，活动空间吸引力不足 B5. 过于偏重"楼宇经济"，对高层建筑的形式、特色缺乏有效控制与引导 B6. 建筑功能转移和资源放空 B7. 空间的全球同质化，缺乏本土特色，缺乏文化传承与人文关怀

注：该表及下文同类表格将现象表征、有利措施、不足方面的具体内容进行编号标示，以更为清晰简练地进行内容表达，并为策略汇总分析提供基础。

表 3.3　陆家嘴金融贸易中心区开发建设的冲突特征及影响考察

冲突领域	冲突发展的主要特征 （面向规划设计与整体开发的主要阶段）		编号	冲突表现	冲突影响	
	阶段 1 （1990—1998）	阶段 2 （1999—2005）		因素构成	阶段 1	阶段 2
城乡冲突	城市高速发展时期城市用地向乡村急剧扩张		1	城乡争地	√	√
			2	规划管理及政策差异	√	√
			3	交通模式与交通问题	√	√
			4	收入及社会服务差异	√	√
新旧冲突	国家战略下的大规模地上建设，原有城市肌理丧失		5	城市年轮的断裂	—	√
			6	空间的极化生产	√	√
			7	场所社会性的遗失	√	√
			8	公共空间的"失落"	√	√

（续表）

冲突领域	冲突发展的主要特征（面向规划设计与整体开发的主要阶段）		编号	冲突表现	冲突影响	
	阶段 1（1990—1998）	阶段 2（1999—2005）		因素构成	阶段 1	阶段 2
环境及资源危机	—		9	城市生态失衡	—	—
			10	环境污染严重	—	—
			11	能源约束与高消耗	—	—
			12	设施建设与管理薄弱	→	—
公私冲突	政治力主导；资本作用强势		13	公权的扩张与滥用	—	—
			14	公私关系的失衡	—	—
			15	"空间正义"的缺失	√	√
			16	住房保障及公共服务不健全	—	—
全球与本土碰撞	振兴地方经济的总体利益和全球资本的利益一致		17	空间极度"资本化"	√	√
			18	城市空间趋于同质	√	√
			19	重大事件的触媒效应	√	√
			20	全球化视域下的治理模式变革	√	√

上海新天地："华丽舞台"的得失批判

上海新天地的开发运作始于宏观经济环境总体偏紧、旧区改造仍以大规模推倒重建为主导的时期，其现实的发展有效推动了上海城市中心的更新与建设，其改造构成了以商业和旅游为号召力、改造旧城传统街区的一个样板，并提供了市场条件下政府和市场主体——企业合作进行旧城更新的新模式、具有启示意义（图3.8）。本书着重分析了1996年以来上海新天地的规划设计推进与开发建设模式，其间所反映的旧城更新重点，更多地仍归于经济考量，同时开始对历史文化保有进行考量和引导。具体而言，1994—1996年的房地产热受其激发而迅速膨胀的国内需求，形成对国内资金及资源的大量吸纳，再度促使中国经济转向内需主导，进而诱发了高速通货膨胀，1994年物价上涨

率一度曾达到27.4%，银行大幅加息，商店纷纷歇业。上海新天地正是在这一时期启动改造的。卢湾区的"365危棚简"改造在1996年已接近尾声，而上海中心区城市更新渐渐从最初的沿街及街坊改造，发展成为街区的成片改造，上海市政府由此敏锐地意识到大量成片旧式里弄住宅区应成为接下来中心城区的改造重点。上海新天地所在的太平桥地区，具备良好的改造条件，居民也具有迫切的改造需求，从而成为区政府着眼实施改造的首选。

1996年，《沪港合作改造上海市卢湾区太平桥地区意向书》签署；1997年，《上海市卢湾区太平桥地区控制性详细规划》完成，太平桥地区改造开始步入实施阶段。而此后由于受"亚洲金融风暴"影响，上海房产市场严重低迷，楼宇空置、商品住宅积压严重，不少外资也纷纷抽离。政企共同研究、协商下，决定先实施建设历史保护区，暂时延缓商品住宅的开发改造，从而可以有效规避市场风险，并依托历史保护开发提升知名度，开拓后续开发价值。由此，《太平桥地区109号和112号街坊修

	阶段1（1990—1998）	阶段2（1999—2005）	阶段3（2006—2015）
运作背景	利用土地级差效应，吸引外资，积极向市场化运作转型，经济体制、土地使用制度、住房制度改革全方位启动。 资金来源：开发商 实施主体：政府、开发商 运作方式：自上而下	市场经济下，进一步吸引外资；城乡统筹；制度改革力度进一步加大，加强文化与环境保护；开展小规模渐进式开发。 资金来源：投资多元化 实施主体：政府扶持、企业运作、市民参与 运作方式：自上而下与自下而上	"两个中心"战略启动，创新驱动与转型发展；城乡一体化加速；制度改革深化完善，寻求机制创新。
规划设计与建设进程	1990年，原卢湾区"365危棚简"改造工程接近尾声； 1996年5月，卢湾区政府与香港瑞安集团签署《沪港合作改造上海市卢湾区太平桥地区意向书》； 1996年11月，《上海市卢湾区太平桥地区控制性详细规划》完成编制，并于1997年6月获批； 1998年10月，《太平桥地区109号和112号街坊修建性详细规则》获批。	1999年2月，太平桥重建计划的首期工程"新天地"正式开工； 2000年11月，太平桥绿地建设工程启动； 2001年1月，太平桥绿地建设工程正式开工； 2001年6月，太平桥绿地、上海新天地建成竣工； 2002年9月，新天地全面开业。	2003年10月，获美国ULI（Urban Land Institute）Awards of Excellence大奖，并成为美国哈佛大学教学案例； 2003年12月，举办首届迎新年亮灯仪式； 2006年5月，上海市国际访问者中心在新天地设立； 2010年11月，新天地时尚购物中心揭幕。
阶段特征	区域改造推进，整体规划设计完成	实际建设启动，建成竣工与全面运营	内部功能更新，品牌效应与模式借鉴

图3.8　上海新天地案例的阶段发展考察

建性详细规则》于1998年10月获批。而这些也促使卢湾区比其他区更为提前地进入上海市政府在2000年年底开展的"新一轮旧改"。1999年2月，作为太平桥重建计划的首期工程，"新天地"正式开工，标志着这一区域开始步入实践建设阶段。2000年则进一步启动太平桥地区大型公共绿地的建设，"新天地广场"和"太平桥公园"也在三年内相继完工。2002年9月，上海新天地全面开业。

发展至今，新天地已成为国际知名的聚会场所，获得一系列殊荣，并被许多媒体称为国内旧城更新样板，很多城市也开始学习甚至机械模仿"新天地"模式。各界人士对"新天地"改造也从不同角度出发给予了不同评价。有人认为"新天地"改造具有积极意义：如莫天伟等认为"新天地"的建设实践"为新的城市生活形态重建，探索与创出了理性的功能性转变和历史延续的宝贵经验"；徐明前认为"新天地"改造具有"积极的保护态度，不是拘泥于原有生活形态和建筑功能布局的消极保留，而是立足于重建和再生上海里弄新的城市生活形态，研究和领会进而满足当代都市人的生活理想，强调的是活生生的城市生活本身，是一种与传统建筑式样融合为一体的活法"；罗小未则辩证地提出，"新天地"实质既是一个旧建筑保护项目，也是一个房地产开发项目，尽管它"是一种需要大投入的模式，在经济上较难推广，但为今后上海城市的历史建筑保护和旧区改造提出了一条新的思路"。同时，也出现了负面不利的批评声音：如朱大可认为其"建筑功能从一开始就被蓄意篡改了，它由一个贫民的象征转换成了一个奢华的商业中心……这是建筑话语在视觉和功能上的双重反讽"，在上海旧区植入新富裕阶层消费主义生活模式；原住民的迁离使这个文化场所的空间记忆不复存在。此外它被认为制造了一种"意识形态反讽"——空间上看这一充满商业气息的场所比邻庄重严肃的中共一大会址纪念地，但气氛格调上它们却形成了"尖锐的语义对抗"。

但无论如何，上海新天地的开发建设在现实中已取得商业运作上巨大成功，也促使发展商的视野开始聚焦历史地段，为未来上海历史风貌保护区

的发展建设奠定了基础。尽管在具体设计与开发模式等方面还存在诸多争议，但朝向优化城市土地利用机构、发挥土地级差优势、有效改善城市基础设施建设，以及兼顾历史文化风貌保护的空间建构举措，却恰恰代表了上海转型发展、跻身世界，同时保有自身风貌特色的本土策略表现。

旧城更新诉求下的上海新天地建构：特定时代的"华丽舞台"

上海市原卢湾区政府在20世纪90年代初中期，借助于大规模城市建设实践累积了旧城更新的丰富经验，并逐步从1992年开始推进外资引进土地批租制的实行，将淮海中路逐渐改造发展成为现代商业街。位于其中的太平桥地区，由于存在建筑老旧、设施配套匮乏、环境质量恶化等多种现实上矛盾冲突，激发了居民的改造愿望，并迎合政府的发展诉求，由此首先进入到了区政府的城市更新日程中。太平桥地区具有丰富的历史文化内涵，周边交通环境良好，区位优势独特（图3.9）。自1990年形成至今，其内的居民一再重组，逐渐形成中下层市民的聚居区，在更新改造之前，区内主导的建筑风貌为大片的旧式里弄。

《沪港合作改造上海市卢湾区太平桥地区意向书》在1996年5月由区政府与香港瑞安集团共同签署，提出了土地出让实施改造、引进外资等。

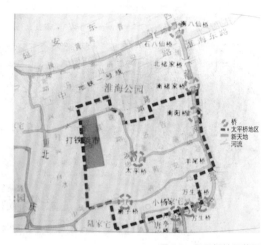

图3.9 天平桥地区范围

首先，确定太平桥地区控制性详细规划将由卢湾区人民政府组织编制，进而上报市规划局进行审批。此后，由区政府组织，上海市城市规划设计研究院作为顾问，瑞安集团和复兴公司整体参与，美国 SOM 公司设计编制了《上海市卢湾区太平桥地区控制性详细规划》，强调合理使用土地，有效组织交通及绿地，创造城市新天地功能和新景观的规划思路，将太平桥地区规划为五个功能分区：东部为商业娱乐区，南部为现代居住区，西部为历史风貌保护区，北部为办公、旅馆区，中部为人工湖和太平桥大型公共绿地。人工湖和太平桥绿地把周边四个功能分区有机地联系在一起，既创造了城市新景观，又改善了环境质量，提升了土地使用的潜在价值。该规划于 1996 年 11 月完成编制，并于 1997 年 6 月获上海市城市规划管理局的批准，太平桥地区改造由此获得操作规划文本，在其有效指导下迈入实施阶段（图 3.10）。针对新天地项目的建设而组织编制《太平桥地区 109 号和 112 号街坊修建性详细规则》于 1998 年 10 月获批。其中，根据规划要求，对首期实施项目和后续分期实施项目做了有机衔接，并对同期实施的周边地块项目进行平衡与协调。上述规划的编制为分期实施太平桥地区的旧区改造和第一期新天地项目工程的建设奠定了坚实的基础。整个太平桥重建计划项目占地 52 hm²，作为一个市中心商住综合发展项目，其主要由三部分构成：①娱乐购物热点项目——上海新天地；②豪华住宅项目——翠湖天

地；③企业天地，包括甲级写字楼、酒店及商业设施项目。先期完工的"新天地"更新改造获得了广泛的关注。

上海新天地由"一大"会址所在的 109 街坊及其相邻的 112 号街坊（即南里与北里）组成，区内有国家重点保护单位"中共一大会址"和建于 20 世纪法租界时期的旧式上海石库门里弄建筑，占地 3 万 m²，建筑面积约 6 万 m²。罗小未指出，上海新天地规划设计在构思上强调"保留建筑外皮、改造内部结构和功能，并引进新的生活内容"。出于这样一种理念，规划为实现街区功能置换性改造，提出将原有居民全部外迁，传统里弄经过"嫁接"与修复后被赋予了新的旅游、文化娱乐与休闲等商业价值。新天地充满张力的后现代设计手法甫经推出就成为商业和旅游的热点，符合人们既渴望追忆过去又留恋现代生活的心理（图 3.11，图 3.12）。

新天地的改造从最初方案确定到最后实施，历经了两年多的演变，其价值建构也从美国 SOM 公司所期望的延续历史风貌的"保守"概念，转而作为国际化的"高级商业区"进行开发。在强烈"商业化"的空间建构策略影响下，瑞安也转而将其定位为一种国际化的"高级商业区"，并凭借其开发运作促进整个地区房地产价格的飙升。在太平桥地区 52 hm² 的规划用地范围内，规划人口 3.3 万人，包括保留建筑在内，规划局最终审核同意的建筑总量为 160 万 m²，其中住宅建筑总量为 89 万 m²，而控制指标在控规中得以分地块给出，平

（a）规划平面图

（b）用地功能图

（c）整体鸟瞰图

图 3.10　太平桥地区改造图

图 3.11 上海新天地改造前后平面对比图

图 3.12 建成后的上海新天地景貌

均毛容积率则高达 3.12[1]。瑞安集团作为一个在项目运作上具有城市管理经验的开发商，在设计过程中通过专业的策划发展部门进行设计管理，首先为"新天地"品牌的打造奠定了先期条件。同时，还在项目模式上采用开发与运营相生的明确思路及只租不卖的形式，使管理者与经营者相分离，严格选择引入项目，有导向性挑选客户。由此，品牌效应提升了租金年收入，并带动了周边房地产地价提升，从而实现了瑞安集团参与太平桥地区开发的预期——通过地区的全面开发获得较高的经济效益，使最初高额投入预计能在三年内收回，且通过新天地的品牌效应拓展了瑞安在其他多个城市的业务发展。

"天平桥公园"和"新天地"奠定了整个太平桥地区整体开发的坚实基础，虽然前期没有产生巨大的经济回报，但为后续整体开发营造了良好的环境氛围，提升了整体开发价值。正如郭湘闽指出的，新天地的开发提供了市场条件下政府和企业合作推进旧城更新的新模式，其对旧建筑进行了保

护，探索了居住向商业功能转化的形式[2]，其具有有益启示；其规划实施策划上强烈的市场意识也促进了改造的有效推进，保障了建设效应。基于整体价值观上使代表公共利益的政府与市场开发企业寻求到共同合作的基础。

总的来看，"新天地"的更新改造介于拆旧建新"地毯式改造"和整旧如故"历史文化保护"之间，其在商业运作上的成功有利于推进多种建设方式的创新。这种成功具有独特性，与上海特定的境况有关，且完全是建立在持续外来力量上的。开发商为中国香港背景，居民多为外来居住者。"新天地"更像是特定时代的一个"华丽舞台"——这个舞台虽然融汇了激情与梦想、传统与新潮，但演绎的却是"别人的故事"，是在把自己精彩的故事排挤掉后才能上演（孙施文，2007）。

上海新天地建设的空间建构策略分析

从根本上来说，"新天地"的成功更多在于商业运作上的轰动效应，而非属旧城可持续发展的胜利：①在政府、开发商和居民三者的对弈中可以发现依然缺少最为关键的主体——居民的身影。②从项目启动到最终建成，旧城里弄居民并未真正获益，本土生活模式也未能延续；虽然对该地区原住民而言，生活质量的提高、社区利益的捍卫是其价值指向，但政府与开发商合作的"自上而下"的实际建设运作中，使其被迫离开"熟悉而亲切"的弄堂，无权分享开发后的高额利润，得到的补偿只是"残值价"与搬迁费，改造前后天壤之别的房价也注定了居民无法回迁——"新天地"在改造前的 1 950 户居民在改造后全部外迁（当时户均拆迁补

---

1 除标志性建筑外，办公区容积率控制在 5.0~7.0，建筑密度控制在 40%~50%；商业区容积率控制在 5.0~8.0，密度控制在 60%~70%；住宅区容积率控制在 4.0~6.0，密度控制在 30%~45%；历史保护区容积率控制在 1.3~2.5，密度控制在 90%。

2 "新天地"所在的太平桥里弄式住宅在整体构架上是"外铺内里"，即沿一街坊的外侧形成商业、服务业的店铺，既充分体现地价效应，又为居民提供日常购物的便利和其他服务，既保持传统街市的繁华，又适应内部现代化生活的安宁。

偿仅为 20 万元），这里变成完全的商业旅游型街区。③其保护更新模式争议巨大。瑞安集团以不同于以往旧城更新就地平衡方式，在更广阔区域内进行开发的总量平衡——通过"新天地"带动整个太平桥地区开发，其 2 hm² 面积其实负担了 52 hm² 地区的"会所"功能（王伟强，2006）。在开发运作过程中不间断的理念推进，与其说是开辟了"历史风貌街区改造的新天地"，不如说是开创了房地产市场策划的新篇章。

当然，不可否认的是，其规划设计与实施策略的市场意识与有效推进，注重品牌效应的建构，保障了建设效应；在开发运作机制方面，提供了市场条件下企业合作进行旧城更新的新模式：政府提供优惠政策和拆迁行动支持，开发企业负责投资实施改造，形成双方优势互补、发挥各自领域所长的联动机制。这一模式正是在市场经济条件下所应鼓励和倡导的；同时，对旧建筑进行了保护，也探索了居住功能向商业功能转化的形式。在整个项目运作和改造过程中，土地和资金获取的方式尤其值得关注：太平桥重建计划通过土地使用权有偿转让，协议方式获取开发权；而在资金获取方面，不同于以往的政府投资以及向金融机构融资的方式，也不同于政府、单位、居民三者共建的方式，而是通过外资的注入来缓解城市更新改造中的资金短缺问题。20 世纪 90 年代以来，城市功能的转变及产业结构的调整也促使上海城市更新进入了新的阶段，市场主导模式逐渐成为城市更新的主要模式。

此外，其从整个区域的开发计划入手，强调规划设计整体推进、分步实施、政企共同参与、强化管理模式等综合性的行动策略，也事实上保障了地区整体的发展建设格局。尽管其整体投入大、经济上推广难度高，但在当时为今后上海城市的历史建筑保护和旧区改造提出了一条新的思路。同时，其规划手法在当时也具有前沿性，其保留改建的部分，在一定程度上实现了文脉的延续，促进了城市特色区域的形成，为城市经济社会发展注入了新的活力（表 3.4，表 3.5）。事实上，当今天上海的旧区改造强调坚持"留改拆并举、以保留保护为主"，努力走出一条历史风貌保护、城市更新、旧区改造、大居建设和住房保障有机结合、统筹推进的新路子，也正是基于对以往改造路径的认识与总结，离不开对于改造方式的不断探索。

表 3.4　上海新天地开发建设冲突应对的策略评价

冲突领域	现象表征	有利措施	不足方面
城乡冲突	—	—	—
新旧冲突	1，2	A1，A2，A3，A4	B1，B2
资源与环境危机	—	—	—
公私冲突	3	A1	B1，B3
全球与本土碰撞	4	A1，A2，A3	B4
策略集合	1. 介于"地毯式改造"与整旧如故"历史文化保护"之间，保留了一小部分，但大片旧区被再格式化地进行了改造 2. 上海旧区植入新富裕阶层消费主义的生活模式，本土生活的断裂 3. 从项目启动到最终建成，旧城里弄居民并未真正获益；"自上而下"的房地产再开发使原住居民被迫离开，且无法回迁 4. 其成功运作是建立在持续外来力量上的	A1. 开发运作机制的创新 A2. 规划设计与实施策略的市场意识与有效推进 A3. 在一定程度上实现了文脉的延续，形成特色城市区域 A4. 强调整体规划、分步实施、共同参与和加强管理	B1. 缺乏本土生活的延续，无法实现回迁 B2. 保护更新的程度不够 B3. 原住居民的利益未得到充分保障 B4. 以资本和权力为主导，进行重大项目的决策

表 3.5 上海新天地开发建设的冲突特征及影响考察

冲突领域	冲突发展的主要特征（面向规划设计与整体开发的主要阶段）		冲突表现		冲突影响	
	阶段 1（1990—1998）	阶段 2（1999—2005）	编号	因素构成	阶段 1	阶段 2
城乡冲突	—		1	城乡争地	—	—
			2	规划管理及政策差异	—	—
			3	交通模式与交通问题	—	—
			4	收入及社会服务差异	—	—
新旧冲突	"拆十还一"的改建模式，原住民毫无话语权，为异地安置，事实也造成了大量的历史建筑和历史街区的破坏；改造目标开始与文化需求相结合		5	城市年轮的断裂	√	√
			6	空间的极化生产	√	√
			7	场所社会性的遗失	√	√
			8	公共空间的"失落"	—	—
环境及资源危机	—		9	城市生态失衡	—	—
			10	环境污染严重	—	—
			11	能源约束与高消耗	—	—
			12	设施建设与管理薄弱	—	—
公私冲突	资本作用主导，公共利益被忽视		13	公权的扩张与滥用	—	—
			14	公私关系的失衡	√	√
			15	"空间正义"的缺失	√	√
			16	住房保障及公共服务不健全	√	√
全球与本土碰撞	外来力量振兴地方经济，居民多为外来居住者		17	空间极度"资本化"	√	√
			18	城市空间趋于同质	—	—
			19	重大事件的触媒效应	—	—
			20	全球化视域下的治理模式变革	—	—

多伦路社区：照进现实的"保护更新"

多伦路社区案例（图 3.13）反映出从 20 世纪 90 年代后期开始，上海旧城传统街区强调一种探索"自下而上"的组织模式、强调多元化的文化保护和促进文化与商业有机结合、避免大规模与盲目改造的"保护更新"模式。多伦路保护与整治社区的规划设计至今仍未实践成形，也现实性地反映出在当前我国城市实践建设推进中，社会力在市场力、政治力、社会力三力此消彼长的关系中，仍凸显欠缺与薄弱，以及一般性城市地区在发展动力上的单一与不足。

20 世纪 90 年代后期，文化产业被提升到提高国家竞争力的战略高度，世界各国纷纷集中力量发展优势产业，并以此为龙头试图全面提升文化产业的国际竞争力。美国的电影业和传媒业、日本的动漫产业、德国的出版业、英国的音乐产业等都

	阶段 1 （1990—1998）	阶段 2 （1999—2005）	阶段 3 （2006—2015）
运作背景	利用土地级差效应，吸引外资，积极向市场化运作转型，经济体制、土地使用制度、住房制度改革全方位启动。 资金来源：开发商 实施主体：政府、开发商 运作方式：自上而下	市场经济下，进一步吸引外资；城乡统筹；制度改革力度进一步加大，加强文化与环境保护；开展小规模渐进式开发。 资金来源：投资多元化 实施主体：政府扶持、企业运作、市民参与 运作方式：自上而下与自下而上	"两个中心"战略启动，创新驱动与转型发展；城乡一体化加速；制度改革深化完善，寻求机制创新
规划设计与建设进程	1998 年，虹口区政府本着"修旧如旧"的原则对多伦路进行了一期改造。	2001 年，多伦路被上海市旅游局命名为"上海市文化特色街"； 2001 年 6 月，虹口区城市规划管理局制定了多伦路整体规划要求； 2002 年 1 月，虹口区长办公会议明确多伦路文化名人街开发规划建设用地范围； 2002 年 5 月，《上海老虹口北部地区规划研究——风貌保护与发展》编制完成； 2002 年 10 月，虹口区政府与利嘉（上海）股份有限公司签订了多伦路二期改造协议； 2003 年 7 月，《多伦社区保护与更新城市计划》获上海市规划局批准； 2004 年 2 月，上海市政府批准包括山阴路（含多伦路）在内的 12 个历史文化风貌保护区划定规划； 2004 年 3 月，经虹口区长办公会议讨论通过，引进利嘉（上海）股份有限公司合作开发多伦路； 2004 年 4 月，《虹口区多伦路保护与整治社区修建性详细规划》获批； 2004 年，多伦路文化名人街管委会得到全国文化市场与文化产业调研专家组的支持，共同制定多伦路文化名人街及周边地区文化产业开发的业态规划。	2008 年 9 月，多伦路改造方案论证会的举行； 2011 年，完成整体环境改造工程。
阶段特征	局部改造启动	规划设计推进，保护更新框架建构	停滞与再构

图 3.13　多伦路社区案例的阶段发展考察

成为国际文化产业的标志性品牌。这一时期，我国在产业发展策略方面，也正积极推进产业结构优化与升级，试图通过市场经济的有效运行，促进实现土地开发与产业布局转换。1997年《关于发展上海都市旅游业》这一报告中提出，上海旅游业发展应该体现融都市风光、都市文化和都市商业为一体的特色，应通过旅游的发展带动商业的繁荣，大力推动商旅结合。在市场力的需求和政治力的激发下，上海开始积极推进商业与旅游业的联动发展。与此同时，上海中心区的城市更新日益增多地着眼于"成片街区改造"，并将改造重点落于大量成片旧式里弄住宅区。因此，上海市虹口区文化局组织，针对多伦路开发的可行性研究正式开始，由同济大学郑时龄院士对"多伦路文化名人街"进行城市形态的规划设计。此后，本着"修旧如旧"的原则，虹口区政府在1998年对多伦路进行了一期改造，初步建成"多伦路文化名人街"。2001年多伦路被上海市旅游局命名为"上海市文化特色街"。

然而，由于资金上的投入有限，以及在体制、规划上面临等多重制约条件，且缺少高级差地租作为支撑，也缺少作为一般性发展地区的独特动力源泉，多伦路一期改造对于所在区域整体保护开发的约束也日渐凸显。为积极应对冲突问题，并在促进地区经济增长、历史文化保护、特色发展方面有所作为，2001年6月，虹口区城市规划管理局制定了多伦路整体规划要求；2002年，《上海老虹口北部地区规划研究》《多伦社区保护与更新城市设计》先后编制完成。随着2004年上海市政府批准包括山阴路（含多伦路）在内的十二个历史文化风貌保护区划定规划，经虹口区长办公会议讨论通过，虹口区政府引进利嘉（上海）股份有限公司合作开发多伦路；2004年《虹口区多伦路保护与整治社区修建性详细规划》获上海市城市规划管理局批准；与此同时，在相关专家组的支持下，在资源、市场和产业调研的基础上，这一地区的业态规划得以制定。

其间，由区政府推进的政策方针牵涉新旧产业的汰换与空间的转变，试图从体制与环境建设的

双重维度，借助文化产业的发展，改造原有生活或生产空间、吸引优势产业进驻以转变产业空间格局，并在本质上体现为一种"自下而上"的运作格局——尽管其仍缺少多元化的社会力量的有效参与，但其开发运作并非是由中央或上海市政府，而是由区政府与企业力量共同推进的。也正是从这一时期开始，上海各区日益增多地着眼于历史底蕴与文化内涵的发掘，纷纷培育发展文化创意产业园区，借助政策优惠，吸引文化创意产业进驻。如田子坊（1998年改造起步）、八号桥（2003年实施改造）、M50创意园（1999年年底启动建设）、红坊（2005年启动建设）、嘉定区的东方慧谷（2006年启动建设）等，上海也成了我国创意产业发展最为迅速的地区。

下文将综合考察其改造的历史文化语境与保护更新思路，分析和探讨影响多伦路社区改造的政府及市场的导向作用、相关政策推展，以面向"冲突的局势"与"冲突的应对"的架构分析，提取关于空间建构的有益策略。

多伦路社区改造的历史文化语境与保护更新思路

"一条多伦路，百年上海滩"，多伦路及其周边地区从一个侧面集中地展示了这一历史印迹和文化缩影。多伦路社区位于虹口区北部风貌保护区范围之内，北邻东江湾路接四川北路，西靠轻轨明珠线，南倚海伦西路。其内含有大量重要历史文化遗迹，精华部分则为多伦路及其两侧的建筑、柳林居住区和永安里建筑群，构成"一线二片"的特色空间格局，积淀形成今天多伦路上浓厚的历史底蕴与海派文化气息。除沿四川北路几幢高层之外，整个地块形态结构实际自20世纪40年代已经基本形成（图3.14）。地块内大量的石库门里弄及新式里弄住宅基本上为砖木结构，钢筋混凝土框架结构的多、高层建筑则分布于地块周边，呈现出多年开发却未进入地块内部的特点。

自20世纪50年代起，多伦路被不断侵蚀，沦落成为一个马路菜场，两侧风格各异的建筑也变得破败不堪，呈现"脏、乱、差"的发展面貌，丧

图例
■ 1990—1910   ■ 1941—1948
■ 1911—1920   ■ 1949—1980
■ 1921—1930   ■ 1981—2000
□ 1931—1940   ■ 2000—
□ 约建于 20 世纪 20、30 年代

图 3.14　多伦路社区的建筑历史文化建筑分布图

失了昔日的文化韵味。由此，1998 年多伦路的一期改造，沿街的优秀历史文化建筑得到了重点保护与修复，引入新的文化休闲功能，初步建成强调文化休闲功能、特色鲜明的"多伦路文化名人街"。但是，由于投入资金有限，且受到规划、体制等诸多条件的制约，多伦路一期改造对于所在区域整体保护开发的约束日渐凸显。

（1）**在管理运作上**，缺乏有效的管理机制及市场行为，单一依靠政府力量。

（2）**在产业功能上**，其保护和开发局限在沿街地带，商业活动呈线性发展，内部与四川北路联系不够紧密，街区产业在功能上十分单一，区内业态滞后、产业附加值与旅游满意度也逐渐降低。

（3）**在场所建构上**，住宅区环境质量和基础社会配套较差，缺乏绿化；现有公共开放空间的层次不够明确，城市肌理变化则过于多样；居住社区

日渐渗透，造成景观街区的挤占；同时，旧区棚户与优秀历史建筑混在一起，摊贩与高档经营也相互混杂，造成整个街区风貌杂乱。

（4）**在动线组织上**，道路交通体系不够完整、流畅，富有文化历史价值的"点"缺乏整体组织，整个街区也缺乏渗透力。

（5）**在建筑保护上**，许多保护建筑长期使用却未进行有效的保护修缮，建筑内外损坏严重，亟须在未来的保护性开发规划与设计中予以重建。由此，为了整体保护和修缮历史文化资源，系统而全面地改造与开发，并将城市再开发、商业结构优化、城市历史风貌及文化遗迹的保护有机统一起来，多伦路社区的更新与改造得以提上日程。

2001 年 6 月，虹口区城市规划管理局制定了多伦路整体规划要求。2002 年 5 月，同济大学建筑与城市规划学院、沈祖海建筑文教基金会、虹口区城市规划管理局共同编制的《上海老虹口北部地区规划研究——风貌保护与发展》中对多伦路地块做出了规划上的改造建议。为了更好地对年久失修的历史建筑进行保护，同时改善地区环境，实现地区功能调整和提升，这一年虹口区规划局会同区文化局邀请了美国菲力普、西班牙商丘、英国威信、法国夏氏四家设计公司进行国际方案征集，并由同济大学郑时龄教授领衔编制了《多伦社区保护与更新城市设计》，整个规划总用地面积为22.57 hm²，规划总建筑面积 48.87 万 m²。

在此基础上，多伦路文化名人街管委会邀请了同济大学、日本日建设计公司和西班牙马西亚设计公司共同进行多伦路二期改造的方案设计，编制完成《虹口区多伦路保护与整治社区修建性详细规划》（即《上海市虹口区多伦社区修建性详细规划》），并被纳入上海中心城区 12 个历史文化风貌区之一的山阴路历史文化风貌区 130 hm² 土地保护规划范围内。规划强调保持和发展区块原有文化特色和建筑格局，完善空间形态，形成合理的组团和社区特征，并建立公共空间层次和体系，提高空间品质；通过整合零散地块，引入多元化的文化活动，补充新的功能，增强社区活力（图 3.15，图 3.16）。

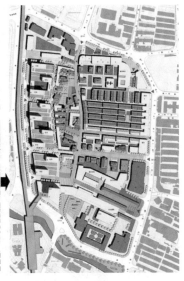

（a）多伦地块规划总平面图　　（b）多伦社区保护与更新城市设计总平面图　　（c）上海市虹口区多伦社区修建性详细规划总平面图

图 3.15　多伦路社区相关规划的平面演进

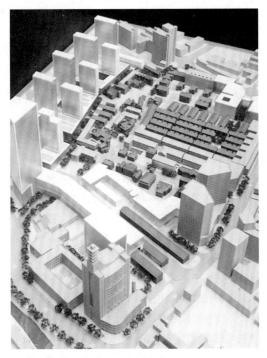

图 3.16　多伦社区修建性详细规划整体鸟瞰

其中，在历史建筑的保护与更新方面，提出部分或全部翻新保护现有各座历史优秀建筑物，以保存其特点，保护整个地区的特征风貌，将具有历史文化价值的建筑资源划分成三类进行改造，并对开敞空间、新建筑的形式与作用重点考量；在交通流线方面，则设计人车分流的系统[1]，以改善现状东西向交通沟通薄弱、人车混合、交通组织秩序混乱等现象；在公共空间及景观建构方面，则强调保有建筑空间的文脉特征，创造新老共存的、有机结合的具有上海传统空间特色的室外步行空间系统，联结广场和节点空间，并充分发挥现有绿化的作用。

此外，在开发模式上采取"政府导向、企业实施"的开发机制。虹口区政府与利嘉（上海）股份有限公司于 2002 年 10 月签订了二期的改造协议，二者合作运作。结合社会资本的有力介入，

1　规定原则上所有车辆均不能进入社区中心，而是在道路入口附近直接下至地下车库。地下车库的范围涵盖所有新建部分，以促使其通过公共性的地下车道相联系；考虑到区域内没有公共停车区域、严重制约了旅游发展，规划设置七处地下车库出入口。社区内部则通过步行道及广场连通为舒适宜人的纯步行区域。

政府全面负责规划、政策、开发定位、管理等，提供整体开发上的有效支持；社会资本的吸收，则可以为区块保护开发的整体推进以及产业化发展奠定资金基础。此外，这一地区的业态规划得以制定，从而有利于资源开发深度的提高和产业价值转型的提升，提升产业能级，促进街区环境的优化和品牌营建。

2008年9月，伴随着上海迎世博600天行动的展开，多伦路赢来了新一轮改造契机。多伦路的整体环境改造工程在2011年完成，其路面整体恢复成老上海弹格路，老建筑外立面具有显著的"修旧如旧"的效果，促成一种文化产业良好的投资环境建构。2012年，多伦路二期开发保护工作正在如火如荼地进行，一层"皮"的开发有待深入拓展到整个区域，以加强名人故居甚至整个街区功能上的深度开发，充分发掘其文化休闲旅游价值，面向文化休闲市场的多元化、时尚化和个性化需求，促进业态更为合理、创新地发展。

多伦路社区改造的空间建构策略分析

上海中心城区汇聚着大量的历史和文化元素，它们营造出特有的场所感和认同感构成城市魅力和活力的重要部分。如今文化被认为是一种全球性的财富资源，一种传递财富利益和营造地区精神的方式，文化在城市更新过程中的作用不可估量。一种综合考察分析一个地域经济、物质环境、社区和生活方式，将资源保护和产业开发相结合，进行适度规模、渐进式改造的"保护更新"模式，可以有效避免对上海城市风貌特色造成破坏，促进历史文脉和"海派"生活方式的保有，并以文化资源的独特性振兴城市中心的经济发展，创造更多的就业岗位。总的来说，多伦路社区的保护和开发具备了有利的规划设计理念、组织管理机制、资金支持机制、产业开发机制，可以提供如下经验借鉴。

其一，文化资源的保护战略。在开发文化资源之前，大中城市应对文化资源进行全面梳理，发现和了解资源分类、资源利用。在多伦路地块的保护与产业开发实践中，强调了三个层次的文化资源保护：原则性保护、开发性保护和战略性保护。其中，原则性保护是指尽量保护体现地方文化特色的文化资源，以保持地方文化的连续性、整体性和协调性；开发性保护是将能进行产业开发、能产生市场效应、有较大开发投资价值的资源先行保护下来，依据品牌价值、市场拉动、开发附加值等要素制定开发规划、开发序列，及时开发跟进，以开发促保护；战略性保护是将尚无力开发但成规模、能呼应、有特点、有整体概念的文化资源保护下来作为储备资源，为文化产业在形态和功能方面的升级提供持续支撑，并在实践中不断修订目标，以促进通过文化设施提升地区活力、通过文化产业创造新的财富、通过文化资源促进旅游产业的发展。

其二，"由下而上"的保护开发组织。从最初的由政府多个职能部门共同推进的保护开发管理机制，到成立专门的"多伦路综合开发指挥部"，以及后来成立上海长远集团，多伦路区域的保护与开发一直保有管理上的制度保障。而事实上，从资源的归属管理，到资源的价值评估与保护开发，都需要标准化、规范化，甚至法制化的管理机制建构来提供有效的制度保障。

其三，规划设计与实施策略的市场意识与有效推进。一方面，其保护更新提倡政企合作的运作模式，强调"政府导向、企业实施"的开发机制，这有利于解决资源开发主体单一、资金不足或利用率不高等目前存在于文化产业开发中的普遍问题，促进"市场化模式、企业化运作"。另一方面，该地区的实践建设贯穿了多层次、连续性的规划设计行动推进，有力地保障了一种"保护更新"的改造模式推演。

其四，渐进式的小规模开发。与新天地"布景式"的城市更新不一样，多伦路社区的更新改造强调保持和发展文化特色和建筑格局、补充新的功能等来增强社区活力、建构公共生活空间，其更新方式与巴塞罗那的城市更新有着相似点，都是渐进式、小规模推进。这一模式灵活高效，更易容纳社会、经济、文化和环境长期沉淀的旧城区的空间形态、社会生活及市民需求，有利于分解复杂问题、避免大规模改造带来的盲目及破坏性以及纯市场经济操控下对公众利益的损伤。

然而，"保护更新"的理想模式在我国旧区改造中的现实推进仍面临重重阻力。就多伦路社区而言，一方面，尽管具有"政府导向、企业实施"的开发机制的合理架构，也计划通过引入社会资本促进改造实施。然而，其实际运作中出现了企业投资中断、社会资本引入乏力的现象，因此导致社区开发因资金不足而搁置。其投融资的运作和保障机制亟待完善；另一方面，其发展还面临如何在文化资源保护开发的同时，激发本地区的内生活力，综合更为现实的居民意愿和实际需求，来达成本地居民对于整个区域发展导向和具体模式在价值观念上的认可。文化资源开发和文化产业发展投融资的运作和保障机制方面，更具现实操作意义的实施策略有待进一步拓宽渠道，加强组织与协调（表 3.6，表 3.7）。

表 3.6　多伦路社区规划建设的冲突特征及影响考察

冲突领域	冲突发展的主要特征（建设运作的主要阶段）		冲突表现		冲突影响
	阶段 2（1999—2005）	编号	因素构成		阶段 2
城乡冲突	—	1	城乡争地		—
		2	规划管理及政策差异		—
		3	交通模式与交通问题		—
		4	收入及社会服务差异		—
新旧冲突	改造目标开始更多地与文化、生态及社会需求相结合，但总体上仍存在资金筹措、实践运作等薄弱环节，亟须引入现实的居民意愿和实际需求	5	城市年轮的断裂		—
		6	空间的极化生产		—
		7	场所社会性的遗失		√
		8	公共空间的"失落"		√
环境及资源危机	环境质量与公共空间质量大大改善，但文化资源利用模式还有待拓展	9	城市生态失衡		—
		10	环境污染严重		—
		11	能源约束与高消耗		—
		12	设施建设与管理薄弱		√
公私冲突	社会力量动员不足，亟须激发地区内生活力，满足居民多层次的发展意愿	13	公权的扩张与滥用		√
		14	公私关系的失衡		—
		15	"空间正义"的缺失		—
		16	住房保障及公共服务不健全		—
全球与本土碰撞	—	17	空间极度"资本化"		—
		18	城市空间趋于同质		—
		19	重大事件的触媒效应		—
		20	全球化视域下的治理模式变革		—

表 3.7　多伦路社区规划建设冲突应对的策略评价

冲突领域	现象表征	有利措施	不足方面
城乡冲突	—	—	—
新旧冲突	1，2，3	A1，A3，A4	B1，B2，B3
环境及资源危机	4，5	A1，A2，A3，A4，A5	B3，B4，
公私冲突	6，7	A2，A3，A4，A5	B2，B3，B4
全球与本土碰撞	—	—	—
策略集合	1. 社区风貌受到破坏，优秀历史建筑与旧区棚户混为一体，道路交通体系不够完整和流畅 2. 居住舒适性差，社会群体的需求得不到满足；街区产业功能、商业业态缺乏活力 3. 公共开放空间缺乏系统和特征 4. 住宅区环境质量差，街区处于杂乱状态，建筑内外损坏比较严重 5. 缺乏市场行为，政府力量过于单一 6. 居住社区日渐渗透、挤占景观街区，区块内整体氛围不够协调 7. 基础设施配套较差	A1. 历史遗产与文化资源的保护战略 A2. 规划设计与实施策略的市场意识与有效推进 A3. 保护开发的组织管理 A4. 渐进式的小规模开发 A5. 注重公共空间与环境的人性化改造	B1. 居民意愿的调查，实际需求的满足 B2. 本地区的内生活力的激发 B3. 投融资的运作和保障机制亟待完善 B4. 社会力量动员不足

黄浦江两岸综合开发：
环境改善与功能转型

进入 21 世纪以来，上海黄浦江两岸地区的改造与综合开发持续发酵，借助一系列的规划设计与决策推进，强调滨水区综合环境的改善和整体功能的建构，从"金线精用"到"三步走"的战略，再到作为"四个中心"核心功能区的重要构成，试图推动黄浦江两岸地区实现跨越式发展，为上海创新驱动、转型发展的过程注入新的动力（图 3.17）。其间新旧冲突、环境及资源危机、公私冲突等多元冲突的聚合也与多层次的发展目标与战略指向相互交叠，共同呈现出一种历史延展式的空间建构策略图景。

从世界范围来看，进入后工业化时期后，很多国际上的发达城市面临一个城市功能的转化过

	阶段 1（1990—1998）	阶段 2（1999—2005）	阶段 3（2006—2015）
运作背景	利用土地级差效应，吸引外资，积极向市场化运作转型，经济体制、土地使用制度、住房制度改革全方位启动。 资金来源：开发商 实施主体：政府、开发商 运作方式：自上而下	市场经济下，进一步吸引外资；城乡统筹；制度改革力度进一步加大，加强文化与环境保护；开展小规模渐进式开发。 资金来源：投资多元化 实施主体：政府扶持、企业运作、市民参与 运作方式：自上而下与自下而上	"两个中心"战略启动，创新驱动与转型发展；城乡一体化加速；制度改革深化完善，寻求机制创新。
规划设计与建设进程	20 世纪 90 年代以来的开放开发则促使上海最终东进跨越黄浦江，黄浦江也衍生成为"一江两岸"的发展格局。	2000 年，上海市城市规划管理局针对黄浦江两岸地区改建举行了国际规划设计方案征集； 2001 年 1 月，黄浦江两岸地区改建举行国际规划设计方案评选； 2001 年 7 月，上海市规划局组织编制完成《黄浦江两岸地区规划优化方案》； 2002 年 1 月，上海市黄浦江两岸开发工作领导小组办公室（简称"市浦江办"）成立，标志着黄浦江两岸开发建设进入实质性启动阶段； 2002 年 6 月，上海市政府专题会议上获得通过外滩源保护与开发概念性规划； 2002 年 11 月，上海市人民政府颁发《黄浦江两岸综合开发审批程序管理办法（试行）》； 2003 年 1 月，上海外滩源开发启动； 2003 年 4 月，上海市人民政府颁发《上海市黄浦江两岸开发建设管理办法》； 2003 年 5 月，上海市人民政府颁发《关于黄浦江两岸综合开发的若干政策意见》； 2003 年 8 月，上海市房地资源局、上海市浦江办制定《黄浦江两岸开发范围内非居住房屋拆迁补偿规定》； 2004 年 4 月，上海市政府审批同意《黄浦江两岸地区规划优化方案》； 2004 年，《黄浦江两岸滨江公共环境建设标准》（DB31/T 317—2004）； 2005 年，十六铺地区大达码头及岸线改造。	2006 年 8 月，世博园区工程建设正式开始； 2007 年 8 月，外滩综合改造工程启动； 2009 年，由上海市规划院编制完成的《黄浦江沿岸环境综合整治城市设计》获得原则通过，将上报市政府审批； 2010 年 3 月 28 日，外滩重新开放； 2010 年 3 月 31 日，世博会"一轴四馆"全面竣工； 2010 年 4 月，徐汇滨江一期竣工； 2010 年 5 月 1 日，世博会开幕； 2011 年，徐汇区提出打造"西岸文化走廊"品牌工程战略； 2012 年，西岸启动了新一轮产业发展计划； 2014 年 3 月，龙美术馆建成开馆。
阶段特征	发展格局成型	规划设计与政策推进，注重环境改善与功能转换	实践建设推展，加强功能开发、激发活力

图 3.17　黄浦江两岸综合开发案例的阶段发展考察

程。例如，巴塞罗那沿地中海的滨水区曾被大量工业厂房和铁路设施占据，其后则是借助 1992 年夏季奥运会举办的契机得以重新开发。1999 年"对角线大道"延伸至海边，巴塞罗那有史以来最大规模的空间开发由此开始，并在 2001 年终于实现了把对角大道延伸至海滨的长期规划。这一超大型工程也成为激发城市复苏和城市更新的催化剂。进入 21 世纪后，随着上海步入新的经济转型阶段，黄浦江两岸的发展也体现出了城市发展变迁进程中的规律，面临再塑功能、重现风貌等关键需求。尽管 20 世纪 30 年代的上海借由黄浦江而跨入世界重要港口城市的行列；20 世纪 50 年代以来黄浦江两岸又建设了大量生产性设施，承担了上海工业发展的重要支撑功能。但是，发展至 20 世纪 90 年代，由于上海城市布局和产业的优化以及大型化的国际航运发展需求，沿岸布局工业与码头仓储等主要功能的布局模式已无法满足当时的发展趋势。据统计，2001 年，滨江沿岸地区的工业仓储用地高于 25 km²，而对外交通用地约为 5 km²，沿岸的岸线资源与土地被二者大量占据，阻隔了城市功能向江边的渗透，也对滨水空间与城市生活造成了割裂，极大影响了环境品质和城市活力。与此同时，由于陆家嘴金融贸易区的迅速崛起，浦东浦西协同发展的空间格局开始逐步形成，黄浦江作为"城区边缘线"开始一跃成为联通城市两翼的主要动脉。黄浦江两岸地区尤其是杨浦大桥和南浦大桥之间核心滨水区的用地性质亟须重大调整，必须尽快编制一个完整的开发设想和总体规划，合理开发利用滨水资源，完善和提高核心滨水区整体功能，以促进并形成城市南北向滨江景观主轴，带动社会、经济、环境的共同发展。

因此，从 2000 年开始，在上海市城市规划管理局的组织下，黄浦江两岸规划设计方案的征集与评选开始有条不紊地进行。2002 年 1 月，上海市黄浦江两岸开发工作领导小组办公室成立，则标志着黄浦江两岸开发建设进入实质性启动阶段。此后，上海外滩源开发、十六铺地区大达码头及岸线改造等先后启动，而《上海市黄浦江两岸开发建设管理办法》《关于黄浦江两岸综合开发的若干政策

意见》《黄浦江两岸开发范围内非居住房屋拆迁补偿规定》《黄浦江两岸滨江公共环境建设标准》等先后出台，《黄浦江两岸地区规划优化方案》也在 2004 年 4 月得到上海市政府批复同意，强调黄浦江两岸地区综合开发"三步走"战略的实施。可以发现，这一时期黄浦江两岸的综合开发，更多落于两岸的改造及建设优化，并为世博会区域未来的开发奠定物质空间与政策层面的发展基础。

随着 2006 年世博园区工程建设正式开始，外滩综合改造工程于 2007 年正式启动，徐汇滨江前期规划研究也推展开来，这一系列重要的实践建设与规划研究，进一步提升了两岸的综合环境，促进了功能转型。2009 年 4 月，《黄浦江沿岸环境综合整治城市设计》获得原则通过。此后，外滩的重新开放、世博会的建设竣工与成功举办、西岸的实践建设推进、黄浦江两岸 45 km 岸线公共空间贯通等，则更具现实意义地体现出黄浦江两岸的综合开发在有机联系浦东和浦西城市功能与产业集聚、在激发城市中心区和滨水地区的活力上的重要价值与关键作用。

黄浦江两岸综合开发的设计谋略与实施战略

2000 年，上海市城市规划管理局在近 20 家国内外设计机构中邀请了 SASAKI&BAZO 联合设计组、美国 SOM 公司、澳大利亚 COX 设计集团三家设计单位参加黄浦江两岸规划设计方案的征集，并确定了三项规划总体目标：强化上海国际化大都市形象，提高城市生活环境品质，构建黄浦江沿岸地区可持续发展框架。2001 年 1 月，上海市城市规划管理局组织国内外数十名专家学者对三个设计方案进行了评选，聚焦黄浦江两岸的"金线精用"，使其对旧城改造形成强大的良性辐射效应，突破区域和土地权属的界限，统一开发。在之后的近一年时间里，又进行了四、五轮的方案优化，以促使国际理念进一步与上海实际密切融合，对功能布局、绿地与城市开放空间、道路交通、防汛、历史文化保护、沿江景观、开发容量等方面做了优化和落实。2001 年 7 月，《黄浦江两岸地区规划优化方案》编制完成（图 3.18），规划范围从北部的

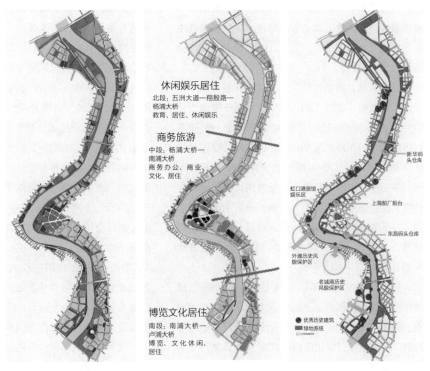

（a）用地规划　　（b）功能分区、建筑高度控制　（c）历史文化保护、绿地与滨水空间

图 3.18　黄浦江两岸地区规划优化方案

五洲大道翔殷路直至南部的卢浦大桥，规划陆域面积 2 261 hm²。其内容分为总体规划和重点地区详细规划两个部分。其中，总体规划确立了远景目标和总体布局，强调结合两岸用地调整和功能开发，划分为北、中、南三个功能区域。规划强调改善地区自然生态环境，开辟活跃的公共活动岸线，创造强都市特征的滨水景观，形成水与绿的滨江景观带和休闲旅游带，并据此提出各系统的规划原则和技术措施，以及地区改建的实施建议；详细规划部分则结合近期建设重点，提出四个重点地区的规划方案。

2002 年 1 月黄浦江两岸综合开发建设进入实质性启动阶段，开发范围则进一步扩展至从吴淞口至徐浦大桥的范围之内，涉及上海 7 个行政区的区域，总面积约为 74 km²。对于黄浦江两岸功能的调整，推进综合的开发建设，有利于增强城市综合竞争力、提升城市形象、延伸城市历史文脉、提高人民生活水平和质量等重要发展目标的建构。其开发建设耗资也比较巨大，仅前期启动资金就已达到 1 000 亿元。采取政府推动与市场运作[1]相结合的形式，黄浦江两岸的综合开发在 21 世纪的第一个十年中，重点集中于老企业的搬迁、基础设施改造以及滨江公共环境建设，并取得了良好的建设成效：①通过对原有工厂、仓库、码头进行搬迁改造，腾出了约 14 km² 的滨江空间，改造了工业岸线，并初步形成以十六铺、吴淞、北外滩为代表的旅游功能；②大量提升人们生活水平与质量的市政基础设施陆续建设竣工，包括隧道、旅游码头、桥

---

1 上海市申江两岸开发建设投资（集团）有限公司作为市政府授权，从事黄浦江两岸综合开发工作的政府性投资公司，承担了黄浦江两岸综合开发市级投入职能，负责市级投入项目的投、融资和建设，从事沿江土地一级开发、滨江公共环境建设、岸线码头改造和公益性功能性项目开发。

梁、交通枢纽等；③南码头体育休闲园、吴淞口炮台湾湿地公园、徐汇滨江等的建设，在为黄浦江生态环境的修复创造条件的同时，大大增加了为市民服务的公共空间。

总体来看，黄浦江两岸地区综合开发实施"三步走"的战略（图 3.19）：第一步，落于杨浦大桥和卢浦大桥之间、四个重点地区的确定，朝向建构多层次、分领域的规划体系；第二步，是连贯两桥之间的区域，促进从重点地区延伸至非重点地区；第三步，卢浦大桥向南延至徐浦大桥，杨浦大桥向北延至吴淞口。其中，强调划分重点区域与项目，并紧密结合世博园区的规划建设，事实也证明世博会对黄浦江两岸综合开发起到了重要的推动作用。

外滩历史文化风貌区的开发建设则构成了其中核心而关键的部分。上海外滩浓缩了百年中国政治、经济和文化的变迁，也是上海城市的象征（图3.20）。外滩历史文化风貌区实际从改革之初就一

图 3.19　黄浦江两岸综合开发的战略范围

直处在争论之中。上海市政府 1988 年确定的外滩改造方案，首要任务是防汛，其次是改善交通，再次是打造"外滩风景带"；1992 年外滩综合改造一期工程完工，设置了厢廊式的外滩防汛墙，道路则比先前拓宽一倍，发展成为 8 快 2 慢 10 个车道；2002 年启动的"外滩源概念设计"项目，将奢侈品引入了外滩，外滩 3 号、18 号顿时成为上海新地标；2005 年又经历了一场外滩建设的大讨论。这一时期政府把外滩定位为金融中心，希望通过房屋置换、通过金融一条街的建设打造中央商务区雏形。然而，上海在 1990—2000 年以后的房价高涨，造成整体商务成本偏高，大量的时尚产业、消费场所涌入了外滩——政府希望将外滩建设成为"华尔街"，社会却把它改造成了第五大道，可见当时政府推力与社会推力二者之间实际是背离的。外滩未来的保护和发展势必需要将政治导向与社会制度相互融合、共同促进。

作为外滩风貌保护区的重要组成部分，外滩源地区（图 3.21）分布有 14 处上海优秀历史建筑，是极富特色的地区。其开发建设的过程也体现出了各方利益的激烈博弈：既有国际资本的施力、开发集团追求近期利益的要求，也有政府追求形象，以及城市功能提升与街区保护的要求。这一点在位于其核心地区的上海外滩半岛酒店的建设中体现得淋漓尽致（王伟强，2006）。尽管这一地区的规划是有严格的高度控制的，设计希望引导形成体现该区域整体特征的密实、高覆盖率、连续的城市街坊；其面对黄浦江的部分是黄浦江和苏州河交汇的非常精华的区域，在这个区域不应再有高层和塔楼来破坏外滩优美的第一线。但是，资本的力量在博弈中占据了优势，最后整个地块的实施方案都划给了半岛酒店，其一排建筑整个建设在虎丘路上，花园变成了酒店的入口广场。2009 年年底，被称作"上海外滩近百年来唯一新建建筑"的盛高上海外滩半岛酒店正式营业；此后又推出住宅类产品——五星级酒店式公寓。同样位于该风貌区的外滩十五号案例，则以一种"镶牙齿"的模式，着重从新与旧、政府形象和市民空间的协调上进行了建构。

在经历了一系列发展、变迁之后，2007 年 7

（a）1928 年的上海外滩

（b）1979 年的外滩

（c）2007 年综合改造前的外滩

图 3.20　上海外滩风貌变迁

图 3.21　外滩源城市设计

月，为了保护和延续上海的历史文脉，促进浦江两岸的功能转变、优化上海中心城交通结构，并与 2010 年上海世博会的举办相结合，外滩综合改造工程启动。工程历时三年，2010 年 3 月 28 日外滩重新开放（图 3.22）。工程包括外滩地下通道建设、滨水区改造、防汛截渗墙改造、排水系统改造、地下空间开发、外滩公交枢纽等多个工程项目。其中，外滩地面原先 11 车道改为地下两层隧道加地面 4 车道，另有 2 条备用车道用于设置公交站点和临时停车，分流到达及过境交通。人行过街以地面为主，路中央设安全岛，并保留现有过街地道。人行道适当加宽，最宽处达 12 m。沿街设置寄存、应急及便餐等服务设施，通道以缓坡为主，并设置无障碍电梯。改造后该区域绿化面积达到 23 239 m^2，公共活动空间增加 40%，从北至南的"四大广场"成为外滩新的特色。外滩地面由以车为主的空间转变为以人为主的空间，公共空间的数量和整体环境的品质大大提高，促进了外滩金融中心、旅游地标、休闲空间功能的发挥。

2012 年 4 月，浦江两岸综合开发规划控制范围又进一步增加闵行区和奉贤区，由此黄浦江两岸地区两岸的滨江岸线总长度由原来的 85 km 延长至 119 km，规划总控制面积由原来的 74 km^2 增长到 144 km^2。这里，规划控制将上述两个区的沿江地区纳入进来，更多是为了加强控制而非加快开发，以待未来条件成熟时进行再开发。可以发现，随着上海进入建设"四个中心"和转型发展的关键时期，在上海城市的发展重心由中心城区向郊区新城加快转移的同时，中心城区各区的发展重心正日渐增多地落于滨江地区。凭借因功能置换与产

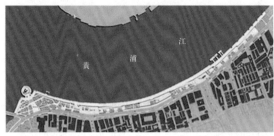

（a）外滩滨水区城市设计规划总平面及鸟瞰图

（b）综合改造工程后的外滩整体风貌

图 3.22　上海外滩的综合改造

业结构调整而获取的土地资源，黄浦江两岸地区构成了承载其转型发展的重要战略空间。2014 年，重点围绕滨江公共空间、服务设施、交通系统这三个方面，上海印发了《黄浦江两岸地区公共空间建设三年行动计划 (2015—2017 年)》。2017 年年底，黄浦江两岸从杨浦大桥至徐浦大桥 45 km 岸线公共空间贯通，并于 2018 年 1 月 1 日将正式向市民开放，沿线布满龙美术馆、余德耀美术馆、西岸艺术中心等文化载体，以及滑板广场、攀岩墙、沿江跑道等公共景观。2018 年 8 月，上海市规划和国土资源管理局正式出台《黄浦江、苏州河沿岸地区建设规划》公众版，并向公众征求意见，彰显"一江一河"战略，以更高站位、更高标准谋求未来的发展提升，进入打造具全球影响力的世界级淡水区的崭新时期。

黄浦江两岸综合开发的空间建构策略分析

自 2002 年上海启动黄浦江两岸综合开发以

来，沿江地区的产业结构调整、土地功能置换、滨江环境整治有序推进。其有益的经验与策略可以从以下四个方面进行概括。

　　第一，土地置换与产业结构的调整。黄浦江两岸在过去土地、房屋权属主体多且关系复杂，开发回旋的余地小，亟须在开发中协调好利益关系，并发挥协同效应。因而，其综合开发着重强调了动迁方式上创新、在功能升级上引导，并在提供广阔空间上想办法。相关部门工作组在具体的实践中，往往与企业展开多次协商，主动提供政策优惠并积极寻找新的场址。对于在开发之前就已实施建造的项目进行回收或改造，尽量补救；借助企业尚未出让的土地，先期进行市场评估，进行置换；再借助这些已置换出来的土地来滚动开发。置换所得的资金对于企业在新阶段的发展则体现为一种重要动力。这一过程中，区域内的企业和居民充分理解并积极参与综合开发工作，也进一步保障了整体发展目标的实现。地块出让则采取招拍挂的方式，并在招拍挂之前进行严格的资格审查。由此，开发建设既拆除了两岸大量的危棚简屋，也搬迁了众多工厂、码头和仓库。同时，建设商务办公、航运服务、金融贸易及生态休闲等项目则使得上海得以大幅提升现代服务业比重，具有"退而进三"的示范效应（毛佳樑等，2011）。

第二，**历史建筑和工业遗存的保护**。体现出对区域内历史文化的传承、对历史建筑及街区风貌的保护和利用。两岸综合开发的十年来，现有主要文物保护项目96处、保留建筑改造利用及文物保护修缮项目33处得以完成，包括对"外滩源"、外滩公共服务中心等历史建筑的保护和改造及国棉十七厂、南市发电厂、上海油脂公司等工业遗存的改造利用，并促进了像世博城市最佳实践区、老码头创意园等此类新区域的功能转变。

第三，**功能复合与滨水公共空间营造**。两岸规划建设的不断推进，促进了区域综合交通组织的完善、滨江步行通道和人性化设施的建设及公共活动空间的增加，改善了区域的可达性、亲水性，有效提升了滨水公共空间品质。改造也提高了土地利用的综合效益，促进了城市特色功能区域的形成，激发了地区活力。

第四，**规划设计控制与管理运作机制**。整个开发过程在规划设计上具有连续性、动态性、前瞻性的推进特征。《黄浦江两岸综合开发审批程序管理办法（试行）》《上海市黄浦江两岸开发建设管理办法》《黄浦江两岸开发范围内非居住房屋拆迁补偿规定》《黄浦江两岸滨江公共环境建设标准》等法规政策的陆续颁布，逐步建立和完善了规范的运作机制。规划单元、开发单元的概念得以提出，加强了对历史遗留项目的分类指导。对于基本符合规划目标的项目予以原则性认可，同时根据城市设计的要求控制空间形态，对不符合规划目标的项目进行功能性调整。对于历史遗留项目集中的控制单元，可以将经营性项目和非经营性项目适度、合理地组合成若干开发单元，借助开发单元让政府和开发主体共同承担非经营性项目的费用，因而更加有利于实现项目建设主体的责、权、利上的一致目的。同时，对规划提出了不留白的要求。这其实防

止的是这样一种现象，即改革开放初期境外、海外的开发商在拿地开发时"见缝插楼"——看到开发成本低的空地，就拿下造楼，而边上的老旧居民区则不在其中，造成一边高楼大厦、一边棚户的现象。此外，在总体规划确定后的土地出让中，在规划设计上提出了一些明确的控制要求。例如，规定沿江第一排新建筑必须要与黄浦江有50 m的距离，留出绿化带，有条件的则后退更多；第一排建筑立面高度不能超过24 m，容积率严格控制；提出对一些开发地区的功能、特色上也要进行协调，以避免同质化的趋势，如杨浦区提出的科技金融，就是有别于外滩和小陆家嘴地区大金融的概念。

然而，应该引起关注和讨论的一个问题是，在黄浦江两岸地区的综合开发中，上海市黄浦江两岸开发工作领导小组负责其领导工作。上海市黄浦江两岸开发工作领导小组办公室，对黄浦江两岸综合开发工作进行组织、协调、督促和检查。而相关区的黄浦江沿岸开发管理机构负责本辖区范围内开发建设的组织、协调、督促、检查的具体工作，业务上则接受上海市浦江办的指导。其规划审批和公布、规划调整、土地调查及评级、房屋拆迁安置、公共基础设施和公共环境建设的运作往往涉及各个区及不同层级的各种职能单位，因此容易降低规划和实施的效率及整合性。相应地，完善滨水地区作为城市文化、旅游中心、休闲中心的开发建设，设立专门职能机构实际上是一种普遍的做法。1998年，芝加哥市政府为成功实施城市滨湖公共空间规划，就专门创建了一个由政府部门及相关机构组成的联合架构。科学的管理架构，是顺利实施推行城市重建与开发工程的必要保证，这种做法值得借鉴与参考。此外，由于黄浦江两岸地区的发展仍处于基础开发向功能开发转型的初始阶段，存在诸多历史遗留问题，在过往强调国际经济资源利用的建设过程中，一定程度上存在忽略社会需求、损害公共利益的现象，而且存在开发范围广大、区域非相对集中的开发现实，这就更需要规划的有效控制与管理（表3.8，表3.9）。值得庆幸的是，随着黄浦江两岸进一步由基础开发向功能开发积极转变，一

系列重点区域——外滩、陆家嘴、世博园区、北外滩、前滩和西岸等不断建设完善，有力促进了上海现代服务业的集聚带的形成；与此同时，两岸地区发展日趋集聚历史人文内涵，更加重视公共空间、复合功能、功能特色等多目标的建构，构成上海未来的滨水空间发展与生活重塑的有力支撑。

表 3.8   黄浦江两岸综合开发建设的冲突特征及影响考察

冲突领域	冲突发展的主要特征		编号	冲突表现	冲突影响	
	阶段 2（1999—2005）	阶段 3（2006—2015）		因素构成	阶段 2	阶段 3
城乡冲突	—	—	1	城乡争地	—	—
			2	规划管理及政策差异	—	—
			3	交通模式与交通问题	—	—
			4	收入及社会服务差异	—	—
新旧冲突	改造开始与文化、生态及社会需求等多元因素相结合	一系列保障条例、实施意见开始发挥实效，日趋重视土地综合效益的发挥	5	城市年轮的断裂	√	√
			6	空间的极化生产	√	√
			7	场所社会性的遗失	√	√
			8	公共空间的"失落"	√	√
环境及资源危机	环境污染问题改善，但仍面临生态环境、资源、能源上的发展压力	滨水生活空间不断建构和提升；城市功能转型，法规日益健全，但环境资源问题的类型增多，整体约束趋紧	9	城市生态失衡	√	√
			10	环境污染严重	√	√
			11	能源约束与高消耗	√	√
			12	设施建设与管理薄弱	√	√
公私冲突	公私利益开始失衡，重大项目存在公共利益被侵占的现象	社会空间危机更趋多元，社会分化日益明显，而公共保障形势严峻，制度体系亟待健全	13	公权的扩张与滥用	√	√
			14	公私关系的失衡	—	—
			15	"空间正义"的缺失	√	√
			16	住房保障及公共服务不健全	—	—
全球与本土碰撞	国际资本影响显著，城市空间存在同质化，城市事件的联动效应明显，经济、社会、文化多方面碰撞更为激烈		17	空间极度"资本化"	√	√
			18	城市空间趋于同质	√	√
			19	重大事件的触媒效应	—	—
			20	全球化视域下的治理模式变革	—	—

表 3.9　黄浦江两岸综合开发建设冲突应对的策略评价

冲突领域	现象表征	有利措施	不足方面
城乡冲突	—	—	—
新旧冲突	1	A1，A2，A3，A5，A6，A8	B1
环境与资源危机	2，3，4	A1，A2，A4，A5，A6，A7，A9	B1，B2
公私冲突	5	A3，A5，A6	B3，B4
全球与本土碰撞	6，7	A6，A7，A8，A9	B4，B5
策略集合	1. 滨水空间与城市生活的割裂，使得城市功能难以向江边延伸，城市活力不足 2. 以工业和码头仓储为主的功能布局占据大量土地和岸线资源 3. 部分区域污染严重，环境品质差 4. 环境基础设施建设不足 5. 存在区域和土地权属的限制，在重大项目建设中存在公共利益被侵占的现象 6. 建设受国际资本的影响 7. 城市空间存在同质化，特色文化有待强化	A1. 通过工厂、码头等的搬迁改造腾出大面积滨江空间，加强绿地和公共空间建设，拓展亲水岸线 A2. 大量市政基础设施的建设促进 A3. 强化土地置换与产业结构调整的有效机制 A4. 功能复合，充分发挥两岸土地的综合效益 A5. 分步实施的战略 A6. 多层次、分领域的规划设计支撑与调控 A7. 历史遗产与文化资源的保护战略 A8. 城市形象塑造，价值理念引导 A9. 注重功能、特色的协调，避免同质化	B1. 仍处于基础开发向功能开发转型的初始阶段 B2. 环境保护及生态系统建设仍亟待加强 B3. 社会力作用微弱，市民未能当家话事 B4. 未成立实质性的专门的统一管理机构 B5. 在强调国际经济资源利用的过程中，一定程度上忽略了社会需求

东滩生态城：设计理想与实践困境

20 世纪 90 年代初以来，经济和空间的巨变促使高密度、土地稀缺的上海的土地和劳动力价格快速上涨，跨国公司开始向上海周边空间发展。在上海主导的区域经济中，东滩占有独特发展区位、优越的农业和自然生态条件，并有潜力和上海、长三角乃至全球经济发展不同的或接轨的组团经济活动。随着 2005 年"崇明生态岛建设"科技重大专项——《崇明岛生态岛建设科技支撑方案（2005—2007）》正式启动，崇明建设现代化综合性生态岛的系列举措陆续开展。2005 年 11 月，上海实业（集团）有限公司与英国奥雅纳公司签定了宏观合作协议，目标是把上海东滩建设成为全球首个生态城市。

可以说，东滩生态城的开发（图 3.23）在规划之初就强调了环境、经济、社会的多学科建构视野，从建立生态足迹模型，到制定商业投资计划，进行城镇设计，对基础设施、环境体系、产业体系、社会体系等都进行了整体系统的规划。由此，东滩凭借其地理和经济优势，以一种创新的可持续生态城的未来愿景在当时迅速崛起，并为中国和其他国家城市的开发设立了新的标准。然而，东滩生态城的开发在 2007 年由于多重问题显现而陷于停滞，这从相反的视角为我们提供了警示与借鉴——其现实的实践建设困境，既暗合了前文所论述的原野悖论、技术悖论、条件悖论及多元冲突的聚合，更凸显出当前我国可持续生态城的建设，早已突破了物质空间与技术建构的层面，与社会因素、制度模式不可分割地紧密关联在一起。

高标准的可持续战略设想

东滩生态城规划位于上海崇明东滩，居于崇明岛东部地区，区域自然环境优良，三面环水，地势平坦，高程在 4.2 m 以下。2001 年 11 月，上海市城市规划管理局正式批复了《上海崇明东滩总体结构规划》，而这一规划是由上海实业（集团）有限公司（简称"上实集团"）上报的。进而，在崇明东滩概念规划国际方案征集中，采用了美国菲利普·约翰逊建筑设计事务所的概念规划，提出以生态维护为主题，将崇明东滩建设成为一个高科技现代化的生态港，以对外展示上海生态文明建设的成就。

2004 年 12 月，《上海陈家镇东滩城镇总体规划》（图 3.24）得到上海市政府批准之后，2005 年上实集团邀请英国奥雅纳规划工程国际咨询公司（ARUP）按可持续发展理念与上海市规划院合作，又深化编制了《东滩控制性详细规划》。在这一规划中，确定东滩土地开发面积总量为 86 km²，其中基本农田约 33.4 km²，湿地约 28 km²；而未来城市建设用地总量约为 25 km²（当时确定其中已获批的南部启动区东滩生态城约占 7.8 km²）。ARUP 在《上海崇明东滩总体结构规划》的基础上，试图为其提供一个开放、灵活的长期规划战略设想（图 3.25），确定主要发展目标为：营造多元化社区环境和城市环境，使人们享受到机会、服务和健康生活；保证能源和资源的高效利用以及环境保护；设计将使人们与自然及野生物亲密接触；建筑将广泛采用可再生能源；大部分食物由本地供给；城市遍布由自行车道和公交线路相连接的行人活动中心；还将在"市区"建立集水及水处理与再利用系统，循环利用 80% 的固体废弃物；等等。从而，试图促使这一规划构想对于上海未来的发展产生举足轻重的作用：不仅作为上海绿色肺叶，更为人们提供了休闲放松之处；还可以通过实现生态农业、休闲旅游业、科教和商务服务业之间的动态结合，促进上海乃至长三角地区的经济发展。这使得东滩的未来似乎已日渐清晰——建成中国首个以复合生态系统为基础的，经济、社会、环境均衡的，可持续发展的生态城镇区域。在多阶段、多层面的规划方案的基础上，上实集团的东滩投资开发公司也逐步形成自身完整的发展理念。

	阶段 1（1990—1998）	阶段 2（1999—2005）	阶段 3（2006—2015）
运作背景	利用土地级差效应，吸引外资，积极向市场化运作转型，经济体制、土地使用制度、住房制度改革全方位启动。	市场经济下，进一步吸引外资；城乡统筹；制度改革力度进一步加大，加强文化与环境保护；开展小规模渐进式开发。	"两个中心"战略启动，创新驱动与转型发展；城乡一体化加速；制度改革深化完善，寻求机制创新。
	资金来源：开发商 实施主体：政府、开发商 运作方式：自上而下	资金来源：投资多元化 实施主体：政府扶持、企业运作、市民参与 运作方式：自上而下与自下而上	
规划设计与现实进程	1998 年，项目立项，项目面积为 84.68 km²，约占崇明的 15%；开发商为上海实业集团、爱尔兰最大的房地产公司 TreasuryHoldings、长江实业；投资预算为 100 亿元人民币；设计公司为英国奥雅纳公司。	2000 年，提出"四个绿"的开发设想：绿色农业、绿色科技、绿色乐园、绿色家园开发； 2001 年，上海十五规划将崇明岛定位为生态岛、上海未来城市发展战略空间，东滩生态城提出"四个组团"开发； 2001 年 11 月，《上海崇明东滩总体结构规划》批复，概念规划国际方案征集最终采用了美国菲利普·约翰逊的方案； 2002 年，提出四个项目的开发：有机蔬菜加工、人工片林、湿地公园、马术公园； 2003 年，崇明县陈家镇被纳入上海"一城九镇"的开发规划，其中包括东滩地块，东滩生态城"三生平衡"的复合生态系统开发设想得以提出； 2004 年，上实集团聘请全球知名咨询公司麦肯锡做战略顾问，同时对 12.5 km² 的南部生态城东滩启动区项目规划进行全球招标； 2004 年 12 月，上海市政府批准《上海陈家镇东滩城镇总体规划》； 2005 年 7 月，上实集团邀请 ARUP 规划工程国际咨询公司按可持续发展理念与上海市规划院合作深化编制《东滩控制性详细规划》，确定东滩土地开发面积总量为 86 km²。	2006 年 6 月，《东滩控制性详细规划》获得市政府批准； 2007 年 1 月，由奥雅纳设计的东滩南部生态城《东滩生态启动区控制性详细规划补充报告》制定完成，基于此报告，上海市规划院编制的南部核心小城镇《东滩南部启动区控制性详细规划》得到正式批复； 2007 年年底，东滩生态城开发搁置； 2008 年 1 月，《中国可持续发展生态城市项目设计、实施和融资谅解备忘录》签署。根据这一备忘录，中英两国将合作把崇明东滩开发为全球首个可持续发展生态城市； 2010 年，上海市政府发布《崇明生态岛建设纲要（2010—2020）》，计划于 2015 年将崇明岛建成国际生态旅游岛； 2011 年，生态城基础设施等各项专业规划设计完成； 2012 年 2 月，崇明东滩启动区道路一期工程开工仪式举行，标志着东滩生态城的建设进入了实质性开发阶段； 2016 年，经国务院批准，崇明撤县设区。上海市人民政府发布《崇明世界级生态岛发展"十三五"规划》。
阶段特征	初始运作	理想建构与政策推进，强调生态建构与城乡融合	规划完成与实践推展，搁置与重启

图 3.23　东滩生态城案例的阶段发展考察

图 3.24　上海陈家镇东滩城镇总体规划

图 3.25　东滩远期开发策略图景

多维度的可持续设计建构

第一，关于土地利用与交通模式的关联互动。
首先，紧凑[1]布局构成了东滩生态城土地可持续利用的重要策略。有研究表明，对于私人交通工具，城市设计密度和能源消耗之间具有直接的关系。城市越密集，私车消耗的能源往往越少，同时人均基建成本也将会大幅降低。低人口密度城市的人均基建成本往往居高不下——这一指标具有重要的经济意义，因为从长远来讲，基建投入最终是由使用者来承担。因此，东滩放弃了沿袭上海周边卫星城镇所采用的传统低密度开发手法，试图将开发规模设定在足够支撑一个城镇及其所有活动的临界人口数量，并推行更高的环境可持续发展标准，来避免少量开发和低密度城市所引发的社会功能单一、经济依赖明显和环境危害严重等问题。其规划设计采取了尊重和重塑空间肌理的紧凑布局的土地利用模式（图3.26），对原有的陈家镇东滩城镇总体规划做了观念性的改变。其所采取的密集路网则更像一个"微循环"体系，具有更为良好的渗透性、可达性，往往也具有可靠性更高的服务水平，有利于促进步行范围内站点的设置，促进公共交通系统的建设，低技术地保证可达性、促进公共交通的使用，保障城市资源的优化使用。可以说，土地利用与交通模式的关联互动决定着对城市的整体控制，其总体所呈现出的建构导向则影响着城市的能源利用、人们的生活方式等诸多方面。我国目前的土地利用往往基于小汽车模式，土地利用和公共交通的结合并未得到很好体现。将城市设计作为优先手段从结构设计上促进二者的优化组合，并更多地将交通模式与一个地域空间的具体特征相结合，是促进我国可持续建构的有益策略，这比一味地强调新技术的采用更为有效。

第二，关于能源、废弃物、景观及住区模式。
其中，在能源利用方面，东滩生态城的城市设计提出降低能源需求，并将转变能源利用模式列为重要手段：更有效地使用能源以及促进可再生能源的开发利用。东滩生态城的目标图表显示了各个耗能领域所降低的耗电量，是与当前常规模式（BAU）的基准值进行的直观比较（图3.27）。东滩还计划依靠可再生资源满足现场交通运输的能源需求，并试图将通过多种方式从战略上降低能源需求。比如，通过最佳建筑学设计方法降低能源需求，并充分利用地下储热和蓄冷减少供热和制冷的需求来降低其能源需求；限制密集型能源系统的安装面积以及密集型能源系统安装的供能容量；在适当处可将电力

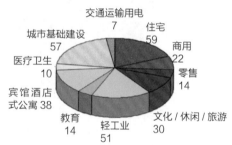

东滩生态城电能需求：301 MW · h/a

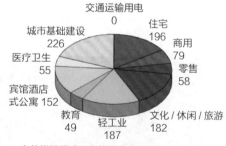

当前常规模式下电能需求：1 187 MW · h/a

图3.27　东滩生态城电能需求与当前常规模式的比较（单位：MW · h/a）

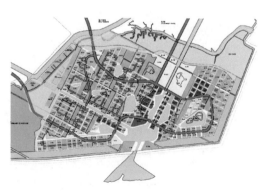

图3.26　东滩生态城土地利用规划

---

1 "紧凑"型城市有两个基本点：以较少的城市土地提供更多城市空间；城市空间承载的生活内容必须是更高质量的。

系统换成使用热力系统；对居民购买产品和生活方式的选择施加影响；等等。其次，借助一种结构性的总体设计考量，有助于从源头消减污染，规划和管理规定还可以从体系设计上对其进行配合。东滩生态城的规划设计恰恰将废弃物视为一种资源，视为城市原料循环中一个不可分割的部分，提倡循环经济的理念和废弃物分级的原则等，尽量减少需求、减少浪费。再者，东滩生态城针对环境景观资源的建构，提出了"绿城"的概念。试图通过连接生态园、坝山、公园和生态农庄，建构连续的生态缓冲区，保护野生动物活动、保持生态的连续性，生态城的发展也与嵌入地固有的景观元素相互融合并得以激发生成新的独特的景观发展格局。此外，在住区模式上，东滩生态城强调在促使人们更公平地享有公共资源的同时，也避免居住用地对城市资源的圈占，因而布置了成体系的绿地与公共空间等；同时提出，为了使城市生活与绿色开放空间和自然环境和谐共生，城市区域还应以一定的密度进行开发[1]。东滩生态城还提出采取多种类型的混合用地模式，提供多种房型和面积的住宅，并加强人口密度和多样化的设计标准等举措，来灵活适应不同的建设发展需求，促进开发平衡的土地使用组合，支持可持续发展投资和居民需求，促进产业的繁荣和发展。

可持续的目标与指标体系

及时有效地综合衡量可持续发展的程度，对于社会经济环境健康持续地发展具有十分重要的意义。通常，可持续程度可以通过一系列目标和指标来综合评价。目标系统的建立有助于保障系统整体的协调、持续运行，指标体系则有利于对相关因素的动态表现及时监测和控制，推进项目向着可持续目标前进的进程。以此为出发点，东滩生态城采取了以包括社会、环境、经济、自然资源的四象限模型为基础的可持续项目评估程序（SPeAR）系统，来分析城市在不同时期和阶段对于这四个象限发展的要求（表3.10），用作可持续性监控和报告的工具，也是管理咨询工具和开发与决策程序的一部分。SPeAR系统主要参考了联合国可持续发展委员会出版的《可持续发展指标、导则和应用方

法》（2000），并在实践过程中不断更新，用于指导规划中所涵盖的可持续发展方面。

同时，结合东滩未来可持续发展的总体愿景，广泛且综合的可持续发展目标还被进一步过滤为七个优先主题：保护湿地生态环境；创建完整、活跃和不断发展的社区；改善生活质量，创建理想的生活方式；提供易达性；综合管理资源的使用；努力实现零碳排放；利用治理实现上述目标。在此基础上，SPeAR系统根据东滩独特的内外部环境和发展目标确定和考量了一系列参数，并模拟生态系统中的自然控制和平衡规律来确定更加符合东滩独特属性的可持续指标体系，共设定了22类指标，121项细分指标。在此基础上，SPeAR系统对东滩的可持续发展进行定性和定量的分析，有利于分析反映各个因素的动态表现并及时监测、反馈、调整和控制区域的平衡发展。

从理想到实践：东滩生态城的空间建构策略映射

总的来说，东滩生态城的设计建构体现出明显的策略优势：一方面，注重城乡一体的城市化建构，强调各发展要素的整体和谐，致力于减少生态足迹、构建高标准的生态城市；另一方面，对土地利用、交通、能源、废弃物及景观策略等进行框架性的整合建构，并在住区模式上着力提倡街区渗透与混合居住，建立系统的目标与指标体系，试图优化土地开发、城市开发与自然资源、环境及产业发展之间的关系，实现自然资本与社会资本[2]的

---

1 J·诺曼等人（2006）曾以加拿大城市住区的比较研究表明从全生命周期看高居住密度对比低居住密度要节约能源消耗，降低温室气体排放每人50%~60%；合理的住区开发密度还可以促进土地集约利用、支撑当地服务。这又与高质量的公共交通服务紧密联系。东滩生态城规划建议人口密度50~130户/hm²（城市人口净密度），以与上海中心区域相比提供更放松的感觉，同时达到足够的人口密度以维持吸引力和高质量的城市公共服务。

2 "社会资本"，世界银行在报告中称它为一种黏合剂，凝聚了社会风俗、习惯和关系的财富。在社会资本越高的城市，公共场所越洁净，人民越友善，街道越安全。在东滩的开发中它体现为一种"软件基础设施"，包括：开放包容的社区文化；亲密融合、安全的社区生活；和谐的邻里关系；社区责任和归属感等。

表 3.10　基于 SPeAR 系统的东滩可持续发展目标框架

社会	经济	环境	自然资源
1. 创建一个完整、有凝聚力和宽容的社区环境，能承认中国传统和现代的文化，并能融合其他文化 2. 确保管理系统是有代表性的、负责任的，不断努力实现东滩作为可持续发展城市 3. 开发一座拥有清洁和健康的自然环境和面向大众的服务和设施的具有良好福利和安全生活方式的城市，在需要时提供适当的保健，避免对私车的依赖，减少犯罪机会 4. 为所有年龄和种族的人提供工作和文化、休闲、社区、运动和教育设施，并通过合适的媒体，使每个人都意识到此类机会 5. 构建一个拥有容易使用的服务设施，包括经济适用房在内的混合开发、易达的城市，并通过大量绿地空间创造活力社区	1. 目标是持续的经济发展，承认中国新旧经济体系，能够实现东滩的可持续发展目标 2. 开发平衡的土地使用组合，支持可持续发展投资和所有居民和业务的繁荣 3. 激励符合城市可持续发展目标的商业公司来到东滩；另一方面，确保相应的负责机构提供相应的环境和社会成本，确保商业的成功能够支持社会的完善 4. 为所有人提供不同的工作机会，保持创新和商业创造文化，提供相关的终身培训和教育机会，确保在本地社区内实现经济收益 5. 设计并保持适当和灵活的基础设施、住宅、建筑、交通连接和信息通信技术，实现东滩的经济目标，确保城市有适当的防洪和极端事件防范设施	1. 切实保护和缓冲国际上著名的东滩湿地不受人为侵蚀、野生动植物偷猎和土地、水和空气污染等人工干扰影响，对违反有关措施的组织和个人处以最严厉的处罚 2. 通过保护人工河、河道等现有生态栖息地，创建新的生物多样性资源，保护和完善东滩生物多样性和更广市开发环境质量 3. 鼓励可持续生活方式，通过提供相互联系的公共交通体系、步行和骑车道路、节能建筑和本地农民渔民以可持续发展方式生产的健康食品，最大程度减少与资源使用、废物和污染等相关的不利环境影响 4. 创建生态合理、开放空间和景观构成的更清洁、安全和绿色的社区，鼓励与社会的互动和健康的生活方式；建设以人为本，鼓励可持续性货运交通、货物和食品供应方式的城市	1. 从宏观和微观上设计高效使用可再生能源的方式方法，最大程度减少东滩对环境变化的影响，保持对未来能源供应和消耗变化的灵活性 2. 以合理的成本，确保能源供应的安全，同时鼓励提高能源使用效率；为减少、再利用和循环自然与人造材料进行设计，制定鼓励资源管理，通过农业生产中能源生产和利用促进可持续的生产消费以及实现 3. 废物最大收益的开发政策，提高所有民用、商用、工业、农业设施等用水效率，仅在需要的地方提供饮用水，确定并保护现有和未来可靠的淡水资源，以可承担的成本确保供水安全的同时鼓励提高使用效率的设计 4. 确保东滩施工期间的活动和长期经营不会破坏地理环境，监控由其他活动引起的东部湿地沉积和侵蚀速度

凝聚与共构；此外，其城市开发内容也参考了专业设计单位的分析和预测，以实施和落实对开发量及类型的总体控制，体现为一种环境、经济、社会等多学科的系统规划模式。在理想建构上，2005 年东滩的未来已日渐清晰——建成中国首个以复合生态系统为基础的，经济、社会、环境均衡的，可持续发展的生态城镇区域。2007 年，《东滩生态启动区控制性详细规划补充报告》制定完成并获正式批复。

然而，东滩生态城开发在 2007 年年底一度搁置。其搁置的原因是多方面的：①因为建设用地指标无法落实，上实集团最终未能将东滩的农业用地转化为建设用地；②投入成本过高——100 亿元，企业难以承受；③建设成本过高。东滩生态城提出的核心理念是零输出、零输入。技术目标一方面是建筑节能，要求做出来的建筑能够达到比较好的节能标准。建筑节能现在有些成熟的技术，如采用外墙保温涂料、中空玻璃等，其成本都比较高，大概比普通住宅高 30%~50%；另外再生性能源，如太阳能、风能、生物能源，其常规生产成本都是普通能源的十几倍，可行性差；④东滩湿地是国家级自然保护区，从自然保护角度来讲，在东滩做个 50 万人的新城，肯定是不太好的，可能会产生一些问题；⑤东滩生态城定位原来存在不可回避的矛盾：所有的环境友好、资源节约型的生活方式，都应该是简朴的，而不应该是豪华奢侈的。正如刘易斯·芒福德曾强调的："真正影响城市规划的因素是深刻的政治和经济变革。"对于东滩项目，上实集团一开始仅仅以为是一场技术层面的挑战，并未意识到在我国这样的发展中国家，开发东滩这样的世界前沿生态城市是在全球化的宏大叙事背景下展开的一次边缘性探索，其实是一场自上而下的巨大社会变革运动。

2010 年上海市政府发布了《崇明生态岛建设纲要（2010—2020）》，东滩生态建设和低碳发展随后被列入《上海市国民经济和社会发展第十二个五年规划纲要》，东滩园区成为崇明生态岛建设的重要"章节"。2011 年，由上海市城市建设设计研究总院牵头，生态城基础设施等各项专业规划设计完成。2012 年 2 月，崇明东滩启动区道路一期工程开工仪式在东滩南部启动区举行，标志着东滩生态城的建设进入了实质性开发阶段，也意味着上海在崇明东滩南部打造世界级生态城镇的长远规划正式落地。

2016 年，经国务院批准，崇明撤县设区，崇明世界级生态岛发展"十三五"规划得以制定，以保障更高标准、更开阔视野、更高水平和质量地推进崇明生态岛建设。当生态文明已成为国家战略，崇明具有了更加突出地战略地位，辩证地分析其发展过程中所面临的具体问题与困难，则更具有时代意义和指导作用。一方面，正如主编《东滩生态城》一书的赫伯特·吉拉德特教授所指出的："东滩生态城市是个意义非凡的项目，它将向世人展示城市的开发完全有可能兼顾环境的可持续发展和经济基础的稳健运行。"另一方面，无论今天的理想架构如何、发展条件如何，我们要极力避免的仍是这样一种情形，避免打着生态的名义，却进行着大量的房产开发，在实际执行的过程中挂羊头卖狗肉。新时期的生态城建设，更应是一种国家战略下的重心所在和国际竞争下的创新应对（表 3.11，表 3.12）。

表 3.11　东滩生态城设计建构与实践推进冲突应对的策略评价

冲突领域	现象表征	有利措施	不足方面
城乡冲突	1，2	A1，A2，A3，A4，A5	B1，B2，B3
新旧冲突	—	—	—
环境与资源危机	3，4	A1，A2，A3，A4，A5	B2
公私冲突	5	A1，A2，A4	B2，B3
全球与本土碰撞	—	—	—
策略集合	1. 土地利用模式松散，往往占用大规模农地 2. 交通与城市功能的协调性问题，交通模式亟待转变 3. 新城建设中分散单一的功能区设置，资源高消耗，空间发展模式不合理 4. 环境基础设施建设薄弱 5. 公共设施、基础设施配给不足，公共服务网络建设薄弱	A1. 致力于减少生态足迹，建设生态城市 A2. 可持续的土地利用、交通、能源、废弃物及景观策略架构 A3. 住区模式上提倡街区渗透与混合居住 A4. 可持续的目标与指标体系 A5. 环境、经济、社会等多学科的系统规划模式	B1. 实际运作与现有制度和政策存在不协调 B2. 研究生态可持续技术的转化利用与社会契合路径 B3. 应从机制建构上限制以生态名义搞房产开发的可能性

表 3.12　东滩生态城设计建构与实践推进的冲突特征及影响考察

冲突领域	冲突发展的主要特征		冲突表现		冲突影响	
	阶段 2（1999—2005）	阶段 3（2006—2015）	编号	因素构成	阶段 2	阶段 3
城乡冲突	新的理念与政策支持，推进生态新城的建设，但其实践可行性仍不足，亟待制度支撑与机制配合		1	城乡争地	√	√
			2	规划管理及政策差异	√	√
			3	交通模式与交通问题	√	√
			4	收入及社会服务差异	—	—
新旧冲突	—		5	城市年轮的断裂	—	—
			6	空间的极化生产	—	—
			7	场所社会性的遗失	—	—
			8	公共空间的"失落"	—	—
环境及资源危机	生态环境、资源、能源使用危机下的应对体系，在制度支持、建设成本及社会适宜性上还存在不足		9	城市生态失衡	√	√
			10	环境污染严重	—	—
			11	能源约束与高消耗	√	√
			12	设施建设与管理薄弱	—	—
公私冲突	建构了良好的住区模式与技术体系，但技术的社会契合路径有待探索，还应防止以生态名义搞房产开发的不利现象		13	公权的扩张与滥用	—	—
			14	公私关系的失衡	√	√
			15	"空间正义"的缺失	—	—
			16	住房保障及公共服务不健全	—	—
全球与本土碰撞	—		17	空间极度"资本化"	—	—
			18	城市空间趋于同质	—	—
			19	重大事件的触媒效应	—	—
			20	全球化视域下的治理模式变革	—	—

虹桥商务区："顶层设计"的冲突设问

21世纪以来的上海城市发展，得益于市场体系建设和城市功能的共同作用，开始显现出依赖区域带动的新特征，而城市转型过程中亟须突破制度上的约束，以及所面临的区域化发展的空间重构压力亟须增强城市功能的空间传导效力、激发参与全球竞争的优势功能。尤其，不同于之前的城市转型，21世纪上海的城市转型是长期性的，而非阶段性的，其根本上是需要解决一个多中心良性发展的问题以实现城市空间结构重组，而非单纯的城市中心再造，以及促进实现功能意义上城市发展动力的转变，探索如何在政府的战略导向下实现有效供给。

2008年全球金融危机给上海城市融入全球化的转型发展带来了压力，而2010上海世博会与上海加快"两个中心"建设构成了重要发展契机。在空间发展方面，上海的城市转型更加强调关注多层次的均衡发展，试图在有潜力的地区布局旨在带动上海中长期发展的区域性重大项目。虹桥商务区位于上海与长三角区域联系的主发展轴和交汇点上，其开发建设依托多种交通方式于一体的独特优势，可以成为上海继世博会之后，对整个城市乃至区域发展产生重大影响和推动效应的功能空间，并在改变城市东、西部发展不平衡中发挥重要作用，以及在探索新的城市开发管理体制、功能区跨界治理及现代服务业集聚化发展等方面体现"制度高地"的示范效应（图3.28）。

因此，本书聚焦第三阶段，即2006年以来虹桥商务区建构的战略思路与规划设计内容，面向功能、低碳建构两大维度，分析这一阶段虹桥商务区发展所面临的核心冲突领域。其中，功能建构可以说主要是为了适应空间经济结构的变化给城市发展造成的影响；低碳建构则着重体现于其间的生态举措与低碳设计导向，并更为集中地体现在"低碳商务社区"的城市设计建构之中。此外，影响虹桥商务区发展建设过程中的政府及市场的导向作用、相关政策指向及局部的变革力量也得到了分析探讨。

虹桥商务区的战略开发与规划设计推进

1921年虹桥机场的通航、1983年虹桥经济技术开发区的建设，促使虹桥成为一个重要的贸易集聚区。虹桥经济开发区也成了外资最为密集的国家级开发区。2008年，国务院通过《进一步推进长江三角洲地区改革开放和经济社会发展的指导意见》，第一次对国内的区域发展提出规划要求。虹桥商务区处于长三角城市轴的关键节点，与长三角区域主要城市的距离都不超过300 km。加之综合多种交通方式的虹桥综合交通枢纽的建设，能显著降低商贸商务活动十分看重的时间成本。因而，虹桥商务区构成上海实现"四个率先"、建设"四个中心"和现代化国际大都市重要商务集聚区，以及贯彻国家战略、促进上海服务全国及长江三角洲地区的重要载体（图3.29）。

自2008年开始，上海市规划和国土资源管理局会同虹桥商务区管委会及闵行、青浦、嘉定、长宁四区的区政府，启动周边86 km²规划编制工作。此后，随着2009年5月在国务院批复了上海撤销南汇区，将其行政区域并入浦东新区的请示后，"大浦东"的发展格局形成，为航运中心和金融中心的功能联动发展开辟了新空间。鉴于不同功能之间的支撑关系，"两个中心"功能的推进也势必要求国际贸易中心载体实现突破性发展，包括有形的空间建构与无形的市场、制度层面。承接这一发展诉求，2009年2月，时任上海市长韩正同志听取虹桥综合交通枢纽规划工作汇报，明确进一步深化商务区功能定位、开展大虹桥结构规划和重点地区城市设计等工作要求。2009年9月，虹桥商务区的规划及建设理念、商务区管委会的组织架构首次对外公布，确定其结合虹桥综合交通枢纽布局设置，规划总用地为26.3 km²，主要集中在长宁和闵行两区，总体布局为"一环、两轴、三核、五区"。规划总建设规模约为1 100万 m²，其将作为一个功能区域，而非行政区域，将体现城市综

	阶段 1 （1990—1998）	阶段 2 （1999—2005）	阶段 3 （2006—2015）
运作背景	利用土地级差效应，吸引外资，积极向市场化运作转型，经济体制、土地使用制度、住房制度改革全方位启动。 资金来源：开发商 实施主体：政府、开发商 运作方式：自上而下	市场经济下，进一步吸引外资；城乡统筹；制度改革力度进一步加大，加强文化与环境保护；开展小规模渐进式开发。 资金来源：投资多元化 实施主体：政府扶持、企业运作、市民参与 运作方式：自上而下与自下而上	"两个中心"战略启动，创新驱动与转型发展；城乡一体化加速；制度改革深化完善，寻求机制创新。
规划设计与实践进程		2005 年，上海市会同铁道部、民航总局经多次方案比选和研究论证，明确高速铁路客站选址方案，确定了依托虹桥机场建设虹桥综合交通枢纽的战略构想； 2005 年年初，上海市政府和民航总局审议通过《上海航空枢纽战略规划》。	2006 年 2 月，《上海市虹桥综合交通枢纽地区结构规划》获批； 2007 年，基本明确虹桥综合交通枢纽的交通布局、地区发展定位和空间形态格局； 2008 年，开始启动虹桥商务区周边 86 km² 规划编制工作； 2008 年 7 月，上海虹桥综合交通枢纽正式开工建设； 2009 年 1 月，《虹桥商务区核心区（一期）城市设计（暨控制性详细规划局部调整）》（草案）审议通过； 2009 年 7 月 10 日，上海虹桥商务区管理委员会成立； 2009 年 7 月 16 日，《虹桥商务区控制性详细规划》报经市政府批准； 2009 年 9 月 1 日，虹桥综合交通枢纽整个工程的主体结构完工，转入设备安装调试和内部装饰施工阶段； 2010 年 1 月 22 日，《虹桥商务区核心区（一期）城市设计（暨控制性详细规划局部调整）》（草案）公示； 2010 年 1 月 22 日，《虹桥商务区拓展区结构规划 (86 km² 范围)》公示； 2010 年 3 月，虹桥商务区范围内约 13 km² 土地完成动迁并实施土地储备，枢纽本体建设完成并投入试运行； 2010 年 5 月，《虹桥商务区核心区一期控制性详细规划及城市设计》经市政府批准； 2010 年 7 月，沪宁高速铁路正式开通； 2010 年 9 月，《虹桥商务区规划》开始编制； 2010 年 10 月，沪杭高速铁路通车；11 月，轨道交通 10 号线通车； 2010—2011 年，闵行、青浦、嘉定、长宁四个区国际方案征集； 2011 年 1 月 13 日，召开上海市规划委员会专题会，就《虹桥商务区规划》听取专家和部门的意见； 2011 年 3 月 26 日，虹桥商务区和"大虹桥"建设正式启动； 2011 年 4 月 1 日，《虹桥商务区规划（草案）》公示； 2011 年 6 月 30 日，京沪高速铁路通车，标志着虹桥综合交通枢纽工程功能性项目全面完工； 2011 年 11 月，《虹桥商务区规划》经市政府批准实施。
阶段特征		虹桥综合交通枢纽引擎启动	虹桥商务区相关规划陆续完成，相关建设有序推进。

图 3.28　虹桥商务区案例的阶段发展考察

图 3.29　虹桥商务区区位图

（a）土地使用规划图

（b）空间结构规划图

（c）道路系统规划图

图 3.30　虹桥商务区规划

合体的概念；为避免"空城化"效应，其中还将有 210.5 hm² 用于住宅项目。此外，虹桥枢纽周边约 59 km² 的区域将规划作为虹桥商务区功能拓展区，以促进未来整个区域的协调、联动发展。

从 2009 年《虹桥商务区控制性详细规划》报批通过，2010 年 1 月《虹桥商务区核心区（一期）城市设计》《虹桥商务区拓展区结构规划》公示，到 2010 年 9 月《虹桥商务区规划》开始编制，虹桥商务区内各规划区功能定位不断优化，并在国际征集的城市设计方案借鉴下，土地利用得以不断深化（图 3.30）。

2011 年 1 月，上海市规划委员会专题会召开，就《虹桥商务区规划（草案）》听取专家和部门的意见。2011 年 11 月，《虹桥商务区规划》获市政府批准实施。总体发展目标确定为建设成为新时期上海"创新驱动、转型发展"的示范区，建设成为土地利用综合集约、交通运行安全高效、产业发展更新转型、生态环境低碳优美的综合商务区；整体形成"五区三轴两廊"的空间布局结构。其规划范围则分为三个层面（图 3.31）。

（1）**主功能区**。在 2009 年规划范围 26.3 km² 的基础上增加 1.4 km² 综合体项目，共占地 27.7 km²，将依托虹桥综合交通枢纽，发展总部办公、商业贸易、现代商务等，规划形成"一环、五区、两轴、三核"的布局结构（图 3.32）。其中，"一环"是指虹桥商务区外围由绿地、水域

图 3.31　虹桥商务区规划范围的层次构成图

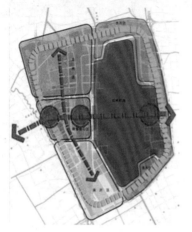

图 3.32　虹桥商务区主功能区规划平面及布局结构分析

等形成的生态绿环；"五区"为中心片区，主要包括交通和商务功能核心；机场片区；北片区主要为动迁安置基地、商办、对外交通及物流仓储等用地；南片区为商办、对外交通等；东片区是机场外围的环境、基础设施整治区。"两轴"指东西向交通功能轴线、南北向商务和公共活动轴。"三核"是指中部的交通功能核心、西部的商务功能核心、东部的配套功能核心。

（2）核心区。为主功能区西部商务功能集聚的区域，包括核心区一期、核心区南北片。加上西侧的大型会展项目共同构成了最核心的功能区，规划总用地约为 5.1 km²。

（3）主功能区拓展区。为主功能区向西拓展至嘉金高速公路、向北至沪宁高速公路，规划总面积约 59 km²，主要承担教育、医疗、居住等配套功能，延展产业则包括会展、研发、商务办公，是虹桥商务区的基本功能配套区、延伸产业辐射区、交通功能保障区、环境品质支撑区。

总的来看，虹桥商务区相关规划设计策略的推进，在以下几个方面尤其值得借鉴。

（1）职住平衡的综合考量。职住平衡有利于减少交通拥堵和空气污染。由于规划范围内有大规模的现状别墅区，容纳的居住人口有限，规划建议依托西部城镇体系，建立三个层次的居职平衡：一体化居职平衡圈（主功能区拓展区）；半小时新市镇居住通勤圈（中距离地区）；一小时新城市居住通勤圈（中远距离地区）。然而，目前规划的 48 万的居住人口与 65 万的就业岗位还存在差距，还是需要中心城提供一定比例的就业支撑（表3.13）。

（2）区域综合交通体系建构。完善为会展综合体配套的交通设施，构建"两纵三横"城市轨道网络。同时，引入现代化捷运系统作为轨道交通的补充，以承担短途接驳客运，解决小运量、中短距离出行；构建"四横三纵高（快）速路"与"五横四纵"主干路网络；重点完善支路系统，增加了支路网密度。

（3）生态绿化空间建构与低碳设计。一方面，针对总体规划确定的重要生态空间，严格控制功能

表 3.13 虹桥商务区规模论证

范围	住宅建筑量（万 m²）	商业商务办公类建筑量（万 m²）	就业岗位（万个）	居住人口（万人）
主功能区	247	568	25	7（其中 5 万人为拆迁安置）
拓展区	1 591	908	40	41
合计	1 838	1 476	65	48

建设，确保结构性生态空间的完整性。同时，对城市主要生态廊道范围内的现状建设用地，采取置换、削减、复垦等措施逐步恢复为城市生态用地；另一方面，借助原有自然植被，突出沿主河流的绿化空间。同时，加强慢行系统与绿化空间的结合，并与大运量公共交通站点相联系。另外，强调公交引导发展、步行化、人性化尺度和多样化、土地混合使用、绿色建筑，鼓励中水系统、屋顶绿化等生态技术应用，实践低碳设计。

（4）**编制单元的控制与指导。**控制性编制单元规划作为落实城市总体规划的重要环节和城市规划管理的依据，是上海城市规划分级管理中有效解决市、区部门协同运作问题的关键环节之一（姚凯，2007）。虹桥商务区的规划也结合各区域功能结构和建设时序，划出了控规编制单元，并明确了单元功能、开发强度、绿化空间、道路、市政设施等基本控制要求，指导下阶段控详规划编制工作。

（5）**三维管理系统。**将城市设计要求纳入控规管理的研究与实践，首次探索三维管理平台及土地带方案出让模式，推进规划管理信息化工作。虹桥商务区核心区一期三维管理系统的建构已纳入规划管理进程。

（6）**地区规划师制度。**地区规划师是由上海市规划国土局和相关区政府联合聘请的规划专家，主要参与特定地区以及郊区县控制性详细规划、城市设计等工作的编制、咨询论证、审核等工作，对地区规划和建设实施提出建议和意见。

从整个过程来看，虹桥综合交通枢纽和虹桥商务区战略决策及规划设计，前后历时七年，分为前期研究论证、枢纽规划建设、商务区规划完善这三个阶段来有序推进，且在多个规划环节组织专题讨论会及公众参与公示。2009 年 7 月，虹桥商务区的发展目标进一步得到明确，而一系列重要规划得以相继批准实施。2011 年 3 月 26 日，虹桥商务区的 6 号、8 号地块建设项目奠基，核心区集中供能项目开工，标志着虹桥商务区和"大虹桥"建设正式启动。2012 年，《虹桥商务区核心区南北片区控制性详细规划及城市设计》批准实施。

其中，虹桥商务区核心区的城市设计更加突出以人为本和可持续发展的思想，强调充分发挥交通枢纽和商务功能的集聚整合作用，突出低碳设计和商务社区的规划理念，试图建设成为功能多元、交通便捷、空间宜人、生态高效、具有较强发展活力和吸引力的上海市第一个低碳商务社区（图 3.33）。其低碳设计理念的核心是实现节能减排。虹桥商务区核心区一期是虹桥商务区最先启动建设的区域（图 3.34），面积约 1.4 km²。城市设计重点强调适应商务区建设的发展需要和转变土地供应方式，强化功能业态与空间形态的结合，确定建筑标准，强化对建筑单体形态和公共空间的控制。尤其是，实践了土地供应中带方案出让的可操作模式，并积极探索建立可量度、能实施的低碳设计评价标准。其城市设计的推展也采用了国际方案征集的形式（图 3.35）。

"顶层设计"视野下的虹桥商务区空间建构策略考察

回看虹桥商务区的战略开发与规划设计进程，显而易见，虹桥商务区的建设开发属于当下我国政治经济改革进程中典型的"顶层设计"事件，其开发与规划都是在政府部门主导与渗透下推进和制定的。同时，虹桥商务区的开发具有虹桥综合

图 3.33　虹桥商务区核心区
一期规划鸟瞰效果图

图 3.34　虹桥商务区核心区的构成

图 3.35　虹桥商务区核心区一期规划总平面、土地利用规划

交通枢纽这一重大引擎，在政治经济战略推进上占有先机，且规划设计多层次推进、优势理念"概念先行"，似乎具备了可堪想象的未来良好发展前景——大虹桥蓄势待发，作为未来上海西部地区经济发展的新引擎，将与大浦东一起，策动上海未来经济的再次腾飞。正如《解放日报》指出的："大浦东和大虹桥这两大板块的'发展极'效应不仅能有效推进上海城郊均质化发展，消除城市二元结构，也可以有效带动长三角、泛长三角区域的可持续发展，并大大提升上海作为世界级城市的国际竞争力。"

但是，战略与规划的实现渠道只能是市场和实际建设，虹桥商务区的未来发展还面对着浦东和上海中心城区竞争的压力。而且，虹桥商务区主要关

涉长宁和闵行两个区的行政区划，也与青浦、嘉定、普陀的行政区划相关联，本质上是内含多个行政区划的经济功能区。2009 年 7 月成立的上海虹桥商务区管理委员会并非实质性的权力决策和执行机构，而是类似于早期浦东新区开发所成立的"浦东开发办公室"，是一种协调机构。这一状况也影响了规划和开发规程当中更有效的合力与协调力的发挥，甚至可能会由于竞争而产生离心力。

再者，尽管"低碳商务社区"的规划设计理念符合当前时代发展的趋势，具有积极的建构意义，但应清醒地认识到，由于机场周边有较大范围的建筑限高及交通产生的噪声、振动和污染等，市级交通枢纽又是物流和人口的快速进入区及导出区。因此，这一区域并太不适合企事业商务服务单位和人

群居住集聚，这一状况会对高档住宅及商务区的建设发展造成明显阻碍。

另外，结合虹桥商务区的建设实施情况，可以发现，从虹桥已完成的招商情况来看，大型商贸企业这类战略性伙伴在开发运营中的缺位，就上海将其定位为国际贸易中心最主要的现代服务业功能区而言，是一个明显的缺失。虹桥商务区内的 10 幅土地曾在之前一年多时间里推出，并收获超 200 亿元土地出让金。然而，到 2012 年 6 月初却只正式挂牌了一块地。与此同时，无论是在虹桥商务区启动建设之初，以及 2012 年召开的上海市党代会上，促进虹桥商务区等重点区域的加速发展被不断强调。有学者认为，从供需上分析认为这可能是受到中央宏观调控的影响，另外则有人分析指出，其中的主要问题在于在管委会招商引资的思路和能力——顶层设计下的虹桥商务区开发，其现实的推展似乎又无可避免地与顶层设计机制的利弊紧密联系在了一起。

此刻，有必要将这一问题与现实的改革进程相联系来认识："……由于金融危机突袭，加上强拆、官员贪腐、截访等诸多负面事件频发，政府总体上处于'见招拆招'的阶段。简单来说，危机意识推动体制改革，利益预期驱动制度创新（贺海峰，2011）。"《中共中央关于制定"十二五"规划的建议》中强调："更加重视改革顶层设计和总体规划，明确改革优先顺序和重点任务。""十三五"规划提出调结构、转方式、促创新，顶层设计的改革思路更加凸显，以人民为中心的发展观更加凸显。可以说，与其将城市发展与重大项目的建构仍局限于政治经济的顶层设计范畴，不如把要实现的目标和任务推向公众、面向全社会，更多地考量社会公平、自然生态，在一种兼具基本公平与足够动力的条件下，推进我国城市未来的可持续发展建设（表3.14，表 3.15）。

表 3.14　虹桥商务区开发战略与规划建设冲突应对的策略评价

冲突领域	现象表征	有利措施	不足方面
城乡冲突	1，2	A1，A2，A3，A4，A5，A6	B1，B2，B3，B4
新旧冲突	3	A2，A4，A6	B4，B5
环境与资源危机	—	—	—
公私冲突	4	A1，A3，A5，A6，A7	B1，B2，B4
全球与本土碰撞	5，6	A2，A6，A7	B1，B5
策略集合	1. 大规模的城市用地开发 2. 交通与城市功能与土地之间，各交通体系之间的协调性 3. 再格式化的建设推进模式 4. 经济与功能建设导向的"自上而下"的开发 5. 巨型工程，空间拓展的经济与资本属性 6. 空间建构缺乏本土文化特质	A1. 国家战略推进与政策激励 A2. 世界招标的规划设计推进 A3. 开发运作机制的创新 A4. 多层次、分领域的规划设计支撑与调控 A5. 系统整合的交通体系建设，地区整体的发展控制 A6. 低碳建设的价值引导与技术路径 A7. 公共参与及反馈机制有所加强	B1. 以资本和权力为主导，市民被排除于重大项目的决策体系之外 B2. 未成立实质性的专门的统一管理机构 B3. 建设开发存在于机场周边的建筑限高问题、多种交通方式可能产生的噪声、振动和污染，交通枢纽影响居住及企业单位的集聚 B4. 大规模推倒式重建的模式没有改变 B5. 空间的全球同质化，缺乏本土特色，缺乏文化传承与人文关怀

表 3.15　虹桥商务区开发战略与规划建设的冲突特征及影响考察

冲突领域	冲突发展的主要特征		冲突表现		冲突影响
	阶段 3（2006—2015）	编号	因素构成		阶段 3
城乡冲突	新区建设与政策的积极推进实效明显，但区域的整合建设、消除城乡二元结构仍面临严峻形势	1	城乡争地		—
		2	规划管理及政策差异		√
		3	交通模式与交通问题		√
		4	收入及社会服务差异		—
新旧冲突	大规模推倒式建设的模式没有改变，存在空间的全球同质化倾向，而新区建设的社会经济考量更趋深入而多元	5	城市年轮的断裂		—
		6	空间的极化生产		√
		7	场所社会性的遗失		√
		8	公共空间的"失落"		√
环境及资源危机	—	9	城市生态失衡		—
		10	环境污染严重		—
		11	能源约束与高消耗		—
		12	设施建设与管理薄弱		—
公私冲突	政治经济战略的强势推进，市民则仍被排除于重大项目的决策体系之外，制度体系亟待健全	13	公权的扩张与滥用		√
		14	公私关系的失衡		—
		15	"空间正义"的缺失		√
		16	住房保障及公共服务不健全		—
全球与本土碰撞	资本、市场、稀缺资源竞争不断加剧，重大战略举措的社会影响性、全球联动性日趋强化	17	空间极度"资本化"		√
		18	城市空间趋于同质		√
		19	重大事件的触媒效应		√
		20	全球化视域下的治理模式变革		√

上海世博会与"后世博"图景：全球语境下的本土谋划

享有"经济、科技、文化领域内的奥林匹克省会"美誉的世界博览会（简称"世博会"），是历史悠久并影响巨大的国际性大型展示博览活动。世博会举办前所在地区基础设施的更新，举办期间对周围地块经济和城市发展的带动，以及举办后场地功能的转换、设施的重新定位等，都将会对城市发展的总体功能和空间结构、地区的城市更新和周围环境的改善等产生重大影响，从而成为各个举办城市进行大规模建设、推动城市再城市化的催化剂（郑时龄，2006）。而全球背景下的今天，作为城市竞争力的标志，这种大型活动有利于提升国际形象、增强集聚辐射、扩大内需、推进科技创新、提升城市文明、影响城市的未来发展目标的动力，从而构成了提升软实力和竞争力的加速器、实现科学发展的助推器。尤其，自第二次世界大战结束后，1958 年布鲁塞尔世博会开始，世博会场馆的规划思想产生了根本性的转变，展区规划开始强调与城市规划发展相互协调，并日趋增多地关注展区的再生利用问题。世界的发展也随着冷战时期的结束开始趋于多元，对未来发展的关注愈加凸显，世博会开始以一种全新的思路和方法筹划和运作。在今天，现代世博会在构成城市发展动力源的同时，也正日渐增多地成为城市可持续发展原则及策略的重要体现（表 3.16）。

2010 上海世博会的举办权则早在 2002 年就已获得。此后，国内外专家、学者就世博会规划设计进行的国际研讨、世博会办博规划方案征集，2004 年《2010 年上海世博会规划方案》的审议通过，总体规划方案不断深化和完善，2005 年《中国 2010 年上海世博会总体规划方案》编制完成，以及《中国 2010 年上海世博会规划区控制性详细规划（第 2 版）》获得原则同意等，这些规划

设计及社会行动举措的大力推进，进一步保障和激发了 2010 上海世博会低碳导向、生态落点的发生发展。随着 2006 年《中国 2010 年上海世博会园区城市设计》的编制完成，世博园区工程建设随即正式开始，外滩综合改造工程在 2007 年启动，以及《中国 2010 年上海世博会规划区控制性详细规划（第 3 版）》于 2008 年 8 月编制完成，2010 年上海世博会的实践建设在多元冲突的作用交织下，得以在创新模式中顺利推展。随着上海世博会永久性建筑"一轴四馆"和世博配套工程项目的全部竣工，2010 年 5 月，上海世博会正式开放。此后，徐汇滨江一期竣工；上海世博会地区后续利用规划也于 2011 年 3 月公示——上海"后世博"时代的城市发展也借由后世博的规划导引与社会构想，试图呈现出一种更趋"整体开放、系统整合、变危为机、共建和谐"的未来图景。

然而，尽管上海早已经实现了从一个特大工业中心城市向国际性多功能中心城市的转变，但是也只是转变的第一阶段，而一个城市的持续发展活力取决于自身功能组合的动态更新能力。上海新时期的城市转型也亟待建立以现代服务业为主的服务型城市。上海城市规划总体布局多年来也正是面向这一转型目标而运筹推展。2010 上海世博会及"后世博"建构图景，正是试图在上海当前城市转型过程中，作为重大事件与创新载体来促进城市空间重构、带动区域联动，并为城市发展提供动力、突破制度束缚的现实路径可能（图 3.36）。

结构上的支点——世博会的生态谋略与本土践行

世博会由于是由国家政府申办承办，为了成功举办，并对城市的发展产生外推作用，促进城市能级提升与空间优化，其选址往往得到政府的大力支持和政策倾斜。这也促使世博会的选址成为对承办城市的发展产生外部突发性动力、构成跨越式提升的重大因素。值得注意的是，作为具有重大激发作用的城市事件，世博会虽然可以成为城市建设的催化剂，并通过调动各方面资源和能动性，实现在常规政策手段下不可能实施的一些大型项目建设，但并非所有事件都会给城市发展带来良性作用，缺少

表 3.16　世博会促进城市发展的有利策略考察

名称	主要策略	核心价值
1867、1878、1889 和 1900 年巴黎世博会	成为巴黎城市建设的重要机遇，尤其是塞纳河沿岸的发展被渐进地结合起来，共同奠定了巴黎西部地区的基本城市结构，并留下了一些标志性建筑	奠定城市格局
1873 年奥地利维也纳万国博览会	1. 试图利用举办世博会的时机，对旧城区建筑大举实施改造，拆去城壁，打通市中心与郊外的联系 2. 已开始注重建筑的功能与美观结合，强调建筑的整体魅力 3. 洪水灾害、流行病、经济灾害、经营者投机等直接影响了世博会运行	结合旧区改造
1958 年布鲁塞尔世博会	场馆现场的后续利用首先得到了确定，一些永久性展馆被有计划地保留	场馆及场址后续利用
1962 年西雅图世博会	为了推动城市旧区的改造而举办。在此之后，美国利用举办世博会之机为城市旧区改造和基础设施建设筹集资金变成了惯例	促进旧区改造
1970 年大阪万国博览会	在世博会场址的基础上形成了如今的世博公园，包括日本庭院、自然文化园区、体育设施、游乐设施和服务设施，该届世博会带动了日本"关西经济带"的形成	场馆及场址的后续利用
1986 年加拿大温哥华世博会	加拿大展馆是沿海修筑的建筑群，包括会展中心和巡航船码头设施，得到了保留利用，并在世博会结束后明显促进了当地发展的旅游经济	场馆及场址的后续利用
1990 年大阪万国花卉博览会	早在五年前其场馆规划就与其周边的新城规划同步推进，展区的轨道交通与新城的交通体系相互衔接，会后若干展区规划改造成为与新城相融合的公园	场馆及场址的后续利用
1992 年西班牙塞维利亚世博会	1. 成为推动西班牙南部区域经济发展重要的政策工具，75% 以上建筑保留 2. 世博会闭幕之际，卡图哈岛的未来发展计划也拉开了序幕，以充分利用世博会提供的基础设施和其他机遇，推动区域和城市的现代化进程 3. 通过大规模的公共投资，城市基础设施水平显著提高，就业岗位增加，西班牙南北区域间的发展差距也有效缩小	推动城市复兴
1992 年意大利热那亚世博会	1. 目标是重新组合城市和具有历史意义的港口，使其重新成为城市的一部分 2. 自 20 世纪 80 年代中开始，逐渐将港口区改建为港口公园，并向公众开放 3. 通过新增公共场所和设施将港口区变身为城市生活的核心，重新连接城市与海洋	促进旧区改造
1993 年韩国大田世博会	推动了韩国经济的第二次腾飞	经济文化的飞跃发展
1998 年葡萄牙里斯本世博会	1. 与城市区域规划结合促进河岸土地的更新，推进城市东部地区的重新开放，并提供长达 5 km 的优美滨水景观，提升商业的发展 2. 建造的场馆和高速公路都强调以人为本，重建地区的交通条件、基础设施、环境品质和公共设施等都得到了根本性改善，实质性地推进了城市复兴	推动城市复兴
2000 年德国汉诺威世博会	1. 充分利用区域内原有的展会设施，是世博会历史上第一次利用既有设施，体现了与其主题相关的可持续理念 2. 使汉诺威的展会设施得到扩充和完善，促进了相关的机场、高速公路等城市基础设施的大规模建设，显著提升了城市知名度和吸引力，产生了国家税收和就业岗位上的积极效应	推动城市复兴
2005 年日本爱知世博会	尊重自然再造自然——日本世博会场地的后续利用	推动城市复兴
2010 年上海世博会	1. 通过政府投资土地储备的方式将原有城市功能整体搬迁，将城市的更新和世博会的举办紧密结合起来考虑，注重场馆、公共空间等的后续利用 2. 世博会后永久保留部分标志性建筑	场馆及场址的后续利用；推动城市复兴
2015 年米兰世博会	1. 世博会主题是"滋养地球，生命之源"，被誉为加速意大利经济复苏的一针强心剂，《米兰宪章》则是本届世博会留给世人的一笔精神财富 2. 后续计划利用面积 100 万 m^2、后期效益超过上百亿欧元的世博园整块地块，建设世界级科研中心	推动城市复兴

	阶段 1（1990—1998）	阶段 2（1999—2005）	阶段 3（2006—2015）
运作背景	利用土地级差效应，吸引外资，积极向市场化运作转型，经济体制、土地使用制度、住房制度改革全方位启动。 资金来源：开发商 实施主体：政府、开发商 运作方式：自上而下	市场经济下，进一步吸引外资；城乡统筹；制度改革力度进一步加大，加强文化与环境保护；开展小规模渐进式开发。 资金来源：投资多元化 实施主体：政府扶持、企业运作、市民参与 运作方式：自上而下与自下而上	"两个中心"战略启动，创新驱动与转型发展；城乡一体化加速；制度改革深化完善，寻求机制创新。
规划设计与实践推进		1999 年 12 月 8 日，中国政府正式宣布支持上海申办 2010 年世博会； 2000 年 6 月，上海市政府成立 2010 年上海世博会申办工作领导小组； 2000 年 10 月—11 月，举办以"2010 年上海世博会"为主题的"国际城市规划设计竞赛暨研讨会"； 2001 年 5 月 2 日，中国递交举办 2010 年上海世博会的申请书； 2001 年，第一轮世博会规划国际方案征集活动； 2002 年 12 月 3 日，中国上海获得了 2010 年世博会的举办权； 2004 年 4 月，邀请 150 多位国内外专家、学者举行世博会规划设计国际研讨会； 2004 年 5 月，启动世博会办博规划方案征集工作； 2004 年 7 月，进行第二轮世博会规划设计国际征集方案评审会； 2004 年 11 月，《2010 年上海世博会规划方案》审议通过； 2004 年 12 月，总体规划方案深化和完善，同时还开展了 18 项专业技术研究，为控制性详细规划的编制和主要项目的招标做好基础工作； 2005 年 4 月，总体规划工作组正式编制完成《中国 2010 年上海世博会总体规划方案》成果，上报市政府审批； 2005 年 8 月，《中国 2010 年上海世博会规划区控制性详细规划（第 2 版）》编制完成，10 月获上海市人民政府原则同意。	2006 年 7 月，《中国 2010 年上海世博会园区城市设计》编制完成； 2006 年 8 月 19 日，世博园区工程建设正式开始； 2006 年 11 月 15 日，世博会总体规划方案全面披露； 2007 年 8 月 18 日，外滩综合改造工程启动； 2008 年 1 月 22 日，世博园区浦西区域的首批道路和泵站等配套设施开工，浦西工程建设实质性启动； 2008 年 8 月，《中国 2010 年上海世博会规划区控制性详细规划（第 3 版）》编制完成； 2009 年 9 月，总平面图不断及时更新，共完成 118 份世博会展馆规划设计文件； 2010 年 3 月 28 日，外滩重新开放； 2010 年 3 月，永久性建筑"一轴四馆"全面竣工； 2010 年 4 月 15 日，包括八大类 60 个项目的所有世博配套工程项目全部竣工并全面投入使用； 2010 年 4 月，徐汇滨江一期竣工； 2010 年 5 月 1 日，世博会开幕，利用了 LED、微风发电、太阳能系统等低碳技术的徐汇滨江作为上海第八个低碳发展区开放； 2011 年 3 月，《上海世博会地区后续利用规划》公示； 2011 年 5 月，世博会地区 B 片区控制性详细规划（公众参与规划草案）公示；9 月，世博会地区 A 片区控制性详细规划（公众参与规划草案）公示。
阶段特征		强势楔入与规划推演，加速了城市更新进程	规划完成与实践建设，探索资源整合和后续价值可能

图 3.36 上海世博会及"后世博"案例的阶段发展考察

对于城市本身发展的战略的、长远的、全方位的考虑，也可能会对城市的发展产生负面影响。正如吴志强指出，城市的发展过程是由内部经常性动力构成的底线增长和由外部突发性动力构成的跨越提升组成的。世博会场址比较选择的过程，应对社会进行整合性的衡量。除了要考虑与博览主题呼应等因素外，更应充分结合城市空间的整体发展战略，将其融入作为整体发展中的一个环节，并成为型构未来内力助推的起爆器（图3.37）。

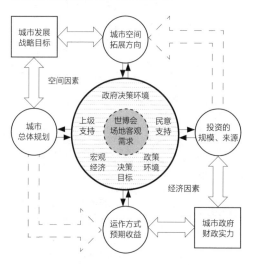

图3.37　世博会场地区位选址决策模型

2010上海世博会从开始考虑申办之处，就已开始进行可行性研究[1]，试图借鉴以往世博会的重要经验和建构策略，将城市的更新和世博会的举办结合起来，使世博会成为城市更新进程的动力，并促进城市在世博会结束后持续发展的可能（郑时龄，2006）。上海世博会场址（图3.38）与城市中心区相距大约5 km，交通条件十分优越。规划总用地面积为5.28 km²，其中，浦东部分为3.93 km²，浦西部分为1.35 km²。世博会选址于该区域，一方面，有利于市民参观，并有助于更好地体现该场址及周边地区所具备的特质和内涵。其场址及周边地区所具备的特质和内涵，浓缩了上海城市人文的空间发展轨迹和精神实质，集中反映了几百年来上海城市的发展历程。规划区域是中国近代工业的发祥地，其北侧的老城厢历史风貌保护区体现的则是中国江南城市的遗韵，外滩集中记载了20世纪初十里洋场的繁华与荣耀，陆家嘴金融中心则是20世纪90年代以来上海崛起和繁华的见证。此外，较好的道路交通条件也有利于世博会的后续使用。另一方面，规划用地将城市工业污染区和大片简陋民居的成片搬迁改造纳入进来——其中浦东片区内的规划控制区域就有17家工厂企业和约8 500户居民，有严重的污染源、棚户区和建

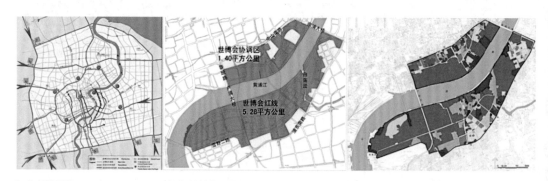

（a）场地区位　　　　　　（b）规划范围图　　　　　　（c）土地利用现状

图3.38　上海世博会区位及基地概况

1　在2000年举办的以"2010年上海世博会"为主题的"国际城市规划设计竞赛暨研讨会"中，来自14个国家26所大学的五个设计团队中，有一个团队放弃了原有设计任务给定的规划范围，发散性地将世博展馆沿着上海的母亲河黄浦江布局。这个名叫"RIVERNET"的方案反映了都市生活质量的四个方面：生态环境、社会生活、文化传统和时代精神，紧紧契合上海的城市目标和世博主题，并获"特别创意奖"。研讨会后，受"RIVERNET"方案的启发，不同于往届世博会大多选址城市郊区来进行新的土地开发，上海市政府经过审慎研究，正式决定将世博会选址在南浦大桥和卢浦大桥之间，沿着上海城区黄浦江两岸进行布局。

造质量较差的居住、工业混杂区；浦西的选址区内大约有 12 家工厂企业。为配合世博园区施工，黄浦江两岸先后共动迁了 1.8 万户生活集居的简屋，企业 200 多家。这使得世博会建设在充分利用城市原有设施的同时，也可以有效地带动旧有区域地改造。可以说，其选址有效地促进了区域的改造和功能提升，有利于城市更新和经济结构调整的有机结合。

如何通过世博会的统一规划，在上海黄浦江两岸形成新的城市公共中心，促进上海整体协调发展的关系，则构成世博会园区规划与上海市城市总体规划的一种内在联系的问题审视。以此为出发点，在不断的动态调整和深化中促成了 2010 上海世博会规划区规划最终方案的形成（图 3.39）。方案以"一轴四馆"为核心，方案提出了"园、区、片、组、团"五个层次的展览布局，并按这五个层次的布局，配备相应的公共服务设施，而南北向的景观中轴和东西向的交通中轴有序地分隔和组织着各功能区（图 3.40）。整体规划充分结合了生态、低碳等理念，包括政策引导、步行适宜、节能和绿色技术、绿化建设等多个维度。尤其，通过工厂、码头等的搬迁改造腾出大面积滨江空间，加强绿地和公共空间建设，拓展亲水岸线；涉及八大类 60 个项目的世博配套工程建设完工并投入使用，则为实施"公交优先"战略提供了基础性保障，并促进了整个区域道路通行能力的提高；首创了极富经验价值

2005 年 8 月，编制完成的控制性详细规划平面图（第 2 版）

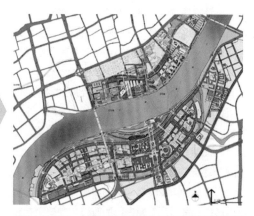

2007 年 7 月，编制完成的世博会园区城市设计平面图

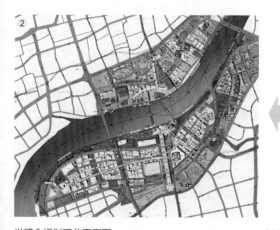

世博会规划区总平面图

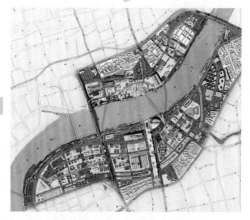

2008 年 8 月，编制完成的控制性详细规划平面图（第 3 版）

图 3.39　上海世博会规划区总平面图的规划设计演进

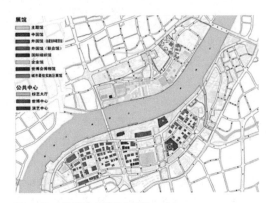

图 3.40　上海世博会场馆布局图

与推广意义的"城市最佳实践区"的展示，试图在静态的城市空间和趋势性的发展理念基础上，显示出政府依靠行政权力强化城市资源调度，规划城市发展建设及管理方面的最新理念与有益探索。事实上，也正是通过各方参与、共同努力，上海世博园区被建成为一个最大的"城市最佳实践区"。

同时，必须看到，作为重大事件本身来说，往往是有时间和空间限制的，它所起到的"强心针"的作用具有持续时间不长、缺乏可持续发展内生机制的特点，往往对城市发展形成波段式的影响，呈现出"底波率"现象（吴志强，2008）。2010 上海世博会在促进上海城市社会经济迅速发展的同时，也给上海城市发展带来了消费能力的透支，基础设施超常规发展，同期进行的改造与整修也存在"治外不治内"、表里不一的现象等。无论如何，对上海的未来发展而言，世博会的 7 300 万观众，世博会举办前的过去九年里借这一盛事所实现的大规模拆迁和交通建设，以及由此对上海 GDP 的拉动已成往事。带着对未来发展图景的憧憬、畅想乃至疑惑，如何把世博会综合展示的先进发展理念与上海未来城市的发展转型更为有效地结合，促成可持续模式的本土转化、后续利用图景的现实实践，则构成了"后世博"时代具有重要战略意义的重要任务。

契合性的推演——后世博的规划构想与社会面向

世博会筹办和举办期间形成了大量有形和无形的可持续空间建构资源，包括设施载体、科技因素、管理运营机制、先进发展理念等。其中，首先，设施载体包括土地资源、场馆资源、公共服务设施资源、生态景观资源。其次，科技因素。世博会展示和应用了多项科技成果，有利于上海进一步聚焦新兴产业发展方向、明确新兴技术的重点领域。世博会参加建设、运营、展示的新兴产业企业资源，也将对上海未来招商引资、新兴产业市场培育及其加速发展，产生重要的推动作用。其三，管理运营机制。为应对空前规模的基础设施建设、浦江两岸的综合空间规划、7 000 万来自国内外的人口流动所带来的城市管理压力，上海在城市协调管理、交通组织、安全管理、区域协调发展、城市国际化等方面，均开展了一系列体制机制创新与政策先行先试，有利于创新制度架设。其四，上海世博会试图全面展示低碳城市的发展理念与建设路径，深刻思考现代城市的内涵。

对这些软、硬资源进行系统的梳理和总结，研究如何充分挖掘资源潜力、提升后续价值，则构成了"后世博"价值延续、加快发展转型的重要内容。在今天，世博会后续效应正得到日益深化的认识和越来越高的重视。从历届世博的建设实践来看，世博会的后续开发突出了三个方面的考虑：场馆的后续利用、园区的功能定位、园区与城市发展目标的高度契合。其中各国和城市政府在主导园区二次开发规划制定、二次开发与城市规划协调调整、园区后续开发及世博科技推广应用等方面往往都发挥重要的主导作用。后世博开发建设在一定程度上也可以理解为城市政府推动的，投资巨大而且对城市影响深远的城市更新项目。

2005 年 12 月通过的《中国 2010 年上海世博会注册报告》提出"世博会后续利用包括三个层次：场馆的后续利用；土地的再次开发；新增城市基础设施和服务设施继续发挥后续效用"（图 3.41）。2011 年 3 月《世博地区后续利用规划方案》的公布（图 3.42），指出世博会地区后续建设要着重于公共性特征，紧紧围绕顶级国际交流核心

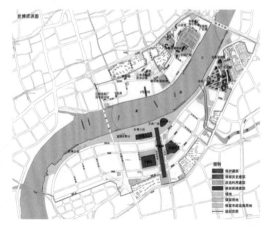

图 3.41　世博资源图

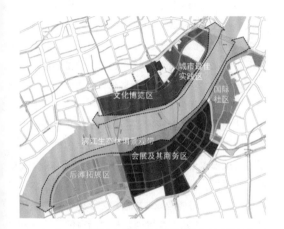

图 3.42　世博会地区后续利用结构规划功能结构图

表 3.17　2010 年上海世博会后续利用规划建设开发时序

A. 前期规划与审批（2008—2010）	
2008 年	完成后续利用开发项目总体规划并报相关部门审批
2009—2010 年	完成详细规划阶段工作，并完成项目可行性研究报告审批
B. 单体项目设计阶段工作和局部地块临时性建筑拆除工作（2010—2012）	
C. 主要工程建设（2012—2020）	
2012—2020 年	全面建设主要工程项目
2020 年	完成主要工程项目建设

世博公园及沿江绿地已经构成了滨江生态休闲景观带，"一轴四馆"则采用了地源热泵、太阳能以及遮阳系统等多种节能技术，将来世博会地区则将继续低碳节能的可持续发展理念。后世博的开发建设运作，则是由世博发展集团负责世博地区开发项目的现场管理和服务，代表政府负责地下空间和地面公共空间的"统一规划、统一设计、统一建设、统一管理"。

此外，在 2011 年 1 月的上海市政协专题会议上，时任上海市长的韩正透露，世博园区地块将会集中发展文博、会展产业，而非聚焦住宅建设。这意味着世博园区作为市中心最大的一块储备开发土地，其后续建设将和城市经济转型及城市规划密切关联。以 2011 年 10 月世博 B 片区 10 幅地块在上海市规土局网上公开出让为标志，世博后续的开发建设正式全面启动。此时，如何避免开发过程中的行动失误，成了人们新的关注点。在陈信康（上海财经大学世博经济研究院院长）看来，以片为中心单个逐步开发的世博园区，如果不能很好地

功能[1] 进行建设，世博会地区也将继续低碳节能的可持续发展理念，也在本质上促使这一地区成为了上海率先转变发展方式的实践区和示范区（表 3.17）。其规划用地总面积约 6.68 km²，包括世博会范围及 1.4 km² 的协调区，"五区一带"的功能构成也得以确定——浦东会展商务区、后滩拓展区、浦西文化博览区、国际社区、城市最佳实践区及沿江生态休闲景观的布局结构；提出注重核心功能的引导，促进配套功能的完善，塑造与主导功能相适应的特色空间环境。为进一步优化完善方案，在规划编制过程中，以明晰总体框架与目标为前提，还广泛听取了专家与社会各界的意见。从目前来看，五区一带的功能定位已经明确，后滩公园、

1　对比 2005 年《中国 2010 年上海世博会注册报告》中的功能布局，可以发现，适应上海城市整体功能规划和新时期转型发展的需求，世博会地区后续建设的核心功能已经由"国际贸易"转为"顶级国际交流"，而辅助功能中原有的贸易一项也去除。

衔接和呼应各个片区的建设，则会影响整个地区的发展效益。后世博时代的上海城市发展还面临另一个大问题，那就是经济下滑风险可能带来的转变以及房地产可能的冬天来临——在多年来始终保持两位数高速增长的情况下，上海已积累较大的总量规模，原有的大开放带来大合资、大投资、大规模建设的土地开发利用模式已难以为继，未来必须打造新的动力格局。这也需要世博会后续利用规划和有效的制度建构与配合。

可以发现，"后世博"时代首先具有的是政府主导下对低碳环境科技的大规模示范应用而衍生出来的一种政治经济态势。这种效应的力度和强度亟须转化为一种安全化、政治化的长效机制来对有益模式进行延续和扩展。无论是财政拨出与支撑，还是重大工程项目的推进、核心政策的制定，当前在我国，尤其是上海这样的特大城市，政治引领的方向、顶层设计的考量显然构成了必不可少的，甚至是起决定作用的施动因素；其次，先进理念的贯彻得以有机会逐步融合进城市的发展思路之中，以一种理念型、创新性的建构为城市发展加入新的助推力；再者，绿色经济方面的提倡与促进直接影响了城市转型发展进程中的功能布局与产业落点，构成城市发展变革的一种转型化、技术性动力；此外，任何长效机制建设都离不开人的参与。上海世博会期间基于环境领域制度化的参与仍然局限于顾问、专家、学者和咨询机构。因此，未来还应关注如何将世博会所承担的战略责任转换为可持续的实际成效，提升对社会中间组织的培养、制度化参与的总体水平，促进制度性、协同型的动力建构。

上海世博会及"后世博"视域的空间建构策略分析

在现实中，以利益为先导的城市拓展及更新模式，建设时序必然是由成本和收益所决定。随着城市空间的高速拓展，城市边缘地区的总长度和总面积往往不断扩大，而中心城区的土地级差效应不再明显，城市更新的动力机制逐渐丧失活力。2010上海世博会建设开发的最初，这种发展困境尤其突出。上海世博会的建设侧重生态建构及其多元效应，注重历史遗产与文化资源的保护，尤其是通过政府投资土地储备的方式将原有城市功能整体搬迁，将城市的更新和世博会的举办紧密结合起来考虑，并取得了初步的建设成效。同时，2010上海世博会的现实运作，强调了后续利用的模式探索与本土发展机制的建构，在全球语境下对"后世博"时代的规划与发展面向做出引导。值得强调的是，与城市本土的发展阶段和要解决的核心冲突关联起来考虑，则使一种内在的可持续性得以运营，促使世博会有可能构成城市自身更新进程的助力及动力。表3.18对上海世博会与"后世博"建设进程中冲突应对的具体化策略进行了汇总列举，表3.19则对其间所体现出的对主要相关领域的冲突特征及影响进行了总结考察。

表 3.18　2010 上海世博会与"后世博"建设进程中冲突应对的策略评价

冲突领域	现象表征	有利措施	不足方面
城乡冲突	—	—	—
新旧冲突	1, 2, 3	A1, A2, A3, A4, A5, A6, A7, A8, A9, A10	B1, B2, B3
环境与资源危机	3, 4, 5	A1, A2, A3, A4, A5, A7, A8	B2, B4, B5
公私冲突	2, 3, 6	A1, A2, A3, A4, A5, A6, A7, A8, A9	B2, B3
全球与本土碰撞	7, 8, 9, 10	A4, A5, A6, A7, A8, A9, A10	B2, B3, B5

（续表）

冲突领域	现象表征	有利措施	不足方面
策略集合	1. 属于"拼贴"的城市开发范畴，容易出现城市开发的"碎片化" 2. 规划场地面临功能转型，区域活力与社会功能亟待激活 3. 以工业和码头仓储为主的功能布局占据土地和岸线资源，重大项目的建设将耗费大量资源，对生态环境的影响加剧，现实的搬迁改造还存在区域和土地权属的限制 4. 现有基础设施建设薄弱 5. 区域环境品质明显改善 6. 面临公共服务体系建设的重大挑战，涉及公共交通、公共空间、城市安全、犯罪预防等多个方面 7. 经济全球化背景之下大规模城市更新建设 8. 面临全球语境下地方文化的发掘与再构 9. 乘数效应的负面影响，底波率现象 10. 治理模式变革中的约制与分歧	A1. 通过工厂、码头等的搬迁改造腾出大面积滨江空间，加强绿地和公共空间建设，拓展亲水岸线 A2. 大规模基础设施建设的有效促进 A3. 分步实施的战略 A4. 多层次、分领域的规划设计支撑与调控 A5. 生态建构与多元效应 A6. 建立了实质性的起决策作用的组织管理机构 A7. 市、区联手动迁，多渠道融资的方式，多元化的实施运作机制 A8. 发展理念与发展模式的创新 A9. 后续利用的强调与机制建构 A10. 历史遗产与文化资源的保护战略	B1. 区域整合，未来的时序衔接，功能转型未来的全面推展也有待验证 B2. 更为集约紧凑、社会包容的土地再开发利用模式的探索 B3. 公共利益的保障机制，权力、资本的约束机制，仍亟待健全 B4. 环境与生态建设仍待从内涵建构上不断加强 B5. 生态可持续技术的转化利用与社会契合路径的探索有待推进

表 3.19　2010 上海世博会与"后世博"建设的冲突特征及影响考察

冲突领域	冲突发展的主要特征		冲突表现		冲突影响	
	阶段 2（1999—2005）	阶段 3（2006—2015）	编号	因素构成	阶段 2	阶段 3
城乡冲突	—	—	1	城乡争地	—	—
			2	规划管理及政策差异	—	—
			3	交通模式与交通问题	—	—
			4	收入及社会服务差异	—	—
新旧冲突	改造目标开始更多地与文化、生态及社会需求相结合	一系列保障条例、实施意见开始发挥实效，上海世博会建设实践的促进，但社会分化、利益冲突等导致局部冲突激化	5	城市年轮的断裂	—	—
			6	空间的极化生产	√	√
			7	场所社会性的遗失	√	√
			8	公共空间的"失落"		
环境及资源危机	环境质量大大改善，滨水生活空间拓展，但重大项目的建设将耗费大量资源	城市功能转型，法规日益健全，"低碳"创新的发展理念，但相联系的冲突问题增多，整体约束趋紧	9	城市生态失衡	—	—
			10	环境污染严重	√	√
			11	能源约束与高消耗	√	√
			12	设施建设与管理薄弱	—	—

（续表）

冲突领域	冲突发展的主要特征		编号	冲突表现	冲突影响	
	阶段 2 （1999—2005）	阶段 3 （2006—2015）		因素构成	阶段 2	阶段 3
公私冲突	面临公共服务体系建设的重大挑战，涉及公共交通、公共空间、城市安全、犯罪预防等多个方面；市民仍被排除于重大项目的决策体系之外		13	公权的扩张与滥用	√	—
			14	公私关系的失衡	—	—
			15	"空间正义"的缺失	—	—
			16	住房保障及公共服务不健全	—	—
全球与本土碰撞	处于世界经济格局大调整和作为经济全球化背景之下大规模城市更新建设，面临全球语境下地方文化的发掘与再构，也面临生态危机及冲突事件的全球联动，激发治理模式变革中的约制与分歧		17	空间极度"资本化"	√	√
			18	城市空间趋于同质	√	√
			19	重大事件的触媒效应	√	√
			20	全球化视域下的治理模式变革	√	√

第四部分 社会行动：四个社会事件主题

彰显一种视野转换下建构模式的行动应答与联动途径，聚焦"快速城市化进程中的新区开发、旧区改造与文化复兴、宜居环境与生态建设、促进社会和谐的本土治理"四个主题，展开可持续城市设计的社会行动策略研究。

快速城市化进程中的新区开发

当今世界已进入城市化高速发展的时代，城市布局不断优化，城市功能不断扩大。城市新区的发展也不断涌现，并已构成激发社会变革和促进转型发展的重要方式和有效路径。改革开放以来，上海浦东新区、天津滨海新区的开发建设都是积极融入经济全球化、应对激烈的区域竞争、大力推动经济发展的战略实践。上海浦东新区作为中国政治经济发展的试验品，在 20 世纪 90 年代作为新兴城市地区迅速崛起。之后我国进入了城市高速发展的新时期。这时，地域空间结构的变化在大城市尤为显著，单中心的发展模式已很难适应快速城市化进程，开始由向心聚集向离心分散转向，其周边开始涌现出了许多新城。

与此同时，三农问题作为 20 世纪 90 年代影响我国经济社会发展的重大问题，日趋增多地得到重视并被写入中央文件。然而，从 1997 年起，城乡居民收入差距开始不断扩大，农民收入也再次步入低速度增长的循环。在这一发展背景下，城乡一体化成为我国 21 世纪的重大发展目标和战略方针，城乡统筹的思路也逐渐形成，并体现在一系列中央一号文件中。与之相应的，随着 20 世纪 90 年代上海郊区发展后劲不足，经济增速呈下降趋势，城镇建设面临诸多问题；同时，为了将疏解中心城区压力与旧城改造相结合，新城建设拉开序幕，2001 年 "一城九镇" 计划正式启动。此后上海郊区的不断发展促使整个大都市地区进行结构重组。城市功能结构调整和中心城区 "退二进三" 的土地结构调整，也使得这一时期工业职能外迁、人口向近郊区扩散、城市建设重心向郊区转移。

随着上海国际航运中心建设取得了阶段性成果，2006 年上海提出《上海国际金融中心建设 "十一五" 规划》。而在此后美国次贷危机最终引发了波及全球的金融危机，这对全球经济稳定健康发展造成了严重的冲击，对我国经济平稳较快发展也构成了严峻的挑战。相应的，2008 年上海开始积极推进两个中心的建设进程，并随着 2009 年《关于推进上海加快发展现代服务业和先进制造业、建设国际金融中心和国际航运中心的意见》的审议通过而取得了实质性进展。虹桥综合交通枢纽于 2008 年开工建设，"大虹桥" 的概念随之快速发酵，并发展到涵盖产业、空间、结构、布局多层面整合的意义。虹桥商务区的整体架构在 2009 年 9 月得以首次正式公布，明晰了一个着重落于闵行、长宁两区的国际贸易中心蓝图，构成了上海在新时期积极推动结构调整、应对国际金融危机冲击和自身发展转型挑战的新区建设重要举措（图 4.1）。

上述新区实践演进中的策略动因的把握，离不开对不同发展阶段的上海新区开发的社会行动考察。正如本书所强调的，涉及社会主体行动的相互关联性和公共一致性的考量、政策工具选择及运用中的社会经济环境因素考量及实践行动的再生产过程中社会合作与社会秩序的整合重构——"有组织的空间结构本身并不具有自身独立建构和转化的规律，它也不是社会生产关系中阶级结构的一种简单表示。相反，它代表了对整个生产关系组成成分的辩证限定，这种关系同时是社会的又是空间的"（爱德华·苏贾，1980）。

中国政治经济发展的投影——浦东

"空间是政治的。排除了意识形态或政治，空间就不是科学的对象，空间从来就是政治的和策略的……空间，它看起来同质，看起来完全像我们所调查的那样是纯客观形式，但它却是社会的产物"（列斐伏尔，1977）。上海浦东新区的发展历程见证了这一事实，20 世纪 70 年代末，中国开始了改革开放的历程，中国经济开始融入世界经济体系。20 世纪 80 年代末开始，中国则开始从中央计划经济体制向现代市场经济体制的转型，与此同时，世界经济出现了新一轮的全球化浪潮，世界生产和金融国际化向发展中及新兴工业化国家的其他地区全面转移，而外资开始大规模进入中

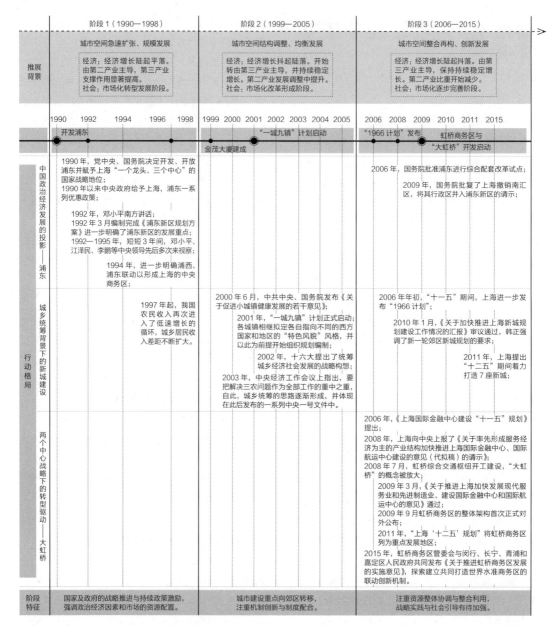

图 4.1　上海新区开发事件的冲突发展脉络梳理

国。从 1986 年开始，开发浦东的理念开始不断加强 [1]，并在党的十四大报告中作为国家战略得到明确，进而促成了陆家嘴金融中心的发展与浦西地区的再开发，成为振兴上海经济和重建上海中央商务区的重大决策。1992 年 3 月编制完成的《浦东新区规划方案》则进一步明确了浦东新区的发展重点，涉及住宅区、道路交通、工业等 30 多项规

1　1986 年 10 月，国务院在对《上海市城市总体规划方案》（1984—2000）的批复中指出："有计划地建设和改造浦东地区。" 1986—1988 年多次召开国际性研讨会探讨上海和浦东的开发。1990 年，邓小平在视察上海时指出，开发浦东不只是浦东的问题，而是关系上海发展的问题，是利用上海这个基地发展长江三角洲和长江流域的问题；并在 3 月提出"上海是我们的王牌，把上海搞起来是一条捷径""相信上海能够后来居上"。中央在 1990 年 4 月做出开发、开放浦东的重大决策，赋予上海"一个龙头、三个中心"的国家战略地位。

划，并明确提出重点发展黄浦江沿江南北轴线、长江口南岸从外高桥港区到浦东国际航空港的滨江地带和从陆家嘴中心经花木至张江的中心城东西发展轴延伸，使浦东成为外向型、多功能、现代化的新区。

1992 年邓小平的南方谈话，则使上海浦东建设进入新一轮高潮。也正是在这一年，中国国内生产总值的增长达到了前所未有的 12.8%，中国的经济增长率开始一直高居世界首位。20 世纪 90 年代 10 年间，浦东的 GDP 增长了 13.3 倍，年均增长 21.3%，浦东新区 GDP 占上海全市的比重上升到 19.8%。从今天来看，也正是浦东开发带动了 20 世纪 90 年代以来整个上海的经济建设、房地产开发和住宅建设，使得上海成为中国社会主义市场经济的热土，促使上海经济的发展进入了高速发展增长期，对全国的经济建设产生了举足轻重的影响。在 1992—1995 年短短 3 年间，多位中央领导先后多次视察浦东和上海，不仅向世界显示了中国开发、开放浦东决心的不可动摇，加强了投资者尤其是海外投资者的信心；同时也向地方政府显示出中央对浦东开发、开放的重视程度，以鼓励地方工作开展。此外，在项目实施过程中不断为新出现的问题提供解决方法，从中央政府到上海政府制定了一系列的特殊政策和行政规定，也切实地保障了浦东开发的顺利进行（表 4.1）；党的十五大、十六大报告也相继提出，浦东要在体制创新、产业升级、扩大开放等方面走在前列，发挥对全国的示范、辐射和带动作用。作为国家战略实施的浦东开发，彰显了在经济全球化趋势下，自上而下从中央政府到各级地方政府的积极取向，以及上海加入世界经济一体化的主动态度。

从相反的视角来审视，上海也正是以浦东的开发开放为契机，通过开发机制创新与制度突破，来促进和保障上海经济的快速发展；这些举动反过来又推动了上海的改造，从而形成了一种正反馈效应，具体可以从以下四个方面来认识。

第一，国家土地法律制度的根本性变革。 1988 年，国家修正《中华人民共和国宪法》，规定土地产权属国家所有，但土地使用权可以根据土地使用性质有偿转让。同年在上海虹桥经济开发区成功地进行了上海第一块土地使用权转让的公开招标，此后土地批租成为浦东乃至上海筹措开发建设资金的重要手段之一。

第二，政府功能的根本性转变。 政府支持与市场化开发是浦东开发建设的基础。浦东新区政府从一开始就改变由政府直接运作管理经济开发区的旧模式，将企业运作和城市开发进行了很好的结合，如组建国资占控股地位的陆家嘴公司，受政府委托全面承担区域开发建设和管理的职能。

第三，市场开发机制的根本性变化。 在开发过程中，改变原有以国家开发公司一家为主的开发组织模式，结合现代企业制度改革，实行国有集团公司、上市公司和中外合资企业多种所有制形式共存的高效运营模式，并采取多种融资途径，强化资金的综合利用效力。

第四，行政管理体制架构的演变。 在 20 世纪 90 年代的浦东开发中，浦东的行政管理体制共经历了 3 次大的调整，体现为从由上而下的中央政府、上海政府的集权管理，逐步走向地区自治。

中国经济学家邹东涛提出，从广义上讲，经济发展应是一个弥补制度稀缺和矫正制度缺陷、制度创新和制度变迁不断进行的过程，而非是一个运用现行市场机制的简单过程。正是通过将计划经济转变为市场经济，使得我国实现了经济转轨，促使 GDP 拥有了强势的增长。而国家放弃了对市场资源的绝对支配，采取了市场资源配置的方式，形成了一个不断市场化的过程。有经济学家则把浦东现象归功于制度创新在"最恰当的时刻，出现在最恰当的位置"；浦东自己体制创新的作用也更得到重视。在今天，浦东新区已发展成为上海建设国际经济、金融、贸易、航运中心，带动整个长江流域地区和长江三角洲经济发展的龙头。2009 年国务院批复了上海撤销南汇区，与浦东新区进行合并的请示，专家通过分析指出，这不仅仅意味着扩展浦东地域，还进一步创造了广延制度创新及优惠政策的、重新调整产业布局的可能，有利于上海两个中心建设步伐的增速；《国务院关于推进上海加快发展现代服务业和先进制造业建设国际金融中心和

表 4.1　1990 年以来中央政府给予上海及浦东的优惠政策

时间	政策内容	备注
1990 年 3 月	1. 允许外商在新区投资第三产业 2. 允许外商在上海和新区设立外资银行 3. 在浦东保税区内，允许外国贸易机构从事仓储贸易 4. 明确批准了土地有偿转让政策，鼓励外商签订合同，开发附近土地 5. 新区获得新的财政收入将予以保留，用于浦东进一步开发	除经济特区或经济技术开发区一般条款以外的五项新规定。此时在中国的其他地方，外商从事金融、零售业和其他贸易是被禁止或限制的
1990 年 9 月	1. 在上海对外资和中外合资的金融机构实施行政管理措施 2. 对企业收入的税收减免和工商企业增值税减免的规定，以鼓励外商在上海浦东新区的投资 3. 中华人民共和国海关物流控制的措施，即个人物品进入或离开上海外高桥地区的运输手段规定	1. 国务院批准有关部委颁布 2. 财政部颁布 3. 海关总署颁布
	4. 上海市出台关于鼓励外商投资浦东新区的相关规定 5. 上海外高桥地区的相关行政管理措施 6. 上海浦东的土地管理规定 7. 上海浦东新区建设和管理的项目措施规定 8. 上海浦东新区外资企业的审批措施 9. 对上海浦东新区的产业发展和投资方向指导	上海市政府颁布
1992 年 3 月	1. 授权给上海在外高桥地区建立中资或外资仓储贸易企业的审批权 2. 授权给上海在浦东新区的国有大中型企业的进出口审批权 3. 放宽上海在浦东新区建立非工业项目的审批权 4. 同意给上海在浦东新区投资金额低于 2 亿元工业项目的审批权 5. 同意给上海发行上海的股票和债券用于浦东开发，允许全国其他地方的股票在上海交易	授权上海市政府审批投资项目的权力
	6. 允许上海每年发行 5 亿元的工业债券 7. 除了已经获得的每年 1 亿美元的贷款外，中央政府同意给上海每年 2 亿美元的低息贷款 8. 除了一般的配额外，还允许上海向上浮动 1 亿元的股票价值 9. 允许上海为外商投资者每年向上浮动 1 亿美元的 B 股价值 10. 1992 年，除了已经给 2 亿元外，中央政府再给上海 1 亿元的附加分配基金	给予上海扩大基金支持浦东开发的权力
1995 年 9 月	1. 经批准的外贸企业（有进出口经营权，年出口额在 1 亿美元以上）和自营生产企业（出口额在 2 000 万美元以上），可以授权上海市审批在新区设立子公司 2. 有代表性的国家和地区经选择可试办中外合资的外贸企业，上海市提出具体方案，外经贸部核定贸易金额和经营范围，报国务院审批 3. 外高桥保税区内保税性质商业经营活动（除零售业务以外的）可以开展，并逐步扩大服务贸易 4. 外贸银行经营人民币业务如经中央政府同意，将可在浦东试点，而其中个别的外资银行可取得优先权 5. 条件具备以后，外资金融机构在陆家嘴注册，并经中国人民银行审批，可在外高桥保税区内以及浦西设立分支机构；也可在浦东新区再设立若干保险机构（外资和中外合资） 6. 还有外资企业优惠政策、中资企业优惠政策、产品出口型和技术先进型企业优惠政策、外高桥保税区优惠政策	国务院
2002 年	出台《国家外汇管理局关于实施国内外汇贷款外汇管理方式改革的通知》（汇发 [2002]125 号）	国家部委

（续表）

时间	政策内容	备注
2002 年 7 月	《上海市鼓励外国跨国公司设立地区总部的暂行规定》（沪府发〔2002〕24 号）	上海市政府颁布
2004 年	《国家外汇管理局关于跨国公司外汇资金内部运营管理有关问题的通知》（汇发 [2004]104 号）	国家部委
2005 年 6 月	国务院正式批准浦东新区进行综合配套改革试点	—
2005 年 12 月	国家外汇管理局发布《国家外汇管理局关于推动浦东新区跨国公司外汇管理改革试点有关问题的批复》（汇复 [2005]300 号），进行政策试点	—
2006 年	1. 跨国公司外汇资金境内集中管理试点方案实施细则 2. 跨国公司借助离岸账户进行外汇资金集中管理试点方案实施细则 3. 跨国公司购汇境外放款试点方案实施细则 4. 放宽跨国公司境外放款条件限制试点方案实施细则 5. 跨国公司集中办理贸易收付汇手续试点方案实施细则 6. 跨国公司非贸易外汇管理改革试点方案实施细则 7. 放宽跨国公司进入外汇市场条件限制试点方案实施细则 8. 支持外汇产品创新试点方案实施细则 9. 跨国公司外汇资金管理方式改革试点综合评估监测实施细则	上海市针对浦东新区制定细则
2006 年 9 月	《上海海关支持浦东综合配套改革试点九项措施》	上海市海关根据国家海关总署的精神制定
2006 年 12 月	出台《关于浦东新区跨国公司外汇资金管理方式改革试点有关问题的通知》	国家部委
2007 年 12 月	国务院关于经济特区和上海浦东新区新设立高新技术企业实行过渡性税收优惠的通知	国务院
2008 年 7 月	上海市鼓励跨国公司设立地区总部的规定	上海市
2008 年 8 月	《上海市发展和改革委员会（物价局）关于进一步授予浦东新区价格管理权限的通知》（沪发改价督 [2008]009 号），进一步授予浦东新区价格管理权限	上海市
2009 年 5 月	上海《关于撤销南汇区建制将原南汇区行政区域划入浦东新区的请示》得到国务院批复，通过上海市南汇区撤销的决定，其行政区域得以并入浦东新区	国务院
2011 年	1. 国家发改委印发《关于推动上海浦东综合配套改革试点近期重点改革事项的复函》，支持上海以都市协调的方式，推动全国非证券类信托财产登记平台建设、允许居民企业开设外币离岸账户集中管理境内外资金业务、在"三港三区"开展非国内制造产品检测维修业务、制定张江自主创新示范区中央单位股权和分红激励试点方案、推进洋山保税港区启运港退税政策试点、开展融资租赁业务创新试点、开展科技金融结合试点等 7 项重点改革事项 2. 制定《陆家嘴金融城新型管理体制的方案》，引入"业界自治"原则，创建多方参与共治的陆家嘴金融管理体制和治理机制。银行、证券、保险等金融机构总量达到 689 家，各类股权投资及管理企业 691 家，全球前十位的股权投资机构有 5 家落户浦东，外资法人银行、基金管理公司、保险资产管理公司占全国一半 3. 制定关于推动浦东新区跨国公司地区总部加快发展的若干意见，关于推进张江国家自主创新示范区建设的若干意见，关于推进浦东新区"全国知识产权质押融资试点城区"的方案，关于推进本市股权托管交易市场建设的若干意见 4. 外高桥保税区成为首个国家级进口贸易促进创新示范区	1. 国家发改委 2. 上海市 3. 上海市 4. 商务部批准

国际航运中心的意见》在 2009 年 4 月正式发布，对于上海金融中心的建设也具有了不言而喻的引领作用，也为浦东新区未来的转型发展描绘出了新的图景。2009 年 8 月《上海市推进国际金融中心建设条例》的出台，则以法律形式对上海建设国际金融中心布局"一城一带"（陆家嘴金融城和的外滩金融聚集带）做了重点勾勒。之后发布的《上海市集聚金融资源加强金融服务促进金融业发展的若干规定》，则明确了"一城一带"的核心区域可以适当地向邻近地区延伸和拓展，从而进一步拓宽了金融产业的发展空间，并将此前提出的各项扶持政策措施落到了实处。

城乡统筹背景下的新城建设

20 世纪 90 年代以后，我国大城市的地域空间结构的变化显著，开始进入由向心聚集转向离心分散的转折时期。其周边开始涌现出了许多新城，以疏导大城市人口和产业、为大城市进一步发展提供拓展空间为目的，成为现代化大城市系统内部重要的功能区域。2000 年 6 月，中共中央、国务院发布的《关于促进小城镇健康发展的若干意见》指出加快城镇化进程的时机和条件已经成熟，而实施小城镇健康发展应当作为当前和今后较长时期农村改革与发展的一项重要任务；2002 年党的十六大提出了统筹城乡经济社会发展的重要战略构想；2003 年中央经济工作会议上，强调了三农问题的解决应被列为所有工作的重中之重。由此，城乡统筹的思路逐步形成与完善，而此后发布的十多个中央一号文件都对此重点体现。与此同时，始于1957 年的上海新城建设发展至 20 世纪 90 年代，出现了郊区发展后劲不足，经济增速呈下降趋势；城镇建设无起色，郊区各县自成一体，造成城镇集聚不良；郊区城市化水平低，城镇规模小，限制郊区城市化水平提高等一系列问题。为了将疏解中心城区压力与旧城改造相结合，2001 年批复的《上海市城市总体规划》（1999—2020）确定了上海市域中心城区、新城、中心镇、一般镇的四级城镇体系（图 4.2）。

据此，2001 年发展"一个新城、九个中心镇"的"一城九镇"计划正式提出，即松江区松江新城、南汇县海港新城（镇）、嘉定区安亭镇、浦东新区高桥镇、金山区枫泾镇、崇明县堡镇、闵行区浦江镇、奉贤区奉城镇、宝山区罗店镇和青浦区朱家角镇。而 2004 年 11 月发布的《关于切实推进"三个集中"，加快上海郊区发展的规划纲要》确定以中心城为主体，形成多轴、多层、多核的市域空间结构布局，提出了中心城、新城、中心镇、一般镇、中心村五个层次的城镇体系。上海市域规划提出按照"城乡一体、协调发展"的方针，以"城乡一体化、农村城市化、农业现代化、农民市民化"为总目标，切实推进"人口向城镇集中、产业向园区集中、土地向规模经营集中"的"三个集中"总战略。实际上，"一城九镇"建设的核心思想也即在于加快土地流转，促进人口和产业向城镇集中，以消除农民进城的制度性障碍，加速郊区城市化进程。其主要建设内容涉及用地制度、产业集中、人口集中三个维度。"十一五"期间，上海按照"1966 计划"，也就是"1 个中心城、9 个新城、60 个左右新市镇、600 个左右中心村"的四级城镇体系框架，重整城镇建设布局，以聚集郊区城镇的新产业，承担疏解中心城区人口的职能，促进城乡二元结构的消解。"一城九镇"这个名词则逐渐淡出了人们的视线范围（图 4.3）。由此，按照城乡统筹、协调发展的方针，形成以中心城为主体，促进"多轴、多层、多核"的市域空间布局结构的形成，成为上海这一时期重要的发展目标和导向，强调中心城突出繁荣繁华，郊区体现综合实力，郊区的功能和地位得到极大提升和飞跃。

总的来看，从 2001 年到 2006 年，"一城九镇"在五年多时间内经历了两次城镇体系的规划调整，在城市总体结构中的位置发生了一定变化，其发展规模也具有较大差异。而在此期间 10 个城镇也相继完成了不同层次的规划编制或城市设计等前期工作，至今已进入实施阶段或已部分建成，其建设也经历了一个"引进－争议－修正"的过程（王志军等，2006）。今天来看，"一城九镇"计划实际也构成了上海自 20 世纪 90 年代以来继浦

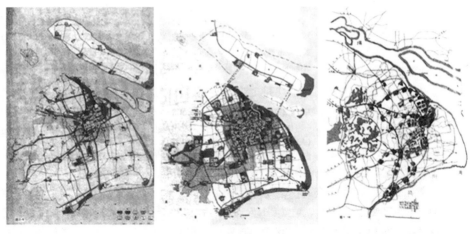

（a）1948年大上海都市计划　　（b）1958年上海区域规划　　（c）1986年上海城镇体系规划

图 4.2　上海城镇体系结构的演变

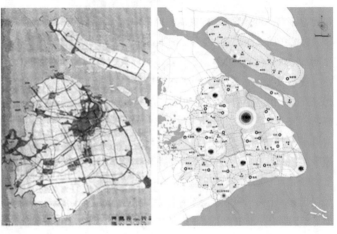

（d）2001年上海城镇体系规划　　（e）2017年上海市域城乡体系规划

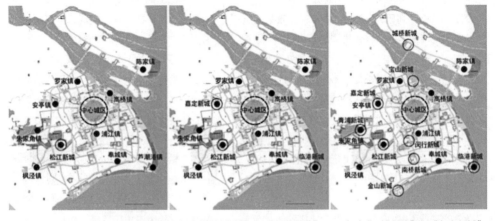

（a）"一城九镇"区位示意图（2001）　（b）"一城九镇"与"三城九镇"　　（c）"一城九镇"与"九个新城"
　　　　　　　　　　　　　　　　　　　　的区位关系（2004）　　　　　　　　的区位关系（2006）

图 4.3　"一城九镇"的演进格局及其与规划新城的关系

东开发之后的第二次大规模城市化运动。"一城九镇"同时又是在肩负改变"千城一貌"的使命下诞生的。

2001年年初，按照上海市政府《意见》的要求，10个城镇相继拟定了各自指向不同的西方国家和地区的"特色风貌"风格，并以此为前提开始组织城市规划的编制。"国际方案征集"成为"一城九镇"城市规划与设计组织的重要方式，其城市设计思路也对之后郊区城镇的建设产生了一定的影响。主要涉及：①结合地方产业形成了复合型新城镇功能，提供了大量就业机会，增强了郊区城镇人口集聚能力，同时也减少了中心城区的通勤量；②国际竞赛等形式促进了对城市设计的多方案比较和理论研究；③对历史传统空间的探索与运用提高了城镇的空间品质，公共空间的多样化丰富了公共生活；④建立城镇中心与边界、步行空间、功能混合、提高紧缩性、对水网地景的重视等措施，为"分散化集中"的可持续城镇提供了实例。其中也暴露出诸多不足：设计周期较短，部分设计偏重于对城市形态、"风貌特色"的研究，对经济、社会等因素考虑不够全面；部分城镇的空间与建筑形态机械地从西方国家移植，等等。此外，为确保规划顺利实施，上海市采取了一系列行之有效的运作措施与手段：一是明确责任主体，成立了负责政策制定和协调重大问题的规划建设推进协调小组；二是提出了与之适应的配套政策，比如"占一补二"、建设用地指标计划单列、"延时平衡"等政策规定；三是有机地将政府的引导和市场的运作相结合。然而，由于"一城九镇"的建设发展正是处于中国城市化迅猛发展、城乡差距却在不断增大的时期，客观形成的城乡二元格局导致其在整个推进过程中都遭遇了体制制约，进而烙印上了"重城轻农"的标签；其在运作上体现为政府主导、企业参与，这也在很大程度上造成了高端房地产角逐的现实状况，环境品质得到改善，但却造成了新城建设与旧城改造的分离。

总的来看，2000年以来上海郊区的发展促使整个大都市地区进行结构重组，城市功能结构调整和中心城区"退二进三"的土地结构调整，也使得

这一时期工业职能外迁、人口向近郊区扩散、城市建设重心向郊区转移。2010年1月《关于加快推进上海新城规划建设工作情况的汇报》审议通过，提出了新一轮郊区新城规划的要求：坚持低碳、宜居、人性化的理念，在人车流科学设计、功能多元化发展、留足户外公共活动空间、保护和传承历史文脉、积极应用环保新材料等方面，应进行更加科学、超前和细致的考虑。2011年上海市政府新闻发布会进一步指出，"十二五"期间上海城市建设的重心将向郊区转移，并着力打造七座新城，到2020年"在郊区基本形成与中心城区功能互补、错位发展、联系紧密的新城群"，引导大型居住社区选址，提升新城规模能级，并引导高新技术产业和战略性新兴产业在新城分布。上海"十三五"规划强调发挥新城优化空间、集聚人口、带动发展的重要作用，承载部分全球城市职能，培育区域辐射、服务功能；提出按照"控制规模、把握节奏、提升品质"的原则，分类推进新城建设。"上海2035"中提出重点建设嘉定、松江、青浦、奉贤、南汇等新城，培育成为在长三角城市群中更具有辐射带动能力的综合性节点城市，按照大城市标准进行设施建设和服务配置。

两个中心战略下的转型驱动——大虹桥

"四个中心"建设自20世纪90年代初以来成为中国和上海经济社会发展的大事。1992年十四大提出"尽快把上海建设成为国际经济、金融、贸易中心之一"；1995年党中央、国务院做出建设上海国际航运中心的重大决策；1996年中央再次提出"要建设以上海为中心、以江浙为两翼的上海国际航运中心"。自此，党中央国务院将国际航运中心建设与其他三个中心的建设并立，成为上海发展的又一重大决策。近十数年间，其中国际航运中心和金融中心建设也已具雏形。2006年，上海还进一步提出了《上海国际金融中心建设"十一五"规划》。然而，2007年以来，上海工业生产、财税收入、外贸进口出口等经济指标，由于受到金融危机的冲击而持续下滑，在港口和航运业，多年未见的负增长也随即出现。这导致国际航运中心建设的

核心地带，也出现了土地空置、项目停滞等现象。时任上海市长韩正曾在多次公开场合表示，上海经济面临巨大的转型压力，应以将国际金融中心和国际航运中心的建设作为突破点，促成以现代服务业为主导的产业结构。

上海因此将加快建设"两个中心"的诉求与国家战略紧密结合，并借由《关于推进上海加快发展现代服务业和先进制造业、建设国际金融中心和国际航运中心的意见》在国务院的审批通过，彰显了"四个中心"长远目标转入"两个中心"的建设路线和时间进程，促成了"两个中心"建设实质性进展的取得。对上海而言，由于 20 世纪 90 年代浦东国家战略的实施，经济发展中心已逐渐东移。不过，随着 2008 年 7 月虹桥综合交通枢纽的开工建设，长宁区、普陀区、闵行区、青浦区等开始围绕交通枢纽规划自己新一轮的发展，"大虹桥"的概念被放大：由"交通枢纽"的概念，发展到涵盖产业、空间、结构、布局等多层面整合的意义。在 2009 年推进"两个中心"建设工作大会上，虹桥商务区的开发与两个中心建设、浦东扩区、上海世博会等被并列为推动上海市结构调整来促进发展的六件事。此后，上海国际贸易中心建设的话题愈来愈热，相关建设区域日趋活跃。

2009 年 9 月 23 日虹桥商务区的整体架构首次正式对外公布。以虹桥交通枢纽区域为中心，规划涉及上海长宁、青浦、闵行、普陀、松江、嘉定六个区。大虹桥地区不仅具有庞大的经济总量，还具有商业环境上明显的比较优势，集群优势明显——建构八大以现代服务业为主导的集聚区。也正因为"大虹桥"巨大的潜在发展能量，虹桥商务区的发展建设在当时看来，就极可能深远地改变上海的发展格局——决策者在浦东开放之初试图借助浦东开发来"声东击西"，可浦西并没有被有效带动起来，而现在大虹桥的建设与浦东体量相似，将有可能成为促进上海发展的另一个"轮子"，带动浦西的发展。

规划中的大虹桥不仅试图解决四个中心建设中贸易中心比较薄弱的问题，更试图助力上海产业结构的调整、促进、现代服务业的发展，以对上海、长三角乃至对全国的经济发展形成巨大的拉动作用。虽然，由于工程巨大，大虹桥的开发建设必然会有遇到诸多瓶颈以及障碍；同时，根据浦东开发建设的实践，虹桥商务区功能作用的实现和成熟将经过 15~20 年（文伯，2011），其开发建设也涉及各级政府、企业及社会各界的共同参与、协作，才能保证规划的顺利实施。但是，大虹桥的建设已不同于当年浦东当时的政治经济背景下的实验性开发建设推进，也不同于急速推进郊区城市化和空间结构调整的新城建设，而是具有了诸多自身发展特有的优势和特点：虹桥综合交通枢纽对区域社会和经济的集聚、辐射和带动作用，独特的区位优势，系统规划、稳步推进的后发优势，低碳实践的理念引领，机制创新与制度配合等。2010 年 5 月，国务院在公布的《长江三角洲地区区域规划》中进一步明确，要依托虹桥综合交通枢纽，构建面向长三角、服务全国的商务中心。可以说，建设虹桥商务区，是上海着眼于发展布局调整、发展方式转型，着眼于加快建设"四个中心"、努力实现"四个率先"，着眼于服务长三角、服务长江流域、服务全国做出的一项重要战略决策。2011 年《上海"十二五"规划》（2011—2015）将其列为重点发展地区，明确提出要"基本建成虹桥商务区核心区，着力打造上海国际贸易中心的新平台和长三角地区的高端商务中心"。2015 年 9 月，虹桥商务区管委会与闵行、长宁、青浦和嘉定区人民政府共同发布《关于推进虹桥商务区发展的实施意见》，探索建立共同打造世界水准商务区的联动创新机制。

上海新区开发的社会行动策略分析

结合上海城市空间的发展演进特征，以浦东、一城九镇、大虹桥这三个不同发展阶段的典型新区开发事件为主线，我们可以一窥 1990 年以来上海的新区开发的行动推展格局（图 4.4），并从中反思社会行动策略的建构导向。

首先，浦东的开发开放代表了 20 世纪 90 年代以来上海第一次大规模城市化运动，在国家及政府的战略推进与持续政策的激励下，率先引领建立

图 4.4　1990 年以来上海的新区开发格局

起完善的社会主义市场经济体制，为推动全国改革起示范作用。然而，这一时期的新区开发，政治经济因素被置于首要地位，强调市场的资源配置方式，因此也产生了一系列不利影响，如陆家嘴金融贸易中心区存在用地功能阻隔、路网模式不合理等结构性问题。

其次，一城九镇的建设构成了 20 世纪 90 年代以来上海第二次大规模城市化运动，在城乡统筹发展的时代背景下，积极促进城市建设的重点向郊区转移，构成了城市化发展的新阶段，是城市发展战略的调整与深化，同时也存在形态上的巨大争议、体制上的制约、与旧城改造分离等不利偏向。2006 年调整为 11 个新城的规划格局，则旨在消除城乡二元结构，注重区域资源的整体协调与整合利用，并着力避免产业趋同化及重复建设，注重了交通体系的整合建设，进一步优化与完善了城市结构，促使城市在产业布局、空间布局方面更为全面均衡。然而，这一阶段体制和机制推动经济和社会发展的潜力和活力不足，城市功能转型的发展模式还须进一步拓展，社会引导与政策规范有待加强。

再者，大虹桥的开发，则体现为上海"两个中心"建设发展阶段的战略应和，是促进上海在新时期实现创新驱动与转型发展的重大事件，并试图与这一时期世博会的开发建设形成互补与联动，最终促使上海西部发展成长为"与浦东并肩、动力更强的新引擎"。在其发展酝酿、开发建设中，先进理念、要素集聚、规划模式、机制创新与政策支撑的多元优势的聚合，也体现出了当前上海新区开发更趋可持续的本土策略面向，有利于上海积极主动地融入经济全球化的大潮，应对日趋激烈的区域竞争，从而加快推进城市现代化的本土进程，实现区域经济的协调发展。当然，现有建设仍未脱离以资本和权利为主导的窠臼，一系列生态可持续技术的实践应用也仍处于试验阶段，亟待社会契合性的验证。同时，发展的资源环境承载力仍处于瓶颈，土地综合效益的发挥仍显不足，大量环境基础设施及市政配套建设还有待未来加强建设，这也加重了未来资源和能源利用的压力。

从本质来说，在市场经济体制正在不断完善、城乡可持续发展诉求日趋强烈的今天，我国新区发展的战略往往与以下关系建构密切关联：处理好城乡二元关系、处理好土地利用和交通模式的关系以及处理好城市发展与生活模式的关系。结合上述新区开发的事件过程及发展特征来分析，要充分发挥城市新区开发的可持续引领作用，促进城市的战略转型与创新发展，可以结合可持续建构导向提炼出以下四个方面的新区开发作用导向，而这些作用导向又是与未来的冲突应对密切关联并相互作用的。

第一，战略带动作用。①顶层设计，体现在对作为国家战略启动区或改革试验区的新区开发所产生的区域经济发展带动作用的充分利用；②体制渗透与技术联结，充分利用特殊的财政税收、金融信贷、管理权限等优惠政策；快速及时传播信息，便于及时做出项目选择、产业结构、经营决策等战略上的调整与转换；同时，密集集聚各类专业人才、经营管理人才，以全面落实新型理念、推进技术实践。

第二，结构转换作用。①产业创新与特色建构，新区开发的一个重要作用在于促进产业结构在不断演进中趋于合理化和高级化，从而促进城市功能和发展格局的结构转换；②把握整合与同质的程度，应把立足于当地产业优势，整合资源，扬长避短，集中力量加快新区优势产业和重点企业发展，避免盲目重复建设和产业趋同化，走有自身特色的新区发展之路；同时，应跳出短视的、单纯注重经济总量增长的发展范畴，避免促进形成有利于整个区域未来发展形态构筑的、相互依存的发展体系。

第三，体制示范作用。创新是新区发展的灵魂，体制创新则构成了调整生产关系的中心环节。而新区开发的体制示范作用集中体现在管理改革和制度创新两个方面[1]。

第四，技术（社会技术）推动作用。在浦东新区开发之初，就提出了在实施金融贸易及基础设施先行战略的同时，实施高新技术产业先行战略；今天大虹桥开发依托虹桥综合交通枢纽、聚焦

现代服务业的发展，强调低碳节能环保建设的技术引入。

表 4.2 对上海新区开发冲突应对的具体化策略进行了汇总列举，表 4.3 则对其间所体现出的对主要相关领域的冲突特征及影响进行了总结考察。

---

1 其一，管理改革。在管理体制方面，由于城市新区往往兼具综合性和专业性的特点，应在其发展过程中应强调政府宏观调控和政策导向作用的发挥，建立一种针对性强、相对独立的垂直式一体化管理体制，以避免出现多方协调、降低效率的管理弊端，也有利于发挥市场配置资源的基础性作用，营造良好的市场秩序；另一方面，在管理职能及组织方式上，通过明确管理机构的主要职能，制定统一规范的管理条例，明确机构间的协作关系和协调程序，确保必要的特殊政策的合理、有效供给，以及新区内建设开发从决策、协调到监督、反馈多层面的系统管理。其二，制度创新。新的制度往往同现行法律规范不大相符，如果政府提供一个有利于自发制度创新的发展环境，允许试验、失败，那么当新的制度被实践证明取得成功后，就会为立法部门提供修订法律规范和游戏规则的客观依据，对地区开发起到关键性的促进和支撑作用。

表 4.2　上海新区开发冲突应对的社会行动策略分析

	冲突面向	有利手段	不利方面
城乡冲突	城乡争地	A1，A2，A3，A4	B1，B2，B3
	规划管理及政策差异	A1，A2，A3，A4	B1，B2，B3
	交通模式与交通问题	A1，A2，A3，A4	B1
	收入及社会服务差异	A1，A2，A3	B1，B3
新旧冲突	城市年轮的断裂	—	—
	空间的极化生产	—	—
	场所社会性的遗失	—	—
	公共空间的"失落"	—	—
环境及资源危机	城市生态失衡	A2，A4，A6，A8	B4，B5，B2
	环境污染严重	A4，A5，A6，A8	B4，B2
	能源约束与高消耗	A3，A4，A6，A8	B2，B4，B5
	设施建设与管理薄弱	A4，A5，A6，A8	B2，B4，B5

（续表）

冲突面向		有利手段	不利方面
公私冲突	公权的扩张与滥用	A4	B1，B2，B3
	公私关系的失衡	A4，A5，A7，A8	B1，B2，B3
	"空间正义"的缺失	A4，A5，A7，A8	B1，B2，B3
	住房保障及公共服务不健全	A4，A5，A7，A8	B1，B2
全球与本土碰撞	空间极度"资本化"	A2，A5，A8	B2，B3，B6
	城市空间趋于同质	A2，A4	B2，B3，B6
	重大事件的触媒效应	A2，A7	B2，B3
	全球化视域下的治理模式变革	A2，A4，A8	B2，B3
策略汇总		A1. 国家及政府的战略推进与持续政策的激励 A2. 区域联动及"三规合一"发展模式的探索，日益注重土地集约利用、可持续发展的空间战略，注重区域资源的整体协调与整合利用，着力避免产业趋同化及重复建设，注重交通体系的整合建设 A3. 机制创新与制度配合，日益注重管理体系的设置及其内在的协调模式，强调产业发展的政策扶持、企业投资的激励约束，推进城市数字化、网格化管理，并开始注重发展的引擎启动与社会经济支撑 A4. 注重环境、经济、社会等多学科综合的规划设计推进，世界招标、多元参与的规划设计形式，探索参与与合作的实践模式 A5. 吸引外部优势资源的集聚，为建成环境的发展及城市空间结构的演进奠定了基础，促进住房的有效供给、社会服务体系的建设，并提升住区环境和居民生活品质 A6. 分担了城市中心功能，促进了污染整治，成为生态引导和可持续建设的重要载体 A7. 政府日益增强的公共导向与可持续发展面向 A8. 开始关注地域性社会指标的考察，并日益注重生态可持续技术的研究应用，以及生态和可持续发展的指标体系控制，并寻求从政策法规界定到管理机制的配合	B1. 以政治经济为核心考量的开发模式与资源配置方式，所造成的城市用地功能阻隔、交通拥挤及路网模式不合理等结构性问题仍普遍存在，造成社会争议频现，社会问题突出 B2. 体制和机制推动经济和社会发展的潜力和活力不足，须进一步研究城市功能的转型发展模式，明确制度法规的调节与制约，以及公共政策的扶持与激励作用，以及矛盾化解的运作机制，并加强社会引导与政策规范 B3. 开发模式仍为以资本和权力为主导，其约束机制亟待健全 B4. 资源环境承载力有限，土地利用面临资源瓶颈，土地综合效益的发挥仍显不足，环境基础设施及市政配套建设亟待加强 B5. 生态可持续技术的实践应用尚处于试验阶段 B6. 对经济、社会等因素的考虑仍不够全面，机械移植西方经验的现象普遍存在，造成人文关怀、本土特色欠缺，文脉割裂

表 4.3 上海新区开发的冲突特征及影响考察

冲突领域	冲突发展的主要特征			冲突表现		冲突影响		
	阶段 1 (1990—1998)	阶段 2 (1999—2005)	阶段 3 (2006—2015)	编号	因素构成	阶段 1	阶段 2	阶段 3
城乡冲突	计划经济转变为市场经济的模式，城市用地向乡村急剧扩张	开始倡导城乡统筹、协调发展，提供政策支持、推进新城建设；城乡收入差距急剧扩大，农民低收入	新城及新区建设与政策的积极推进实效逐渐明显，但消除城乡二元结构仍面临严峻形势	1	城乡争地	√	√	√
				2	规划管理及政策差异	√	√	—
				3	交通模式与交通问题	√	√	—
				4	收入及社会服务差异	√	√	√
新旧冲突	—	—	—	5	城市年轮的断裂	—	—	—
				6	空间的极化生产	—	—	—
				7	场所社会性的遗失	—	—	—
				8	公共空间的"失落"	—	—	—
环境及资源危机	以经济发展为主导而忽略环境问题，各类资源利用粗放	土地利用、生态环境、能源使用等均面临危机	"低碳"创新的发展理念，但未来实践有待验证；资源环境承载力仍处于瓶颈，土地综合效益的发挥仍显不足，设施建设急待加强	9	城市生态失衡	—	√	—
				10	环境污染严重	—	√	—
				11	能源约束与高消耗	—	√	√
				12	设施建设与管理薄弱	√	√	—
公私冲突	自上而下政府意志主导	三农问题严重	亟待发挥政府、社会、企业、市场的有效合力	13	公权的扩张与滥用	—	√	√
				14	公私关系的失衡	—	√	—
				15	"空间正义"的缺失	√	√	√
				16	住房保障及公共服务不健全	—	√	—
全球与本土碰撞	世界经济新一轮全球化浪潮下的中国政治经济试验区	部分城镇的空间与建筑形态机械地从西方国家移植，导致了地方文脉的丧失	金融危机冲击下创新转型发展的强烈诉求	17	空间极度"资本化"	√	√	√
				18	城市空间趋于同质	√	√	√
				19	重大事件的触媒效应	√	—	√
				20	全球化视域下的治理模式变革	√	—	√

旧区改造与文化复兴

在我国，旧区改造往往与社会的结构转型密切地交织在一起，空间结构与社会结构的重组在过去也已引起了不容忽视的社会问题与矛盾。这些矛盾正随着今天城市改造速度的不断加快且日趋尖锐。

其一，旧区常处于城市中心，地理位置与公共设施优越，在市场经济原则下，往往很容易吸引房地产开发商的竞争与投资，从而使其土地价值不断飙升，这一土地价值规律便与原有计划经济下所形成的土地非市场化分配衍化生成的社会结构相互矛盾。

其二，在旧区改造尤其是拆迁过程中，动迁居民在整体上为城市化付出了代价，动迁往往与最为贫穷的一部分群体最为休戚相关；拆迁及补偿、安置事宜，当前已事关城市的和谐稳定与发展。

其三，旧城居民呈现出老龄化、贫困化、空巢化等特点，进一步加速了旧区的衰落。

其四，旧城地区作为城市发展历史的活化石，是历史文化与社会记忆在空间上的载体。

如何在旧城改造中处理空间改造与居民安置的关系，在旧城复兴的过程中体现社会公正，协调文化保护与城市改造之间的关系，这些都成为旧城改造中的难题，也是上海旧区改造进程中所面临的首要问题。本质来看，无论是上海旧城改造的演进机制与发展模式，还是改造进程中的城市遗产保护与文化复兴，都密切地与社会的结构转型交织在一起，在不同发展阶段都存在不同程度、彼此交织的冲突表现，并共同反映出其间新区与旧区、新建与旧有、文化保护与城市改造、居民动迁与安置问题等的冲突集合。

上海 20 世纪 90 年代以来开始加大旧城改造力度、进行大规模推进，并随着城市总体布局的调整，积极疏解中心城区的工业，发展信息金融、现代商务为主的城市综合功能，充分发挥土地级差。随着几十年来持续推进旧区改造，上海大批旧住房得以拆除，城市综合竞争力不断提升，市民居住水平大大提高，社会矛盾得以消减；改造方式日趋多元，管理政策和协同方式也日趋完善。然而，当前上海旧区改造的实践推进仍面临一系列瓶颈问题。

与此同时，在上海旧区改造进程中，城市遗产保护与文化复兴举措则在现实的冲突推进中不断强化，从发展建设中的忽略轻视向有针对性地研究强化的发展转变。21 世纪以来，上海 2002 年颁布了《上海市历史文化风貌区和优秀历史建筑保护条例》，2004 年确定公布 12 个中心城历史文化风貌区，2016 年上海第一批历史文化风貌区扩区名单公布，2017 年上海市开始全面推展五十年以上历史建筑普查工作等，借助新一轮的旧城改造方针和行动举措，对历史遗产给予了充分尊重、促使城市发展的视野聚焦在历史地段和文化特色。新时期上海对历史文化风貌区保护与发展更加重视，保护力度日益加强，强调精心保护、用心留存。可以发现，上海新天地、多伦路社区、黄浦江两岸的综合开发等城市设计实践内容也以其自身的发展建构影响上海旧区改造与文化复兴的未来取向，并深深地嵌入其中，构成了上海旧区改造与文化复兴不可或缺的一部分（图 4.5）。

旧城改造的演进机制与发展模式

上海全市刚解放时的住宅总面积中旧式里弄占 52.6%，简屋、棚户则占到了 13.7%，旧区改造的压力十分巨大。20 世纪 60 年代的蕃瓜弄成为市内首批棚户改造新建的居民住宅五层楼群。但从中华人民共和国成立直至 1980 年，限于国家财力不足，旧区改造往往难以大规模推进，只能采取"零星拆建"的模式，旧区总体面貌改变不多——其间的年均拆除旧住房仅为 8.7 万 m²。直到"六五"和"七五"期间的"23 片地区改建规划"启动实施，旧区改造才初具规模。

20 世纪 80 年代的改革开放促使城市职能、产业结构及更新方式都经历了重大的变化，并引发 20 世纪 90 年代以来大规模的城市布局和产业结构调整，上海也开始加大旧城改造力度、进行大规模推进（表 4.4，图 4.6）。

	阶段 1（1990—1998）	阶段 2（1999—2005）	阶段 3（2006—2015）
推展背景	城市空间急速扩张、规模发展 经济：经济增长陡起平落。由第二产业主导，第三产业支撑作用显著提高。 社会：市场化转型发展阶段。	城市空间结构调整、均衡发展 经济：经济增长抖起陡落。开始转向第三产业主导，并持续稳定增长；第二产业发展调整中提升。 社会：市场化改革形成阶段。	城市空间整合再构、创新发展 经济：经济增长陡起抖落。由第三产业主导，保持持续稳定增长；第二产业比重逐步减少。 社会：市场化逐步完善阶段。
时间轴	1990 1992 1994 1996 1998	1999 2000 2001 2002 2003 2004 2005	2006 2007 2008 2009 2010 2011 2014 2015
关键节点	"365危棚简"工程启动	北外滩地区综合开发启动 新天地开工 12个中心城历史文化风貌区公布	世博园区工程建设启动 世博会地区后续利用规划公示 世博会开幕

左侧纵栏：旧城改造的演进机制与发展模式 + 旧城改造进程中的城市遗产保护与文化复兴

行动格局

阶段 1（1990—1998）

1991 年 7 月，上海市政府发布了《上海市城市房屋拆迁管理实施细则》，确定以实物房屋分配为主；
1991 年 8 月，上海市规划院编制《豫园旅游商业区内圈规划方案》；
1991 年 9 月，同济大学建筑城市规划学院、市规划院深化编制了《上海外滩地区保护规划》；
1991 年 12 月，《上海市优秀近代建筑保护管理办法》颁布；

1992 年，上海市明确提出要加快旧城改造步伐。"365危棚简"工程启动，拉开了大规模旧改序幕；
1992 年卢湾区"斜三"地块改造成为上海第一块毛地批租的旧改地块，开创了改革开放以来吸引外资进行旧改的先河。

1996 年，《关于加快本市中心城区危棚简屋改造的若干意见》出台；

1997 年，《关于加快本市中心城区危棚简屋改造的具体实施意见》出台；
1997 年，新天地项目启动；
1997 年 4 月，上海市发布《上海市个体工商户营业用房安置补偿办法》，实现了"适当提高被拆迁人原居住水平"和"房屋产权利益完整保护"的原则；

1998 年，虹口区政府对多伦路进行了一期改造；
1998 年 1 月，施行《上海市危棚简屋改造地块居民住房屋拆迁补偿安置试行办法》，开始采用货币化补偿安置方式，并在货币转化安置方面确立自住私有住房所有人和公有住房承租人既存利益完整保护的原则。

阶段 2（1999—2005）

2000 年 9 月，上海市取消了长期以来在拆迁安置中起重要作用的户口因素，向完全市场化目标的货币化补偿安置制度迈出了重要一步；
2000 年 11 月，太平桥绿地建设工程启动；
2000 年年底，基本完成"365"危棚简屋改造；

2001 年 11 月，《上海市城市房屋拆迁管理实施细则》颁布实施；
2001 年，田子坊启动改造；
2001 年 6 月，太平桥绿地、上海新天地建成竣工；

2002 年，北外滩地区动迁工作指挥部成立；
2002 年 7 月，《上海市历史文化风貌区和优秀历史建筑保护条例》颁布，并于 2003 年 1 月实施；

2003 年 11 月，上海市政府出台了旨在针对容积率的"双增双减"精神；
2003 年，《关于本市历史文化风貌区内街区和建筑保护整治试行意见》发布；
2003 年 7 月，《上海市北外滩地区控制性详细规划》审批通过；
2003 年 8 月，开始积极推行"五项制度"；

2004 年，杨浦区首先在中环线东段动迁基地试点"六公开"的做法；之后经不断完善则扩大为"十公开"；
2004 年 2 月，上海市确定公布了 12 个中心城市历史文化风貌区；
2004 年 8 月，上海市政府明确"开发新建是发展，保护改造也是发展"的新观念；

2005 年，十六铺地区大达码头及岸线改造；
2005 年，上海市中心城区 12 篇历史文化风貌区规划全部编制完成并得到市政府批准。同年，上海确定了郊区及浦东新区 32 个历史文化保护区。

阶段 3（2006—2015）

2006 年 8 月，世博园区工程建设正式开始；

2007 年，《中华人民共和国物权法》施行，在旧区改造领域确立了三项相关法律原则；
2007 年 8 月，上海旧区改造事前征询机制开始进行试点，住房拆迁补偿政策越来越透明化和公开化；
2007 年 8 月，外滩综合改造工程启动；

2008 年年初，《创新旧区改造机制、完善旧区改造政策调研课题总报告》被列入上海市委重大调研课题，并在 2009 年下半年得到审议通过；
2008 年 8 月，《上海市江湾历史文化风貌区保护规划》公布；

2009 年 2 月，《关于进一步推进本市旧区改造的若干意见》正式颁布；

2010 年 3 月，外滩重新开放；
2010 年 5 月 1 日，世博会开幕；

2011 年 1 月，国务院下发《国有土地上房屋征收与补偿条例》，构成对原有城市房屋拆迁制度的一次重大变革；
2011 年 3 月，《上海世博会地区后续利用规划》公示；
2011 年 10 月，上海市公布并施行《上海市国有土地上房屋征收与补偿实施细则》；

2014 年 12 月，《上海市旧住房拆除重建项目实施办法（试行）》出台；

2015 年，新康大楼等 426 处建筑被列为上海第五批优秀历史建筑；《上海市城市更新实施办法》（试行）颁布。

| 阶段特征 | 大拆大建式旧城改造，历史文化保护薄弱；社会资本开始逐步进入旧城改造领域。 | 旧城改造日益增多地与历史文化保护相结合；补偿方式不断演进，而政府陷于政策两难局面。 | 改造模式更加多元，政策不断完善；历史文化保护得到针对性地研究强化。 |

图 4.5 上海旧区改造与文化复兴事件的冲突发展脉络梳理

表 4.4　上海旧城改造历史演进特征考察

时期	20 世纪 80 年代	20 世纪 90 年代	21 世纪
城市职能	综合生产型工业城市	"四个中心""一条龙"	世界级城市的战略
中心区产业结构	工业、居住混合	"退二进三"，第三产业为主	现代服务行业 + 创意产业
行动目标	1. 改建棚户区和危房 2. 改善旧城的居住质量和环境	1. 抓住深化改革、扩大开放的机遇，实行旧区改造、改善居住 2. 随着城市总体布局的调整，疏解中心城区的工业，发展信息金融、现代商务为主的城市综合功能，充分发挥土地级差	2003 年制定的未来旧区改造的行动目标： 1. 初步建成以遥感技术为基础的信息平台 2. 以内环以内为重点，全市平均每年拆除二级以下旧里 300 万 m² 3. 加大中低价住房的土地供应 4. 推进历史街区保留保护性改造和旧房成套改造
实施主体	政府主导下的区行政单位	政府主导下的企业运作	政府主导、市区联手、企业运作、市民参与
资金来源	1. 政府筹措为主 2. "集资组建""联建公助""民建公助"，但始终未走出市场化步伐的政府筹措为主	1. 资金来源主要仍是政府补贴 2. 利用土地级差效应，引外资缓解资金压力	1. 土地批租，进一步吸引外资 2. 一些国有房地产企业也陆续加入，而为了完成指令性改造任务，向银行大量借款，使新一轮改造融资增加了难度 3. 出资回搬、双增双降等限制性政策降低了企业投资积极性
运作方式	计划经济体制下，政府指令性任务	计划经济向市场经济转变下： 1. 土地协议供应，尚未完成市场运作机制 2. 政府以指令方式，通过毛地批租方式将旧区改造地块出让给房地产企业进行房地产开发 3. 城市更新的主要模式走上了市场化的道路	在市场经济下，小规模渐进式开发，考虑一定量居民回迁： 1. 规范完善供地机制，旧区改造土地纳入招标出让范围 2. 制定"搭桥"¹ 政策，后期采取市区联手土地储备的机制 3. 随着旧区改造难度的进一步加大和国家土地使用制度的进一步完善（经营性用地实行招拍挂），实行"政府主导、土地储备为主"的改造原则
主要措施及政策扶持	除了后期开始个别尝试的旧住房成套改造外，对棚户简屋集中地段的改造，采取大规模推倒重建，对于涉及居民实行原地回搬和现房安置	1. 通过减免土地出让金、有关税费以及财政补贴等政策，鼓励国内外开发单位参与旧改 2. 市政基础设施带拆 ² 3. 1996 年出台《关于加快本市中心城区危棚简屋改造的若干意见》、1997 年出台《关于加快本市中心城区危棚简屋改造的具体实施意见》等	1. 加强动拆迁管理，完善拆迁补偿政策，并因地制宜，通过"拆、改、留"多种方式，对其他各类旧住房进行改造 2. 市政基础设施带拆 3. 除拆除新建外，采取了平改坡改造及深化综合改造、旧住房综合整治、保留保护改造等多种改造方式

<hr>

1 所谓搭桥，是指通过制定政策、建立机制，引导房地产开发企业将中心城区旧区改造和近郊区房地产开发经营相结合，在优势互补的基础上，实现联动开发的一系列政策措施的统称。

2 带拆是指结合轨道交通、道路桥梁、绿化环境等大型市政基础设施建设项目和公益性公共建筑项目所开展的旧住房拆迁。

（续表）

时期	20 世纪 80 年代	20 世纪 90 年代	21 世纪
拆迁补偿政策	1981—1990 年（实物安置补偿阶段）： 1. 1982 年 10 月，通过《上海市拆迁房屋管理办法》，确定住房拆迁补偿主要采用较为单一实物补偿形式 2. 1987 年，上海市对1982 年《上海市拆迁房屋管理办法》进行了少量修订，突出强调了对私有住房的补偿办法，第一次提出"等价交换"与"产权交换"的概念，并指出货币安置就是原有产权出售 3. 1988 年，上海市政府根据 1987 年修订过的《上海市拆迁房屋管理办法》，制定《上海市拆迁房屋管理若干问题的规定》，规定对于私有房且拆迁，不仅可以用产权交换形式用产权房安置，还可以选择用公房安置和货币补偿；而新建房屋的价格按房屋基价结算	1991—1997 年（实物安置为主结合作价补偿的阶段），1998—2000 年（异地实物安置补偿阶段）： 1. 根据 1991 年 3 月国务院发布的《城市房屋拆迁管理条例》，上海市政府发布《上海市城市房屋拆迁管理实施细则》，确定以实物房屋分配为主，按被拆除房屋建筑面积结合居民家庭户口因素确定应安置面积 2. 1997 年 4 月，市政府发布《上海市个体工商户营业用房安置补偿办法》，实现了"适当提高被拆迁人原居住水平"和"房屋产权利益完整保护"的原则 3. 1998 年 1 月，施行《上海市危棚简屋改造地块居住房屋拆迁补偿安置试行办法》，开始采用货币化补偿安置方式 4. 2000 年 9 月，市政府批准市房地局《关于上海轨道交通明珠线二期、共和新路高架工程拆迁房屋试行市场价补偿安置的若干意见》，取消了长期以来在拆迁安置中起重要作用的户口因素，向完全市场化目标的货币化补偿安置制度迈出了重要一步	2001—2010 年（货币化补偿阶段，"拆、改、留"并举），2011 年，可选择货币补偿或产权调换： 1. 2001 年 2 月《关于鼓励动迁居民回搬推进新一轮旧区改造的试行办法》发布，实行对开发商免缴土地出让金和其他费用的优惠政策，对居民回搬也实行了一些优惠条件 2. 认真贯彻国务院 2001 年 6 月新发布的《城市房屋拆迁管理办法》，2001 年 10 月发布的《上海市城市房屋拆迁管理实施细则》，确定旧区改造房屋拆迁从按人口补偿安置向被拆除房屋市场补偿安置的转变，补偿安置以"数砖头"为主 3. 为解决动拆迁过程中一些居住差、面积小、收入低、人口多的被拆迁户的困难，2005 年 5 月出台的 260 号文对面积标准房屋调换进行了调整，"数人头"再次被列入动拆迁，对特殊困难的被拆迁户有了照顾性规定 4. 2006 年 8 月出台《上海市城市房屋拆迁面积标准房屋调换应安置人口认定办法》（61 号令），进一步规范了被拆迁应安置人口的认定标准和认定程序，将"数人头"政策再次以市政府令的形式进行了明确；然而，各区和拆迁单位在操作中往往从宽执行，既"数砖头"又"数人头"
改造中的问题	采取的方式也基本是推倒重建	大规模推倒重建，原住民毫无话语权，并实行异地安置，也破坏了大量历史建筑和历史街区	存在改造停滞不前、改造水平低下的问题，越来越多的开发商对旧区改造市场望而却步，政府也处于政策两难局面
重点工程及代表性项目	"23 片地区改建规划"	"365 危棚简"（重点实施工程）；中远两湾城；新天地项目（属于后期）	虹镇老街地区；北外滩地区；黄浦区董家渡；静安区严家宅

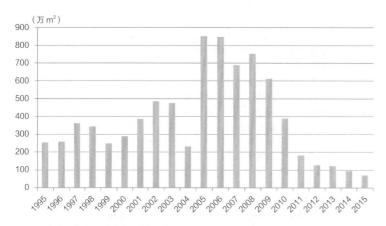

（万 m²）

图 4.6   上海历年居民住宅拆迁情况（1995—2015）

在 20 世纪 90 年代初，上海城市居住困难突出，人均居住面积低于 4 m² 的有数十万户，其中人均居住面积不足 2.15 m² 的有 3 万多户。由此加快旧城改造步伐的要求在 1992 年的上海市第六次党代会得以明确提出，"到 20 世纪末完成市区 365 万 m² 危棚简屋改造（俗称'365'）"，上海开始了大规模的旧房改造。1992 年，原卢湾区"斜三"地块改造成为上海市第一块毛地批租的旧改地块，开创了改革开放以来吸引外资进行旧改的先河。这一时期上海正是以实行土地批租为突破，"两级政府、三级管理"协同推进，鼓励中外开发单位积极参与，并出台了减免有关税费、土地出让金及财政补贴等政策，保障了改造项目的顺利完成。到 2000 年年底，上海基本完成了"365"危棚简屋改造任务，原有住房及居住环境方面存在的矛盾明显缓解。由于这一时期拆迁涉及的大部分是社会最普通阶层，基本被安置于城市边缘的新城市化地区，也因此遗留了社会问题。同时，人口外迁降低了中心城区的人口密度，减轻了中心城区交通、市政、住房和就业压力，改善了环境，为中心区功能调整和土地利用的优化创造条件。

进入 21 世纪，则体现出以拆除二级旧式里弄为主的新一轮旧区改造。上海中心城区到"十五"初期，仍有 1 700 余万 m² 迫切需要改造的二级旧里以下房屋。此时，经过十余年的发展，上海房地产市场已进入一个全新的发展阶段，相关政策法规陆续出台。其中，2001 年《上海市城市房屋拆迁管理实施细则》的颁布实施，则确定了旧区改造以被拆房屋市场评估价为标准、以货币安置为主的房屋拆迁补偿安置方式，改造得以"拆、改、留"等多种方式来结合推进。2003 年 11 月，上海市政府又出台了旨在针对容积率的"双增双减"精神，即增加公共绿地、公共活动空间，减少建筑容量、高层建筑，同时规定了住宅 2.5、商用 4.0 的"低容积率"上限。也正是从 2003 年第四季度开始，上海房价开始暴涨。此外，2004 年国家要求经营性项目用地实行"净地出让"和"招拍挂"以规范土地管理，但新启动地块规定只能采取政府土地储备的方式进行改造，造成很多开发商对这一市场望而却步，政府融资压力陡增，旧改速度明显放缓。中心城区发展至 2005 年年底还有 1 000 多万 m² 的二级旧里以下房屋。世博园区、轨道交通等市政基础设施的重大项目则在"十一五"期间得到了重点推进，一批旧住房得到了带拆。旧区改造新机制以土地储备为主导方式得到积极推进，但是成片二级以下旧里到了 2010 年仍有 152 万 m² 亟待改造，主要集中在虹镇老街及北外滩地区。

将不同阶段的发展演进过程联系起来考察，则可以从中发现以下四个方面的主导作用机制。

其一，城市发展目标转变。不同城市建设阶段的发展目标为旧区改造提供了支点，保障了城市更新方式更合理的转变方向。

其二，土地使用方式转变。通过土地制度整体结构性的变革，上海盘活自身的土地资源。城市建设资金不足的矛盾也通过推行土地有偿使用制度而得到了很大程度的缓解；同时，通过坚持土地批租与旧城更新的紧密结合，地价规律对城市土地的空间配置作用日益明显，以土地储备为主要方式的旧区改造新机制得以逐步完善。

其三，政府职能角色转变。借助社会资本进行中心区改造，政府开始逐步退出"运动员"角色，不直接参与项目，而是提供公共服务与政策支持。

其四，政策法规不断健全。拆迁补偿、优惠政策、监管政策等的不断健全和完善，构成了改造更趋良性发展、城市空间结构调整良好进行的必要手段，也是避免社会隔离、城市空壳化，保障公民权利，增强社会公平的重要保障。

上海几十年来持续推进旧区改造，城市综合竞争力不断提升，市民居住水平大大提高（图 4.7），改造方式日趋多元，管理政策和协同方式也日趋完善。然而，实践中的推进也在经济、房源及社会需求等方面面临一系列问题。

首先，**在经济层面**，主要涉及动迁成本及资金筹措的关键问题。随着土地成本不断升高，同时伴随用工成本的增加和材料价格的上涨，地块往往被越"啃"越硬，造成动迁、安置的成本也越来越高，政府筹资压力不断加大，房地产形势在国家严厉调控下也日趋严峻。

第二，**在房源及社会需求层面**，存在阶段性房源区位结构单一、房源供应总量短缺、配套相对滞后及尚未建立和完善住房保障体系等不利状况。

居民不断增长的对房源的需求和开发商不愿供应动迁房源之间存在很大的矛盾，政府又缺乏有效的机制与政策举措来化解，使得房源趋紧的问题日趋显著；同时，人口密度高、困境突出的旧区改造往往事关生活、命运的重大转变，在实施上极易引发社会诉求、家庭矛盾的集中暴发，产生社会问题。

第三，**在政策法规层面**，制度扶持政策、发挥激励作用、完善化解矛盾的运作机制的生成等还须进一步加强；各行动主体在旧区改造的动迁政策、改造方式、实施速度和规模上还存在认识上的差异，也亟待加强社会引导与政策规范。

第四，**在历史文化保护层面**，存在只顾局部、眼前利益和大规模拆除须保护建筑的现象，保护与更新存在顾此失彼。

事实上，西方发达国家的旧区改造也经历过大规模拆除重建阶段。20 世纪 60 年代以后，许多西方学者开始从不同角度对这种形式的"城市更新"进行反思，并几乎全部对传统的渐进式规划和小规模改建方式表示了极大关注和认可，从 20 世纪 70 年代起以开发商为主导的大规模改造计划开始逐渐被中小规模的各种渐进式更新计划代替。了解这种转变性的过程对于今天的旧城改造具有重要意义。上海旧区改造历程实际也反映出了这种趋势。1997 年启动的新天地项目开始有保存历史、功能创新的思路体现；2003 年启动的八号桥项目，将原先废弃、衰败的空间整合改造，以发展创意产业，为城市寻求有机更新、实现空间再造和功能

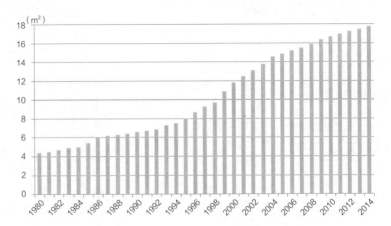

图 4.7　上海人均居住面积的变化

提升提供了新机遇；田子坊自 2001 年改造起步至今，发展上采取小规模、渐进式、多元化模式，提升地块土地价值，延续历史的文脉，创造出多样的文化氛围，走出了一条政府引导、居民自主、自下而上运作机制的道路；多伦路社区的保护更新设计、上海世博会区域内的搬迁改造也都体现出这种改造模式的发展与演进。

正是认识到上述一系列问题所引发的社会问题，并在有益的发展理念与模式探索激发下，上海在旧城改造的政策制定及制度设计方面不断发展进步。上海从 2003 年 8 月开始积极推行"五项制度"，力求促进实现拆迁行为和过程的公开、公平和公正；2004 年杨浦区首先试点"六公开"，即公开每家每户的评估单价、每个被动迁户的人口与面积、所有动迁房源、特困对象照顾名单、动迁居民签约情况、速迁户的奖励条件，在一定程度上破解了动拆迁的难题。"六公开"经不断完善则扩大为"十公开"，即公开拆迁补偿方案、公开评估单位及负责人情况、公开评估鉴定机构情况、公开拆迁公司及负责人情况、公开市场评估单价、公开安置房源情况和使用情况、公开被拆迁特殊困难户认定条件和补偿标准及签约进展情况。

随着 2007 年 8 月上海旧区改造事前征询机制在浦东新区开始试点，住房拆迁补偿政策越来越透明化和公开化。2007 年施行的《中华人民共和国物权法》在旧区改造领域确立了三项相关法律原则：公益征收原则、征收个人住宅的居住保障原则，以及建筑物改建重建的业主特别多数议决制，提供了新的制度环境。2009 年审议通过的《创新旧区改造机制、完善旧区改造政策调研课题总报告》，提出"启动之前听群众、补偿标准数砖头、住房保障相衔接、安置方式多选择、土地供应有倾斜、实施主体多元化"这一旧区改造的基本思路，并初步形成《关于进一步推进本市旧区改造的若干意见》（以下称《意见》）。以此为基点，2009 年 2 月《意见》正式颁布，同时公布拟将旧区改造工作作为一项重要民生指标，纳入各区政绩考核范围。《意见》着重探索了旧区改造"事前征询制度（图 4.8）、'数砖头加套型保底'、增加就近安置方式"三大创新机制。

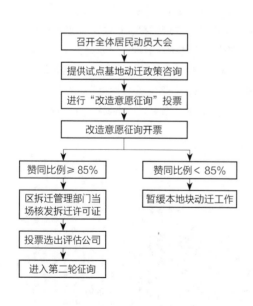

（a）第一轮征询（改造意愿征询）工作流程

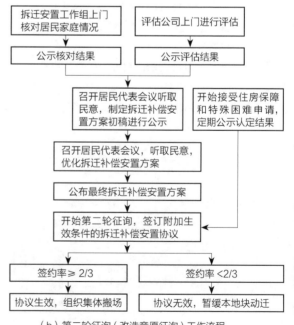

（b）第二轮征询（改造意愿征询）工作流程

图 4.8 两轮征询程序的工作流程图

2011 年 1 月国务院又下发《国有土地上房屋征收与补偿条例》，构成对原有城市房屋拆迁制度的一次重大变革，不仅基本法律概念从"拆迁"调整为"征收"，而且法律原则、适用范围、实体规范和程序规范都发生了重大变化。同年 10 月，《上海市国有土地上房屋征收与补偿实施细则》施行，与 2008 年开始上海在房屋拆迁上形成的较为完备的政策体系形结合，并重新添加不少具有实际特性的地方细则，试图将创新制度措施在地方政府规章层面予以制度化和规范化，完善相关管理措施。尤其，突出强调了保障被征收群众利益，补偿标准更为全面合理体系性，严格规范了房屋征收程序和征收活动的相关行为，并明确了各相关行为主体的法律责任。《上海市旧住房拆除重建项目实施办法（试行）》（2014）、《关于旧住房拆除重建试点项目建设管理审批的指导意见》（2017）等一系列政策出台，明确了拆除重建项目实施的依据、适用范围、改造原则、管理机构、认定条件及建设管理各项审批环节等内容。正是通过这些政策法规所界定的实质性的转变，反映出了当前上海旧城改造整体的社会考量与利益取向，构成了面向当前核心问题的一种现实性的制度回应，呈现出执政意识的变化、民主建设的进展，也体现出对公权的一种制衡与限制及对公民利益的进一步保障，从而更有利于公平、合理地调节社会各阶层的利益关系。

旧城改造进程中的城市遗产保护与文化复兴

城市遗产是指能够体现一个城市历史、科学、艺术价值的具有传统和地方特色的历史街区、历史环境和历史建筑物等文化遗产。在当前，对其进行积极的保护与再利用已成为城市发展中一个重要的战略组成。各种历史环境与历史建筑的衰败从本质上来看，往往也正是源于其功能与城市发展需求的不相适应。通过物质方面的更新——维修、改善、功能置换或者再开发，或保留现有功能但使它的运作更为有效或更有利等，可以促进一个维护良好且富有吸引力的公共领域的形成。然而从长远来看，城市遗产的保护及包括物质方面的更新，更是一种经济活动的振兴，强调一种新社会功能内涵的建构与再利用，以促使城市遗产为社会、经济、文化、生活服务。

1991 年由上海市人民政府颁布的《上海市优秀近代建筑保护管理办法》，构成了上海遗产保护的一个开端。它首创了把文保单位之外的重要历史建筑列为保护对象的举措，并在现实的城市遗产保护与开发建设中起到了一定积极作用。在 21 世纪以来新一轮的旧城改造中，上海市政府制定了将以拆为主转变为"拆、改、留、修"并存的方针，试图给予历史遗产充分的尊重，促使旧城改造真正有可能与遗产保护结合到一起。历史文化风貌区作为城市遗产的重要载体，往往代表着城市以往文化创造的极致，是一个集生活、社会、政治、文化和经济活动于一体的多功能有机体。2003 年 1 月实施的《上海市历史文化风貌区和优秀历史建筑保护条例》就是充分体现对城市遗产保护的法定规章。该条例不仅进一步加大了上海 398 处优秀历史建筑的保护力度，而且十分注重城市建设和社会文化的协调发展，强调充分利用现有条件，调动和发挥各方的积极性，考虑市场经济背景下的各方利益平衡的措施，开始借助法律手段来促进形成良性的保护机制。2003 年发布的《关于本市历史文化风貌区内街区和建筑保护整治试行意见》、2003 年 10 月的上海市规划工作会议也都进一步强化历史文化风貌区及历史建筑的保护及相关法律法规的限定。

2004 年 2 月上海市确定公布了 12 个中心城历史文化风貌区（图 4.9），总面积约 27 km²，涵盖 628 处优秀历史建筑，占全市已颁布总量的 83%。上海的历史风貌保护已经进入立法程序，地方保护条例也得以制定并实行。同时，列入保护范围的风貌区所在区县政府也积极推进保护规划的组织与编制，不断加强管理和修缮力度。2004 年 8 月，上海市政府又明确了"开发新建是发展，保护改造也是发展"的新观念。2005 年，上海市中心城区 12 片历史文化风貌区规划全部编制完成并得到市政府的审批通过。同年，市规划局开始着手郊区历史文化风貌区的划定工作，确定了郊区及浦东新区 32 个历史文化保护区，总面积约 14 km²。2007—2011 年，在国务院同意部署下上海市完成了第 3 次全国文物普查。2015 年，新康大楼等

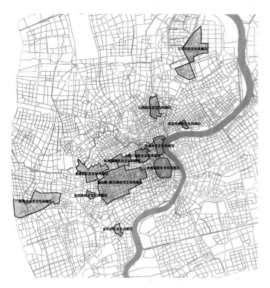

图 4.9   2004 年上海公布的 12 个历史文化风貌保护图

426 处建筑被列为上海第五批优秀历史建筑，要求依据《上海市历史文化风貌区和优秀历史建筑保护条例》进行保护管理。2017 年年初，上海中心城区 50 年以上历史建筑的全面普查工作开展；既为立法提供基础数据，更体现出保留保护为先的重要趋势。至此，可以看出 20 世纪 90 年代以来上海城市遗产的保护向更有针对性地研究强化的发展转变。

从根本来说，一个城市历史街区的物质形态的变化是不可避免的——对一座建筑的空间肌理的任何改动，也将不可避免地改变一个街区的历史形态，其本身也构成了历史演进的一部分。在社会发展进程中，在保护历史文化遗产核心价值与特征时，也允许必要的经济变化、功能再构甚至转化利用。其中往往涉及两种不同的价值取向：一种是经济价值或使用价值，一种是文化价值。由于二者的评价分别对应街区或建筑的有形价值和无形价值，如果城市无法对二者的评价加以协调，矛盾通常就会以拆除而告终。例如，在新天地的开发中，尽管其在商业操作上取得了巨大成功，但对文化保护是否同样成功的争议却留给了学术界，至今难以定论。本质来说，正是城市文脉构成了一个城市独有的魅力和价值。城市无论作为人类精神慰藉的家

园，还是经济发展的不竭源泉，都需要对长期自然演化过程中保留沉淀的历史文化特征加以保护、修复和利用，并在与外来文化的交流和融合中，凝练出最具有城市特质的文化标识。美国"苏荷"模式的降生，折射出后现代文明时代的人们对城市历史及其文化信息的研读能力，标志着传统旧城改造模式大一统时代的终止，北京 798 工厂、上海 1933 场坊都借鉴了这一模式。同时，日本金泽、韩国清州等文化继承与创新的模式也十分值得借鉴。其中强调的重点在于，城市是有机体，城市的功能需要新陈代谢；在这一过程中既需要遵循城市发展的客观规律，又需要协调各方利益，捍卫城市的价值观与公众的利益，延续城市文脉和文化特色。

对于上海而言，开放胸襟体现在其具有兼容性。正是文化上所具有的开放性与宽容性，使得上海能够在全球化潮流中走在中国其他城市的前面，这也是世博会选择在上海举办并获得成功的根本原因。2010 年上海世博会的规划建设，成功地实现了区域旧城改造和功能提升，构成了城市更新和经济结构调整有机结合的成功典范，对上海发展和提升城市文化软实力带来深远的积极影响，并构成了整合城市资源、强化城市建设机制，促进城市可持续发展建设的战略思路。总体上，20 世纪 90 年代以来上海在城市遗产保护与文化建构方面的发展正日渐成熟与深化，开始综合地考量经济、环境、资源、人口等多重社会性因素，试图突破僵硬的、教条的保护制度和方式，积极倡导维护公众利益的多样性保护方式，来朝向一种与社会变革相结合的文化延续与创新之路。

上海旧城改造与文化复兴的社会行动策略分析

城市是在历史传承中发展的，其传承的方式主要是改造，而非重建。旧城改造追求的是多目标系统的综合利益，它既要符合城市功能定位所决定的产业升级导向，又要符合社会和谐目标所追求的改善民生权益的指向，还要符合科学发展模式所要求的可持续发展指向——这些目标实现的关键则取决于旧城改造的理念及改造模式。

第一，健全管理制度与利益协调机制。 政府应作为社会整体利益代表，在旧城改造中扮演积极、公正和引导性的角色，而非"趋利"一方。上海在现阶段采取的"拆、改、留"并举的多元化改造方式，促进"政府规划、企业运作，居民参与"三方互动的协调机制，采取"阳光拆迁"政策、事前征询制度，将政府责任、百姓意愿、社会评判进行有机结合、组织和引导居民有序参与旧区改造过程等，实际都体现出了在管理制度与利益协调机制上的公共利益导向。更加多方位和深层次地，政府还可以通过制定空间规划与设计对策、健全管理机构、完善土地使用流转制度等，进一步完善其职能建构、健全公共利益与社会保障。在国外，开发权转移、区划奖励制度等富有成效的做法都值得本土研究并合理改进，探索其符合国情的实践应用。

第二，社会公正导向的政策法规建构。 旧城改造与保护中的社会公正性，主要体现在旧城居民的知情权、参与权及对处于社会弱势的群体的利益保护方面。要实现这一目标，离不开广泛的居民参与。而在实际运作中，居民的意见与意愿往往是比较多元化的，意见很难统一，这就要求政府根据不同情况采取多元对策。具体来说，可以借助政策框架和规划设计的架构指引，采取问卷调研、居民座谈等形式，加强沟通与交流，并配合投资激励、多标准改造、专项补贴等，来促进误解与分歧的消减，减少拆迁引发的矛盾。

第三，社会协调导向的保护更新模式。 从上海旧城改造具体的推展进程可以发现，分区分片、分阶段地进行开发推进已成为一种主流，如何在具体的实践开发中避免单一的经济考量与单一模式、机械运作，促进区域整体的保护更新、文脉延续，是未来发展的重要命题。同时，作为一项高技术性的系统工程，旧城保护与更新的保护对象与保护方式的确定、制定更新规划的具体内容等都需要一定程度的专业知识背景。相应地，发挥相关领域专家的作用在很多发达国家都得到了特别重视，专家团体被赋予很大的权限与责任，以此来保障旧城保护与更新在理性与科学的指导下合理推进。

第四，社会和规划系统下的文化复兴。 今天本土城市发展正面临处理日益稀缺的资源，管理生产、交换和居住过程的艰巨任务。在这一过程中，一种平衡的、多中心的、可持续的和竞争的地域发展格局的建构，离不开历史遗产、特色风貌、重大事件等文化力量的型构。任何文化都面临一种经历变化的永久性压力，包括外部（如重大事件，政府决策）和内部（如地震、洪灾、自然沉降）的因素，并通过不同方式的变化——以新的创造、研究、态度上的政治变化及其他类型的创造行为等各种形式，来推动或激发文化发生变化——或整合，或同质，或分解，进而改变本土原有的社会和自然条件，促进生成一种动态整体的文化复兴的综合图景。具体来说，未来社会和规划系统下的文化复兴离不开以下两方面的建构：一方面，应充分挖掘和利用历史文化资源及社会发展资源，将文化资源与其他生产要素紧密结合，促进综合多功能的环境改善，提升居民生活质量、促进服务行业及旅游业的发展；另一方面，则是促进社会关系的平衡与生活格局的延续。旧区改造中，社区弱势群体的居住环境质量需要改善，更新过程中被动迁的居民更应当妥善安置。如何在改善居住条件的同时，将原有老居民留下来，是保护工作中的一道难题，影响着社会关系的协调与平衡，也决定了本土生活格局如何延续，这对于城市文化的演绎和传承极为重要。因为生活是城市文化坚实的载体，而市民的衣食住行实际构成了城市文化的一个核心部分；文化缘于真实，缘于朴素（孙德禄，2008）。

从根本上来说，旧城改造的策略建构应该是发展的、动态的、开放的。尽管上海在旧城改造与文化建设方面已列于全国前端，但结合国外的一些先进发展经验来看，不可否认还存在需要改善及加强的地方。未来上海还亟须在旧城改造的方式和机制、拆迁补偿和扶持政策等方面进一步探索，以制定更加合理有效、促进社会公平的行动规则，并借助对城市厚重的历史积淀和多元文化价值的发掘，朝向更趋可持续的旧区改造与文化复兴。表4.5对主要相关领域的冲突特征及影响进行了总结考察，表4.6则对上海旧区改造与文化复兴冲突应对的具体化策略进行了汇总列举。

表 4.5　上海旧区改造与文化复兴的冲突特征及影响考察

冲突领域	冲突发展的主要特征			冲突表现		冲突影响		
	阶段 1（1990—1998）	阶段 2（1999—2005）	阶段 3（2006—2015）	编号	因素构成	阶段1	阶段2	阶段3
城乡冲突	—	—	—	1	城乡争地	—	—	—
				2	规划管理及政策差异	—	—	—
				3	交通模式与交通问题	—	—	—
				4	收入及社会服务差异	—	—	—
新旧冲突	大规模的推倒重建，原住民毫无话语权，实行异地安置；以拆为主，破坏了大量历史建筑和历史街区	改造目标日趋增多地与文化、生态及社会需求相结合，历史街区改造实行"拆、改、留、修"并存，但主要建设模式仍为大规模推到重建	《物权法》等一系列保障条例、实施意见开始发挥实效，上海世博会建设实践的促进，但仍存在社会分化、利益冲突等不利现象	5	城市年轮的断裂	√	√	
				6	空间的极化生产	√	√	√
				7	场所社会性的遗失	—	√	√
				8	公共空间的"失落"	—	—	—
环境及资源危机	棚户区和危房众多，旧城面临严峻的居住质量和环境问题	环境质量大大改善，但能源约束与高消耗模式已走到尽头，面临生态环境、资源、能源使用的多重危机	环境提升：城市功能转型，法规日益健全，"低碳"创新的发展理念，但突发性冲突类型增多，整体约束趋紧	9	城市生态失衡	—	—	—
				10	环境污染严重	√	√	√
				11	能源约束与高消耗	√	√	√
				12	设施建设与管理薄弱	√	√	—
公私冲突	政治力主导，资本作用强势；住房实物分配；市场化刚刚起步	大规模的推倒重建，实行异地安置；市场化逐步完善，总体上仍存在资金筹措、法规限定、机制运作等薄弱环节	政策法规界定反映出改造的社会考量与利益取向，公众参与增多，但市民仍被排除于重大项目的决策体系之外	13	公权的扩张与滥用	√	√	—
				14	公私关系的失衡	—	√	√
				15	"空间正义"的缺失	√	√	—
				16	住房保障及公共服务不健全	√	√	√
全球与本土碰撞	—	处于世界经济格局大调整和自身社会转型的大背景下，资本、市场、稀缺资源竞争不断加剧，经济、社会、文化多方面激烈碰撞	在全球视野下开始有针对性地研究强化的发展转变，试图城市变革与转型发展中实现持续的文化积累与创新	17	空间极度"资本化"	—	√	√
				18	城市空间趋于同质	—	√	√
				19	重大事件的触媒效应	—	√	√
				20	全球化视域下的治理模式变革	—	√	√

表 4.6　上海旧城改造与文化复兴冲突应对的社会行动策略分析

冲突面向		有利手段	不利方面
城乡冲突	城乡争地	—	—
	规划管理及政策差异	—	—
	交通模式与交通问题	—	—
	收入及社会服务差异	—	—
新旧冲突	城市年轮的断裂	A1，A2，A4，A5，A6	B1，B4，B5，B6
	空间的极化生产	A1，A2，A6，A7	B1，B2，B5，B6
	场所社会性的遗失	A1，A2，A3，A5，A6，A7	B2，B5，B6
	公共空间的"失落"	A1，A2，A5	B4，B5
环境及资源危机	城市生态失衡	A2，A3，A5，A6	B1，B3，B4
	环境污染严重	A2，A3，A8	B1，B3，B4
	能源约束与高消耗	A1，A2，A3，A7	B1，B3，B4
	设施建设与管理薄弱	A2，A3，A8，A9	B1，B3
公私冲突	公权的扩张与滥用	A1，A9，A10	B1，B2，B5
	公私关系的失衡	A1，A2，A3，A5，A6，A9，A10	B1，B2，B5
	"空间正义"的缺失	A1，A2，A3，A6，A9，A10	B1，B2，B5
	住房保障及公共服务不健全	A1，A2，A3，A8，A9，A10	B1
全球与本土碰撞	空间极度"资本化"	A1，A2，A6，A9，A10	B2，B6
	城市空间趋于同质	A1，A4，A6	B6
	重大事件的触媒效应	A4，A5，A8	B1，B3
	全球化视域下的治理模式变革	A1，A2，A3，A5，A9，A10	B1，B2，B5
策略汇总		A1. 注重多学科综合的规划设计推进，多元参与的规划设计形式，探索参与与合作的实践模式 A2. 政府日益增强的公共与可持续发展面向 A3. 开始关注地域性社会指标的考察，日益注重生态可持续技术的研究应用，以及生态及可持续发展的指标体系控制，寻求从政策法规界定到管理机制的配合 A4. 注重文化资源的保护及文化影响力的建构，注重历史文化风貌区与城市特色区域的建设，强调历史建筑和工业遗存的保护	B1. 体制和机制推动经济和社会发展的潜力和活力不足，须进一步研究城市功能的转型发展模式，明确制度法规的调节与制约，公共政策的扶持与激励作用，以及矛盾化解的运作机制，加强社会引导与政策规范 B2. 开发模式仍为以资本和权力为主导，约束机制亟待健全

（续表）

冲突面向	有利手段	不利方面
策略汇总	A5. 强调公共资源持续利用与价值延续的方法与机制探索，关注生态环境价值及其多元效应 A6. "微创手术"与渐进式小规模开发 A7. 强调功能复合与土地综合效益的发挥，强化土地置换与产业结构调整的有效机制 A8. 一系列重大工程与基础设施的持续建设推进 A9. 注重管理机构的职能转型，不断加强政府责任、百姓意愿与社会评判的结合 A10. 制度环境不断改善，建设、改造及治理的方式日趋多元，管理政策等不断发展进步	B3. 生态可持续技术的实践应用尚处于试验阶段，社会契合路径仍亟待探索 B4. 仍处于基础开发向功能开发转型的初始阶段 B5. 社会力量动员不足，一定程度上忽略了社会需求，损害了公共利益，原住居民的利益未得到充分保障 B6. 改造更新模式在空间肌理的延续、社会网络的保有方面欠缺

宜居环境与生态建设

作为特大型城市的上海，人口基数大、工业及服务业发达、道路拓展、汽车增加、房地产大面积开发，城市空间被大规模的开发活动侵占，农田及物种不断减少，城市自然生态系统不断退化，生态系统的自我调节恢复能力日益减弱，空气污染、水污染、土地生态系统不平衡等问题日趋严重，已成为影响城市可持续发展建构的瓶颈问题。相应地，上海市近年来也在不断加强环境保护与生态建设的力度，并日益增多地落实于具体的城市空间布局调整和政策推进、滨水空间的环境整治与功能再构，以及生态建构与低碳行动等具体且有成效的城市环境建设之中（图4.10）。

一方面，从城市空间布局调整及政策推进的环境效应的视角来考察，无论是20世纪90年代"退二进三"和"双增双减"战略的作用与影响以及20世纪90年代以后"规划建绿"的逐步实行，还是1999年启动首轮、2006年推进至第三轮、如今已处于第六轮计划推进中的"环保三年行动计划"，都极为明显地反映出了不同阶段上海城市地位和发展转型的现实诉求及市民面对冲突境遇的主导期望。

另一方面，城市滨水区作为城市独特的环境与资源，也构成了城市空间结构的重要组成部分，承载着城市居住、商业、休闲娱乐、公共空间等主要功能的发展，以及多种交通功能模式、海岸线的稳定、公众的参与等多重目标。上海苏州河、黄浦江历史延展性地不断治理环境、转换功能、形塑生活，也极具代表性地描绘出滨水空间环境整治与功能再构对城市转型发展的现实影响。

此外，正如《上海宣言》（2010）指出的："城市应尊重自然，优化生态环境，加强综合治理，促进发展方式转变；推广可再生能源利用，建设低碳的生态城市；大力倡导资源节约、环境友好的生产和生活方式，共同创造人与环境和谐相处的生态文明。"《上海市城市总体规划（2017—2035年）》提出要建设更可持续的韧性生态之城。聚焦城市生态安全和运行安全，提高人民群众的安全感，让人民群众生活得更放心。可以说，正是结合对生态内涵的深层次认知，上海开始日益跳脱出单纯追求自然环境的美化、简单增加绿地等对生态建构的片面理解，不断尝试在人居环境建设过程中按照生态学原理，并借助生态设计方法促进人们生活质量的提高，在经济性的基础上整体考虑构建人、社会与自然完整和谐的系统，以创造多样性居住空间环境，包括住区环境中的物种多样性、功能多样性和居民活动空间的多样性，全面推进生态建构与低碳行动。其中，上海生态型住宅小区和生态岛建设、"低碳世博"与虹桥低碳商务区的行动推展在本书中作为典型得到了重点分析。

城市空间布局调整及政策推进的环境效应

首先，推行"退二进三"与"三个集中"，降低区域的污染负荷。在改革开放初期，上海中心城区集中了大量工业企业，造成开发强度大、污染负荷高、城市布局不合理。同时，由于城市用地拥挤，没有足够的空间进行"三废"治理、基础设施建设，环境污染问题也十分突出。因此，"城乡一体化"方针因而在"七五"期间得以明确，提出"三废搬迁"、污染严重工业街坊进行重点综合整治，逐渐向郊区扩展市区工业。20世纪90年代以后，中心城区开始不断实施"退二进三"和"双增双减"的发展战略，通过加强执法、落实政策等推进完成了中心城区工业企业的搬迁与转型治理等工作，使得人口密集的中心城区工业污染得到有效控制，城市污染排放也大幅削减，环境质量改善明显（图4.11），同时也为城市基础设施建设腾出空间。随着"三个集中"被正式确立为指导郊区农村城镇化的基本方针，上海工业借此也在空间布局上开始了全方位的战略转移，从零散分布逐步转向集中优化，强调土地的集约使用、企业的集聚效益、污染的集中治理。在当前，上海已逐步形成了工业发展朝向环境保护的新格局：六大产业基地作为龙头、市级以上工业区作为支撑、区级工业区作为配套、郊区都市型工业园作为补充。

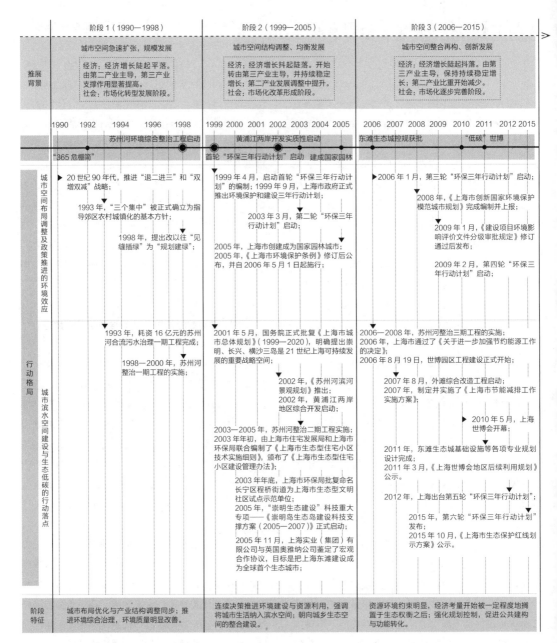

图 4.10   上海宜居环境与生态建设事件的冲突发展脉络梳理

其次，大力建设大型公共绿地，促进城乡生态空间的整合建设。 在上海城市建设早期，绿化建设未能引起充分的重视，多采取见缝插针、因地制宜的边角建设方式，城市绿化空间远远不能满足人们的需求。20 世纪 90 年代以后则开始逐步实行"规划建绿"，基于城市空间整体的优化发展，有计划、有步骤地结合旧区改造、市政建设、搬迁污染工厂、拆除简屋危棚等，促成成片的土地建设成为城市绿地，推进了以"环、楔、廊、园、林"为特征的绿化布局框架的形成，促进了城乡绿化

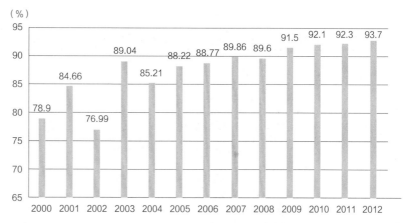

图 4.11 上海市历年空气环境质量优良率[1]

的一体化发展。据分析，绿地建设面积在 2002—2008 年的七年间就超过了过去所有绿地建设面积的加和。一大批大型生态景观绿地的建设，对改善空气质量、调节小气候、减轻热岛效应等也起到了显著作用。近年来人均公共绿地和绿化覆盖率均大大提升（表 4.7），绿化面积也不断增加。同时，大大改善了绿化分布不均的情况，基本实现了内环线内走出家门 500 m 市民就能见绿的目标。经济的考量终于被一定程度地置于生态的权衡之后。

再者，借助环保"三年行动计划"的连续决策推进，全面促进环境保护和生态建设。早在 20 世纪 80 年代中期，黄浦江上游水源保护、城市污水治理等就被列为重点环境工程。随着 1999 年首轮环保"三年行动计划"正式启动，上海十几年来通过多轮行动计划的连续推进（表 4.8），坚持环保高投入并逐年增加，借由污染治理、环境基础设施建设、生态建设、管理机制、合力共建等全方位的建构，从还历史欠账到着力构建生态宜居城市，从点上污染整治到面上源头预防，从政策法规界定到管理机制配合，并日益增多地采取公示、举办听证会等形式，有力地推进公众参与，促使城市环境的突出问题得到有力解决，生态环境持续改善，并为生态型城市建设目标的实现奠定了坚实的基础（表 4.9）。

然而，参看上海城市地位和现实的转型发展需求以及市民对环境质量的期许，当前仍存在三个方面的环境建设问题：其一，存在明显的资源环境约束，产业结构和能源结构的偏重致使污染排放和资源消耗仍位于高位，工业布局分散仍导致污染矛盾；其二，兼有新环境与传统污染，面临突出地城乡环境差异；其三，环境基础设施、环境管理水平及风险防范能力有待加强建构。相应地，上海 2012 年出台的《第五轮环保三年行动计划》，着重强调了以环境保护优化发展、坚持生态文明引领的理念，来持续加强环境保护和生态建设，进一步提高城市环境质量，加快建设资源节约型、环境友好型城市。2015 年出台的"第六轮环保三年行动计划"提出以"提升环境质量、促进转型发展"为主线。2018 年最新出台的"第七轮环保三年行动计划"，则强调了以改善生态环境质量为核心，坚决打好污染治理攻坚战，更大力度保护生态系统，加快形成绿色生产方式和生活方式。

城市滨水空间建设与生态低碳的行动落点

城市滨水区的重建，往往意味着为水体自身找到一个新的功能，找到城市重建的推动力或者是存在的目的和理由，以解决当前发展存在的冲突

---

1 2009—2012 年上海市空气质量优良率均在 90% 以上。2013 年开始采用 AQI 指数作为空气质量评价标准，当年上海市空气质量优良率为 66%，此后逐年改善，2017 年增长至 75.3%。

表 4.7　上海历年城市绿化指标变化

年份	1980	1985	1990	1995	2001	2005	2006	2007	2008	2009	2010	2011	2012	2013	2014	2015
人均公共绿地（m^2/人）	0.44	0.71	1	1.7	5.5	11	11.5	12	12.5	12.6	13	13.1	13.29	13.38	7.3	7.6
建成区人均绿地（m^2/人）	1.4	3.14	3.9	6.6	12	16.2	16.8	16.7	18.1	18.4	15.9	—	—	—	—	—
建成区绿化覆盖率（%）	8.19	9.74	12.4	16	23	37	37.3	37.6	38	38.1	38.2	38.2	38.3	38.4	38.4	38.5

注：自 2014 年起，人均公园绿地面积（m^2）由原先的根据非农户籍人口计算调整为根据常住人口计算。

表 4.8　上海五轮环保三年行动计划的决策及行动推进

阶段	时间	决策及行动内容
第一轮（2000—2002）	1999 年 4 月	启动首轮"环保三年行动计划"的编制工作，分 26 个专题，历时 3 个多月，完成了计划文本
	1999 年 7 月	《上海市道路和公共场所清扫保洁服务管理暂行办法》发布
	1999 年 8 月	环境保护与建设"三年行动计划"通过了市委常委会审议
	1999 年 9 月	市政府正式推出环境保护和建设三年行动计划
	2001 年 4 月	《上海市实施〈中华人民共和国大气污染防治法〉办法（草案）》
	2001 年 8 月	《上海市排水管理条例（修正）》发布
	2001 年 11 月	《上海市市容环境卫生管理条例》通过
第二轮（2003—2005）	2003 年 1 月	上海正式对外宣布："苏州河整治一期工程正式建成"
	2003 年 3 月	第二轮"环保三年行动计划"正式启动
	2003 年 4 月	《上海市市容环境卫生管理条例（2003 年修订）》
	2003 年 5 月	成立上海市环境保护和环境建设协调推进委员会，促进形成市区联动、条块结合的工作机制和推进合力
	2003 年 10 月	《上海市植树造林绿化管理条例（2003 年修正）》颁布
	2003 年 10 月	《上海市河道管理条例（2003 年修正）》颁布
	2003 年 11 月	《本市贯彻〈中华人民共和国清洁生产促进法〉的实施意见》发布
	2004 年 5 月	《上海市扬尘污染防治管理办法》发布
	2004 年 5 月	上海市实施《中华人民共和国环境影响评价法》办法
	2004 年 6 月	《上海市人民政府关于修改〈上海市化学危险物品生产安全监督管理办法〉》发布
	2005 年 10 月	《上海市环境保护条例》修订后公布，2006 年 5 月 1 日起施行
第三轮（2006—2008）	2006 年 1 月	上海市人民政府办公厅关于印发上海市 2006—2008 年环境保护和建设三年行动计划的通知
	2006 年 6 月	《上海市河道管理条例（2006 年修正）》颁布
	2007 年 10 月	发布关于修改《上海市实施〈中华人民共和国大气污染防治法〉办法》的决定，并决定自 2008 年 1 月 1 日起施行
	2008 年 6 月	《上海市环境噪声标准适用区划（2008 年修订）》执行
	2008 年	《上海市创建国家环境保护模范城市规划》编制完成并上报
	2008 年	《上海市创建国家环境保护模范城市目标责任分解方案》下发
	2008 年 12 月	《工业炉窑大气污染物排放标准征求意见稿》

（续表）

阶段	时间	决策及行动内容
第四轮 （2009— 2011）	2009 年 1 月	《建设项目环境影响评价文件分级审批规定》修订通过后发布
	2009 年 2 月	印发《上海市 2009—2011 年环境保护和建设三年行动计划》的通知
	2009 年 2 月	《上海市市容环境卫生管理条例（2009 年修订）》
	2009 年 4 月	《钢铁工业大气污染物排放标准》（征求意见稿）征求意见
	2009 年 5 月	上海市地方标准《污水综合排放标准》发布
	2009 年 6 月	上海世博会事务协调局与联合国环境规划署联合发布了《中国 2010 年上海世博会绿色指南》
	2009 年 7 月	《中国 2010 年世博会环境报告》发布，从上海全力改善环境质量、世博会绿色实践及社会公众参与等三个层次概述了建设环境友好型城市、实践绿色世博的历程
	2009 年 12 月	上海市人大审议通过《上海市饮用水源保护条例》
	2010 年 9 月	《中华人民共和国水法》办法（2010 年修订本）发布实施
	2011 年 1 月	《国家环境保护模范城市创建与管理工作办法》
	2011 年 3 月	《上海市环境噪声标准适用区划（2011 年修订）》公布
	2011 年 12 月	就起草的《上海市 2012—2014 年环境保护和建设三年行动计划（纲要）》公示征求意见
第五轮 （2012— 2014）	2012 年 2 月	上海市人民政府办公厅关于印发上海市 2012—2014 年环境保护和建设三年行动计划的通知
	2012 年 3 月	《铅蓄电池工业大气污染物排放标准》公示征求意见
	2012 年 5 月	《上海市道路和公共场所清扫保洁服务管理办法》公布，原《上海市道路和公共场所清扫保洁服务管理暂行办法》（1999）同时废止
	2012 年 7 月	召开《上海市社会生活噪声污染防治若干规定（草案）》立法听证会
	2014 年 5 月	2014 年 5 月 1 日，《上海市促进生活垃圾分类减量办法》施行，为本市生活垃圾分类减量提供了法治化依据和法制保障
	2014 年 5 月	绿化市容、商务、环保、房屋管理等部门出台了《上海市生活垃圾分类目录及相关要求》，明确了对市民投放的指导要求及各环节收运作业单位应执行的准则，推动生活垃圾分类减量工作走上规范化、法制化、长效化的轨道
	2014 年 7 月	《上海市大气污染防治条例》由上海市第十四届人民代表大会常务委员会第十四次会议于 2014 年 7 月 25 日修订通过，于 2014 年 10 月 1 日起施行
第六轮 （2015— 2017）	2015 年 2 月	上海市人民政府办公厅关于印发《上海市 2015—2017 年环境保护和建设三年行动计划》的通知
	2015 年 12 月	上海市人民政府关于印发《上海市水污染防治行动计划实施方案》的通知
	2015 年	2015 年起上海取消了对区县的 GDP 考核指标，加大了对各区党委政府和领导干部绩效考核中环境保护的比重，制定《上海市领导干部自然资源资产离任审计试点实施意见》
	2016 年 2 月	《上海市养殖业布局规划》于 2016 年 2 月 14 日由上海市人民政府批复
	2016 年 2 月	2016 年 2 月 17 日发布了《上海港实施船舶排放控制区工作方案》，从 2016 年 4 月 1 日开始要求靠港停泊期间的船舶使用低硫油
	2016 年 6 月	上海市环境保护局制定并印发《上海市经营性用地和工业用地全生命周期管理土壤环境保护管理办法》
	2016 年 10 月	《上海市环境保护条例》经市十四届人大常委会第三十一次会议表决通过，于 2016 年 10 月 1 日起施行
	2016 年 12 月	上海市人民政府关于印发《上海市土壤污染防治行动计划实施方案》的通知
	2017 年 8 月	上海市环境保护局发布《关于加强污染地块环境保护监督管理的通知》

表 4.9　上海"环境保护和建设三年行动计划"的实施成效

阶段　内容	第一轮（2000—2002）总投资 300 亿元	第二轮（2003—2005）总投资 1 100 亿元	第三轮（2006—2008）总投资 400 亿元	第四轮（2009—2011）总投资 800 亿元
水环境治理	·完成苏州河整治一期工程和苏州河六大支流截流等实现经常性调水，有效改善了苏州河干流的水质，生态系统开始恢复 ·城市污水集中收集和处理能力比三年前分别增加了 83 万 m³/d 和 44 万 m³/d，增幅为 30.7% 和 44.5%，累计整治河道 1.5 万条、1 万 km	·苏州河水质稳中趋好，中心城区河道基本消除黑臭，水质平均改善了 21.5% ·全市新增污水处理能力 349 万 m³/d，城市污水集中处理率达到 70.2%，郊区城镇污水治理设施覆盖率提高了 16%	·黄浦江、长江口、苏州河等主要水体水质基本保持稳定，中心城区河道在基本保持稳定、整治黑臭的基础上，成果得到巩固 ·全市污水处理能力达到 672 万 m³/d，城市污水处理率达到 75.5%，中心城区污水处理率达到 90% 以上，郊区城镇污水收集处理系统初步形成	·全市河道水环境面貌进一步改善，主要水体水环境基本保持稳定，建设"多源互补"的原水供应格局 ·污水收集系统覆盖所有城镇和工业区，建成区实现污水收集管网全覆盖，城镇生活污水处理率达到 83%（城区生活污水处理率达到 90%） ·污水处理厂污泥得到全面安全处置
大气环境治理	·"基本无燃煤区"面积达到 270 km²，浦东地区所有单位和居民已全部使用天然气 ·环境空气质量指数优于二级的天数年平均接近 10%，环境空气中 SO₂ 和氮氧化物的平均浓度分别降低了 23% 和 18% ·改造 LPG 出租车 3.8 万辆，CNG 公交车 580 辆，更新公交柴油车 4 800 台发动机	·创建"基本无燃煤区"面积达到 321 km²，淘汰了 20 万辆燃油助动车 ·万元生产总值 SO₂ 排放量削减了 19%，万元 GDP 化学需氧量削减了 47% ·与 2003 年全市相比，2005 年全市空气质量优良率达到 29.4%，空降尘量下降，空气质量优良率连续三年 85% 以上	·2008 年万元生产总值 SO₂ 和化学需氧量（COD）排放量分别较 2000 年下降了 67% 和 71% ·污染物排放总量出现拐点，2008 年 SO₂ 和 COD 排放量分别较 2005 年削减了 13.90% 和 12.28% ·加大扬尘和烟尘污染控制，污染控制得到有力推进，全市空气环境质量优良率稳定在 85% 以上，全市区域降尘量较三年前下降 11.6%	·COD 和 SO₂ 排放总量分别削减了 27.7% 和 30.2% ·全市环境空气质量优良率连续 3 年达到 90% 以上 ·空气中 SO₂、NO₂ 和可吸入颗粒物等主要污染物浓度比 2008 年分别下降 41%、9% 和 10%
固体废弃物处置	·建成浦东御桥、浦西江桥两大大型垃圾焚烧厂，新增垃圾处理能力 3 390 t/d；市中心 40% 的地区开始推行生活垃圾分类收集 ·工业、医疗固体废物集中处理处置已开始启动	·建成了老港填埋场四期和江桥垃圾焚烧厂二期等无害化处理设施 ·中心城区新增生活垃圾处理能力 5 900 m³/d；建成了 272 座垃圾转运站	·建成嘉定残渣处理厂、青浦垃圾综合处理厂等工程，生活垃圾无害化处理设施能力达到 10 250 t/d	·继续提升城市生活垃圾无害化处理能力，全市生活垃圾分类试点覆盖到 1 080 个居住小区 ·继续完善工业废物综合利用与处置体系，工业固体废物资源化利用率达到 95%，危险废物得到全面安全处置
生态保护与建设（前 2 轮只涉及绿化建设内容）	·建成区绿化覆盖率从 1999 年的 19.8% 提高到 2002 年的 30%，人均公共绿地面积从 3.5 m² 提高到 7.6 m² ·累计新增公共绿地 3 988 hm²，每个街道拥有一块 3 000 m² 绿地，建成一批标志性生态景观绿地 ·郊区完成人造森林 3 740 hm²、黄浦江水源涵养林 410 hm²、沿海防护林 1 330 hm²、河道防护林 1 510 hm²	·中心城区绿化覆盖率增加了 7%，达到 37%；人均公共绿地面积增加了 3.4 m²，达到 11 m² ·郊区建成近 3.5 万 hm² 功能性林地 ·崇明东滩和浦东九段沙成为国家级自然保护区	·以建设生态型城市为目标，以崇明生态岛和世博园区建设为契机，着力提升生态岛的生态服务功能 ·崇明岛综合环境基础设施建设取得重大突破，建成环崇桥污水处理厂及其配套管网，陈家镇人工湿地污水处理一期工程等 10 项工程 ·中心城区绿化覆盖率达到 38%；人均公共绿地面积增加 1.5 m²，人均公共绿地面积达到 12.5 m²	·继续提升工业废物综合利用与处置体系，以崇明生态岛和绿色世博为引领，继续推进城市绿地林地系统，积极推进生态岛和绿地林地建设、湿地建设、国家生态县创建工作，加快生态型城市建设 ·建设与完善全市绿林地系统，建设与完善全市绿地人均公共绿地达到 13.1 m²，绿化覆盖率达到 38.2%

阶段 维度　内容	第一轮 （2000—2002） 总投资 300 亿元	第二轮 （2003—2005） 总投资 1 100 亿元	第三轮 （2006—2008） 总投资 400 亿元	第四轮 （2009—2011） 总投资 800 亿元
行动维度与实施成效 工业环境综合整治和清洁生产与循环经济领域（前 2 轮只涉及工业环境综合整治；第 4 轮则将重点转向了清洁生产和循环经济领域）	·吴淞工业区关停了 72 家污染企业和 21 条污染生产线，完成重点治理项目 21 项、计划外治理项目 36 项 ·桃浦工业区所有工厂实施了清浊分流和污水预处理，全面实现集中供热，停产排放恶臭气体的主要生产线	·吴淞工业区环境质量达到国内同类工业区的先进水平，并建成集中供热网，桃浦工业区消除了恶臭污染热点 ·对 35 家环保重点监管企业实施限期治理，占全市水环境污染排放总量 85% 以上的工业企业安装了污水排放在线监测设施	·吴淞工业区环境质量恶化势头已基本得到遏制，部分特征污染指标呈现下降趋势 ·保留工业区已开发地块水污染管网实现全覆盖，污水那关关处理率达到 86% ·贯彻《中华人民共和国清洁生产促进法》，在工业企业中大力推进清洁生产；制订工业园区循环经济发展指南，创建一批环境友好型企业	·推进 8 个循环经济试点项目，探索不同层次领域循环经济发展的有效模式 ·开展工业园区生态化改造 ·着力推进电子废物等资源回收与综合利用 ·大力推进清洁生产
农业生态环境保护与建设	—	·农业污染治理：基本完成禁养区内 259 家畜禽牧场关闭搬迁；建成了 5 个畜禽粪便有机肥加工利用中心，化学农药使用量削减了 77 万 t，化学农药使用量削减了 735 t	·贯彻执行《上海市畜禽养殖管理办法》；大力推广使用有机肥，减少化肥农药使用量，有效降低农业面源污染负荷 ·积极实施农村环境综合治理，推进环保生态村的创建，郊区各区县分别创建 1~2 个环保生态村	·粮食、蔬菜氮化肥和化学农药的亩均使用量均减少 10%，提升规模化畜禽养殖场污染综合治理水平 ·整治现有政策资源，制订农村环境综合整治配套政策，进行河道整治、生活污水治理、生活垃圾收集与转运等 ·完成 300 个左右农村综合改造
总体评价	上海河道整治逐步从单纯保洁防涝工程向整治整理向兼顾生态保护、水质改善、水运通航、景观休闲的多功能转变；苏州河干流水质基本消除了黑臭，生态功能开始恢复；环境空气质量、建成区绿化建设也得到了明显质量提升	实施策略强调有序推进，总体上强化了环境保护工作机制，形成了市区联动，条块结合的推进合力同时，强化了重点地区环境综合整治，以及强调整治治本、机制创新，改善实效	分阶段地解决了环境问题和城市环境管理中的薄弱环节；全社会合力推进环保的格局基本形成；环境基础设施建设大力推进，黄浦江上游水源地、苏州河等重点地区环境综合整治成效显著，环境管理体系逐步改善，污染企业结构调整加快推进，污染减排成效还十分脆弱，亟须经济发展方式的转变，局部环境问题仍比较突出	"低碳世博""绿色世博"和良好的生态环境为上海世博会的成功举办提供了坚实保障；环境基础设施建设、重点区域环境治理成效明显，城市环境质量持续提高。这一轮行动中，尤其突出地以绿色和绿地建设、继续推进崇明生态岛和绿地建设，加快推进了清洁生产和循环经济的领域建构

性，提高滨水区的竞争力。苏州河作为上海的标志性河流，在见证城市历史发展进程的同时，也经历了"严重污染－工程治理－水质改善－生态恢复"的演进过程，滨水空间的发展经历了"工业繁荣－综合利用－房产开发－绿地增加"的变化历程。从 1988 年开始，上海市政府开始着手治理严重污染的苏州河。而耗资 16 亿元的苏州河合流污水治理一期工程于 1993 年完成，将 70.57 km 服务范围内原直排苏州河的污水截流外排，对改善苏州河的水质起到了一定的作用。但是，1996 年环保部门的分析数据显示，苏州河中游河段的污染继续加剧、黑臭严重。因此，1996 年上海市委、市政府进一步提出对苏州河进行环境综合整治，以彻底解决苏州河环境问题。根据 2000 年干流基本消除黑臭和 2010 年基本恢复水生态系统的目标，苏州河整治共实施了三期工程（一期 1998—2000 年，二期 2003—2005 年，三期 2006—2008 年）。其中，一期工程的实施使得苏州河终于在 2000 年消除了干流黑臭。2018 年年初，由上海市水务局制订的《苏州河环境综合整治四期工程总体方案》已经上海市政府同意，全面启动，整治范围西自江苏省界，东至黄浦江，北起蕰藻浜，南到淀浦河，共 855 km²，总投资预计将达 254.47 亿元 [1]。

从过程来看，得益于上海社会经济飞速发展和上海市政府持续的环保投入，苏州河一度衰败的滨河空间因大规模开发与重建，景观面貌也发生了深刻的变化，并吸引了众多的国内外开发商。这也直接造成这一时期两岸高层、超高层住宅建设得比比皆是，苏州河成为穿流在高楼大厦间的窄小峡谷，景观和空间效果受到严重影响，两岸大量的历史遗存当时也因城市的急剧建设扩张而消失。由此，2002 年推出的《苏州河滨河景观规划》，对沿岸新建筑的高度做出严格控制，以形成较好的空间层次；规划严格规定了住宅、公共建筑的建筑容积率，同时增加绿化空间、促进景观绿地与亲水岸线建设形成联动，以改变当时存在的开发过度、强度过高的问题；规划还试图将历史建筑配合水面、广场、绿地等空间布局进行整合，通过外观改造和内部功能置换，营造滨水艺术展示区等。再者，苏州

河环境综合治理作为一项公共工程，其城市公共资源价值的提升是社会的投资成果，所体现的利益应是城市和公民所共享而非某一方受益。规划对苏州河岸线的整合梳理，有意识地强调了滨河公共空间的连续性与通达性，试图通过针对大工程、大功能所施展的"微创手术"。例如，搭建步行桥，注重与岸线步行空间的连接等，促使巨型工程与滨水空间共同发挥更大的作用，将城市生活更多地纳入滨水空间（图 4.12）。

2002 年两岸建成滨河绿地 10 万 m²，大大改善了苏州河的水质和环境面貌，这一年也是上海首轮环保三年行动计划验收成果的时刻。从此之后，苏州河的整治改造也与上海整体的环境保护战略紧密地结合在一起。治理至第四轮环保三年行动计划期末，全市河道水环境面貌已进一步改善，主要水体水环境质量基本保持稳定。值得关注的是，决策者在治理开端就注重了开发上多方力量的作用，并积极主动地提供合作与沟通渠道。市政府通过多元渠道筹措资金，基层各部门通力合作、相互补充。规划阶段则体现出政府、专家和社会的联合；方案实施过程体现为政府间跨部门、跨区域合作，绩效评估中市民评价指标的介入；治理过程体现出积极改变沟通网络，建立全方位的信息沟通和表达机制。同时，社会总体参与层次和水平处于不断发展提升中，从最初的被动呼应阶段到中期居民形成一定组织、自发参与并保护环境，再到后期政府组织公众咨询、规划征求意见及公示等。

今天的苏州河两岸已成为集观光、休闲、文化、商贸于一体的生活居住区。沿着苏州河由西向东，来到黄浦江畔，则可以更加强烈地感受上海这座城市的现在。在这里，属于上海的活力扑面而来。早在 1843 年上海开埠，外滩——黄浦江的西

1　根据工程方案，到 2020 年，苏州河干流将消除劣 V 类水体，支流基本消除劣 V 类水体，水功能区水质达标率不低于 78%；到 2021 年，支流全面消除劣 V 类水体。工程结束，苏州河干流堤防工程全面达标、航运功能得到优化、生态景观廊道基本建成；形成大都市的滨水空间示范区、水文化和海派文化的开放展示区、人文休闲的自由活动区，为最终实现"安全之河、生态之河、景观之河、人文之河"奠定了基础。

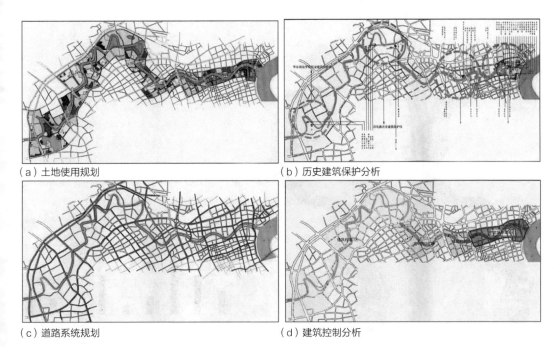

（a）土地使用规划   （b）历史建筑保护分析

（c）道路系统规划   （d）建筑控制分析

图 4.12 苏州河滨河景观规划分析

侧一线，已迅速崛起，并进而带动整个黄浦江以西逐渐成为当时的"世界第六大都会"；20 世纪 90 年代以来浦东的开放开发则促使上海最终东进跨越黄浦江，黄浦江也衍生成为"一江两岸"的发展格局。2000 年左右，黄浦江两岸区域均已基本完成了城市化的进程。其中，浦西一侧的滨水岸线在 1990 年前已经基本得到了全面利用，20 世纪 90 年代滨水岸线的利用重点则转向浦东：一方面，基本完成了浦东的黄浦江北段的产业化覆盖，同时以外滩－陆家嘴为核心的中心区段开始进行早期的功能更新和改造。滨水空间的利用也以 2002 年黄浦江两岸综合开发的启动为标志，开始进入到内部功能更新的转型发展阶段。正如郑时龄指出的，上海制定苏州河、黄浦江规划，应寻找城市新的"喘息"空间，随着产业结构的调整，黄浦江沿江空间将从"生产岸线"向"生活岸线"发展，更加体现"以人为本"的思想。上海世博会落足于黄浦江畔则更加促进了这一转型的加速，并从 2002 年至今的土地利用演进中反映出来（图 4.13，表 4.10，表 4.11）。其中，产业空间用地大幅下降，公共设施用地迅猛增长，绿化空间建设长足进步，居住格局基本保持稳定，而城市空间的扩展基本覆盖无遗。这既反映出工业发展不再是黄浦江城市空间规划的主导方向，城市空间已朝向以现代服务业为主的城市公共功能区转型的战略导向，同时也极为明显地体现出了规划控制的效力。例如，在控制性详细规划层面，公共设施用地的比例被有意识地加以提升，并协调了其中不同类型用地的平衡，以保障黄浦江城市空间作为公共功能区的目标实现；居住用地的规划控制也经历了类似的尝试：早期结构规划层面，居住用地比例达到 20%。但为了体现区域的公共功能，控制性详细规划层面将此比例压缩为 10%，以避免过多的居住功能影响公共功能区域的整体目标。

在生态低碳行动方面，生态型住宅小区建设、崇明生态岛建设、世博会及虹桥商务区的低碳考量构成了核心内容。其中，从 2003 年年底，长宁区程桥街道成为上海市生态型文明社区试点示范单位，上海至今已有近 20 个街道镇编制了生态环境规划，并涌现了一批绿色社区以及安静居住小区，

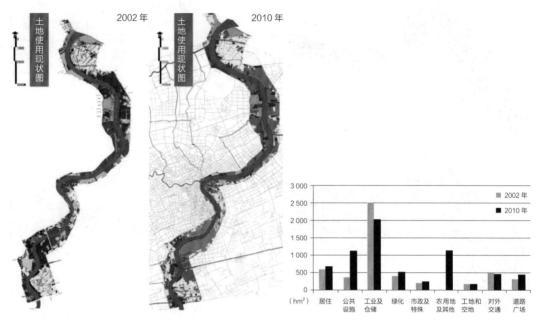

图 4.13　黄浦江城市空间核心区土地构成变化分析

表 4.10　黄浦江城市空间土地利用现状分析

用地性质	2002 年		2010 年		变化量
	面积（hm²）	比例（%）	面积（hm²）	比例（%）	面积（hm²）
居住用地	581.6	8.66	671.4	9.99	89.8
公共设施用地	373.8	5.56	1 116.3	16.62	742.5
工业及仓储用地	2 521.5	37.53	1 932.7	28.77	−588.8
绿化用地	403.9	6.01	524.7	7.81	120.8
市政及特殊用地	214.9	3.2	244.1	3.63	29.2
农用地及其他	1 624.7	24.18	1 150.4	17.12	−474.3
工业和空地	178.9	2.66	184.3	2.74	5.4
对外交通用地	497	7.4	455.5	6.78	−41.5
道路广场用地	321.6	4.79	438.5	6.53	116.9
总建设用地	6 767.9	100	6 717.9	100	0
规划总用地	6 944.9		6 944.9		

注：世博园区总面积 5.28 km²，因其在 2010 年时为围栏式封闭空间，故整体划入公共设施用地一栏。

表 4.11　黄浦江城市空间结构规划与控制性详细规划层面对公共设施用地的控制分析

用地类别	总体层面（hm²）		控规层面（hm²）
行政及商办用地		100.7	154
商业金融业用地		207.7	276.3
文化娱乐用地	666.9	330.7	219
体育		—	34.5
医疗卫生用地		—	4
教育科研用地		27.8	178

其侧重生态环境和社区生态建设的推进，强调反映生态社区基本特征的目标和指标体系的建构，提供了有益的经验和方法。《上海市生态型住宅小区技术实施细则》《上海市生态型住宅小区建设管理办法》等技术管理规定也相继制定。此外，2015年10月，《上海市生态保护红线划示方案》公示，将44.5%上海市域陆域面积划入保护红线；区内将严格限制新建建设项目，已有不符合生态功能导向的建设用地将被逐步清退。上海的闵行、徐汇、松江、浦东、崇明等区域的生态建设实践都具有一定的借鉴价值，已取得了明显的建设成效。其中，崇明的生态建设更加具有典型意义。上海崇明建设现代化综合性生态岛的系列举措在近些年不断推展，生态立岛理念深入人心，生态岛的轮廓逐步清晰，产业结构的调整也不断推进，成为全市重要的"菜篮子"和绿色农副产品的主要供应基地，运动休闲、健康养老、文化创意、研发商务等新经济也正在兴起。2016年12月上海发布了《崇明世界级生态岛发展"十三五"规划》，强调以更高标准、更开阔视野、更高水平和质量推进崇明生态岛建设。在世界绿色低碳发展大潮流下，崇明作为上海建设全球城市的重要组成部分，战略地位日益突出，发展路径日渐清晰。2018年5月上海市政府批复《崇明区总体规划暨土地利用总体规划（2017—2035）》，这是上海新一轮城市总体规划获国务院批复后第一个完成批复的区级2035总规。按照崇明总规，规划至2035年森林覆盖率提升至35%，整体形成"三环四轴五景、多廊多带、多园多点"的林地总体格局。规划提出，"世界级生态岛"的建设目标，到2035年将基本实现，到2050年将全面完成，未来崇明将成为世界自然资源多样性的重要保护地、鸟类的重要栖息地、长江生态环境大保护的示范区、国家生态文明发展的先行区。

此外，针对当前国际上兴起的低碳城市建设，同时也是面向其自身发展所面临的严重的能源资源约束，上海市"十一五"规划以来以"CO_2和其他污染物协同控制，城市环境问题与全球环境问题协同解决"为导向推进节能减排，并进行了多方面的政策引导与管理控制，比如《关于进一步加强节约能源工作的决定》《上海市节能减排工作实施方案》的制定与实施，《关于印发〈上海市固定资产投资项目节能经评估和审查管理办法（试行）〉的通知》的发布，以及各类节能减排统计监测和考核实施方案等。"低碳世博"的实践探索对推进当前的低碳发展具有重要启示：上海世博会的特征属性和时代责任，决定了其低碳行动的效应不应局限于一时而应具备充分的扩展性和延展性。除了在空间建构方面所带来的"直接效应"——世博园区选址而促成的对诸多污染企业的改造、搬迁对城市功能布局和产业结构的优化，建设了大面积的滨江绿地，增加了"碳汇"，从而在物理形态上对上海环境产生持续影响等；低碳导向的行动还初步描摹出了"间接效应"的延续图景：在展示绿色低碳、节能环保等先进技术，传播低碳绿色发展的先进理念的基础上，强调战略责任向可持续实际成效的转换，促进环境价值、技术知识对政治体系和全社会的全面渗透，促进围绕制度创新有效推展。另一个践行低碳的领域则是大虹桥的开发建设。就当前的发展而言，经过多年的努力，上海在人均生产总值逐年提升的同时，保证了单位生产总值综合能耗的降低和单位生产总值污染物排放的降低，已在一定程度上缓解了由城市生产力高速发展所带来的高能耗和高排放问题（图4.14，图4.15）。然而，城市建设尤其是基础设施建设的碳锁定性极高，建成的同时，其未来长时期的碳排放水平也就被决定了。不断推进旧城改造和新城建设的上海，仍面临繁重的城市建设任务，其未来向的低碳城市转型仍面临重大挑战，任重而道远。

上海宜居环境与生态建设的社会行动策略分析

总的来看，经过近几十年的城市空间布局调整，上海中心城区的居住、制造业与部分服务业向郊区转移，高级服务业及绿色生态空间得以合理规划并取而代之，促使中心城区工业污染得到了有效控制，城市环境质量有所改善。环保上的资金投入与政策的持续推进，也进一步促进了环境保护与生态建设的发展。综合审视苏州河、黄浦江的环境整治与功能再构，则可以从中总结出当前上海宜居环境与生态建设的思路借鉴。

（1）进行水系河网综合治理，促进生态修复。

（2）延续历史文脉，促进经济发展。苏州河、黄浦江都有着深厚的文化底蕴，通过其中历史文脉的保有与传承，可以促进沿岸文化产业的集聚，促进特色空间更为均衡的功能和格局形成，从而以城市功能的复合性、形象的识别性，进一步激发滨水区活力。

（3）强化规划控制引导，促进公共建构与功能转换。应注重规划前瞻性的统筹考量、功能引导，强调公共资源的公共享受；注重公共功能的多层次建构，以促进形成合理的利益分配及公共保障机制。

（4）创新管理机制，促进多方参与合作。当前上海城市空间建设与发展进程中，固然已体现出政府有效决策及主导作用，以及对于公众、专家和社会各利益相关主体意见和需求的日益重视和更多考量。

其中，随着绿色生态空间网络的日益完善，滨水空间的建设已然成为未来上海城市宜居环境与生态建设发展的重心。不难发现，随着城市生态复苏与环境建构的效应日益显现，虹桥商务区等低碳试点的推进落实，以及"低碳世博"系统推出并付诸实践，并朝向一种"后世博"图景的未来建构……上海的生态建设行动更趋多样化，也更多地与具体的社会发展阶段、技术能力相结合，从而呈现出多元冲突下的一种突破格局——其中不乏充满冲击力与创造力的生态理想图景；而实验性的生态社区和宜居城市已经走向临床实践，生态可持续的概念和原则开始向具体的行动和技术转化，并向具体的城市建设渗透。

但总体来看，体制和机制推动经济和社会发展的潜力和活力仍显不足，还须进一步研究城市功能的转型发展模式，明确制度法规的调节与制约及公共政策的扶持与激励作用、矛盾化解的运作机制，加强社会引导与政策规范。诸如公民论坛、公众听询等更为主动的参与内容还未成为主流，还需要进一步创新管理方式，以鼓励多方力量更为有效地参与到具体的环境规划和建设中来。其次，城市发展仍处于基础开发向功能开发转型的初始阶段，还需要进一步探索土地再开发利用的模式。资源环境承载力极为有限，土地利用面临资源瓶颈，土地综合效益的发挥仍显不足，环境基础设施及市政配套建设亟待加强；此外，根深蒂固的环境污染问题仍未解决，并在某些方面程度加深。城市发展中的高能耗和高排放问题还没有发生质的改变，一系列生态可持续、绿色低碳技术的实践应用也尚处于试验阶段，生态与社会契合发展的有效路径仍亟待探索。表4.12对上海宜居环境与生态建设冲突应对的具体化策略进行了汇总列举，表4.13则对其间所体现出的对主要相关领域的冲突特征及影响进行了总结考察。

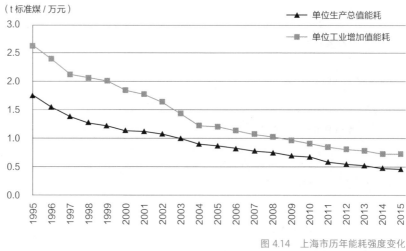

图 4.14　上海市历年能耗强度变化

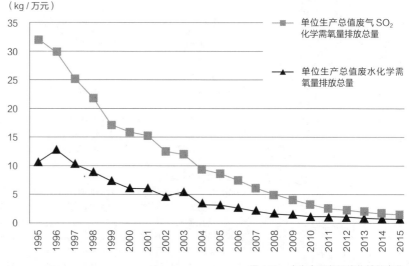

图 4.15　上海市历年污染物排放变化

表 4.12　上海宜居环境与生态建设冲突应对的社会行动策略分析

冲突面向		有利手段	不利方面
城乡冲突	城乡争地	A1，A2，A3，A4，A5	B1，B2，B3
	规划管理及政策差异	A1，A2，A3，A4，A5，A6	B1，B2，B3，B4，B5
	交通模式与交通问题	A1，A2，A3，A4，A7	B2，B4，B6
	收入及社会服务差异	A1，A2，A3，A4，A5，A7，A7	B1，B2，B5
新旧冲突	城市年轮的断裂	A1，A2，A4，A8，A9，A10	B2，B3，B4，B5
	空间的极化生产	—	—
	场所社会性的遗失	—	—
	公共空间的"失落"	A1，A2，A4，A9	B3，B5

（续表）

冲突面向		有利手段	不利方面
环境及资源危机	城市生态失衡	A2，A3，A4，A5，A9	B1，B2，B3，B4，B6
	环境污染严重	A2，A3，A4，A5，A7，A9，A10	B1，B2，B3，B4，B6
	能源约束与高消耗	A2，A3，A4，A5，A9	B1，B2，B3，B4，B6
	设施建设与管理薄弱	A2，A3，A5，A6，A7，A9	B1，B2，B4，B6
公私冲突	公权的扩张与滥用	—	—
	公私关系的失衡	A1，A2，A3，A4，A6，A7，A8，A9	B1，B2，B5
	"空间正义"的缺失	—	—
	住房保障及公共服务不健全	A1，A2，A3，A4，A7	B1，B5，B6
全球与本土碰撞	空间极度"资本化"	—	—
	城市空间趋于同质	—	—
	重大事件的触媒效应	—	—
	全球化视域下的治理模式变革	—	—
策略汇总		A1. 注重环境、经济、社会等多学科综合的规划设计推进，世界招标、多元参与的规划设计形式，探索参与与合作的实践模式 A2. 政府日益增强的公共导向与可持续发展面向 A3. 开始关注地域性社会指标的考察，并日益注重生态可持续技术的研究应用，以及生态及可持续发展的指标体系控制，并寻求从政策法规界定到管理机制的配合 A4. 强调公共资源持续利用与价值延续的方法与机制探索，关注生态环境价值及其多元效应 A5. 环境保护与绿地建设从还历史欠账、强调总量及覆盖性，开始日益增强地强调提前预防、城乡整合及体系框架的建设完善，环保建设高投入 A6. 在环境建设与管理中，日益增多地采取公示、举办听证会等形式，不断拓展市民参与城市管理的渠道 A7. 一系列重大工程与基础设施的持续建设推进 A8. "微创手术"与渐进式小规模开发的出现，开始关注社会关系的平衡与生活格局的延续 A9. 强调功能复合与土地综合效益的发挥，强化土地置换与产业结构调整的有效机制 A10. 注重文化资源的保护及文化影响力的建构，注重历史文化风貌区与特色城市区域的建设，强调历史建筑和工业遗存的保护	B1. 体制和机制推动经济和社会发展的潜力和活力不足，须进一步研究城市功能的转型发展模式，明确制度法规的调节与制约、公共政策的扶持与激励作用，以及矛盾化解的运作机制，并加强社会引导与政策规范 B2. 资源环境承载力极为有限，土地利用面临资源瓶颈，土地综合效益的发挥仍显不足，环境基础设施及市政配套建设亟待加强 B3. 仍处于基础开发向功能开发转型的初始阶段，还需要进一步探索土地再开发利用的模式 B4. 环境污染仍未解决，并在某些方面程度加深，而由城市生产力高速发展所带来的高能耗和高排放问题还没有发生质的改变，应继续加强节能减排、强化环境污染防控与危机应急 B5. 应从机制建构上限制以改善环境或生态的名义搞房产开发的可能性，加强合适的利益的共享与分配机制的研究探索 B6. 生态可持续技术的实践应用尚处于试验阶段，其社会契合路径亟待探索

表 4.13　上海宜居环境与生态建设的冲突特征及影响考察

冲突领域	冲突发展的主要特征			冲突表现		冲突影响		
	阶段 1（1990—1998）	阶段 2（1999—2005）	阶段 3（2006—2015）	编号	因素构成	阶段 1	阶段 2	阶段 3
城乡冲突	中心城区人口密集，污染严重，以及郊区农村城镇化等催生城乡空间布局调整	城市生态环境质量极大改善，强调管理和环境建设，城乡在政策支持上存在较大差异	城乡生态环境建设开始共同有序推进，但城乡环境差异仍然突出	1	城乡争地	√	√	√
				2	规划管理及政策差异	—	√	√
				3	交通模式与交通问题	√	√	—
				4	收入及社会服务差异	√	√	—
新旧冲突	中心城区污染严重的工业街坊的整治，因地制宜、见缝插针的绿地边角建设	因城市的急剧建设扩张而消失，滨水岸线出现形态、尺度的不连续和文脉的中断	规划建设寻求城市新的"喘息"空间，产业结构的调整与土地利用功能转型的协调方式的创新需求	5	城市年轮的断裂	√	√	√
				6	空间的极化生产	—	√	√
				7	场所社会性的遗失	√	√	√
				8	公共空间的"失落"	√	—	—
环境及资源危机	城市污染排放严重，城市基础设施建设亟须空间	生态考量逐步增多，绿化分布不均的局面大大改善，但污染问题仍待缓解，滨水空间的建设逐步推展	资源环境约束仍较明显；新环境污染与传统环境问题并存，城乡环境差异突出；环境基础设施、风险防范能力和环境管理水平有待进一步提升	9	城市生态失衡	√	√	√
				10	环境污染严重	√	√	√
				11	能源约束与高消耗	√	√	√
				12	设施建设与管理薄弱	√	—	—
公私冲突	政府主导单纯的去污工程	滨河空间被肢解隔离，造成公共利益的损害，并在一定程度上造成了社会的阶层对立	公共设施的提升及公共功能的体现，但土地利用模式的真正转型仍须不断探索	13	公权的扩张与滥用	√	√	√
				14	公私关系的失衡	√	√	√
				15	"空间正义"的缺失	√	√	√
				16	住房保障及公共服务不健全	√	—	—
全球与本土碰撞	—	在住区人居环境设计过程中开始融入生态设计方法；城市环境问题与全球环境问题协同解决语境下的政策引导与管理控制导向；激发生态与低碳城市建构		17	空间极度"资本化"	—	—	—
				18	城市空间趋于同质	—	—	—
				19	重大事件的触媒效应	—	—	—
				20	全球化视域下的治理模式变革	—	—	—

促进社会和谐的本土治理

在经济全球化的今天，城市治理[1]体系对保障和促进可持续发展具有特别重要的意义，而这从根本上离不开资源、权力、利益、文化、准则等社会要素的渗透及作用。同时，虽然改革开放以来我国逐步构建了适应社会主义市场经济体制需要的行政管理体制，并不断强化法律法规建设及规章制度限定，但现实的实践表明，大多数城市政府仍然实行经济主导型管理模式，诸如公权扩张、政企不分、权责脱节等问题仍未得到有效解决；当传统的发展模式以 GDP 的高增长率作为行政力量决定资源配置的内在动力，各地的攀比构成决定资源配置的外在压力，则进一步加重了资源紧缺、生态环境破坏，凸显出经济、社会和城市空间发展的失衡。

这些都促使我们将社会发展目标、公共利益与市民需求、社会影响评价等纳入本土治理的综合考量，借助合理、有效的空间规划、资源布局、公共服务供给、制度设计等来协调利益分配，促进发展成果的社会共享。由此，本书在考察我国及上海建设和管理体制改革进程（表 4.14）、城市建设投融资体制演进（表 4.15）、行政管理体制改革进程（表 4.16）等社会发展情境的基础上，结合研究主

表 4.14　上海房屋土地管理体制改革的进程考察

阶段 1（1990—1998）：改革突破与政策试点阶段		
住房制度	1991 年 2 月	上海市九届人大通过《上海市住房制度改革实施方案》，拉开了上海市住房制度改革的序幕 房改方案的主要内容是：推行公积金、提租发补贴、配房买债券、买房给优惠、建立房委会
	1993 年	上海开始进行成套独用公房出售试点，1994 年全面展开 1996 年起售后公房逐步推行上市交易，为市民通过市场化方式解决住房问题创造条件
	1994 年	《国务院关于深化城镇住房制度改革的决定》发布，正式开启了城镇住房制度改革之路。其基本内容可以概括为改变计划经济体制下福利性旧体制的"三改"和建立与社会主义市场经济体制相适应的新住房制度的"四建"
	1998 年 7 月	《国务院关于进一步深化城镇住房制度改革加快住房建设的通知》发布，在全国范围内取消住房实物分配，实行货币化购房制度。各单位纷纷鼓励职工私人购房；各地为调整住房结构，改善居住环境，纷纷实施旧城改造工程，出现了拆迁高潮
房地产市场	1990 年 5 月	《城镇国有土地使用权出让和转让暂行条例》的发布推开了"房地产市场"大门，房地产市场开始启动并快速发展
	1992 年	邓小平南方谈话发表后，上海房地产业进入了高速发展的新时期。在政策方面，上海将各类商品房划分为内销商品房和外销商品房两大类，价格放开，随行就市，取消对从事房地产经纪活动的限制
	1993—1996 年	针对投资过热、有效需求不足的情况，采取放开价格管制、"六类经营性用地"有偿使用、外资参与旧区改造导向、房地产开发项目结构调整、"蓝印户口"制度
	1997 年	推开已购公房的上市试点，扩大存量住房受让人的范围
	1998 年 6 月	推出"购房退税"政策，即个人自购房可抵扣购房日起个人所得税，有效地提高了高收入者、港澳台等境外人士买房的积极性。该政策于 2003 年 5 月废止

---

1 顾朝林指出，在现代城市中，对公共事务的最佳管理和控制已不再是集中的，而是多元、分散、网络型及多样性的，这就涉及中央、地方、非政府组织、个人等多层次的权利和利益协调——这种由各级政府、机构、社会组织、个人管理城市共同事务的诸多方式的总和就是城市治理。

（续表）

阶段 1（1990—1998）：改革突破与政策试点阶段		
土地使用制度	1990 年 5 月	为改革城镇国有土地使用制度，合理开发、利用、经营土地，国务院颁布了 55 号令，即《城镇国有土地使用权出让和转让暂行条例》。该条例标志我国由传统的"无偿、无期限、不可流动"的划拨使用土地的方式转向"有偿、有期限、可流动"的市场配置使用土地，城市土地产生价值，导致住房价格随区位的变化而变化
	1992 年	上海开始利用土地批租，加快城市建设和旧区改造的步伐
	1994 年	上海开始制定政策，鼓励外商投资企业在危棚简屋、二级旧里集中的地区和须搬迁的"三废"工厂基地进行内销商品住宅开发经营
	1995 年	上海探索试点盘活国有企业房地产，把国有工商企业使用的土地以内部转账的方式出让给国有工商企业集团，一大批国有企业通过自有土地房产开发调整生产结构，或通过土地置换转移至郊区，降低工业企业对中心城区的环境污染
	1996 年	上海成立全国第一家土地储备机构——上海市土地发展中心
	1998 年 12 月	《中华人民共和国土地管理法实施条例》颁布，1991 年版同时废止
阶段 2（1999—2005）：改革发展与制度转折阶段		
住房制度	1999 年 4 月	建设部颁发了《城镇廉租住房管理办法》
	1999 年 12 月	根据《国务院关于进一步深化城镇住房制度改革加快住房建设的通知》，上海市通过《关于进一步深化本市城镇住房制度改革的若干意见》以深化房改综合配套改革，提出停止住房实物分配，逐步实行住房分配货币化 上海住房制度改革开始进入全面建立与市场经济相适应的住房新制度的转折阶段
	2000 年 9 月	《上海市城镇廉租住房试行办法》施行，上海在全国率先实施廉租住房制度 此后，上海开始探索全面建立住房保障体系，对"双困"家庭实施廉租住房政策，对公有住房承担家庭实施低租金和租金减免政策，对中低收入家庭实施购房贷款贴息等政策。同时，通过动拆迁，包括向符合条件的动迁居民供应配套商品房，以及平改坡和旧住房成套改造等多种渠道，切实改善困难家庭的住房条件
	2005 年	上海市政府发布《关于当前加强房地产市场调控，促进房地产市场持续健康发展的若干意见》《国务院办公厅转发建设部等部门关于做好稳定住房价格工作意见的通知》等，加强房地产市场调控，稳定住房价格，促进房地产市场持续健康发展：完善廉租住房制度，建立房屋租赁新机制，加快旧住房改造；建立完善住房保障政策；16 项举措监管楼市；打击 14 种房地产违规不法行为；取消转按揭，提高多套购房贷款利率；银行严控房贷审核，支持市民的中低价自住房贷款，严格控制市民购买第二套以上住房的贷款等
房地产市场	1999 年 12 月	上海颁布的深化住房综合配套改革政策，推动了住房制度的深化改革，进一步推进住房分配货币化；增强了职工购买住房能力，推动了房地产市场的发展
	2001 年 7 月	上海开始进一步实行内外销商品住房的并轨
	2003 年 5 月	取消非居住房屋内外销租售对象限制，统一的房地产市场体系基本形成。在改革开放和经济发展推动下，2000 年后上海出现投资与消费同步增长的局面，2003 年新建住宅竣工面积和商品房销售面积均超过 3 000 万 m²，个人购房比例超过 90%，已成为市场购房的主体
	2004 年 3 月 31 日	国土资源部、监察部联合下发的《关于继续开展经营性土地使用权招标拍卖挂牌出让情况执法监察工作的通知》（71 号令），规定 2004 年 8 月 31 日后须采用"招拍挂"的方式出让经营性土地。这是一项重要的房地产政策，对地方政府、开发商及市场的影响巨大、意义深远，是中国房地产业走向市场化的一个里程碑
	2003—2005 年	《中国人民银行关于进一步加强房地产信贷的通知》"121 文件"、《中国银行业监督管理委员会关于非银行金融机构全面推行资产质量五级分类管理的通知》陆续出台；中国人民银行两次加息，提高银行贷款成本，加强监督审查，抑制银行对房地产市场的推波助澜、杠杆作用

（续表）

		阶段 2（1999—2005）：改革发展与制度转折阶段
房 地 产 市 场	2005 年	2005 年 3 月开始的国家新一轮"调控升级"； 4 月国务院推出"加强房地产市场引导和调控的八条措施"； 5 月七部委联合发出《关于做好稳定住房价格工作的意见》，八条措施调控楼市，政策覆盖面非常大，同时也被中央提高到了政治层面。
	2005 年 4 月	上海市政府发布了《关于当前加强房地产市场调控，促进房地产市场持续健康发展的若干意见》：完善廉租住房制度，建立房屋租赁新机制，加快旧住房改造；建立完善住房保障政策。
土 地 使 用 制 度	1999 年 7 月	国务院正式批复并原则同意《上海市土地利用总体规划 (1997—2010 年)》
	2001 年 5 月	《国务院关于加强国有土地资产管理的通知》（国发〔2001〕15 号）
	2001 年 5 月	国务院正式批复并原则同意《上海市城市总体规划》（1999—2020）
	2001 年 7 月	上海开始进一步实行内外销商品住房的并轨，土地供应方式从双轨制归于统一；除了经认定的旧区改造地块可以采用协议方式供地外，用于商业、旅游、娱乐、金融、服务业和商品房等项目用地必须通过招标、拍卖出让方式供地
	2003 年以后	针对固定资产投资规模过大、房价上涨过快等问题，上海采取一系列措施，加强土地管理和调控
	2004 年 3 月	国土资源部、监察部联合下发《关于继续开展经营性土地使用权招标拍卖挂牌出让情况执法监察工作的通知》（71 号令），规定 2004 年 8 月 31 日后须采用"招拍挂"的方式出让经营性土地。实行"招拍挂"的目的是使土地出让的交易过程公平化、透明化。这一新政意味着地方政府必须向市场交权，政府不再既当公证员又当交易受益方，而是转化为专职的监督职责，这必然加速政府职能转变
	2004 年 6 月	上海制定实施《上海市土地储备管理办法》，推进土地储备
	2004 年 8 月	《中华人民共和国土地管理法》修订后公布
	2004 年 10 月	《上海市土地储备办法实施细则》颁布
	2004 年 10 月	国务院下发《关于深化改革严格土地管理的决定》，要求进一步完善符合中国国情的最严格土地管理制度，还有紧缩"银根"方面的措施等
		阶段 3（2006 年及以后）：改革深化与体系完善阶段
住 房 制 度	2006 年	上海市廉租房制度将保障对象的收入线与民政低保线脱钩，把保障范围从住房困难的最低收入家庭扩大到低收入家庭，稳步扩大了廉租住房受益面
	2006 年 7 月	建设部公布《关于落实新建住房结构比例要求的若干意见》，明确规定 90 m² 套型建筑面积明确为单套住房的建筑面积，而 70% 比例将针对各城市年度新审批、新开工的商品住房总面积
	2006 年 10 月	《上海市住房建设规划 (2006—2010 年)》发布，提出科学确定全市新增住房用地总量和年度计划，优先保证中低价位、中小套型普通商品住房（含配套商品房）的土地供应，其供应量不低于居住用地供应总量的 70%；继续停止别墅类房地产开发项目土地供应，严格限制低密度、大套型住房土地供应；完善土地出让办法，细化土地出让前置条件；逐步推行净地出让；而根据这个规划，套型建筑面积在 90 m² 以下的商品住房将占全市新审批新开工商品住房总面积的 70% 以上
	2007 年 8 月	国务院颁布《关于解决城市低收入家庭住房困难的若干意见》（国发〔2007〕24 号），明确了政府在住房保障方面的职责，不仅标志着住房改革明确了"兼顾效率与公平"的新方向，同时也标志着"市场机制和政府保障相结合"的住房建设新模式开始得到确立。同年 10 月，《物权法》实施
	2008 年 1 月	上海市人民政府关于印发《上海市解决城市低收入家庭住房困难发展规划（2008—2012 年)》的通知

（续表）

		阶段 3（2006 年及以后）：改革深化与体系完善阶段
住房制度	2009 年 6 月	根据《关于解决城市低收入家庭住房困难的若干意见》，并结合上海经济社会发展和住房保障实际，出台《上海市经济适用住房管理试行办法》，开展了经济适用房的试点工作，将保障范围从低收入家庭扩大至中低收入家庭，并创新地提出了"共有产权"的概念；有助于有效压缩通过经适房投资获利的空间，防止社会公共资源流失，也最大限度减少了寻租的可能；从 2009 年下半年起，又先后两次调整准入标准，扩大了经济适用房的受益面
	2010 年 6 月	全国公共租赁住房工作会议上正式颁布《关于加快发展公共租赁住房的指导意见》
	2010 年 9 月	《本市发展公共租赁住房的实施意见》（以下简称《实施意见》）由上海市政府正式颁布，开始实施公共租赁住房制度，将非户籍人口也纳入了保障范围；强调全面推进廉租住房、经济适用住房、动迁安置配套商品房和公共租赁住房等保障性住房建设；经济适用房制度也在上海由试点区向全市推行
	2011 年 7 月	《上海市动迁安置房管理办法》颁布实施
	2014 年	上海市住建委会同市规土局出台《上海市旧住房拆除重建项目实施办法（试行）》
	2017 年	《关于旧住房拆除重建试点项目建设管理审批的指导意见》出台
	2018 年 7 月	印发《上海市旧住房拆除重建项目实施管理办法》，提出拆除重建项目实施应当遵循"规划引领、因地制宜、政府扶持、居民自愿"的原则，确定了认定条件、计划立项、建设单位确定、编制设计方案和改造实施方案、规划土地审批、方案公示和意见征询等的相关要求
房地产市场	2006 年	以 5 月《关于调整住房供应结构稳定住房价格的意见》（国六条）的出台为标志，又一轮房地产宏观调控拉开大幕，其后《关于调整住房供应结构稳定住房价格的意见》（国十五条）、"限外"政策、重启个调税等诸多细化和补充政策陆续出台。这轮地产新政的措辞更严厉、行政手段更多、措施更细化，不仅限于宏观，还进入微观领域
	2007 年	进一步加大宏观政策调控：中国人民银行多次上调金融机构人民币存贷款基准利率，央行连续多次加息；3 月建设部等八部委联合发布《关于开展房地产市场秩序整治工作方案的通知》，将安排一年左右的时间进行专项整治，试图建立健全长效机制，促进房地产业持续健康发展
	2008 年	2008 年国际金融发生后，中国立即推出了四万亿经济刺激政策，同时也调整或取消了此前包括二套房贷等房地产调控政策，促使房地产市场中投资和投机风潮再度崛起，房价也出现大幅飙升。10 月财政部和央行出台相关政策，拉开了中央稳定和促进房地产市场发展的政策。其后《关于促进房地产市场健康发展的若干意见》在内的多项重要措施出台，紧缩性调控越放越松
	2009—2010 年	国家陆续出台了《完善促进房地产市场健康发展的政策措施》（国四条）、《关于促进房地产市场平稳健康发展的通知》（国十一条）、《国务院关于坚决遏制部分城市房价过快上涨的通知》（新国十条）和提高存款准备金率等措施，限制投资投机购房需求，支持自住需求，调控住房的消费结构，加大住房保障力度
	2011—2012 年	国家陆续出台《国务院办公厅关于进一步做好房地产市场调控工作有关问题的通知》（国办发〔2011〕1 号，即新国八条）、保障性住房用地将单列、二手房交易税按全额征收等一系列严格的房地产调控政策和信贷管理政策，包括在部分城市实行限购等强硬行政措施，房地产紧缩调控再度重启。这一时期调控目标是抑制房价过快上涨，促进房价合理回归
	2011 年 1 月	《关于本市贯彻〈国务院办公厅关于进一步做好房地产市场调控工作有关问题的通知〉实施意见的通知》发布，强调坚持以居住为主、以市民消费为主、以普通商品住房为主的原则，采取税收、信贷、行政、土地、住房保障等政策措施，多管齐下，有效遏制投资投机性购房
	2015 年 3 月	中国人民银行、住建部、银监会三部委联合发布《关于个人住房贷款政策有关问题的通知》，宣布将二套房首付比例降至四成

（续表）

阶段 3（2006 年及以后）：改革深化与体系完善阶段		
房地产市场	2015 年 4 月	上海市上调公积金贷款额，最高可贷 120 万元
	2015 年 9 月	住建部出台了《住房城乡建设部关于住房公积金异地个人住房贷款有关操作问题的通知》；同年 11 月，上海宣布接受"住房公积金异地贷款"
	2016 年	上海市政府先后三次颁布调控政策："沪九条"规定"认房不认贷"；"沪六条"严查开发端的违规行为，并对二手存量住房交易资金进行全面监管；"11.28 新政"将调控升级，规定"既认房又认贷"，政策涵盖限购、限贷、管地和管人四个方面，调控力度前所未有
土地使用制度	2006 年 8 月	为加强国有土地资产管理，切实防止国有土地资产流失，国务院下发《关于加强土地调控有关问题的通知》
	2006 年 12 月	《国务院办公厅关于规范国有土地使用权出让收支管理的通知》，提出将土地出让收支纳入地方预算，实行"收支两条线"管理等举措
	2007 年 12 月	国土资源部、财政部、中国人民银行联合颁布《土地储备管理办法》，旨在完善土地储备制度，加强土地调控，规范土地市场运行，促进土地节约集约利用等
	2008 年 1 月	《中华人民共和国土地管理法实施细则》颁布
	2008 年 1 月	国务院办公厅下发《国务院关于促进节约集约用地的通知》（国发〔2008〕3 号）
	2008 年 8 月	《关于促进土地节约集约利用加快经济发展方式转变的若干意见》发布，明确了有关土地使用方面的八项政策措施。《意见》的核心是节约集约用地，重点是探索既要保障发展又要保护资源的新机制，着力形成耕地资源得到切实保护、各类用地得到切实保障、土地资源得到切实发挥的节约集约用地新格局
	2010 年 8 月	《上海市土地利用总体规划（2006—2020 年）》正式批复
	2011 年 1 月	《国有土地上房屋征收与补偿条例》公布
	2011 年 6 月	《国有土地上房屋征收评估办法》发布
	2011 年 10 月	《上海市国有土地上房屋征收与补偿实施细则》公布并施行
	2011 年 11 月	为规范征收集体土地房屋补偿行为，维护征地范围内房屋权利人的合法权益，市政府印发《上海市征收集体土地房屋补偿暂行规定》
	2014 年 3 月	上海市规土局制订的《关于加强本市工业用地出让管理的若干规定（试行）》，鼓励采取租赁方式使用土地，逐步实行工业用地"租让结合，先租后让"的供应方式；进一步加强工业用地的转让管理；明确"195 区域""104 区块"内的研发总部类用地均应当以产业项目类自用为主；等等
	2016 年 4 月	上海市出台《本市盘活存量工业用地的实施办法》，对上海城市建设、经济转型升级和产业地产发展都具有极其重要的意义
	2017 年 4 月	上海市首次以招标挂牌复合方式出让的住宅用地
	2017 年 4 月	发布《关于加强本市经营性用地出让管理的若干规定》，对商办土地出让明确若干重大新规

表 4.15 我国及上海城市建设投融资体制演进的综合分析

阶段划分		资金来源渠道和投资建设的特征及表现
阶段 1 （计划经济时期）	全国	单纯依靠财政投资建设的方式
	上海	地方财政实行统收统支，城市建设投资是作为城市固定资产的一部分，列入基本建设预算中，由财政支出，建设部门完全按照计划进行建设。城市基础设施一直被放在"配套""辅助"的地位，市政公用事业被视作"非生产性建设"，城市建设投入严重不足，投资渠道单一，制约城市建设的发展，城市基础设施建设严重滞后于城市经济社会发展的需求
阶段 2 （20 世纪 70 年代末—80 年代末）	全国	财政投资与行政收费并行的方式。 改革开放以来，城市经济得到迅速发展，居民生活水平不断提高，对城市基础设施的要求也越来越迫切。为了适应新的情况，国家通过设立新的税种、提高税率，增加城市的财政收入并实行专款专用，对一些基础设施使用进行收费、调整公用事业收费等，来增加城市建设资金
	上海	上海城建领域开始实施一系列的改革探索，如建工局实行利润留存包干，市建委向各区县下放部分事权，鼓励社会力量投入出租汽车运营，利用世界银行和国外政府贷款投资基础设施建设和整治环境，实施土地使用权公开出让等，以调动政府、社会、企业各方面积极性，发挥各方面力量促进城市建设资金的筹集，以重点解决住房紧张、交通拥堵、环境污染严重等市民群众关注的突出问题
阶段 3 （20 世纪 80 年代末—90 年代末）	全国	以财政投资为主、实物投资为辅。 随着社会主义市场经济体制的建立，在城市土地使用制度改革、住房制度改革和城市建设体制改革的基础上，掀起了城市房地产开发的热潮。城市政府开始把一些基础设施项目交给房地产开发商承担，对其投资建设的费用经过折算，用土地出让金来支付，即以地价抵补，来解决城市建设资金不足的问题、加快城市建设。而国家或城市政府仍然承担大部分基础设施和公用事业的投资建设资金
	上海	**1. 土地批租** （1）在试行土地批租前，上海已于 1986 年 10 月颁布《上海市中外合资经营企业土地使用管理办法》，对外商投资企业收取土地使用费，这是第一次对土地进行有偿使用。随后，制定《上海市土地使用权有偿转让办法》及一系列相关政策法规 （2）1888 年 8 月，虹桥经济技术开发区第 26 号地块作为首个土地批租项目成功推出。随着 1992 年起土地批租大规模展开，上海城市建设以土地批租为重点，开始发挥土地级差效益、大规模挖掘资源性建设资金 **2. 改革投融资体制** （1）1987 年，国务院 94 号文批准了上海以自借自还担保的方式到国际金融市场贷款 32 亿美元，并成立专门负责融资的上海久事（集团）有限公司，履行政府投资主体职能，负责"九四专项"所需资金的统一筹措、安排和综合放款，并具体负责实施地铁一号线、南浦大桥等五个城市基础设施项目。上海迈出了投融资体制改革的第一步 （2）1992 年成立上海市城市建设投资总公司（简称"上海城投"），由市政府授权，按"自借、自用、自还"原则运作，按照市场运作模式筹措并运作城建资金，如发行企业债券。此后，上海又先后成立了十几个政府性投资公司，探索并大规模实施企业举债融资 （3）1999 年，上海对投资领域进行了分类界定，对于各类经营性项目、准经营性项目、非经营性项目分别采取社会招商、创造条件吸引社会资金和政府投资的方式，实现政府由全面投资向重点投资的战略性转变，从而为社会资金的准入创造了一个基本的体制环境 **3. 促进投资多元化** （1）1988 年成立上海城市建设基金会，由其负责城市维护和建设资金管理，打破城建资金由财政运作的格局，实行事权与财权的统一，开全国之先例，但基金会成立并没有解决城建资金靠政府渠道单一投入的问题。而此后以上海城投为代表的一批基础设施投资公司的建立和运行则打破了这一局面

（续表）

阶段划分		资金来源渠道和投资建设的特征及表现
阶段 3 （20 世纪 80 年代末—90 年代末）	上海	（2）1994 年上海颁布第一个 BOT（即建设 - 经营 - 转让）投资模式的操作性地方规章《上海市延安东路隧道专营管理办法》，由此推出了出让基础设施特许经营权的融资新举措，即出让业已建成的道路、桥梁、隧道等基础设施的部分特许经营权，迅速收回投资，转而变成新一轮建设的投入资金。此后，1995 年上海将两桥一隧股权资产转让给外资企业，引进巨额资金投入城市建设；从 1998 开始，又对政府投资领域逐步进行分类界定，明确政府投资主要集中于非竞争性的公益性项目，退出一般竞争性领域，并确定将有赢利的基础设施项目逐步推向市场，进行公开招商，实现社会化融资
阶段 4 （2000 年及以后）	全国	适应社会主义市场经济体制的要求，城市建设投资资金逐步走上了筹集方式多元化，建设与经营方式多样化的体制
	上海	1. 进一步加强资金筹措与管理 （1）2000 年，上海先后成立上海市政资产经营发展有限公司、上海水务资产经营发展有限公司和上海交通投资集团有限公司，其与上海城投共同形成上海城建资金筹措与管理的"1+3"构架，加强行业融资功能的发挥 （2）2000 年，为解决高速公路网建设发展中资金需求巨大的问题，上海实施高速公路建设社会招商。在政府的统一规划和管理下，采用项目投资主体多元化并实行项目法人责任制的建设和运营模式 （3）探索非债务融资筹措城市建设资金。浦东大众、浦东强生、大众出租、凌桥股份、原水股份和巴士实业等六家股份制企业，累计原始股本总额达 9.9 亿元，通过溢价发行股票和增资配股，筹措大量资金 2. 市场化运作转型 2003 年正式开工的中环线工程是上海市第一个实行市场化运作方式建设的大型城市道路工程。其前期、设计、施工中全面实行公开招投标，以提高投资效益。为让资金更集中运转，上海城投与上海地产集团合资成立项目公司——上海中环线建设发展有限公司，专门负责中环线项目的融资、建设和还贷，改变了政府单一投资建设发包的模式，在设计施工过程中采取总承包、代建制、BT 等模式相结合的建设管理体制。其时，上海市政府决定改变重大基础设施投资及建设管理的模式，将投资管理权下放至上海城投 3. 推进资产重组，建立良性机制。 （1）2004 年，对城投总公司和水务资产、市政资产、交投公司进行重组。同年 6 月，申通轨道交通投资公司与申通公司地铁建设总公司、地铁营运公司等进行资产重组，成立申通地铁集团公司，改善建设与运营管理的衔接 （2）2008 年 9 月，上海出台《关于进一步推进上海国资国企改革发展的若干意见》明确提出"推动一般竞争性领域国资的调整退出"，并指出，企业重组更强调开放性和市场化，要大力推动上海国有企业"跨地区、跨所有制重组"，吸引中央企业、地方企业及外资企业、民营企业参与上海国资调整和国有企业重组。由此，上海国资新一轮改革重组开端 （3）2009 年 7 月，上海市国资委下发了《市国资委出资监管单位改制重组工作指引》，旨在"进一步服务企业、提高行政效率"和"推进国有企业改制重组稳妥、有序地开展"。在此基础上，上海逐渐形成一种以促进企业主业发展为导向，着力推动全方位开放式重组，优化国资布局结构的重组路径，初步建立一种融资发展、价值提升、回报社会的良性发展机制

表 4.16　我国及上海行政管理体制改革进程的综合考察

改革范围	起始年	主要内容
第一次改革	全国1982年	为适应经济体制改革的需要，1982年，国务院进行了我国改革开放以来第一次较大规模的机构改革。同年12月要求各省、自治区、直辖市机构改革工作在1983年展开
	上海1983年	上海按照中央要求，参照国务院机构改革的经验，从上海的实际情况出发，以解决政企分开、减少行政机构领导层次、精简市级行政机构编制、调整干部结构为中心要求进行机构改革。但这次机构改革是在"计划经济为主，市场调节为辅"的经济条件下进行的，由于没有触动与计划经济体制相适应的高度集中的行政管理体制，没有紧紧抓住政府职能转变这个关键，市政府所属工作部门仅进行了微调，由1981年末的78个调整为1983年末的76个
第二次改革	全国1987年	此次机构改革任务是在1987年党的十三大上明确提出来的，1988年4月七届人大一次会议审议通过了《国务院机构改革方案》。确定机构改革以转变政府职能为关键，以同经济体制改革极为密切的经济管理部门为重点。在完成了国务院机构改革之后，原定1989年展开的地方机构改革，因政治、经济等因素的影响，中央决定暂缓进行
	上海1988年	上海的机构改革因此未全面展开。但在以后几年里，从上海社会、经济和城市发展的需要出发，其在政府管理职能的转变和管理机构的改革等方面取得了一定的成效。这次改革虽然对高度集中的计划经济管理体制有所触动，并首次提出了转变政府职能这一核心目标。这标志着我国的政府机构改革，开始突破只注重数量增减、单一的组织机构调整的局限，向行政体制改革的关键要素——政府职能的重新选择、定位延伸。但由于改革是在"有计划商品经济"条件下进行的，因此政府职能、机构设置难以进行实质性转变和调整，仍然存在机构臃肿、人员膨胀，经费开支庞大，财政负担沉重问题。1992年，市政府工作部门达到84个
第三次改革	全国1993年	按照十四大精神，1993年3月，八届人大一次会议通过了《国务院机构改革方案》，确定改革的重点是转变政府职能，而转变职能的根本途径是政企分开
	上海1995年	按照党中央、国务院的统一部署，上海于1995年推进机构改革，这次改革的重点是大力精简专业经济部门，探索构建适应市场经济的政府职能体系框架。这次改革的突出特点是把机构改革同发展社会主义市场经济的目标联系起来，在转变政府职能，精简机构、理顺关系等方面取得了一些成效，市政府工作部门减少为64个。行政管理体制改革是一项长期而艰巨的任务，由于历史条件的制约和宏观环境的限制，政府职能转变不可能一步到位，而只能是一个渐进的过程，政府机构设置仍然过多，行政运行机制还不完善，行政管理体制深层次方面的矛盾和问题仍未得到根本性解决
第四次改革	全国1998年	按照十五大精神，1998年召开的九届人大一次会议通过了《国务院机构改革方案》。这次机构改革是在世纪之交中国党和政府审时度势做出的一项重大抉择。改革的目标是：建立办事高效、运转协调、行为规范的行政管理体系，完善国家公务员制度，建设高素质的专业化国家行政管理干部队伍，逐步建立适应社会主义市场经济体制的有中国特色的行政管理体制
	上海2000年	2000年的上海机构改革，是在党的十五大精神指导下，贯彻落实党中央、国务院关于地方机构改革的要求，并从上海的实际出发而进行的。这次改革以建立与国务院机构框架大体协调、具有上海特大型城市的功能特点的行政管理体制为目标，以城市管理体制改革为主线，重点是调整和加强了城市管理机构和执法监管机构，并在文化、知识产权、信息化等部门组建和调整了相关机构，进一步加强政府的社会公共事务管理职能，充分体现了上海作为处于中国改革开放前沿的特大型城市的功能和特点。在机构设置方面，市政府工作部门由原来的67个精简为43个，其中市人民政府办公厅和组成部门23个，直属机构20个；区县政府工作部门由改革前32个左右减少为中心城区28个左右，郊县和县30个左右，市与区县的机构个数均在中央要求的机构限额以内
第五次改革	全国2003年	党的十六大提出完善社会主义市场经济体制和全面建设小康社会的目标，明确政府职能定位是经济调节、市场监管、社会管理和公共服务

（续表）

改革范围	起始年	主要内容
第五次改革	上海2003年	这次改革在贯彻党的十六大的方针举措，并对社会主义市场经济体制下政府职能的认识进一步加深的基础上实施。其重点是大致对应国务院机构改革的做法调整相关体制和机构，初步形成适应社会主义市场经济需要的政府职能体系框架。 这次改革的一个明显特点是：表面上没有如2000年改革那样进行大幅度的机构调整和人员精简，但是却更加注重在深化政府职能转变基础上的政府功能结构的优化，尤其突出了经济调节、市场监管和提供公共服务的职能，形成与市场经济发展程度相匹配的政府职能体系。同时，重点解决了一些发展中的突出问题，如国资体制改革、区域经济调节体制改革、流通领域体制改革、食品药品体制改革、安全生产监管体制改革等，但仍然存在一些问题尚未得到解决，需要在不断深化改革中加以深入研究和探索
第六次改革	全国2008年	2008年开始的机构改革，是推动我国上层建筑更好地适应经济基础的一项重要的制度建设和创新，也是建立和完善社会主义市场经济体制的客观需要。党的"十七大"明确提出："加快行政管理体制改革、建设服务型政府。"这是发展社会主义市场经济和发展社会主义民主政治的必然要求，是我国政府改革与建设所面临的重要任务。 2008年2月胡锦涛总书记在主持中共中央政治局第四次集体学习时指出："建设服务型政府，首先要创新行政管理体制。"根据2008年2月党的十六届二中全会通过的《关于深化行政管理体制和机构改革的意见》和十届全国人大一次会议的决定，国务院机构改革即将进入具体实施阶段，地方的机构改革也将进行。 2008年3月，十七届二中全会召开通过《国务院机构改革方案》
	上海2008年	2008年7月《上海市政府机构改革方案》经会议审议通过，将报中央批准后实施。提出上海市政府将撤并精简一批委办局机构，优化政府内部的组织结构，从而提高行政效能和为民服务水平。 同时，为贯彻落实2008年4月下发的《中共中央纪委、中央编办、监察部关于严明纪律切实保证行政管理体制改革和政府机构改革顺利进行的通知》（中纪发[2008]6号）要求，确保本市机构改革的顺利进行。 2008年10月，市纪委、市委组织部、市监察委、市编办日前联合下发《关于深化上海市行政管理体制和机构改革工作的若干纪律规定》，重申和提出六项纪律要求
第七次改革	全国2013年	2013年3月，十二届全国人大一次会议第四次全体会议通过《国务院机构改革和职能转变方案》，开启了我国新一轮行政体制改革乃至政治体制改革的序幕。国务院第七次行政体制改革突出了政府职能转变这一核心，在简政放权、减少微观事务管理、更好发挥市场和社会作用方面，提出了一系列宏观部署与微观安排。 改革方案提出三个整合的新重点：首先是最大限度整合，将分散在国务院不同部门的相同或相似的指责进行整合；其次市整合业务相同或相近机构；其三是整合分散的资源。除了这些横向的整合外，此次改革在权利的纵向分配上也发展了改革的思路，并首次在"政府－市场－社会"这样一个更加宏观的国家公共治理层面来考虑政府职能的转变

题拓展，从四个社会发展的关键视角楔入，进而探讨"后世博"时代的城市运营与社会管理，对促进社会和谐的本土治理策略进行思考。

其中，借由住房、安全与健康的要素楔入，综合考察生活质量的保障问题，并结合上海在实践中进行的住房建设和发展探索，重点分析1990年以来不同时期健康居住和工作环境建构的导向，以及城市安全问题、突发性的社会冲突与事件应急举措，探寻可供借鉴的策略构成与机制导向。其次，

朝向公共利益的维护，直面城市更新中面临的各种问题、矛盾，公权衡与政策调控策略得以与土地资源、权力、资本、行政管理体制等冲突因素紧密结合起来探讨。第三，将文化视野引入城市空间的冲突性审视之中，强调一种新的看待与理解城市的方式，联系上海城市发展独特的历史过程和现实处境，基于对其间生活方式和价值观念两大因素的互动，分析不同阶段的居住模式与当今现实的消费图景，思索全球化时代显现的空间再构力量是如何借

助文化载体来为城市转型施以作用的。第四，基于对公众参与、社会公正、社会指标的考察，朝向减少社会排斥和促进社会整合，探讨了与可持续城市设计建构相交织的，体现更趋有益的社会公允的规范准则。第五，综合审视城市的发展理念、资源、人才、资金、动力机制，进一步探讨了"后世博"时代城市发展模式可能的变革取向。

生活质量的保障：住房、安全与健康

在今天，随着人们对于生活质量的理解从生存保障转向心理和情感等更为广义的范畴，城市设计策略也从提供基本生存条件、阻止直接危及人们安全和健康的因素等，转而寻求更为多样和可支付的住房、健康的生活环境、城市安全等更为理想和广泛的要素。其中，住房建设可谓是重中之重。20世纪90年代，我国改革进入全面突破阶段。上海

也通过减免或缓交土地使用费、实施财政补贴等优惠政策，吸引开发商投身旧区改造；同时，在土地批租中不断加强对土地的管理，逐步提高土地资源的配置效率，为上海大规模城市建设提供资金来源。可以说，这一时期上海在住房制度改革和房地产市场培育、市政公用行业市场化改革等方面工作的全面开展，大大促进了市民住房条件的改善（图4.16，图4.17）。

20世纪90年代之后，改革日益发展和深化。政府职能的转变被作为核心发展目标，以服务实现"四个率先"，建设"四个中心"的大局；"政企分开、政事分开、管办分离"三位一体综合改革取得突破性进展；加快"责任政府、服务政府、法治政府"建设，推动现代化国际大都市建设。统一的房地产市场体系则在2003年基本形成。此后，针对固定资产投资规模过大、房价上涨过快等问题，

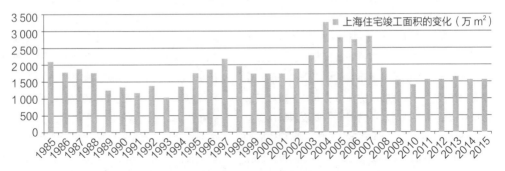

图 4.16　上海住宅竣工面积的变化

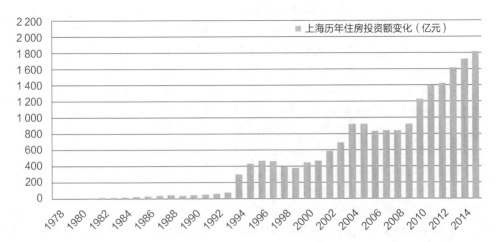

图 4.17　上海历年住房投资额变化

上海采取一系列措施，加强土地管理和调控。相应地，这一时期上海新的几轮旧区改造处于滚动推进之中。最重要的城市动迁计划则来自 2010 年的世博会项目。

同时，上海住房保障制度建设的探索也在这一时期全面展开，且近些年来已基本形成了以廉租房、经济适用房、公共租赁房、动迁安置房"四位一体"的保障性住房体系。实际上，早在 1987 年，上海就已开始实施解决住房困难工程，并把解决居住非常困难家庭的住房问题列为市政府为民办实事项目。2000 年 9 月《上海市城镇廉租住房试行办法》的施行，标志着上海在全国率先实施廉租住房制度。此后，上海开始探索全面建立住房保障体系，针对"双困"家庭施行廉租住房政策，对中低收入家庭施行购房贷款贴息等政策，对公有住房承担家庭施行租金减免及低租金政策。同时，通过提供动迁条件符合的居民以配套商品房，旧住房成套改造以及平改坡等多种方式，借助动拆迁过程来有效改善困难家庭的住房条件。2009 年 6 月《上海市经济适用住房管理试行办法》的颁布实施则进一步促进了经济适用房试点工作的开展。需要强调的是，一个好的住房保障体系，关键离不开形成动态的准入机制，不断覆盖中低收入群体。上海也在不断加强准入标准的动态调整：廉租住房从 2006 年开始连续六次放宽准入标准，共有产权保障房从 2009 年开始供应试点以来，已连续三次放宽准入标准；2010 年又出台了公共租赁房制度，将非户籍人口也纳入了保障范围。

然而，保障房建设中仍存在大型居住区选址不易、建设资金筹措困难等一系列难题。由此，上海提出了"以区为主、市区联手"的新机制，在规范操作的前提下，建立起了保障性住房手续办理的"快速通道"，各部门"联合会审、并联审批"，优化流程，并试图在资金筹措及管理方式上不断创新。2012 年 7 月，《关于保障性住房房源管理的若干规定（试行）》出台，对保障性住房房源管理的有关事项做出了明确规定。2012 年 2 月，《上海市人民政府办公厅关于进一步严格执行房地产市场调控政策完善本市住房保障体系的通知》发布，以巩固房地产市场调控成果、坚决遏制投机投资性购房，并促进新建住房价格稳中有降。非常明显的是，政府行为在上海住宅建设和房地产市场发展过程中发挥着主导性作用：加强市场引导和调控，协调推进政策体系，改善实施运作机制，并试图通过鼓励和引导多样、可支付的住房供给，保障公共住房供给，设定适宜的住房建设、规划设计标准，并积极创建生态社区，促进住房建设的良性发展，保障居民的生活品质与正当权益。

上海住宅建设及房地产市场的发展历程，与社会政治经济发展的多个方面都是紧密相连、相互影响的。从根本上来说，住房建设绝不仅仅是解决住房有无的问题，而是需要充分应对社会人口的住房需求结构，提供多样、可支付的住房选择，降低弱势群体的生活成本，让他们有更多的资源和能力获得新的发展机会，进而降低社会失范效应的集中出现。因此，建立适宜的住房建设标准、加强住房建设规划等举措十分关键，有利于在保障基本的住房建设标准、居住的安全与健康的基础上，从住宅的环境生态指标、户型、面积、建筑形态和基本性能等更广泛的维度提供可行的技术标准。我国在 20 世纪 60 年代初步形成了较完整卫生设施、住房和建设标准，20 世纪 80 年代以后开始较为集中地研究和解决环境质量问题，形成了关于土地利用、设施配置及环境质量标准等相关的一系列法律规范和规划标准，并延续至今。然而，随着社会的发展，今天人们对于健康的理解，早已广泛扩展为对于生理、心理和社会福利的综合考察，更多地强调一种健康居住和工作环境的建构，并亟须在设施布局和政策引导上予以落实、促进保障。相关研究则显示，小规模的社会单元比大城市在一定程度上更有助于培养个人和群体间的和谐关系，如宜人的社区组团，可以促进邻里交往、保障安全、增强绿地与开放空间的可达性，提高生活环境的品质。

实际上，无论是促进房地产市场和经济发展，还是改善环境质量、举办社会活动，城市及社会的发展的最终目的还是为了给生活于其中的人们提供给一个好的生存和发展条件——这也构成了生活质量的核心所在。随着城市的不断扩大和社会的急速变迁，为人们提供生存环境支撑的城市系统，复杂性日趋增强，安全系数则相对下降。今天的城市规划和管理中对于安全问题的考虑，其主要内容仍然仅限于自然灾害预防和工程应急，对于那些由于社会因素引发的城市安全问题、突发性的社会冲突与事件应急等却仍没有纳入考量。当前城市安全危机的日趋复杂多元，决定了政府必须建立与社会其他相关机构合作的有效机制，而非单靠一己之力应对。把城市规划设计与公共安全、社会管理紧密联系起来，探索更合理的空间布局及建设模式，对于控制和减缓危机是十分有益的。借助安全便捷的交通模式的建构，促进公共活动的可达性，加强营造良好的场所感和安全感的空间设计引导，有利于社会安全低成本地建构，从而呈现为一种可负担的适宜技术。此外，考虑到城市安全的建构是一个开放的社会体系，需要不断进行资源的消耗与补给，与整个社会及环境体系交流。因此，危机前阶段的安全预防、危机后的资源补给与安全庇护等，也应纳入各部门合理规划与联结行动的范畴。

值得庆幸的是，今天与城市建设与发展相关的规划与设计引导，以及相应的政策配套与行动推进，已经成为国家宏观调控和管理住房市场、综合协调和管理社会资源、推进城市整体可持续发展战略的关键手段，并越来越多地与广泛的社会发展维度密切联系，体现出更深层次的健康认知、更系统的安全考量，以及对公共保障、就业平衡、阶层融合等社会属性的日趋关注。例如，2004 年上海市把城市建设与公共安全列入了全市第一个中长期科技战略规划；2006 年 10 月发布的《上海市住房建设规划（2006—2010年）》，明确提出科学确定全市新增住房用地总量和年度计划，强调优先保证中低价位、中小套型普通商品住房的土地供应，并规定套型建筑面积在 90 m² 以下的商品住房将占全市新审批新开工商品住房总面积的 70% 以上；2012 年 6 月发布的《上海市中心城公共租赁房选址规划》，则对城市中心城区公共租赁房进行了统筹布点，选址范围涉及七个区的 23 处地块，并提出靠近就业、居职平衡、交通便捷、配套完善、统筹兼顾、均衡布局、集约利用、有利实施的一系列核心原则；等等。2017 年 7 月，《上海市住房发展"十三五"规划》正式发布，明确提出上海将坚持

"房子是用来住的、不是用来炒的"定位，保障和改善市民基本居住条件；上海市将积极推进购租并举的住房体系建设，进一步健全房地产市场健康发展长效机制；提出到 2020 年基本形成符合市情、购租并举的住房体系，实现住房总量平稳增长、住房价格总体稳定、住房困难有效缓解、住房结构有所优化、居住条件明显改善、管理能力显著提升的总体目标。从根本上来说，这些体现对人们生活质量、利益获取、社会地位、未来境遇等产生重大影响的策略内容，需要政府与规划研究机构、设计单位及设计人员一起，共同行动来进行研究与探讨。

公共利益的维护：公权制衡与政策调控

城市规划、建设、管理是政府重要的行政职能，具有先天的代表公共利益的属性，法律赋予其对危害公共利益的私权力行为进行强制性干预。"维护公共利益"几乎在所有国家都被作为公权对私权进行干预的合法界限，公共利益被视为公权核心。对西方国家相关法规进行解读，可以明显发现，只有公共利益才构成对公民行为限制，并促使其将私权和相关利益予以渡让的原因。在我国的相关法律中也日益明确地体现出这一基本特点。例如，《物权法》规定"为了公共利益的需要，依照法律规定的权限和程序可以征收集体所有的土地和单位、个人的房屋及其他不动产"；《民法通则》规定"民事活动应当尊重社会公德，不得损害社会公共利益，破坏国家经济"。我国《宪法》规定"国家为了公共利益的需要，可以按照法律的规定对公民的私有财产实行征收或者征用并给予补偿"；《土地管理法》也指出"国家为了公共利益的需要，可以依法对土地实行征收或者征用并给予补偿"。本质来说，公共权力指向利益关系状况的调节，公共资源则是公共权力的内在构成要素，也是政府组织借此制约人们的外在行为，进而调节人与人之间的利益关系状况的能力所在。因而，城市规划与设计作为一种社会技术，其最大难点已绝不再是单单落于工程技术问题，而是在于如何合理地动用公权力去调整、约束私权力（利），维护公共利益，同时基于现代社会中的基本法律关系取得其合法性地位且得到社会的认同。在现实实

践中，其所约定的城市空间开发建设行为，往往伴随多元利益冲突下的激烈博弈，并由于城市空间使用的外部效应而必然对多元利益主体产生直接或间接的影响；而利益主体只有在竞争和冲突中寻求利益关系的平衡，建立合理和谐的利益调节的机制，才能真正促进转型期的社会稳定与和谐。

从根本上，土地、资金和房地产开发构成了城市建设的主要特征，也成为当前城市建设发展过程中体现利益格局的关键环节。1991 年上海市住房制度改革实施方案拉开了其住房制度改革的序幕。此后，1998 年中央明文规定停止住房实物分配，逐步实行住房分配货币化，促使住房制度发生了根本性的变革；同时，"九五"（1996 至 2000 年）时期我国政府政策对房地产业的倾斜，这些都对上海房地产业发展起了很大的推动作用。从 2001 年 8 月开始，上海市实行内外销商品房并轨，土地供应方式从双轨制归并统一；同时，除了经认定的旧区改造地块可以采用协议方式供地外，用于商业、旅游、娱乐、金融、服务业和商品房等项目用地必须通过招标、拍卖出让方式供地。这一时期上海房地产业发展速度和规模十分惊人，土地的市场化程度达到了全国最高（图 4.18）。随之而来的是大量财政收入和 GDP 的明显拉动，在此推动和影响下的地方政府于是逐渐偏向游离于国民经济宏观监控而朝向一种特殊的针对房地产业的发展模式。而这些也成了当时全国普遍存在的现象。

针对上述不利现象，2004 年 3 月，国土资源部、监察部联合下发《关于继续开展经营性土地使用权招标拍卖挂牌出让情况执法监察工作的通知》，目的是使土地出让的交易过程更加透明、公平，规定当年 8 月 31 日后在经营性土地的出让上必须采取"招拍挂"的方式。这一政策也标示了地方政府的向市场交权，政府开始向专职的监督职责转化而非既是公证员又作为受益方，政府职能开始加速转变。这一举措的后果之一，是全国各地的地价快速上涨，并带动了房价飙升，地方政府也借助招拍挂催高地价整体获利。2004 年地方政府没有很好地落实中央相关政策，房价过高、投资偏热的趋势愈演愈烈，并触发了 2005 年 3 月国家的新一轮"调控升级"；此后，第三轮的房地产宏观调控又在 2006 年 5 月随着"国六条"出台而拉开，其后"国十五条"、重启个调税、"限外"政策等补充或细化的政策陆续出台。中央政府在后续则进一步趁机加强反腐、集中地方财权，通过将养老金管理权收归中央，防止腐败和遏制违规投资，并着重强调了加强制度建设和体制创新，加强对权力运行的制约和监督。

此外，无论是在传统计划经济体制下，还是在城市经济管理体制改革过程中，城市建设和经营管理还必须解决资金来源的问题，这也构成了当前上海城市建设与改造的核心约制。对于庞大的资金需求，政府自身力量毕竟有限，因此往往更多地借助房地产开发商的力量。纵观 1949 年以后以来适应经济体制的不同和经济体制改革深入的程度，城市建设的资金来源渠道和投资建设方式主要可以划分为四个时期，上海城市建设改革和发展的步伐也与这样的体制背景密切关联，并不断拓展新的渠道进行改革探索。城市建设的投融资模式，日益朝向以

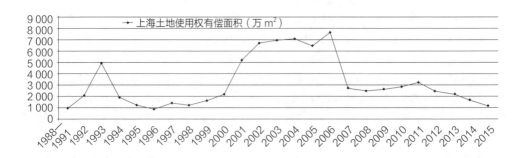

图 4.18　上海土地使用权有偿出让面积

政府为主导、以城市的阶段性建设发展为目标，并通过内部资金循环来促进一种整体良性发展机制的形成除了城建规费、财政资金、银行借款、市场债券股票之外，还率先探索了土地收入的利用、社会化资本引进、以上市公司为重点的资产重组和资本运作等各类创新性方式，促进资金的稳步增长与有效保障。

然而，对于参与城市建设与改造的开发商而言，其根本性目的还是获取利益。同时，利益矛盾由于复杂的动迁利益关系也呈现多样化，而且由于利益主体自身能力上的差异更为凸显。具体来说，对于开发商而言，一方面，这些住房由于都是针对重大工程项目的推进而由政府实行定向分配的，具有较稳定的利润保障、市场空间，需要承担的风险相对较小；另一方面，其所能获取的利润空间也相对受限。因为政府往往对这些住房的单价予以限定，以保障中低收入家庭通过拆迁过程仍有房可住，并往往实行的是封闭式运作，不具备随市场进行房价大量上涨的条件。旧城居民由于自身的社会特征，在旧城改造的三方利益主体中往往处于弱势地位。动迁居民渴望最大化补偿与居住条件明显改善，在动迁过程中很难得到利益上的完全满足，从而造成较大的心理落差。这就要求政府在引入市场力量的同时，必须更好地解决社会公正的问题，解决好居民补偿与安置问题。

回过头来看，自浦东开发开放以来，上海城市发展一直是一种强势政府主导型的模式：政府是发展主体，尽可能地对城市的各种资源进行有效配置来推动城市快速发展。上海的独特之处又在于，其政府经济发展主体的功能是以政府性公司的形式来承担。有关专家曾这样对其评价："政府直接插手资源配置和经济运行，这种城市经营型发展非常有效，但政府层面的绩效是以扭曲市场关系为代价的。"在发展现代服务业方面，这种借助政府之手来对资源进行捏合的方式则显得缺乏动力。政府转型和行政体制改革已呼之欲出。

我国行政管理体制改革从1982年开始共经历了多次大的改革，上海作为中国特大型城市，其行政管理体制以机构改革为主线，与我国的行政管理体制改革相适应，先后进行了六次改革和调整。尽管每次改革所面临的问题和所处环境均存在很大不同，但都是在我国不断深入经济体制改革以后提出来的，从计划经济向市场经济的转型是总体趋势，并着重于政府与市场、政府与企业、政府与社会的关系，体现为整体推进、步步为营的渐进式改革，推进了政企分开、政府机构改革、行政审批制度创新、科学民主决策机制建设及国有经济布局和结构战略调整等一系列改革举措，促使政府管理的职能与方式等都发生了重大转变。事实上，早在2005年浦东经国务院批准进行综合配套改革试点时，建构公共服务型政府，强调克服经济建设型、全能型政府的弊病，就已作为"中央赋予上海和浦东的新的战略使命"提出。2008年7月《上海市政府机构改革方案》经会议审议通过，提出上海市政府将撤并精简一批委办局机构，优化政府内部的组织结构；2008年上海市委确定的14项重大调研课题也促进了《关于进一步推进上海国资国企改革发展的若干意见》及其4个配套文件的提出，切实推进了上海第六次行政管理体制的改革，促使逐渐形成一种以促进企业主业发展为导向，着力推动全方位开放式重组，优化国资布局结构的重组路径。有人将这种整合重组模式称为"新上海模式"，以区分原来政府强势主导的"上海模式"。总结来说，这一新模式的实质就是"市场主导＋政府推动"。

归根结底，城市更新中面临的各种问题、矛盾是城市中各个利益集团相互博弈的产物，而某一方话语权的缺失则势必导致博弈的结果向单极化发展——当一个国家所实行的政治和经济制度不对弱势群体的诉求施加有效的支持和保障，实际则构成了对资本力量的纵容和护持，也体现为一种公权的私权化及不作为。今天公平与人权的意识正日益增多地进入到我国政府的意识之中，并通过公共政策的制定、公共管理的方式等综合地体现出来。近几年上海住房拆迁补偿政策的调整，2010上海世博会、新一轮旧城改造的规划设计引导、创新机制引领，这些社会实践都从不同侧面、不同程度地反映出了当前政府执政意识的变革导向，并体现出对当前民众强烈的民主与公平诉求的一种现实性回应。总的来说，在今天，要想取得城市建设与发展持久的推动力与活力，代表公共权力导向的政府，其政策调整与制度建构的取向，必须与城市广大居民的利益相一致，而非盲目引进房地产开发力量甚至在经济利益驱动下朝向权力与资本的共谋；同时，也只有当城市的改造与更新成为各个社会成员的共同选择、相互博弈的均衡，才有可能真正地促进社会的发展进步、未来社会经济整体可持续发展的实现。

空间的文化嬗变：居住模式与消费图景

空间是文化的载体，空间也是孕育文化成型的力量。上海开埠以来一百多年历史进程中，中西、殖民与被殖民、现代和传统、城市与乡村……多种力量的冲突鼓荡，形成了独特文化——海派文化。海派文化也构成了上海城市发展过程中形成的文化遗产和城市性格，具有唯一性和不可复制性，并为深入探讨城市空间的文化脉络、分析城市发展的内在逻辑提供有力的思想源泉。

以 20 世纪 20、30 年代为标签，在殖民地的政策下，大量西式建筑密布在近代化道路上形成了上海近代西式的城市风貌，这一基本的城市空间格局保留至今，也使其成为海派文化的重要体现。然而，我们在密切注意往日海派文化这一面貌的同时，更不能忽视的是，透过上海独特的历史过程和现实处境，"工人新村"所诠释的"大众"情怀及其意识形态的空间投影。1951 年，为解决上海三百万产业工人的住房困难，上海市政府开始建设"工人新村"。而曹杨新村[1]率先引入苏联"工人新村"概念，并以"邻里单位"为理论原型展开建设。此后整整 30 年，工人新村成为我国居住环境中占主导地位的建筑样式，整个上海也出现了工人新村星罗棋布的新局面。此后，改革开放四十年以来，上海住区模式则又发生了新一轮的巨变：借助于房地产市场体系的形成，在今天已由传统的工人新村为主导的多层模式逐步转变为市场经济主导的高层、高密度为代表的楼盘模式（图 4.19）。通过对住房建设时间和类型及各类型住房面积变化的分析（图 4.20），可以发现，上海居住空间模式已随政策改变，而作为都市文化的载体，居住模式也直接影响了海派文化的发展：从石库门形成的亭子间文化已转变为新村文化，并不断得到继承和发生衍变，在摩登文化的基础上开始向市民文化转型，体现出以公民社会为基础的大众文化和新的市民精神。

当前上海消费文化的"混合景观"不仅展示出全球与地方文化的碰撞与互补，也显示出地方文化挑战房地产市场的强大功能，以及城市景观在新与旧、物质与象征之间的矛盾。相关研究显示，上海整个高端的消费和历史文化风貌区的空间划分具有高度的同质性和共识性，从而呈现为上海历史文化风貌区城市消费空间布局的一个新的图景（图 4.21）。消费主义不断扩张的同时，全球化时代显现的空间再构力量，却又借助以世博会这样的突变性文化载体，为大众文化的提升打开了新的空间——紧邻 2010 上海世博会的周家渡地区正是其中的典型构成。周家渡地区位于浦东新区、世博会场址东南，西、北临黄浦江，是浦东沿黄浦江较早发展起来的居民区之一，有多条主干道通往市区和街镇，交通方便（图 4.22）。区内有 20 世纪 80 年代建造的上南二村、上南四村、雪野一村、雪野三村等多个新村，且很大一部分都保留至今。住宅、小区配套设施老旧，居住人群收入较低。正如前文指出的，大众的工人新村与消费空间无关，而周家渡地区的工人新村同上海其他很多工人新村一样，其文化能量体现在生活中显示出以下主要特点：①大众文化；②市民精神；③老龄化（图 4.23，表 4.17），社区内居民以中老年人为主，缺乏生机与活力；④街道文化生活；⑤空间的"绅士化"，造成阶层分异与认同危机；⑥趋利型建设导致城市多样性丢失；⑦局部地区的空心化与移民化；⑧产权边界 / 心理防卫；⑨公共空间的缺失，公共

1　1952 年曹杨新村首期工程完工，1953 年曹杨一村及大部分公共工程完成。先后接待 155 个国家和地区 7200 余批、10 万余人次外宾。曹杨新村也成为具有乌托邦特征的中国社会主义工人阶级居住示范区。

里弄模式 ⟶ 新村模式 ⟶ 楼盘模式

里弄肌理　　　　　　工人新村肌理　　　　　　高层楼盘肌理

图 4.19　上海居住模式的演进格局

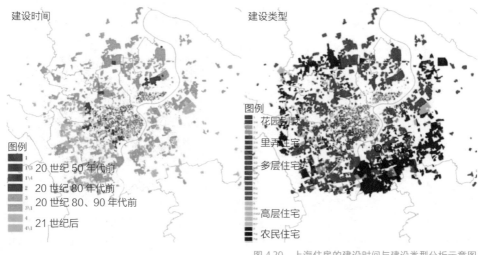

建设时间　　　　　　　　　　建设类型

图例
1
1/1
1/4
2
2/1
3
3/1
4
4/1

20 世纪 50 年代前
20 世纪 80 年代前
20 世纪 80、90 年代前
21 世纪后

图例
花园别墅
里弄住宅
多层住宅
高层住宅
农民住宅

图 4.20　上海住房的建设时间与建设类型分析示意图

图 4.21　上海历史文化风貌区城市消费的空间布局新图景

周家渡地区

图 4.22　2010 上海世博会与周家渡地区

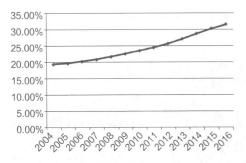

图 4.23　上海老龄化情况分析 [1]

表 4.17　各区县户籍老年人口年龄构成（2016 年）

（万人）

地区	合计	60~64 岁	65~79 岁	80 岁及以上
全市	457.79	158.77	219.36	79.66
浦东新区	86.57	29.66	42.47	14.44
黄浦区	30.15	11.18	13.22	5.75
徐汇区	29.42	9.62	13.95	5.85
长宁区	19.41	6.67	8.79	3.95
静安区	32.65	11.92	14.71	6.02
普陀区	31.12	11.67	13.97	5.48
虹口区	27.00	9.77	12.20	5.03
杨浦区	35.48	13.05	15.90	6.53
闵行区	31.30	10.36	15.70	5.24
宝山区	30.33	10.99	14.69	4.65
嘉定区	19.30	6.41	9.67	3.22
金山区	15.59	5.21	8.02	2.36
松江区	16.83	5.56	8.55	2.72
青浦区	13.98	4.68	7.01	2.29
奉贤区	15.89	5.20	8.25	2.44
崇明县	22.77	6.82	12.27	3.68

空间的边界十分清晰，空间缺乏包容性，人的活动也集聚不起来，从而达不到公民社会的公共性、开放性。

尽管在未来发展的长效机制及社会内涵的建构上还有待探讨，但通过上海世博会的空间共享、平改坡工程、道路拓宽和街区立面改造等一系列行动，对比其城市空间的前后变化，可以发现公共空间的增加、空间品质的提升，世博会也使周家渡站到了世界发展的前沿。可以说，以历史文化保护区的再利用、世博会为代表的现代文化，寄予了城市未来的发展期待和想象，与大众文化一起推动和激发城市社会经济与文化的发展复兴。

准则的社会公允：参与、公正与整合

由于我国城市的开发建设进程迅速，常常具有主导性的政治推进语境、市场经济特征，并涉及城市公共资源分配格局和社会空间布局的重大变迁。因此，21 世纪我国的城市规划与设计作为政府引导、规范和控制城市建设的重要手段，在全球化经济浪潮和城市土地使用制度改革的影响下，呈现出与城市空间生产和城市营销紧密关联，并成为城市获取土地增值利润、营销城市形象的重要手段。因此，当前的城市规划与设计更需要面对社会转型下的多元诉求，积极探索消解日益增多的社会矛盾的方式方法，将多层次和多视角的考量，以及社会发展目标引入规划设计的核心领域，探索空间建构手段与社会行动的配合；并与研究社会问题、进行需求评估以及社会影响评价等社会学研究方法结合，积极探寻涵盖参与、公正与整合等社会公允的规范准则。

第一，关于公众参与。今天社会主义市场体制的建立必将伴随着一个重要过程，那就是规划与设计决策将更多地采用"自下而上"而不是以往的"自上而下"的路径。然而，当前我国的公众参与还主要集中在城市规划、物价、环保和城管等几个领域，参与范围不充分，参与组织的性质单一，

1　当年老龄化率按统计年鉴中 60 岁以上老年人口 / 总户籍人口计算。

参与渠道和方式也缺乏创新；同时，根深蒂固的传统观念导致群众参与决策的意识淡薄、参与能力不足。尤其在行业分配政策和相关重大社会问题的决策方面，公众参与力度远远不足。虽然存在民主评议政府、公示制、听证制、电子政府等参与制度和方式，但执行尚未到位，大多数参与性设计还是在半公开化的过程中进行。我国连接公众参与的具体做法涉及：① 2007 年颁布的《城乡规划法》，规定人大代表、政协委员作为公众的代表可以参与规划设计的讨论和审查，并强调公共参与在规划制定、实施全过程中的渗透；提出将其纳入规划制定和修改的程序，将公众的知情权确立作为基本权利，进行规划公开的原则规定，以及处罚违反公众参与原则的行为等。②专家顾问咨询的方式，即组织有关专家或学会对拟建项目及城市设计政策等进行评审。③组织城市规划设计方案公示，或通过其他方式介绍规划设计。

从上海的实践来看，重大项目推进中的城市设计方案国际征集形式已趋成熟，并开始建立起联合团队后续推展的形式；其次，工程建设项目的公示系统已相对完善，但反馈与互动机制的建设还亟待加强。值得一提的，在虹桥商务区的开发建设进程中，组织了多轮公示、专家讨论会，并根据反馈意见进行了方案调整。旧城改造中推行的两轮征询程序也极富进步意义和实践价值。然而，尽管当前竞标的形式已广泛推展，但对于项目本身定位、发展内容，还没有建立起公众参与的选择机制。总的来看，以社区为基本单元的公众参与模式相对较为成熟，公众参与在城市设计、历史街区保护、社区规划、生态城市建设等方面都得到一定发展，在规划的立项、编制、审批、实施等层面也有所应用。如何让公众参与更具效力、探索实践中的制度推进，成为当前关注的重点。

第二，关于社会公正。对于所有转型国家来说，大量社会不公平的产生原因不是体制本身，而是体制的不健全，亦或是公平意识的不到位。归纳各种理论流派则始终紧紧围绕两大主题：一是对平等、自由和权利的捍卫，二是对社会弱者群体利益的保护。在当今社会，社会公正关系着社会发展价值意蕴的深层次问题，不同的学者有不同的看法与定义，但无论是国外还是国内学者对于公正的理解和论述都离不开以下几点：①成本与利益的公平分配。不仅作为个人生存的基础，同时在公认的社会公平的计量指标体系中，物质条件也是最为重要一项，并可以进行加总和分割。虽然这一统计并不一定完全代表人们的生活状态，但却是唯一可行的方法。反映在规划活动中，成本与利益的公平分配即明确谁投入、谁受益的问题。②基本的价值判断。公正问题的源泉是道德问题的哲学探讨，公正问题必然涉及善恶道德和基本的价值判断。③权利的平等。社会公正所评价的对象是人与人、人与社会，以及人与自然之间的相互关系和由此产生的规则体系，所以社会公正的内容就不仅仅包含经济含义，还应包含社会、文化及法律范畴的公平内涵，应强调各社会群体在享用公共资源方面应拥有平等的权利，包括教育、医疗、文化、公共住房等。④尊重社会多样性。强调对于社会多样性和群体的差异性需求的关注，在工作、居住、交通、教育等方面提供多种适宜的选择。

第三，地域性社会指标的考察。从 20 世纪 60 年代开始，社会学家用生活质量和主观幸福感指标来考察社会现状，以此弥补经济指标的单调缺陷。今天社会指标已经成为衡量社会发展水平的重要标尺，涵盖健康、犯罪、住房、满意度等社会生活的诸多方面，并借助数字化、统计化的特征得以更清晰地呈现结果。同时，尽管由于国情、文化、传统不同，指标具体内容各有侧重，但社会生活的一些基本要素、社会发展的基本规律却是相同的。这种内涵上的统一性为预测社会未来的发展提供依据，也为不同国家、地区之间的比较提供了依据。可以说，社会指标测度社会发展只是手段，分析、总结、预测社会发展规律才是最终目的。就城市规划与设计手段而言，富有指向意义的地域性社会指标的考察涉及：①关于"城市生活质量"的研究，可以展示地方福利整体层面的结构品质。其中，值得关注的是，在社会阶层分化、贫富差距、社会冲突日趋凸显的今天，针对低收入、弱势群体的地方福利体系已成为当前研究和现实推进的重点，并日趋增多地体现在住房保障、社会补贴等方面的政策制定、具体标准。②关于"剥夺"的研究，以识别对于居民不利的区位，指导公共资源空间分布的理想模式。③关于资源"空间可达性"，可以结合地理距离、道路网络、交通方式等具体要素，研究供需分布的空间不均衡问题。④关于资源"社会可获取性"的非空间要素考察，如社会适宜度、权力障碍、时间和社会成本等带来的门槛作用等。例如，在出行方式方面，上海通过不断完善公共交通、轨道交通建设，降低了公共交通的出行耗时等，以及住房保障体系建设中准入机制的放宽条件等。

第四，减少社会排斥和促进社会整合。社会整合是指每个人或者每个社会群体能充分参与到社会之中，包括就业、教育、公共设施、娱乐、休闲、日常交往等不同的社会活动。社会整合需要处理的社会问题，包括失业、缺少生活技能、低收入、高犯罪率、非健康生活以及家庭破裂等。将其与当前上海社会发展情境相联系，则可以从以下三个方面来考察。

（1）**功能混合和社会生活的多样性。**这里针对的是前文所分析过的居住隔离现象，强调城市空间在资源配置方面，应注重均衡化和中性化，以促使不同群体和阶层、多元文化都能在合理配置的空间环境中和谐共生。功能混合有利于优化城市的基本网络，促进居住宏观结构和微观布局的双重建构；有利于化解大型封闭住区的同质化居住、居住空间区位的极化分异等社会问题。一般来说，多样化混居的比例被建议为4:1，其中1/5是低收入阶层。香港也是采用了这一类举措，使阶层之间的对立及隔膜得以有效化解；东滩生态城的规划设计也突出了混合居住。更为具体的，可以通过创建多样化的经济实体和提供多层次的就业发展机会，在住宅社区中应强调多样化的人群结构，鼓励不同房屋类型、建设和供应模式，各类住房混合布局，注重居住与就业的平衡等，来消解社会分层、居住隔离等现象所带来的消极影响，促进社会结构的平衡发展、创造健康和谐的社会生活。需要关注的是，居

住模式、居住安全及由居住衍生的亲历性空间，权力往往无法介入，甚至不被人们自身所认知，但却会在不经意的地方改变从而抵制他者对于空间的安排（Jo Foord，2010），进而衍生出本土生活特质、社会生活的多样性。

（2）**物质空间及社会融合的共构性。**从国际上的发展经验来考察，关注物质空间及社会融合的共构性，借助城市生活空间步行尺度网络的营造、社区住房的有效聚集分布等举措，将有助于创造邻里间的亲密交往，各种社会服务设施和公共活动场所则成为激发社会交往和社区活动的"诱发器"。就上海过去整体的发展来说，一方面，住宅市场化开发进程中大量的住宅安置区被设置在城市边缘区域，定位在无法承受市中心高价住宅的中低收入者和动迁居民，一定程度上导致了这个群体在公共设施享用上的低水平、就业机会的缺失及与主流社会的隔离。同时，这种模式也使得原有的社会网络顷刻瓦解，城市社会空间的多样性缺失。另一方面，改革开放以来居民收入的差距也在快速扩大。以前生活在同一个社区原先为同样职业的居民之间，也获得了不同的经济收入。事实上，上海2009年颁布的《若干意见》在实行货币补偿或跨区域异地安置的基础上，增加本区域就近安置方式；2011年《国有土地上房屋征收与补偿条例》的制定等，都是针对上述问题试图寻求制度上突破与整合。此外，安德鲁·米切尔等指出，社会融合至少包括五个关键维度或基点：强化认同感、人类发展、卷入和参与、拉近距离、物质福利——仅仅强调地域上的临近绝非社会融合的必然保障，重要的催化剂还依托于人们存在共有的价值观、兴趣和类似的特征，尽可能创造并提供联系人们共同生活和情感的"纽带"，更加积极稳定、富有活力的社区形态和建设模式。

（3）**就业与生活保障。**在现代社会，就业对于国家、企业及公民个人而言都是极为重要的。即便是在社会主义特色的市场经济中，依靠市场自发调节来完全地实现充分就业也是不太可能的，还需要政府的介入加以调控。促进就业理应属于政府提供的公共服务，也是建设服务型政府的应有

之义。随着上海市产业结构的调整、城市建设的发展，上海工业化进程中"增长的悖论"[1]日渐突出。1992年以来上海经济虽然具有平均每年两位数的增幅，但在带动就业的功能方面却不断削弱（表4.18）。随着上海国际经济、金融、贸易、航运中心地位的建设及产业结构发展战略的逐步实施，上海产业结构从2000年以来则一直处于稳态演变的趋势，调整步伐逐渐加速，并基本形成了"三二一"结构；经济增长与就业增长开始呈现一致性，经济发展带动就业的功能也有所提升。然而，短期内就业在供求总量方面的矛盾仍难以改变（图4.24）。上海失业的主要特征还在于结构性失业：一方面，传统行业出现大量下岗失业人员，大多因缺乏专业技能而成为就业困难群体；另一方面，在技术性职业及新兴产业方面所需的高素质劳动者却处于供不应求的状态——这也构成了我国普遍存在的就业问题。与此同时，虽然上海处于第三产业和第二产业就业人口均衡发展阶段，但第三产业就业人口仅为56%，与国际城市和世界城市相比仍有很大差距（图4.25）。

另外，城乡统筹就业问题愈加明显。我国受城乡分割直接影响的发展政策、社会保障、就业管理和户籍制度等，直接导致了在就业机会上的城乡不平等，农民在城镇留不住、难扎根，阻碍了农村剩余劳动力可以更多地脱离土地的束缚，并构成农业发展与农民增收的制约瓶颈。从全国范围来看，农民随着全球化进程的推展和农业生产效率的提高正处在游离于传统农业生产并转入非农行业重新择业的困境。上海作为中国的首位城市和最大经济中心城市，是改革开放以来吸引全国农村人口选择迁入的主要流入中心地之一（图4.26）。受租金偏高和交通因素影响，绝大多数外来农民工并未申请公共租赁住房，大部分人往往租赁私房居住。外来人口流入城市，与本地居民"共生"于同一空间，作为一个正不断发展的社会阶层，必将越来越多地对

表4.18　上海GDP增长与就业人口增长的关系分析

年份	GDP年均增长（%）	就业人口年均增长（%）	就业弹性系数
1981—1985	9.1	1.2	0.1316
1986—1990	5.7	0.3	0.0552
1991—1995	13.2	0.2	0.0132
1996—2000	11.5	0.9	0.0786
2001—2005	11.9	1	0.0812
2006—2010	11.2	4.9	0.439
2011—2015	7.5	4.5	0.6

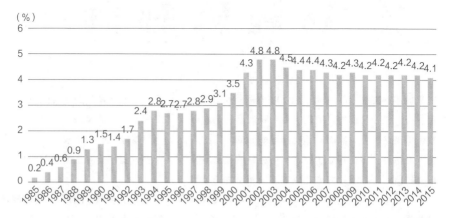

图4.24　上海城镇登记失业率

1　增长的悖论是指经济增长与就业增长之间存在非一致性，即扩大就业要求不断推动经济增长，而经济增长的结果则可能导致就业率的下降。这一理论是不少学者在实证分析后形成的普遍共识。

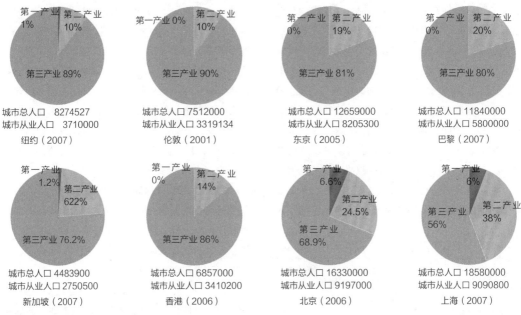

图 4.25   上海三次产业人口就业结构与其他国家／城市比较

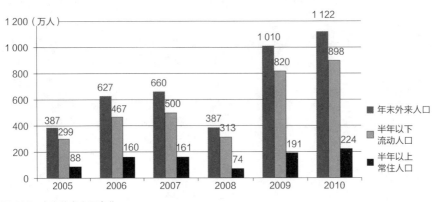

图 4.26   上海外来人口变化

未来城市的发展造成深刻影响。城市外来人口的生存状态，主要表现为其居住、就业状况及其与城市社会的融合程度。然而，随着跨区域流动人口的数量不断增加，其在构成了城市不可或缺的经济发展群体的同时，与所处城市之间的冲突矛盾也持续激发，带来很多不利的影响方面，客观上对城市政府的管理、城市未来的持续发展都提出严峻挑战。在上海，这一新的社会阶层的生活状况也与国际大都市的发展目标存在背离。目前，尽管还有待完善，在制度上也须进一步健全，但上海当前所积极建构

的"四位一体"的住房保障体系，正试图突破当前高房价、土地紧缺、人口逐年增加的现实困境，进一步覆盖城市中低收入群体和外来常住人口，促进公平分配和安居生活的实现。

本土治理的社会行动策略思考："后世博"时代的治理理想

事实上，无论是城市日常的规划建设，还是像世博会这样的重大事件，在实践推进过程中所面临的冲突现象与问题核心，绝非仅仅是物质空间上的

塑造与建构，背后所反映出的是在转型期政治、经济和社会结构方面存在的深刻矛盾。在现实中，城市拓展及更新模式以利益为先导，建设时序必然受成本和收益所决定。随着城市空间的快速拓展，城市边缘地区的总长度和总面积往往不断扩大，土地级差效应在中心城区不再明显，城市更新动力机制也将越来越多地丧失活力。2010世博会建设开发的最初，这种发展困境尤其突出。而世博会建设通过政府投资土地储备的方式将原有城市功能整体搬迁，将城市的更新和世博会的举办紧密结合起来考虑，则使一种内在的可持续性得以运营，促使世博会成为城市自身更新进程的助力及动力。无论如何，对上海的未来发展而言，世博会的7 300万观众和过去9年里借助世博会实现的大规模拆迁和交通建设，以及由此对上海GDP的拉动已成往事。带着对未来发展图景的憧憬、畅想，乃至疑惑，如何把世博会综合展示的先进理念与上海未来城市的发展转型相结合，如何在城市未来的建设中充分发挥设施载体、科技元素、管理运营机制的多元效应，并渗透到未来城市的创新发展中，则构成了"后世博"时代具有重要战略意义的重要任务。

首先，"后世博"时代具有的是政府主导下对低碳环境科技的大规模示范应用而衍生出来的一种政治经济态势。这种效应的力度和强度亟须转化为一种安全化、政治化的长效机制，来对有益模式进行延续和扩展。无论是财政拨出与支撑，还是重大工程项目的推进、核心政策的制定，当前在我国，尤其是上海这样的特大城市，政治引领的方向、顶层设计的考量显然构成了必不可少的，甚至是起决定作用的施动因素。其次，上海世博会运作过程中全面贯彻的先进理念得以有机会逐步融合进城市的发展思路之中，以一种理念型、创新性的建构为城市发展加入新的助推力。再者，其选址、规划、设计和运营以及后续利用等都试图展现的是，以最少的资源消耗，保障良好的城市生态环境，取得经济繁荣的以绿色产业为支撑的绿色经济发展方向，并实际成为许多企业寻求转型最好的试验场和企业绿色发展的示范地。

这些都是城市发展变革的一种转型化、技术性

动力的重要表现。此外，上海世博会还关注于如何将自身所担负的战略责任转换为实际的可持续发展成效，凸显制度性、协同型的动力建构。同时，任何长效机制建设都离不开人的参与。上海世博会虽然通过系列实践活动的开展融入政治系统和日常百姓生活，取得了良好成效。虽然其对社会中间组织的培养、制度化参与的总体水平仍待提升，而基于环境领域制度化的参与仍然局限于顾问、专家、学者和咨询机构，反映普通群众心声的环境信访、环境治理机制等在世博会期间也基本没有出现。正在推进中的实践却也反映出，如果"世博遗产"真正实现了与民众的持续交流，而且也确实推动城市管理者更加注重环境，更加注重培育、保障与互动机制的建构，那么"世博会就使城市慢慢具备了某种生命特质，世博会环境效应也就不会局限于上海一地、一域，而是逐步跨出国门成为全球共同的知识财富"（张仲礼，2011）。

正是基于对上述"后世博"时代城市发展变革的动力机制的分析，同时结合对上海住房、安全与健康等生活质量意涵的冲突考察，面向促进公权制衡与政策调控的公共利益维护远景，并关注城市建设发展过程中空间的文化嬗变——联结居住模式与消费图景，以及强调关涉参与、公正与整合的社会公允性准则的建构，本书试图从城市运营与社会管理的综合视角，思考本土治理促进社会和谐的社会行动策略可能，探寻其与可持续城市设计内在的关联与作用机制。

第一，"后世博"时代城市管理模式转变的楔入机制。 "后世博"时代上海的城市发展，可以借由上述总结的动力因素激发和衍生，来修正传统城市在发展过程中存在的不足，思考和分析城市如何借由当前的现实境遇，进行科学发展和有效治理：

（1）积极培育治理主体，促进多元共治[1]。注重公众的反响和反映，而非以上层权力和利益考核为导向；从培育热心公众和社会群体起步，吸引更

1　多元共治认为政府只是公共管理的一种主体，必须依靠其他市场和社会力量来与之进行合作，共同解决危害公共利益的社会问题。

多市场性组织和社会自组织参与共同治理；同时强调政府职能的转变、管理体系的创新，以在转型过程中实现一种治理模式的转变。

（2）健全冲突调节机制，强化利益整合。当面临现实发展中的利益分化，那些影响人们生活质量和社会再生产能力并具有显著外部性特征的社会性公共要素，往往成为城市管理实现社会基本保障和整体利益协调的重要工具，同时促使政府与规划设计手段在作为公共权力行动时必须更深层次地考量城市建设发展过程中所隐含的合法性、合理性问题，健全公权约束机制，着力调节社会矛盾、促进社会保障和福利供给——上海当前所着重建构的住房保障体系、公共服务体系等的建设，实际也都反映出这样的建构指向。

（3）有效组织公众参与，完善制度保障。其中的关键则离不开将政府作为推动转变的保障力量，促进法律制定、城市规划和设施建设、社会力量多方参与改革的制度建设，均需要在发展中把握有利时机和优势资源，以更为积极、多元化地组织和推进。

（4）探索跨界组织管理，加强联动合作。世博会的"安全化"属性促使不同的行为主体为确保其妥善运营而不得不聚焦目标、促进制度化沟通渠道的形成，以降低协调成本；这也促使政府的环境责任被上升到极高的程度，有利于舆论和环境执法条件的提升，推动区域环境治理一体化。

（5）依托公共政策突破，探索综合改革。促进和谐社会建构的核心内容的实现，需要政府作为城市规划的组织者，建立起开放包容的决策体系及协调合作的实施机制，制定长期稳定的、多层次的、动态连续的规划安排与设计引导。特别需要指出的是，达成可持续环境效应的关键仍离不开社会大众，由此，在技术知识扩散和政策制定中，技术专家如何有效地将隐性的专业知识转化为显性的大众知识就显得极为关键。这也需要公共政策的积极引导，促进现实实践中先进理念与行动方式由点向线、由线向面的扩散，并逐渐演变为一种社会公允的准则体系与行动框架。

第二，"后世博"时代新型社会管理格局的建构机制。 上海要在2020年基本建成"四个中心"和实现"四个率先"，这表明上海的经济社会将在全球化和信息化背景下快速转型，城市化、工业化和市场化同时也将进入复杂交错的进程，上海的开放性和流动性因此会进一步提高。在此背景下，如何以新思路探索适合上海城市自身的新型管理格局的问题就变得越来越重要。城市公共管理亟须在城市发展的整体性、系统化的层面上进行全局控制，需要建立整个城市层面的、能统一协调和灵活应对各种社会需求变化和突出问题的社会服务网络。

（1）契约治理、城乡一体的公共服务体系建构。在公共管理领域社会化的背景下，在治理中心多元化的基础上，结合公共管理领域的市场化与引入竞争机制的趋势，通过契约安排形成一种能够使公共管理参与者谋取利益、强调效率和法治的治理机制，有利于在此之上构建以信任与互为基础的多力合作与互动的治理协调网络体系，促进住房保障制度、医疗卫生体系等的完善，促进有效治理的达成。

（2）创新社会组织发展，激发本土内生活力。总的来看，上海社会事业领域的改革仍然相对滞后于经济发展。发达国家大城市在社会管理思路上的转变值得借鉴，即促进公共服务社会化，合理激活社会力量参与公共服务供给、激活市场，促进"复合治理"的实现。其中的重点在于，通过业务合同出租的方式，私营部门得以在政府鼓励下进入公共服务领域，并借由公共资源的渗透，引导社会力量提供公益服务。

（3）鼓励公众参与管理，拓宽利益表达渠道。应强调法律、行政、经济、社会等多种手段的运用来彰显社会利益的表达，促成协商对话；尤其是完善信访制度、听证制度等利益表达机制，疏通社会矛盾调节的信息渠道，进行公众利益表达机制的创新。

（4）依托社会适宜技术，促进宜居建设保障。今天的环境质量问题和资源制约激发我们更深层次地思考技术问题，促使将技术上的是否"能为"与人们到底是否"应为"这一价值判断结合起来做最终取舍，进而选择"适宜技术"，并将技术问题与社会发展、政策体系等密切结合起来考虑。

（5）加强社会危机应对，强化合作及保障机制。实践证明，任何组织都无法对危机免疫，技术的不断更新、决策主体危机意识的淡薄以及公众主权意识的不断增强等，则为危机的演化和冲击力起到了推动作用。同时，必须认识到，危机一旦发生，往往牵涉众多部门。而我国当前的危机应对仍局限于以负责单项灾中的职能部门管理为主，管理分散，各自为政，往往无法有效进行联动反应，容易产生救灾应急中的法律义务不清、职能责任不明等状况。考虑到当前危机常态化的情况，有必要建立与社会上其他相关机构合作的有效机制，共同应对意外事件的发生。

总的来说，上海世博会具有社会转型时期发展的借鉴意义与现实作用。这实际反映了时代主题演绎下的一种历史必然，是一种趋势。一方面，上海所处的发展阶段要求进一步促进城市功能的完善，加快转变经济增长方式，加强社会管理和公共服务，深化改革创新；另一方面，国际经济形势的变化，以低碳经济为代表的新经济增长方式等，迫使上海必须紧跟潮流，才能在变革中占得先机。在这种趋势下，世博会起到了加速和催化的作用，并使政府力、市场力与社会力的共同作用得到了一定体现，这也代表着未来的城市治理模式核心的转变视野。上海的未来，势必还需更加强调人本需求、绿色环境、多元化的文化融合和层次化的功能协调，促进先进发展理念的社会适应，推动城市发展模式转型、城市功能突破提升、社会发展协调推进，并结合本土实际情况与文化特色，走出一条有中国特色、时代特征、上海特点的发展新路。表 4.19 对其间所体现出的对主要相关领域的冲突特征及影响进行了总结考察，表 4.20 则对上海本土治理冲突应对的具体化策略进行了汇总列举。

表 4.19　上海本土治理冲突应对的社会行动策略分析

	冲突面向	有利手段	不利方面
城乡冲突	城乡争地	A1，A2，A3，A4，A5，A12	B1，B2，B3，B4
	规划管理及政策差异	A1，A2，A3，A4，A5，A12	B1，B2，B3，B4
	交通模式与交通问题	A3，A4，A6	B2，B5
	收入及社会服务差异	A1，A3，A4，A6，A7，A8，A12	B2，B4，B6，B7
新旧冲突	城市年轮的断裂	A1，A9，A10	B1，B8
	空间的极化生产	A1，A3，A4，A5，A7，A10，A12	B1，B2，B3，B4，B6，B7，B8
	场所社会性的遗失	A4，A8，A9，A10，A12	B4，B7，B8
	公共空间的"失落"	A4，A9，A10，A12	B4，B8
环境及资源危机	城市生态失衡	A4，A12	B1，B5，B9
	环境污染严重	A1，A4，A6，A8，A12	B5，B9
	能源约束与高消耗	A4，A8，A12	B1，B5，B9
	设施建设与管理薄弱	A1，A2，A3，A4，A6，A8，A12	B1，B2，B9
公私冲突	公权的扩张与滥用	A2，A5	B1，B4，B9
	公私关系的失衡	A1，A2，A3，A4，A5，A7，A8，A9，A10，A12	B1，B2，B3，B4，B6，B7，B8
	"空间正义"的缺失	A3，A4，A7，A8，A10，A12	B2，B3，B6，B7
	住房保障及公共服务不健全	A1，A2，A3，A4，A5，A6，A7，A8，A10，A12	B1，B2，B3，B4，B6，B7

（续表）

冲突面向		有利手段	不利方面
全球与本土碰撞	空间极度"资本化"	A1，A2，A4，A5，A10，A12	B1，B3，B4，B8
	城市空间趋于同质	A9，A10，A11	B1，B8
	重大事件的触媒效应	A3，A4，A6，A9，A11，A12	B1，B2，B8
	全球化视域下的治理模式变革	A1，A2，A4，A5，A8，A9，A10，A11，A12	B1，B2，B3，B4，B7
策略汇总		A1. 注重城市阶段性建设发展目标，促进建立多元化的、创新型的投融资模式 A2. 注重管理机构的职能转型，加大了城市管理方面的地方立法工作，制定或修订地方性法规与规章，注重激励与协调的方式，促进项目公示系统的完善，日益增多的公示、专家讨论会，推进征询、反馈机制的建设，以及日益重视实质性的专门协调管理机构的设置及作用的有效发挥 A3. 开始强调安全问题、突发性公共事件的应急体系与长效机制的建设，建立相关信息管理技术系统 A4. 日趋注重经济发展带动就业、促进生活多样性等社会功能的能力提升 A5. 开始借助非政府组织和市民的积极参与，以及与政府的互动来促进引领利益相关者参与城市治理机制的新发展，推进政府主导、社会协同、公众参与的社会管理格局发展 A6. 一系列重大工程与基础设施的持续建设推进 A7. 促进公共住房的供给、积极构建保障性住房体系，注重公共产品和公共服务的公平配置，促进适宜住房建设标准的设定、加强住房建设规划 A8. 开始关注地域性社会指标的考察，日益注重生态可持续技术的研究应用，寻求从政策法规界定到管理机制的配合 A9. 注重文化资源的保护及文化影响力的建构，注重历史文化风貌区与特色城市区域的建设，强调历史建筑和工业遗存的保护 A10. "微创手术"与渐进式小规模开发的出现，开始关注社会关系的平衡与生活格局的延续 A11. 良好的城市品牌的建构与重大事件的营销，强调城市自身更新进程的助力及动力建构 A12. 政府日益增强的公共导向与可持续发展面向	B1. 体制和机制推动经济和社会发展的潜力和活力不足，须进一步研究城市功能的转型发展模式，明确制度法规的调节与制约，以及公共政策的扶持与激励作用，以及矛盾化解的运作机制，并加强社会引导与政策规范 B2. 舒缓危机的负面性与冲击力的能力仍显不足并亟待强化，安全管理的保障资源不足，城市运行安全管理的组织与联动平台都尚须优化改进 B3. 社会组织的培育机制、社会利益的表达机制、公众参与的选择机制都有待进一步加强，以保障公民与社会的权利，拓宽疏通社会矛盾调节的渠道，激发城市与社会发展的内生活力 B4. 就业、公共物品的供给等公共服务的数量和水平还没有达到理想的标准，劳动力结构的两极分化、城乡发展的不均衡等深层次矛盾远未消解。这些都需要在公共资源管理上必须明晰政府的职能定位，加强对公共资源占有、分配、开发使用，以及使用的社会效益的过程性管理 B5. 环境污染仍未解决，并在某些方面程度加深，城市发展的高能耗和高排放问题还没有发生质的改变，应继续加强节能减排、强化环境污染防控与危机应急 B6. 公共住房体系的建设亟待加强，在住房的可支付性、多样化，及其保障机制、准入和退出机制方面，以及更广泛维度的可行技术标准的提供等，都需要进一步加强，以逐步消解当前房地产市场突出的结构性矛盾 B7. 反映社会发展状况的社会指标的理论研究与实践应用都十分欠缺 B8. 消费导向的市场行为与城市长期发展目标实际是矛盾的，大规模旧区改造使风貌区面临特色危机，而大众的城市空间在继续大众化的同时也存在边缘化、缺乏特色、阶层分异与认同危机、趋利性建设等一系列危机，亟须借助更为多元而整合的空间再构力量，激活文化资源，增强文化发展的能量 B9. 生态可持续技术的实践应用尚处于试验阶段，其社会契合路径仍亟待探索

表 4.20　上海本土治理的冲突特征及影响考察

冲突领域	冲突发展的主要特征			冲突表现		冲突影响		
	阶段 1（1990—1998）	阶段 2（1999—2005）	阶段 3（2006—2015）	编号	因素构成	阶段1	阶段2	阶段3
城乡冲突	劳动力结构的两极分化、城乡发展的不均衡，城市住房制度改革和房地产市场培育、市政公用行业市场化改革等开始全面开展	城乡分割的就业管理体制和社会保障制度、城乡不同的发展政策和户籍制度	外来人口、就业状况及其与城市社会融合的挑战；消费能力的透支、基础设施超常规发展；城乡规划的运作机制仍待进一步完善	1	城乡争地	√	√	√
				2	规划管理及政策差异	√	√	—
				3	交通模式与交通问题	√	—	√
				4	收入及社会服务差异	√	√	√
新旧冲突	大规模推倒重建；工人新村为主导的多层模式开始向以市场经济主导的楼盘模式转变；文化与生活方式发生相应转变	楼盘模式成为主导；大规模旧区改造一定程度上造成文脉断裂；历史建筑或历史街区的功能再构；大众文化的边缘化	新的开发建设仍遭遇既有瓶颈，亟须创新机制的有效配合；空间特色缺乏；住房保障制度建设的探索不断深化；旧区改造深化推进	5	城市年轮的断裂	√	√	√
				6	空间的极化生产	√	√	√
				7	场所社会性的遗失	√	√	√
				8	公共空间的"失落"	√	—	√
环境及资源危机	高能源及资源消耗的发展模式；朝向污染治理与基本住房环境条件的改善	环境污染仍未解决，并在某些方面程度加深，由城市生产力高速发展所带来的高能耗和高排放问题还没有发生质的改变；公共安全与危机应对的能力不足		9	城市生态失衡	—	—	√
				10	环境污染严重	—	—	√
				11	能源约束与高消耗	√	√	√
				12	设施建设与管理薄弱	√	√	√
公私冲突	"自上而下"的路径；传统的发展模式以 GDP 的高增长率作为行政力量决定资源配置的内在动力；市民住房问题有所改善	经济主导型管理模式，如公权扩张、政企不分、权责脱节等问题仍未得到有效解决；公共服务的数量和水平不高；同时期市民的权利保护意识大大加强	对公共保障、就业平衡、阶层融合等社会属性的日趋关注，但仍存在公私利益分歧与矛盾，导致发展政策、具体实施上的激烈冲突；进入突发性事件高发时期	13	公权的扩张与滥用	√	√	√
				14	公私关系的失衡	√	—	√
				15	"空间正义"的缺失	√	√	√
				16	住房保障及公共服务不健全	√	√	√
全球与本土碰撞	不明显，源于这一阶段振兴地方经济的总体利益和全球资本的利益一致	全球化背景下的转型期社会在政治、经济和社会结构方面存在深刻矛盾；城市品牌成为推动现代城市发展的重要力量；底波率现象与乘数效应；"市场主导＋政府推动"的上海模式		17	空间极度"资本化"	√	√	√
				18	城市空间趋于同质	√	√	√
				19	重大事件的触媒效应	—	√	√
				20	全球化视域下的治理模式变革	—	√	√

第五部分　冲突视野下的建构理想与本土策略

聚焦和阐述核心观点与内容关于可持续城市设计本土策略的建构理想、策略导向与对策建议，以及上海城市可持续发展建构所面临的阶段性的冲突特点等。研究创新的价值与下一步计划，则将激发理论和实践的未来拓展。

可持续城市设计本土策略的建构理想

经济全球化、快速城市化发展语境下的中国，在当前正处于社会经济的快速转型时期，有着自身特殊的城市发展情境以及历史文化原因、地域的广博、每个城市独特客观的自然环境特征等，城市空间的可持续发展建构面临日趋复杂而多元的冲突交织。上海自1990年以来与可持续城市设计关联的最为紧密和迫切的冲突领域，包含城乡冲突、新旧冲突、环境及资源危机、公私冲突、全球与本土碰撞五个主要方面。这些冲突也是转型期中国本土城市空间的可持续发展建构中主要面临的，是在当前中国特定的发展阶段和历史环境下发生发展的。其间显露出本土各方利益的消长、交割和冲撞，并对当前中国城市与社会的良性发展构成了巨大威胁。尽管这些冲突领域的考察

并非放之全世界而皆准，也无法覆盖当前中国城市可持续发展建构关涉的所有冲突，且冲突的激烈程度与表现也都不尽相同，但却共同指向了在冲突视野下研究"可持续城市设计本土策略"的核心所在——那就是对于当前全球性问题与本土化表现的联结考察，试图借助可持续城市设计手段，弥合理想的发展理念与现实的社会矛盾之间的实践鸿沟。

通过综合考察城市化背景、可持续思想、生态城市实践及城市设计的理论溯源，以及社会空间、冲突主义、本土化相关的多学科研究探索，可以将城市空间可持续发展建构所面临的上述冲突领域，置身于中国城市设计建构的境遇之中进行总括式考察，并有利于进行根源性分析（图5.1）。贯穿其中的是政治力、市场力与社会力的合力作用下，借助资源、权力、资本、利益、文化与价值观及社会根源性等主要冲突诱发因素所显示的朝向可持续建构的关键力量：作为变革的动力，促进社会的稳定，激发生成价值导向，型构社会制度及协调整合

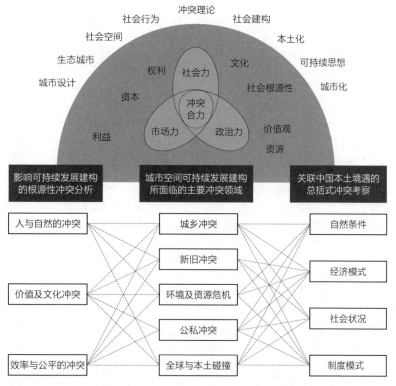

图 5.1　冲突生成的理论与现实关联性分析

实践活动。

作为一种转型与变革的重要思路，"本土策略"得以重组构建出来，强调可负担的、可根植的、可联结的原则与方法，尊重历史和现实、关注客观社会环境、分析"此时此地"的本土问题，试图通过涵盖理论与实践的双重建构，以促进冲突视野下中国本土契合的可持续建构、促成创新性实践。由此，以审视人与自然关系、重视自然生态的可持续构建为前提，密切关联本土社会情境、制度环境等考察视野，尝试建立一种融入社会性考量的建构理想——既注重资源和环境等可持续的自然形态的冲突应答，更注重文化和制度等可持续的社会关联系统的冲突消解，试图在实践中促成可持续城

市空间建构领域"从冲突到平衡"的现实性转化，促进实现一种冲突消解的平衡状态：城乡和谐，新旧融合，环境及资源危机消减，公私协调，全球与本土正向谐变。

紧扣"冲突"联结平衡和转换的实践效应与意义，冲突的主题得以从"冲突的局势"（矛盾分析）与"冲突的应对"（策略分析）两个关键方面分解、拓展，从而初步描摹出一种侧重"策略耦合、新质突现"的可持续城市设计策略"冲突"建构的实践路径（图 5.2）。前者体现为对本土可持续发展建构的冲突话语与冲突角色、冲突领域的分析，后者则体现为对社会建构导向的策略目标、内容及分析路径的考察。

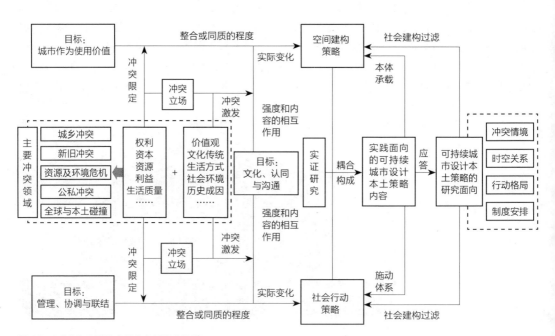

图 5.2 "冲突"主题整合性的分析建构路径

"空间建构"与"社会行动"的本土策略耦合

借助相关城市设计案例和事件主题的联结分析，耦合生成面向五个冲突领域的实践应答和建构导向的策略集合（图5.3），以促进可持续城市设计本土策略的对策建构以及实施建议的最终形成，型构制度方式上的配合可能与变革顺境。

在空间建构这一维度，就冲突主题更为具体的渗透方式而言，除了结合冲突分析的要素框架进行论述分析外，城市设计案例的研究更多面向冲突局势的总体考察，分析其中的策略体现，哪些方面是有利举措，哪些方面存在不足——这些不利方面的改进则指向了空间建构策略的改进可能。七个城市设计案例与五个冲突领域具有各有侧重的内在关联（图5.4）。

将七个案例总结分析中的冲突影响进行汇总分析（表5.1），则可以促使对空间建构实践案例研究共同的冲突影响强度的综观认知，并作为冲突研究汇总分析的基础内容。其中，阶段1（1990—1998），在冲突表现方面，环境及资源危机尚未激化，但书中所集中分析的多元冲突格局已然形成；阶段2（1999—2005），随着城市空间的扩张、土地制度的改革、住区模式的转变等，五个领域的冲突强度越来越激烈，冲突类型更为多样，综合地反映在历史文化区域的改造更新、生态型新区建设以及重要的滨水区域的规划建设之中；阶段3（2006—2015），资源环境约束仍然严重、本土与全球的碰撞更加激烈，冲突的规模越来越大，相关社会影响更为明显。此外，由于上海在这一阶段，在城市规划与设计推展方面，更加着力于创新的发展模式，强调文化与生态的内涵建构，其城市发展在城乡冲突、新旧冲突、公私冲突方面有所缓解。这可以从世博会及后世博的建设推进、虹桥商务区的低碳建构等核心区域与重大项目的建设中集中体现出来。结合针对城市设计案例发生发展的过程性研究，将其间冲突应对的策略进行综合考察，在分析每个案例体现社会空间建构意涵的正反两方面的策略应答的基础上，进一步汇总集合，最终形成空间建构策略冲突应对的有利举措与不利方面（表5.2），并导向不同发展阶段的可持续建构重点与现实困境的认知。

空间建构策略的实践分析，体现为以本土城市设计的空间建构方式为坐标的技术分析路径。对于本土城市设计的空间建构方式的考察，将体现一种以冲突作为方式理解核心的应用架构，将城市设计对于城市空间的多方面、分层及多阶段的建构——包括更广阔领域内的背景承载、目标系统设计、功能布局考量、公共政策言说及开发模式引导等，纳入到一个冲突应对指向的整合的体系里进行重构解析，进而形成可持续城市设计空间建构的策略集合。这里，结合本书的研究侧重，还需强调以下三个基本的分析视点，以对策略指向作进一步界定。

第一，城市设计的空间建构囊括物质性、社会性、政策性建构的丰富内涵，而这里主要针对城市设计的社会性、政策性内容进行建构，物质性的、形态的内容维度将仅仅通过对一种基本网络与总体结构的认知框架有所体现。

第二，面向主要冲突领域的策略建议，主要依托于相关理论与实践探索的研究与过滤，如拓展学术视域、开展文献综合、分析主题核心、进行要素筛选等，但这种选择在具有一定的合理性、也往往包括了主要冲突因素的同时，却很难容纳所有的要素可能和建构方式。因此，这种择选在本质上实际蕴含并强调了一种开放性——针对不同的研究侧重和现实情境，可以调整或删补。

第三，尽管对于城市空间建构方式的分析，试图提供一种动态过程性、多视角整合的分析考察图景，但其本质上还是"半静态的"——将静态的因素通过时间、过程联系起来，因而并无法"有机地"将其中涉及的不同冲突立场、政策的制度背景等各个维度整合在一起——事实上，这些维度的整合，还必须依赖于另外一个版图"社会行动"的建构。

就社会行动维度而言，在上海朝向可持续建构和冲突面向和社会事件发生发展的进程中，中央政府、地方政府、开发商、社会组织、公民个体等由于目标与诉求的差异而在行动上呈现出现实分歧与多元冲突。不同的事件往往落点于五大冲突领域不同的重点方面（图5.5）。其中，城乡冲突更

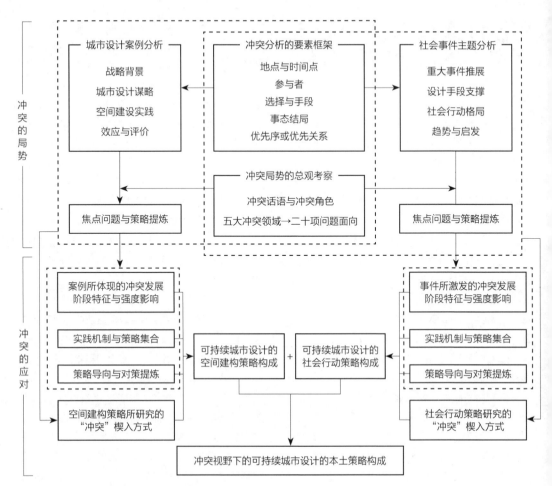

图 5.3　实证研究中案例焦点问题和相应策略的冲突分析脉络架构

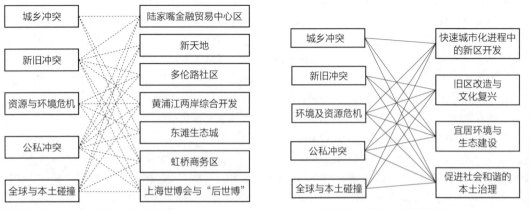

图 5.4　城市设计案例的主要冲突领域面向　　　　图 5.5　社会事件主题的主要冲突领域面向

表 5.1 空间建构实践案例的冲突影响分析汇总

冲突领域	编号	因素构成	冲突强度																							
			阶段 1 (1990—1998)								阶段 2 (1999—2005)								阶段 3 (2006—2015)							
			陆家嘴中心	上海新天地	多伦路社区	黄浦江两岸	东滩生态城	虹桥商务区	世博及后世博	合计	陆家嘴中心	上海新天地	多伦路社区	黄浦江两岸	东滩生态城	虹桥商务区	世博及后世博	合计	陆家嘴中心	上海新天地	多伦路社区	黄浦江两岸	东滩生态城	虹桥商务区	世博及后世博	合计
城乡冲突	1	城乡争地	√	—						1	√	—	—	—	√	—	—	2				—	√	—	—	1
	2	规划管理及政策差异	√	—						1	√	—	—	—	√	—	—	2				—	√	√	—	2
	3	交通模式与交通问题	√	—						1	√	—	—	—	√	—	—	2				—	√	√	—	2
	4	收入及社会服务差异	√	—						1	√	—	—	—	—	—	—	1				—	—	—	—	—
		总计								4								7								5
新旧冲突	5	城市年轮的断裂	—	√						1	√	√	√	—	—	—	—	3				√	—	—	—	1
	6	空间的极化生产	√	√						2	√	√	√	—	—	—	√	4				√	√	—	√	3
	7	场所社会性的遗失	—	√						1	√	√	√	—	—	—	√	4				√	√	—	√	3
	8	公共空间的"失落"	√	—						1	√	√	√	—	—	—	—	3				√	—	—	—	1
		总计								5								14								8
环境及资源危机	9	城市生态失衡	—	—							—	—	—	√	√	—	—	2				√	—	√	—	2
	10	环境污染严重	—	—							—	—	—	√	√	—	—	2				√	—	—	√	2
	11	能源约束与高消耗	—	—							—	—	—	√	√	—	√	3				√	√	—	√	3

冲突领域	编号	冲突表现因素构成	阶段1（1990—1998）								阶段2（1999—2005）								阶段3（2006—2015）							
			陆家嘴中心	上海新天地	多伦路社区	黄浦江两岸	东滩生态城	虹桥商务区	世博及后世博	合计	陆家嘴中心	上海新天地	多伦路社区	黄浦江两岸	东滩生态城	虹桥商务区	世博及后世博	合计	陆家嘴中心	上海新天地	多伦路社区	黄浦江两岸	东滩生态城	虹桥商务区	世博及后世博	合计
环境及资源危机	12	设施建设与管理薄弱	—	—							—	—		√	—		—	2				√	—		—	1
		总计								—								9								8
公私冲突	13	公权的扩张与滥用		—						—	—	—	√	√			√	3				√	—	√	—	2
	14	公私关系的失衡	—	√						1	—	√	—	—	√		—	3				—	√	—	—	1
	15	"空间正义"的缺失	√	√						2	√	√	—	√			—	3				√	—	√	—	2
	16	住房保障及公共服务不健全	—	√						1	—	√	—	—			—	2				—	—		—	1
		总计								4								11								6
全球与本土碰撞	17	空间"极度资本化"	√	√						2	√	√		√	—		√	4				√	—	√	√	3
	18	城市空间趋于同质	√	—						1	√	—	—	√	—		√	3				√	√	—	√	3
	19	重大事件的触媒效应	√	—						1	√	—	—	√	—		√	2				√	—	√	√	2
	20	全球化视域下的治理模式变革	√							1	√		—	—	—		√	2				√	—	√	√	2
		总计								5								11								10

注:(1)该冲突表现集合的生成基于表3.3、表3.5、表3.6、表3.8、表3.12、表3.15、表3.19的综合统计与分析。

表 5.2　冲突视野下城市设计案例空间建构策略的汇总分析

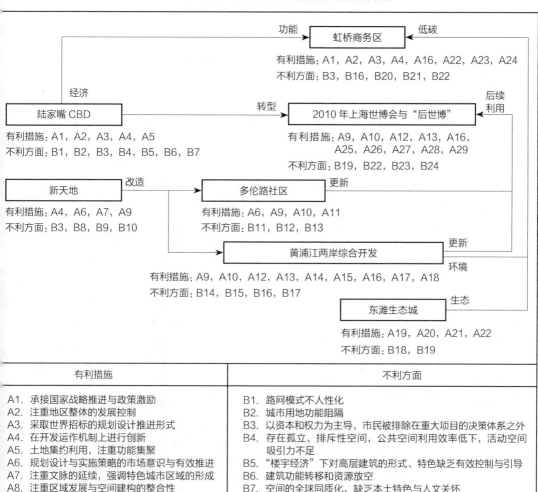

虹桥商务区 （功能　低碳）
有利措施：A1，A2，A3，A4，A16，A22，A23，A24
不利方面：B3，B16，B20，B21，B22

陆家嘴 CBD （经济）　转型 →　**2010 年上海世博会与"后世博"** （后续利用）
有利措施：A1，A2，A3，A4，A5
不利方面：B1，B2，B3，B4，B5，B6，B7

世博会有利措施：A9，A10，A12，A13，A16，A25，A26，A27，A28，A29
不利方面：B19，B22，B23，B24

新天地 改造 →　**多伦路社区** （更新）
有利措施：A4，A6，A7，A9
不利方面：B3，B8，B9，B10

多伦路社区有利措施：A6，A9，A10，A11
不利方面：B11，B12，B13

黄浦江两岸综合开发 （更新　环境）
有利措施：A9，A10，A12，A13，A14，A15，A16，A17，A18
不利方面：B14，B15，B16，B17

东滩生态城 （生态）
有利措施：A19，A20，A21，A22
不利方面：B18，B19

有利措施	不利方面
A1. 承接国家战略推进与政策激励	B1. 路网模式不人性化
A2. 注重地区整体的发展控制	B2. 城市用地功能阻隔
A3. 采取世界招标的规划设计推进形式	B3. 以资本和权力为主导，市民被排除在重大项目的决策体系之外
A4. 在开发运作机制上进行创新	B4. 存在孤立、排斥性空间，公共空间利用效率低下，活动空间吸引力不足
A5. 土地集约利用，注重功能集聚	B5. "楼宇经济"下对高层建筑的形式、特色缺乏有效控制与引导
A6. 规划设计与实施策略的市场意识与有效推进	B6. 建筑功能转移和资源放空
A7. 注重文脉的延续，强调特色城市区域的形成	B7. 空间的全球同质化，缺乏本土特色与人文关怀
A8. 注重区域发展与空间建构的整合性	B8. 缺乏本土生活的延续，无法实现回迁
A9. 强调整体规划、分步实施、共同参与	B9. 保护更新的程度不够
A10. 历史遗产与文化资源的保护战略	B10. 原住居民的利益未得到充分保障
A11. 注重渐进式的小规模开发	B11. 考虑居民意愿与实际需求、社会力量动员方面存在不足
A12. 通过改造措施大量增绿地和公共空间	B12. 缺乏对本地区内生活力的激发
A13. 大量市政基础设施的建设保障	B13. 投融资的运作和保障机制亟待完善
A14. 强化土地置换与产业结构调整的有效机制	B14. 基础开发向功能开发转型的推进有待加强
A15. 功能复合，充分发挥土地的综合效益	B15. 环境保护及生态系统建设仍亟待加强
A16. 多层次、分领域的规划设计支撑与调控	B16. 未成立实质性的专门的统一管理机构
A17. 城市形象塑造，价值理念引导	B17. 存在过于强调国际经济资源利用而忽略社会需求及公共利益的现象
A18. 注重功能、特色的协调，避免同质化	B18. 实际运作与现有制度和政策的不协调
A19. 可持续的土地利用、交通、能源、废弃物及景观策略架构	B19. 生态可持续技术的转化利用与社会实践的契合亟待探索
A20. 住区模式上提倡街区渗透与混合居住	B20. 建设开发存在机场周边的建筑限高问题、多种交通方式可能产生的噪声、振动和污染，交通枢纽影响居住及企业单位的集聚
A21. 建构可持续的目标与指标体系	B21. 大规模推倒式重建的模式没有本质改变
A22. 系统整合的交通体系建设	B22. 区域整合与未来时序衔接，功能转型未来的全面推展，均有待验证
A23. 低碳建设的价值引导与技术路径	B23. 更为集约紧凑、社会包容的土地再开发利用模式有待探索
A24. 促进公共参与及反馈机制的构建	B24. 公共利益的保障机制，权力、资本的约束机制，仍亟待健全
A25. 注重生态建构及其多元效应	
A26. 建立了起决策作用的组织管理机构	
A27. 市、区联手动迁，多渠道融资的方式，多元化的实施运作机制	
A28. 注重发展理念与发展模式的创新	
A29. 强调地区发展的后续利用与配合机制	

: 该冲突表现集合的生成基于表 3.2、表 3.4、表 3.7、表 3.9、表 3.11、表 3.14、表 3.18 的联结性分析。

多地反映于新区建设、宜居环境与生态建设及本土治理主题，并在阶段 1（1990—1998）外现于城市用地向乡村的快速急剧扩张、城乡空间布局大幅调整，伴随市场化改革全面开展，社会矛盾趋于激化；在阶段 2（1999—2005），相应地开始倡导城乡统筹、协调发展，城市生态环境质量极大改善，然而在管理和环境建设政策支持上仍存在较大差异，在就业管理体制和社会保障制度、城乡不同的发展政策和户籍制度上仍体现为城乡分割；在阶段 3（2006—2015），这一时期新区的建设实效逐渐明显，城乡生态环境建设开始共同有序推进，但消除城乡二元结构仍面临严峻形势、城乡环境差异仍然突出。与此同时，外来人口、就业状况及其与城市社会融合形成多元挑战，城乡规划的运作机制亟待进一步完善。

新旧冲突在研究中主要落于旧区改造与文化复兴、宜居宜居环境与生态建设及本土治理这三个主题，并在阶段 1 的居住模式转变、城市文化与生活方式也发生相应转变的背景下，集中地体现为大规模推倒式或补丁式的城市建设；在阶段 2，尽管改造目标开始与文化、生态及社会需求相结合，历史街区改造实行"拆、改、留、修"并存，但主要建设模式仍为大规模推倒重建，一定程度上造成城市文脉断裂，滨水空间缺乏活力；在阶段 3，城市规划建设寻求新的"喘息"空间，一系列保障条例、实施意见开始在现实的城市建设中发挥实效，上海世博会建设实践也构成了重大促进。但社会分化、利益冲突仍突出，新的开发建设仍遭遇旧有瓶颈，亟须创新机制的有效配合。

环境及资源危机更为普遍地渗透在四个主题的研究之中，并综合体现出以下冲突特征：阶段 1，城市发展以经济为主导而忽略环境问题，呈现高能源及资源消耗的发展模式，城市污染严重，资源利用粗放；阶段 2，环境质量大大改善，生态考量有所增多，政策推进日渐有序，滨水空间的建设也逐步推展，但危机更加广泛地体现在土地利用、生态环境、能源使用的多元领域，能源约束与高消耗模式则已走到尽头；阶段 3，城市功能转型，法规日益健全，基于生态可持续发展的先进理念不断渗透，但资源环境约束仍较明显，且传统污染问题与新环境污染问题并存，突发性、危害大的冲突类型增多。

在公私冲突方面，四个主题则殊途同归地指向以下冲突格局：阶段 1，自上而下政府意志主导，而资本作用强势，社会力消匿薄弱；阶段 2，严重的三农问题、公共空间被肢解隔离、拆迁安置中的暴力事件、经济主导型管理模式、薄弱的公共服务等，造成对公共利益的侵占或损害，同时期市民的权利保护意识则大大加强；阶段 3，城市建设中的政策法规界定日趋增多地反映出社会考量与公众利益取向，对公共保障、就业平衡、阶层融合等社会属性的日趋关注，公共设施与公共功能的建设也不断加强，但市民仍被排除于重大项目的决策体系之外，城市建设仍普遍存在公私利益分歧与矛盾，土地利用模式的真正转型仍须不断探索，政府、社会、企业、市场的有效合力亟待发挥，公共保障等制度体系亟待健全。

全球与本土碰撞的冲突领域并非均质地渗透于四个研究主题。这一冲突领域在阶段 1 并不明显，源于这一阶段振兴地方经济的总体利益和全球资本的利益一致。这一领域的冲突在阶段 2、阶段三持续发酵，日益增多地从一种本土之于全球的单向接受模式和机械移植，到在多元危机交叠和冲击下本土地域被动式的转型发展需求，强调在世界经济格局大调整和自身社会转型的大背景下，更加有针对性地研究强化的本土发展转变，提高对生活质量、公共利益考量的权重，在城市变革与转型发展中促进实现持续的文化积累与创新。其中，作为城市品牌建构重要引擎的"世博会"建设、"后世博"时代的城市运营与社会管理模式建构等，构成了当前上海积极推动本土城市朝向可持续发展的关键力量，并反过来对全球城市的可持续发展建设、未来城市发展模式的探索提供借鉴和施加影响。

可以说，社会事件发展的行动路径的分析提供了一种更为清晰的多元冲突交织的现实途径，也内在地体现出可持续城市设计对社会性要素的承载关系。可以想象，当我们不再囿于空间形态与模式化的讨论，进而借助一种对要素的构成及其相互作用的过程考察，在实践中解析冲突产生和行动解决的方式，则可以为可持续城市设计提供一种突破性的研究思路与分析路径。就冲突主题更为具体的渗透方式而言，除了结合冲突分析的要素框架进行论述分析外，关于社会事件主题的研究更多地面向冲突局势的总体考察，分析其对于二十项冲突要素的关联作用效应，进而导向了社会行动策略与城市设计关联的建构可能。关于四个社会事件主题中相关冲突影响的汇总分析（表5.3），可以促使对社会行动策略案例研究共同的冲突影响强度的综观认知，作为书中整体冲突研究汇总的基础分析内容，正反两方面的策略也得以提炼、汇总（表5.4）。

社会行动策略的实践分析，体现为以本土社会事件的冲突发展进程为动线的行动考察。结合我国的现实国情和研究现状，针对城市建设和社会发展进程中社会事件发生发展的冲突境遇，可以从社会行动主体、动机与需求、社会环境、条件与手段及未来取向等行动构成不同方面，考察行动者及其体系，考察资本、权力、社会的互动关系，引导形成可持续城市设计整体的社会行动对策与建议。在对行动构成开展上述行进式的冲突解构的基础上，在具体分析中，则可以结合微观的事件考察人、资源、

制度、技术等相互作用的过程，这一方面在于，如同马克·格兰诺维特的嵌入性理论指出的，我们有必要将分析纳入到具体行动环境之中。将社会行动的结构性约束和行动者的策略性选择联系起来、置入一种互动的实践之中，更有利于探察实际行动体系是如何生成和运作的，有利于统合策略分析的共时性和历时性。进而，可以在获得一种社会行动局部秩序建构所导向的地域性、权变性结果的同时，把握行动者置身于决策性的相互依赖关系的环境之中的建构，并且维系互动关系的行动过程，促进社会行动的均衡状态和实际运作逻辑的生成。另一方面，行动始终是一种决策的过程、一种持续性的相互作用，离不开情景性经验背景与行动领域的激发与限定。因而，将这样一种研究进一步收缩于更趋微观的、与发展主题紧密关系的实践案例，试图结合对具体地域的历时的和横向的研究，揭示和发掘案例所呈现的现象、特征和本质，以及对于社会事件发展主题的连贯性意义所在。

总的来看，基于表5.2与表5.4的联结性分析，将空间建构策略与社会行动策略进行综合分析，则最终耦合生成可持续城市设计本土策略冲突应对的二十六个有利手段与二十四个不利方面（表5.5）。

表5.3　社会行动事件主题的冲突影响分析汇总

冲突领域	编号	冲突表现 因素构成	阶段1（1990—1998）					阶段2（1999—2005）					阶段3（2006—2015）				
			新区开发	旧区改造与文化复兴	宜居环境与生态建设	本土治理	合计	新区开发	旧区改造与文化复兴	宜居环境与生态建设	本土治理	合计	新区开发	旧区改造与文化复兴	宜居环境与生态建设	本土治理	合计
城乡冲突	1	城乡争地	√	—	√	√	3	√	—	√	√	3	√	—	√	√	3
	2	规划管理及政策差异	√	—	—	√	2	√	—	√	√	3	—	—	√	—	1
	3	交通模式与交通问题	√	—	√	√	3	√	—	—	√	2	—	—	—	—	—
	4	收入及社会服务差异	√	—	√	√	3	√	—	√	√	3	√	—	—	√	2
		总计					11					11					6
新旧冲突	5	城市年轮的断裂	—	√	√	√	3	—	√	√	√	3	—	√	√	√	2
	6	空间的极化生产	—	√	—	√	2	—	√	√	√	3	—	√	√	√	3
	7	场所社会性的遗失	—	—	√	√	2	—	√	√	√	3	—	√	√	√	3
	8	公共空间的"失落"	—	—	√	√	2	√	—	√	√	—	—	√	—	—	—
		总计					9					9					8
环境及资源危机	9	城市生态失衡	—	—	√	—	1	—	—	√	√	2	—	—	√	√	2
	10	环境污染严重	—	√	√	—	2	—	√	√	√	3	—	√	√	√	2

冲突强度

冲突领域	冲突表现	编号	因素构成	阶段1（1990—1998）					阶段2（1999—2005）					阶段3（2006—2015）				
				新区开发	旧区改造与文化复兴	宜居环境与生态建设	本土治理	合计	新区开发	旧区改造与文化复兴	宜居环境与生态建设	本土治理	合计	新区开发	旧区改造与文化复兴	宜居环境与生态建设	本土治理	合计
环境及资源危机		11	能源约束与高消耗	—	√	√	√	3	√	√	√	√	4	√	√	√	√	4
		12	设施建设与管理薄弱	√	√	√	√	4	√	√	—	√	3	—	—	—	√	1
			总计					10					12					9
公私冲突		13	公权的扩张与滥用	—	√	√	√	3	√	√	√	√	4	√	—	√	√	3
		14	公私关系的失衡	—	—	√	√	2	√	√	√	—	3	—	√	√	√	3
		15	"空间正义"的缺失	√	√	√	√	4	√	√	√	√	4	√	—	√	√	3
		16	住房保障及公共服务不健全	—	√	√	√	3	√	√	—	√	3	—	—	√	√	1
			总计					12					14					10
全球与本土碰撞		17	空间极度"资本化"	√	—	—	√	2	√	√	—	√	3	√	√	—	√	3
		18	城市空间趋于同质	√	—	—	√	2	√	√	—	√	3	√	√	—	√	3
		19	重大事件的触媒效应	√	—	—	—	1	—	√	—	√	2	√	√	√	√	3
		20	全球化视域下的治理模式变革	√	—	—	—	1	—	√	—	√	2	√	√	√	√	3
			总计					6					10					12

注：（1）该冲突表现集合的生成基于表4.3、表4.5、表4.13、表4.20的综合统计与分析。

（2）总体冲突程度的统计值为6~14，3个数值为一级，因而强度分区确定为：高（12~14）；中（9~11）；低（6~8）。

表 5.4　冲突视野下社会事件主题社会行动策略的汇总分析

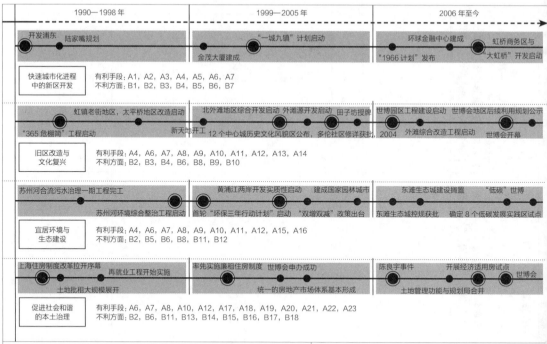

	1990—1998 年	1999—2005 年	2006 年至今
	开发浦东　陆家嘴规划	"一城九镇"计划启动	环球金融中心建成　虹桥商务区与
		金茂大厦建成	"1966 计划"发布　"大虹桥"开发启动
快速城市化进程中的新区开发	有利手段：A1, A2, A3, A4, A5, A6, A7 不利方面：B1, B2, B3, B4, B5, B6, B7		
	虹镇老街地区，太平桥地区改造启动	北外滩地区综合开发启动　外滩源开发启动　田子坊授牌	世博园区工程建设启动　世博会地区后续利用规划公示
	"365 危棚简"工程启动　新天地开工	12 个中心城历史文化风貌区公布，多伦社区修详获批，2004	外滩综合改造工程启动　世博会开幕
旧区改造与文化复兴	有利手段：A4, A6, A7, A8, A9, A10, A11, A12, A13, A14 不利方面：B2, B3, B4, B6, B8, B9, B10		
	苏州河合流污水治理一期工程完工	黄浦江两岸开发实质性启动　建成国家园林城市	东滩生态城建设搁置　"低碳"世博
	苏州河环境综合整治工程启动	首轮"环保三年行动计划"启动　"双增双减"政策出台	东滩生态城控规获批　确定 8 个低碳发展实践区试点
宜居环境与生态建设	有利手段：A4, A6, A7, A8, A9, A10, A11, A15, A16 不利方面：B2, B5, B6, B8, B11, B12		
	上海住房制度改革拉开序幕　再就业工程开始实施	率先实施廉租住房制度　世博会申办成功	陈良宇事件　开展经济适用房试点
	土地批租大规模展开	统一的房地产市场体系基本形成	土地管理功能与规划局合并　世博会
促进社会和谐的本土治理	有利手段：A6, A7, A8, A10, A12, A17, A18, A19, A20, A21, A22, A23 不利方面：B2, B6, B11, B13, B14, B15, B16, B17, B18		

有利手段	不利方面
A1. 承接国家战略推进与政策激励 A2. 区域联动及"三规合一"发展模式的探索，日益注重土地集约利用、可持续发展的空间战略，强调有效资源和能源，注重城市中心功能的分担，并保障其污染整治 A3. 推进机制创新与制度配合，注重发展的引擎设计与社会经济支撑 A4. 注重环境、经济、社会等多学科综合的规划推进，世界招标、多元参与的规划设计形式，探索参与与合作的实践模式 A5. 注重吸引外部优势资源来促进住房的有效供给、社会服务体系的建设，提升住区环境和居民生活品质 A6. 政府日益增强的公共导向与可持续发展面向 A7. 开始关注地域性社会指标的考察，日益注重生态可持续技术及指标的研究应用，并寻求从政策法规界定到管理机制的全面配合 A8. 注重文化保护及文化影响力建构，注重特色文化区域的建设、历史建筑和工业遗存的保护 A9. 强调公共资源持续利用与价值延续的方法与机制探索，关注生态环境价值及其多元效应 A10. "微创手术"与渐进式小规模开发的出现，开始关注社会关系的平衡与生活格局的延续 A11. 注重发挥功能整合与土地综合效益，强化土地置换与产业结构调整的有效机制 A12. 一系列重大工程及基础设施的持续建设推进 A13. 注重管理机构的职能转型，不断加强政府责任、百姓意愿与社会评判的结合 A14. 建设、改造及治理的方式日趋多元，促进管理政策、法规界定、协同方式的不断发展进步，以消减社会矛盾 A15. 环境保护与绿地建设强调提前预防、城乡整合及体系框架的建设完善 A16. 日益增多地采取公示、举办听证会等形式，不断拓展市民参与城市环境建设与管理的渠道 A17. 注重城市阶段性发展目标，促进建立多元化的、创新型的投融资模式 A18. 注重管理机构的职能转型和方法立法，注重激励与协调的方式，日益增多的公示、专家讨论会，推进征询、反馈机制的建设 A19. 促进公共住房的供给、积极构建保障性住房体系，并开始关注公共产品和公共服务的公平配置，加强住房建设标准的设定和住房建设规划 A20. 开始强调安全问题、突发性公共事件的应急体系与长效机制的建设，建立相关信息管理技术系统 A21. 日趋注重经济发展带动就业、促进生活多样性等社会功能的能力提升 A22. 加强城市品牌建构与重大事营销，强调城市自身更新进程的助力与动力建构 A23. 开始借助非政府组织和市民的积极参与以及与政府的互动，来促进政府主导、社会协同、公众参与的社会管理格局建构	B1. 以政治经济为核心考量的开发模式与资源配置方式，造成城市用地功能隔离、交通拥挤及路网模式不合理等结构性问题 B2. 体制和机制推动经济和社会发展的潜力和活力不足，须进一步研究城市功能的转型发展模式，强化公共政策的扶持与激励，加强社会引导与政策规范 B3. 开发模式仍为以资本和权力为主导、约束机制亟待健全 B4. 市民被排除于重大项目的决策体系之外 B5. 土地利用面临资源瓶颈，土地综合效益发挥不足，环境基础设施及市政配套建设亟待推进 B6. 生态可持续技术的实践应用尚处于试验阶段，其社会契合路径亟待探索 B7. 对经济、社会等因素的考虑不够全面，缺乏人文关怀、本土特色 B8. 仍处于基础方向功能开发转型的初始阶段，还需要进一步探索土地再开发利用的模式 B9. 社会力量动员不足，开发一定程度上存在忽略社会需求和公共利益的现象，原住居民的利益未得到充分保障 B10. 改造更新模式缺乏空间肌理、本土生活的延续，地区内生活力欠缺 B11. 环境污染、高能耗和高排放问题仍未解决，并在某些方面程度加深 B12. 社会投资成果的公共共享性有待拓展 B13. 公共住房体系的建设还亟待加强，尤其在住房的可支付性、多样化，及其保障机制、准入和退出机制等方面，以及更广泛维度的可行技术标准的提供等 B14. 舒缓危机的负面性与冲击力的能力仍显不足并亟待强化，城市运行安全保障资源与联动组织尚须改进 B15. 消费导向的市场行为与城市长期发展目标实际上是矛盾的，大规模旧区改造使风貌区发展面临特色危机，而大众的城市空间在继续大众化的同时也存在边缘化、缺乏特色、阶层分异与认同危机、趋同性建设等一系列危机 B16. 社会组织的培育机制、社会利益的表达机制、公众参与的选择机制都有待进一步加强 B17. 反映社会发展状况的社会指标的理论研究与实践应用欠缺 B18. 就业、公共物品的供给等公共服务的数量和水平都还远远没有达到理想的标准，劳动力结构的两极分化、城乡发展的不均衡等深层次矛盾远未消解

注：该冲突表现集合的生成基于表 4.2、表 4.6、表 4.12、表 4.19 的联结性分析。

表 5.5　城市设计案例与社会事件主题的冲突应对的策略集合

冲突领域	有利手段	不利方面
城乡冲突	A1，A2，A3，A4，A5，A9，A11，A12，A13，A14，A15，A16，A17，A21，A22，A23，A24，A25，A26	B1，B2，B9，B10，B11，B12，B13，B14，B15，B16，B17，B19，B20，B21，B22，B23，B24
新旧冲突	A3，A4，A5，A6，A7，A8，A9，A11，A14，A15，A16，A17，A18，A21，A23，A24，A25，A26	B2，B3，B7，B8，B9，B10，B12，B15，B17，B18，B19，B20，B21，B22，B23，B24
环境及资源危机	A2，A3，A4，A5，A6，A7，A8，A9，A11，A12，A13，A14，A15，A16，A17，A19，A24	B6，B8，B9，B10，B14，B15，B19
公私冲突	A1，A2，A3，A4，A5，A7，A8，A9，A11，A13，A14，A15，A16，A17，A18，A19，A20，A21，A22，A24，A25，A26	B1，B2，B4，B5，B7，B8，B9，B10，B11，B12，B14，B15，B17，B24，B20，B21，B22，B23
全球与本土碰撞	A1，A2，A3，A4，A5，A6，A7，A9，A10，A13，A14，A15.A16，A17，A18，A19，A20，A23，A24，A25	B2，B6，B7，B8，B9，B11，B12，B14，B18，B19，B24，B20，B22，B23
策略内容	A1. 承接国家战略推进与政策激励 A2. 区域联动及创新的制度体系支撑 A3. 多学科综合、多元开放的规划设计支撑与调控 A4. 注重发展的引擎启动与实施的市场面向 A5. 土地集约使用、注重功能集聚，强化土地置换与产业结构调整的有效机制 A6. 注重文脉的延续和区域特色的形成，避免同质化 A7. "微创手术"与渐进式小规模开发，关注社会关系的平衡与生活格局的延续 A8. 通过改造措施增加公共空间，强调公共资源持续利用与价值延续的方法与机制探索 A9. 重大工程与基础设施体系的建设推进 A10. 城市形象塑造，价值理念引导 A11. 可持续的土地利用、交通、能源、废弃物及景观策略的整合发展框架 A12. 住区模式上提倡街区渗透与混合居住 A13. 关注地域性社会指标的考察，日益注重生态可持续技术及指标的研究应用，并寻求从政策法规界定到管理机制的全面配合 A14. 生态环境建设、低碳建设的价值引导与技术路径 A15. 注重管理机构的职能转型和地方立法，促进政府责任、百姓意愿与社会评判的结合 A16. 注重城市阶段性建设发展目标和分步实施战略，促进形成多元化的实施运作机制	B1. 以政治经济为核心考量的开发模式与资源配置方式，造成城市用地功能阻隔、交通拥挤及路网模式不合理等结构性问题 B2. 开发模式以资本和权力为主导，市民被排除于重大项目的决策体系之外 B3. 孤立、排斥性空间导致公共空间利用效率低下，活动空间吸引力不足 B4. "楼宇经济"下对高层建筑的形式、特色缺乏有效控制与引导 B5. 存在建筑功能转移和资源放空 B6. 空间的全球同质化，缺乏本土特色与人文关怀 B7. 改造更新模式缺乏在空间肌理、本土生活上的延续，地区内生活力欠缺 B8. 社会力量动员不足，开发一定程度上存在忽略社会需求和公共利益的现象，原住居民的利益未得到充分保障 B9. 体制和机制推动经济和社会发展的潜力和活力不足，亟须拓展城市功能的转型发展模式，明确制度法规的调节与制约，以及公共政策的扶持与激励作用 B10. 土地利用面临资源瓶颈，土地综合效益发挥不足，亟须拓展更为集约紧凑、社会包容的土地再开发利用模式 B11. 实质性的专门的统一管理机构设置上的不足 B12. 社会组织的培育机制、社会利益的表达机制、公众参与的选择机制都有待进一步加强 B13. 实际运作与现有制度和政策的不协调 B14. 生态可持续技术的实践应用处于试验阶段，社会契合路径亟待探索 B15. 社会投资成果的公共共享性有待拓展

（续表）

冲突领域	有利手段	不利方面
策略内容	A17. 日益增强的公共导向与可持续发展面向 A18. 后续利用的强调与机制建构 A19. 注重吸引外部优势资源来促进住房的有效供给、社会服务体系的建设，提升住区环境和居民生活品质 A20. 注重激励与协调的方式，公示、专家讨论会、反馈手段日趋增多，建设、改造及治理模式日趋多元 A21. 环境保护与绿地建设强调提前预防、城乡整合及体系框架的建构 A22. 注重地区整体的发展控制与空间建构的整合性 A23. 日趋注重经济发展带动就业、促进生活多样性等社会功能的能力提升 A24. 开始强调安全问题、突发性公共事件的应急体系与长效机制的建设，建立相关信息管理技术系统 A25. 促进非政府组织和市民的积极参与以及与政府的互动来促进引领利益相关者参与城市治理的新发展 A26. 促进公共住房的供给、积极构建保障性住房体系，并开始关注公共产品和公共服务的公平配置，加强住房建设标准的设定和住房建设规划	B16. 建设开发可能导致的建设限制、环境及功能集聚的现实影响 B17. 大规模推倒式重建的模式在本质上没有改变 B18. 区域整合与未来时序衔接，功能转型未来的全面推展，均有待验证 B19. 环境污染、高能耗和高排放问题仍未解决，并在某些方面程度加深，亟须加强节能减排、强化环境污染防控与危机应急 B20. 舒缓危机的负面性与冲击力的能力仍显不足并亟待强化，城市运行安全管理的保障资源与联动组织尚需改进 B21. 存在边缘化、缺乏特色、阶层分异与认同、趋利性建设等一系列社会空间发展危机，亟须借助更为多元而整合的空间再构力量，激活文化资源，增强文化发展的能量 B22. 反映社会发展状况的社会指标的理论研究与实践应用欠缺 B23. 就业、公共物品的供给等公共服务的数量和水平都远未达到理想标准，劳动力结构的两极分化、城乡发展的不均衡等深层次矛盾远未消解 B24. 公共住房体系的建设亟待加强，尤其是住房的可支付性、多样化及其保障机制、准入和退出机制、更广泛维度的可行技术标准的提供等

注：该策略集合的生成基于表 5.2 与表 5.4 的联结性分析，进行了策略综合与提炼。

上海城市空间可持续发展建构的冲突审视

上海城市空间的发展囊括了多方利益主体，并外现于特定时期城市发展过程中的角色与行为特征；其城市空间的可持续发展建构，既受到人与自然、价值冲突、贫穷与消费效率及公平等影响可持续发展建构的根源性冲突的影响，也置身于中国城市设计建构总括式的冲突境遇之中。政府、商业利益群体、民众等多元话语与不同立场之间，在可持续面向的城市空间发展模式上的认知、取向、行动、相互作用等方面存在一定的差异与矛盾。在21世纪城市发展面临严峻挑战、城市可持续建构面临现实困境与冲突激发、城市设计理论与实践也面临变革诉求的转型时期，可以发现，1990年以来上海城市空间可持续发展建构所面临的冲突，呈现出与以往不同的特点。

第一，冲突的内容日趋广泛而多样，呈现围绕资源、权力、资本、利益、文化等冲突要素的全面铺设。这实际也构成了1990年以来上海城市建成区向外扩展、内部空间重组的动力所在——促进土地制度的改革，引发住区模式的转变，形成城市建设的需求和导向等。

第二，尽管局部领域的冲突得以逐步缓解，但总体而言，冲突的规模越来越大，强度越来越激烈，社会震荡性日趋明显，如城市拆迁、重大事件、安全危机等。

第三，冲突主体日趋新型而多元。其根源在于日趋复杂的国际国内形势下，公权扩张、资源竞争、布局冲突、社会阶层分化等多元冲突聚合所激发形成的各自独立又相互关联的利益形态与行动格局。

第四，冲突的原因日趋复杂，体现为空间、技术、行动及制度等多维度社会建构下的机制衍生与动态变化。

冲突界定的标准不同，分类类型也不一样。聚焦上海城市空间可持续发展建构的五大冲突领域，考察实践案例所导向的冲突发生发展的特征与强度等形成综观认知，并作为策略导向和对策研究的基础分析内容。通过分析可以发现，五大冲突领域在不同阶段都具有明显的发展特征与典型的冲突表现（表5.6），而这五个冲突领域在本质上，则是随着持续发展的时间迁移，以相互作用和突现的方式，互为条件、交织渗透，表现为不同阶段的发展特征与典型的冲突外现，进而从整体上呈现为面向城市空间可持续发展建构的一种阻抗与适应的辩证运动，凸显冲突平衡和转换的实践效应与现实意义。

表5.6　上海城市空间可持续发展建构的五个冲突领域及其特征表现

冲突领域	阶段1（1990—1998）	阶段2（1999—2005）	阶段3（2005—2011）	编号	因素构成	阶段1 第三部分	阶段1 第四部分	阶段1 合计	阶段2 第三部分	阶段2 第四部分	阶段2 合计	阶段3 第三部分	阶段3 第四部分	阶段3 合计
城乡冲突	较为严重：城市高速发展时期城市用地向乡村急剧扩张，社会矛盾激化	严重：开始倡导城乡统筹、协调发展，推进生态新城建设，但实效仍不明显，而城乡收入差距急剧扩大，农民低收入	有所缓解：新的理念与政策支撑，新区建设及效逐渐明显，但消除城乡二元结构仍面临严峻形势	1	城乡争地	1	3	4	2	3	5	1	3	4
				2	规划管理及政策差异	1	2	3	2	3	5	2	1	3
				3	交通模式与交通问题	1	3	4	2	2	4	2	—	2
				4	收入及社会服务差异	1	3	4	1	3	4	—	2	2
总体	凸显城乡二元结构，影响社会结构转型，以及生活方式与就业方式				冲突总强度			15			18			11
新旧冲突	较为明显：大规模的推倒重建，原住民置换无语权重建，并突发异地安置语权，同时破坏了大量的历史建筑和历史街区	严重，部分激化：标开始更多地与文化、生态及社会需求相结合，但总体上仍存在资金筹措、法规限定、机制运作等多个薄弱环节，导致部分冲突激化，如拆迁安置等导致局部突激化，开始出现暴力事件	日趋消减，但大规模推倒式建设没有改变，部分变为更为多元，冲突更为多元，激化。《物权法》、一系列保障条例、实施意见开始发挥实效，上海世博会建设实践的促进，但社会分化、利益冲突等导致局部冲突激化	5	城市年轮的断裂	1	3	4	3	3	6	1	2	3
				6	空间的极化生产	2	2	4	4	3	7	3	3	6
				7	场所社会性的遗失	2	2	4	5	3	8	3	3	6
				8	公共空间的"失落"	1	2	3	3	—	3	1	—	1
总体	城市物质空间、文脉、传统、社会结构受到破坏与冲击				冲突总强度			15			24			16
环境及资源危机	较为明显，尤其这一时期的环境综合整治工程并未能有效改变污染情况	环境质量大大改善，但能源约束与高消耗模式已走到尽头，面临生态环境、资源、能源使用的多重危机；连续推进"环保三年行动计划"和绿化系统建设，型构滨水生活空间	环境提升：城市功能转型、法规日益健全，"低碳"、创新的发展理念，但突发性、危害严重的冲突类型增多，整体约束趋缓	9	城市生态失衡	—	1	1	2	2	4	2	2	4
				10	环境污染严重	2	2	4	2	3	5	2	2	4
				11	能源约束与高消耗	3	4	7	4	4	8	3	4	7
				12	设施建设与管理薄弱	—	4	4	3	2	5	1	1	2

（续表）

冲突领域	冲突发展的主要特征 阶段1（1990—1998）	阶段2（1999—2005）	阶段3（2005—2011）	编号	因素构成	阶段1 第三部分	阶段1 第四部分	阶段1 合计	阶段2 第三部分	阶段2 第四部分	阶段2 合计	阶段3 第三部分	阶段3 第四部分	阶段3 合计
总体	体现为能源、资源、环境、技术及制度等多重领域发展上面临严重瓶颈				冲突总体强度			10			21			17
公私冲突	未显现：政治力主导；资本作用强势；住房实物分配；市场化刚起步；市民权利意识仍比较单薄	激化凸显：住房制度发生了根本性的变革；出现公权扩张与滥用、公私利益开始失衡；重大项目中存在公共利益被侵占的现象；而同时期市民的权利保护意识大大加强	公私问题开始得到重视，但问题更加多元，并具社会震荡性；利益冲突及社会分化日趋严重，而市民仍被排除于重大项目的决策体系之外，公共保障体系亟待健全，制度体系亟待健全	13	公权的扩张与滥用	—	3	3	3	4	7	3	2	5
				14	公私关系的失衡	1	2	3	2	3	5	3	1	4
				15	"空间正义"的缺失	2	4	6	3	4	7	3	2	5
				16	住房保障及公共服务不健全	1	3	4	2	3	5	1	1	2
总体	主要激化于权力表现，利益与资源分配，以及公共政策体系的建构				冲突总体强度			16			24			16
全球与本土碰撞	不明显：源于这一阶段的总体利益和全球资本的利益一致	明显扩张与加剧：源于经济社会转型的大背景下，资本、市场、稀缺资源竞争不断加剧，也面临生态危机及冲突的全球联动，以及经济、社会、文化多方面的激烈碰撞	处于世界经济格局大调整和自身格局大调整和自身利益	17	空间极度"资本化"	2	2	4	3	4	7	3	3	6
				18	城市空间趋同质	1	2	3	3	3	6	3	3	6
				19	重大事件的触媒效应	1	1	2	2	2	4	2	3	5
				20	全球化视域下的治理模式变革	1	1	2	2	2	4	2	3	5
总体	本土空间、文化、治理模式均受影响，而本土事态也极易迅速传播，形成全球联动				冲突总体强度			11			21			22

注：(1) 该冲突表现集的生成基于表5.2与表5.4的联结性分析。
(2) 表中20个单项冲突程度的赋值为：高（6~7）；中（4~5）；低（1~3）；总体冲突程度的统计值为10~24，5个数值为一级，因而强度分区确定为：低（10~14）；中（15~19）；高（20~24）。

可持续城市设计本土策略体系的主要内容

当我们在"冲突"建构的视野下，对上海1990年以来的三个主要发展阶段的冲突特征与强度作出分析总结，将两个策略维度的研究内容进行耦合分析，生成策略集合，则可以从中提炼核心导向、对策体系、导则建议，共同形成可持续城市设计策略体系的主要内容，主要涵盖两个层面的策略内容（图5.6）。

第一，可持续城市设计策略"总体导向"部分内容，所形成的回应策略建构的主要面向及目标架构。基于对两个维度策略导向的汇总考察，聚焦形成以下五个策略导向：技术适宜导向、公共优先导向、健康安全导向、决策统筹导向、方法创新导向。

第二，提出可持续城市设计策略的"对策体系"及其面向实施具体化的"导则建议"，探索策略协调冲突话语与角色、应对五大冲突领域的实践途径，进而多维渗透地作用于全球化背景下的本土城市空间的可持续发展建构。其中，对策体系包括"设计原则、程序结构、政策法规、行动机制"这四个相互关联的对策方面。正是在四者的系统综合和互动实践中，城市空间的可持续发展建构得以促进和践行。四个对策方面又可以细化为三十二项具体化的上海可持续城市设计策略实施导则建议（图5.7）。

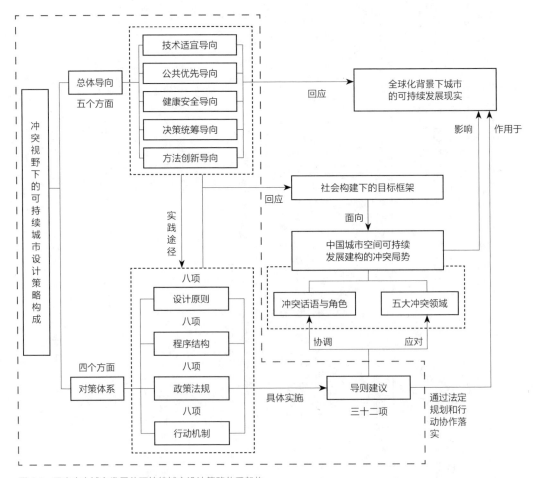

图 5.6　回应本土城市发展的可持续城市设计策略体系架构

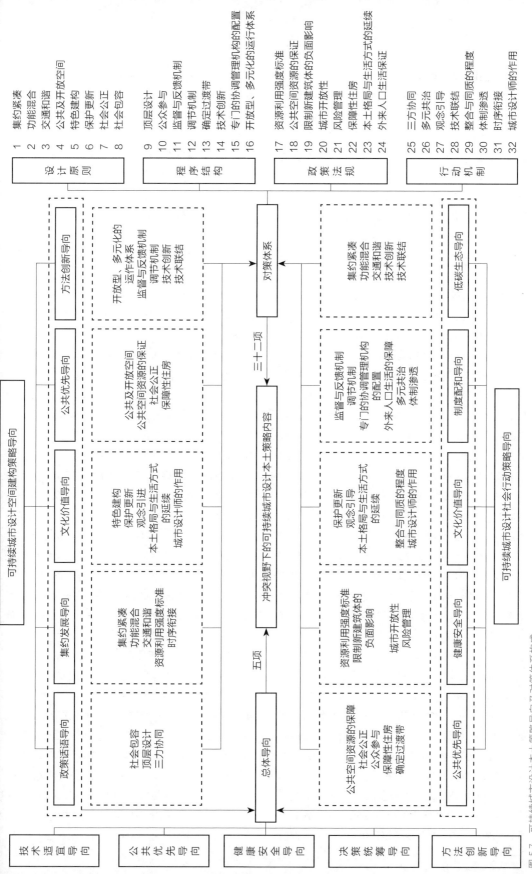

图 5.7 可持续城市设计本土策略导向及对策体系构成

设计原则

1 集约紧凑
2 功能混合
3 交通和谐
4 公共及开放空间
5 特色建构
6 保护更新
7 社会公正
8 社会包容

程序结构

9 顶层设计
10 公众参与
11 监督与反馈机制
12 调节机制
13 确定过渡带
14 技术创新
15 专门的协调管理机构的配置
16 开放型、多元化的运行体系

政策法规

17 资源利用强度标准
18 公共空间资源的保证
19 限制新建筑体的负面影响
20 城市风险管理
21 风险管理
22 保障性住房
23 本土格局与生活方式的延续
24 外来人口生活保证

行动机制

25 三方协同
26 多元共治
27 观念引导
28 技术联结
29 整合与同质的程度
30 体制渗透
31 时序衔接
32 城市设计师的作用

可持续城市设计空间建构策略导向

政策话语导向
集约发展导向
文化价值导向
公共优先导向
方法创新导向

对策体系

开放型、多元化的
运行体系
监督与反馈机制
调节机制
技术创新
技术联结

集约紧凑
功能混合
交通和谐
技术创新
技术联结

方法创新导向：开放型、多元化的运行体系 监督与反馈机制 调节机制 技术创新 技术联结

公共优先导向：公共及开放空间 公共空间资源的保证 社会公正 保障性住房

文化价值导向：特色建构 保护更新 观念引导 本土格局与生活方式的延续 城市设计师的作用

集约发展导向：集约紧凑 功能混合 交通和谐 资源利用强度标准 时序衔接

政策话语导向：社会包容 顶层设计 三方协同 公众参与 保障性住房 确定过渡带

三十二项

冲突视野下的可持续城市设计本土策略内容

五项

总体导向

监督与反馈机制
调节机制
专门的协调管理机构
的配置
外来人口生活方式的保障
多元共治
体制渗透

保护更新
观念引导
本土格局与生活方式
的延续
整合与同质的程度
城市设计师的作用

资源利用强度标准
限制新建筑体的
负面影响
城市开放性
风险管理

公共空间资源的保障
社会公正
公众参与
保障性住房
确定过渡带

可持续城市设计社会行动策略导向

低碳生态导向
制度配和导向
文化价值导向
健康安全导向
公共优先导向

技术适宜导向
公共优先导向
健康安全导向
决策统筹导向
方法创新导向

策略建构的总体导向

第一，技术适宜导向。涵构了实证研究中集约发展、低碳生态、文化价值的多元导向。总结来看，与上海当前城市与社会发展相关联的，其核心观点可以提炼为以下几点：①重视软技术、发展适宜技术、试点新技术，创造需求和供应相互调节的机会，促进多样化的技术战略实施，促进技术创新与联结；②强调集约紧凑、功能混合、交通和谐，可具体落实于加密路网、缩小路幅，减小城市设计尺度，居住与无污染办公企业的混合、保障房与商品房的混合，增加覆盖率，放宽朝向，保持或适当增加居住密度等一系列举措；③强调特色建构、保护更新、观念引导，以及本土格局与生活方式延续等多元领域的建构；④强调城市设计师作用的发挥，在上述策略建构和实践的过程中，城市设计师不再以一种完全中立的立场进行城市未来发展的设计与筹划，更为直接地参与了互动的社会过程，并借助控制、引导、协商、沟通等多种行动方式，对实际需要和问题做出回应；⑤重视时序衔接及各要素整合与同质的程度，促进可持续建构内生活力的激发及发展机会的整合。

第二，公共优先导向。覆盖了空间建构与社会发展的双重意涵：①公共空间与基础设施优先。保证滨水、沿绿的开放空间建构；同时，鼓励半公共空间的界定与使用；强调交通和基础设施的优先和重点发展。②公共空间资源的保证。强调公共设施的布局保障不被推诿，从促进减少高层住宅落影对街道影响、对风环境影响进行控制等方面加强，推进专家评审与领导决策、公众喜好与专业引领的融合等。③促进社会公正。一方面体现于公共交通设施建设、公共性界面的保障等物质性层面，更多地则体现于加强公共服务，注重不同性质和层次的社会公共服务网络的建设，促进公共物品供给的平衡，关注低收入家庭、外来务工者、繁重体力劳动者及弱势群体等更趋社会层面的考量。④结合可持续思想理念的教育和宣传，强化社会行动与举措中利益与责任的边界，促进中国式公众参与的现实可能。⑤保障性住房的建设构成公共优先的重要建构内容，其可持续城市设计建构相关的关键内容涉及保障性住房建设比例的保证、准入及退出机制，保障房建设的社会覆盖面，新技术、新材料的应用，以及促进多元化的建设投资模式等多个重要方面。

第三，健康安全导向。关涉资源利用强度、新建建筑的负面影响考量、城市开放性、风险管理等关联健康安全维度的技术方面。需要强调的是，健康安全，不仅仅是使用者自身的健康与安全问题，更多地涉及服务者健康、周边公众健康、对城市健康系统的贡献、新建建筑的影响、环境与社会安全等。例如，当前对于老龄化问题的关注与考量，对地震、火灾、风灾、水灾、疫情等在设计上进行防灾思考等，都属于这一导向城市设计建构的范畴。

第四，决策统筹导向。决策统筹导向兼有政策话语和制度配合的双重建构。其建构语境一方面越来越多地朝向社会包容、关注外来人口生活的保障，同时也突现出顶层设计的重要性与导向性，以及在此基础上可能推展的三力协同格局；监督与反馈、调节机制是其中的重要构成，此外配置专门的协调管理机构、促进多元共治和体制渗透等也构成了制度配合的重要领域。以下视角则值得在决策统筹来重点建构：①方式上，强调从效率向质量过渡，从效率向公平过渡，强调依靠基层政府、引进第三方机构、邀请人民调解员的公众参与方式；②机制上，强调两级政府三级管理下的决策、运行、实施等，推进商业投标机制向专业竞赛机制的过渡，推进行政决策、市场开发、专业监督、民意反馈四位一体的模式。

第五，方法创新导向。开放型、多元化的运行体系，富有可操作性的调节与反馈机制，技术创新与技术联结等构成了其中的重要内容，保障从理想建构到实践落实的冲突平衡过程的关键所在。其间具体化的城市设计技术方法与体系框架的建构可以有以下思路建议：①强化城市设计的工具作用，促使其成为法定环节；②加强专业委员会的话语权，增加社会公众的参与力；③加强技术规范，强调随着城市与社会发展进行动态更新；④具体运作方式上，与可持续发展导向紧密结合，如在当前环评、交评的基础上，发展"可评"；⑤注重设计引导和具体化技术举措落实，如限制大规模成片开发，以及避免单个设计单位设计一大片等，具体化地保证本土城市空间的多样化、功能的多元化建构。

"四位一体"的对策体系

"可持续城市设计本土策略"自身必须兼具本土意义的内在价值与外在施动，即形成可持续城市设计本土策略的实践对策。在此认知基础上，结合理论考察及实证耦合分析，涵盖"设计原则、程序结构、政策法规、行动机制"的"四位一体"的联动对策体系得以提出：前三者分别作为目标、过程及决策驱动因素，构成一种内在机制，是策略建构的实现途径；行动机制作为联结驱动因素，体现为一种关联和衍生系统，是策略建构的联动途径。究其本质而言，这四个方面不仅是可持续城市设计运行的组成部分，也型构了城市运行的重要动力。在具体维度上，这四个方面又是相互支持、相互促进的，甚至在某些层面是相互交织、互为条件的（图5.8）。对策体系所内含的导则指向则是基于表5.2与表5.3的联结性分析耦合生成。

具体而言，设计原则作为策略建构的目标驱动因素，借助"集约紧凑、功能混合、交通和谐、公共及开放空间建构、特色建构、保护更新、社会公正、社会包容"八个维度的统合建构，来缩减和消

解冲突、保证平衡内容。设计原则呈现为一种朝向可持续发展建构的经验图式与技能储备，可以十分紧密地与当前我国城市设计体系相链接，也是策略内容最为直接和外显的体现；程序结构作为策略建构的过程驱动因素，强调"顶层设计、公众参与、反馈机制、确定过渡带、技术创新、开放型和多元化的运行体系、专门的协调管理机构的配置、政策法规"八个领域的机制促进，来稳定和融合冲突，确保平衡过程。作为一种本质性、结构性的建构，合理的程序结构有利于促进理想建构与现实轨迹、实践评估的转换，影响创新维度与溢出效应，并需要体系内其他主题的有效支撑与紧密配合，而这一对策内容也能够或正面或负面地全面影响其他所有主题可持续性的建构可能；政策法规作为策略建构的决策驱动因素，则构成落实宏观调控指向、立法责任、社会保障、促成良性互动和长效机制建设的重要渠道。

结合前文对于上海的实证研究，本书侧重以下八个方面政策法规的调控引导：资源利用强度标准、公共空间资源的保证、限制新建筑物的负面影响、城市开放性、风险管理、保障性住房、本土格局与生活方式的延续、外来人口生活保证，以限定和监控冲突、确定平衡边界；行动机制作为策略建构的联结驱动因素，更加注重开放性和动态性，注重多元主体的协同合作、多专业的设计协调及组织管理、多重决策的参与推进进程，促成个我取向与公共权衡的预设平衡、技术创新与制度融合的机制平衡，社会合作与内涵整合的秩序平衡的多元行动格局，来朝向一种共同社会行动的合力体现，达成一种可想象的行动体系的稳定联结、持续推进。相应地，本书提出借助"三力协同、多元共治、观念引导、技术联结、考察整合与同质的程度、体制渗透、时序衔接、城市设计师的作用"八种场域的关联互动，以疏导和化解冲突，保障平衡效应。

在四者的系统综合和互动实践中，城市空间的可持续发展建构得以促进和践行。需要强调的是其中可负担的、可联结的、可根植的本土策略核心特征的体现与冲突求解的线索贯穿，进而促进本土可

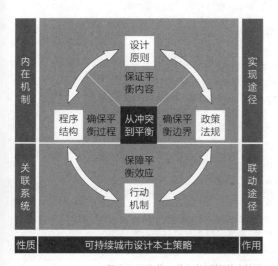

图 5.8 "四位一体"的对策联动关系

持续城市设计的实践转向。

其一，从替代型向适宜型转变：将片面强调政治、美学、经济考量，呈现为一种粗糙的替代型的设计取向，转变为综合考量自然、环境和社会的多方面因素的本土适宜型设计。

其二，从管束型向联结型转变：从固有的"自上而下"的决策方式，向更加注重多因素共存互动，注重协调人们的行为模式、培育城市自身成长机制的联结型决策方式转变。

其三，从机械型向关系型转变：从面向某一项目而进行的短暂性设计、过于偏重空间的物质形态与功能安排、制度依据性不强，因而无法对当代城市问题做出有力回答，从而本质上呈现为一种"机械型"的设计倾向，转变为把握统筹策划、社会选择和动态协调的过程，强调以可持续发展为主线、面向社会实际问题、融合制度条件的"关系型"建构取向。

策略实施的导则建议

以上述对策体系为基本架构，每个对策方面又细分为八项导则指向，共计三十二项。以此为骨架，上海可持续城市设计本土策略实施具体化的导则建议进一步形成。每个导则指向在此都进行了简要解析（表5.7）；在逐项细化的基础上，对于上述五个冲突领域的应对效应进行了预设评价（表5.8）。

表 5.7　上海可持续城市设计本土策略实施的导则建议

对策	编号	导则建议		实证研究中冲突应对的策略集合关系项
		导则指向	包含的关键词或子集，导则建构内涵	
设计原则	1	集约紧凑	强调对农村地域的保持性开发，控制原生态绿地的开发节奏，促进土地的再开发利用；综合考量大地的褶皱、自然的脉络、已建用地的肌理分布等因素，而非盲目追求紧凑	A5, A11, A22, B10
	2	功能混合	以小尺度街区、土地的重叠使用和多功能开发为特征；促进各种场所和设施的可达性，减少对机动交通服务的需求，创造生动活跃的公共空间环境，有利于加强土地利用的灵活性与多样性，促进居民阶层属性的多样化和城市生活多样性	A5, A12, A14, B1
	3	交通和谐	提倡密集路网；形成以公共交通、自行车以及步行为主导的出行方式；设计汽车在城市中合理的通行方式，限制私人机动车使用的无限扩张	A9, A11, A14, A22, B1, B19
	4	公共及开放空间	自行车、步行空间的设定与联系；街坊小区界面的开放；滨水空间的开放	A8, A11, A17, B3
	5	特色建构	更加强调人的精神需要，以追求适合于人居住的城市空间和环境品质为发展目标。在设计上从历史的、区域的宏观角度把握城市空间发展的脉络和方向，明确城市定位，通过各个发展阶段特色的彰显、优势的发掘，为确定城市空间发展的整体框架和塑造城市内部空间环境提供依据，城市肌理、建筑特色、地域文化、传统习俗都是需要关注的重要维度	A6, A10, B6, B21
	6	保护更新	强调文脉的延续，考虑到城市片段的并存，建立保护和更新理念，注重新旧混合和旧建筑的再利用以及对已建成环境的维护，促进传统文化和传统技术的传承，保证本土固有社区结构的稳定等。一种渐进式的、小规模的保护更新模式，更有利于上述目标精致地、全面地实现	A7, A10, B17, B21
	7	社会公正	公交站点的预留，交通方式的便捷衔接；公共绿地的公共性；防止沿街界面被挤占；公共道路不被"小区化"；建设成本与利益的公平分配；城市公共资源的公正配置；社会影响的评价	A8, A13, A15, A17, A26, B2, B8, B12, B15, B17, B22

（续表）

对策	编号	导则建议		实证研究中冲突应对的策略集合关系项
		导则指向	包含的关键词或子集，导则建构内涵	
设计原则	8	社会包容	本土的多元文化与生活特质，创建多样化的经济实体和提供多层次的就业发展机会，尊重社会和社会生活的多样性，鼓励不同房屋类型、建设和供应模式，各类住房混合布局，职住平衡	A3、A6、A12、B2、B7、B10、B12、B14、B17、B22
程序结构	9	顶层设计	在一种兼具基本公式与足够动力的条件下，突破政治经济考量，注重社会公平、自然生态	A1、A9、A15、A22、A23、B1、B21、B9、B17
	10	公众参与	公众参与从制度上有效保障了公众的话语权与平等，是可持续城市设计本土策略实践链接的重要手段。而当前公众参与在程序结构上的重要体现——竞标模式、专家评审、公示讨论等，都亟须进一步透明、开放与深化	A16、A17、A20、A25、B2、B9、B12
	11	监督与反馈机制	后发展阶段的衔接与促进，动态的监督与评测，社会学的微观考察路径	A13、A17、A18、A20、A25、B11、B13、B16
	12	调节机制	激励或处罚的政策，指标体系，资源管理，协商与沟通，教育与培训	A13、A18、A20、A25、B9、B11、B16、B20
	13	确定过渡带	明晰公共、私有与半公共之间领域的界限，有利于界定公共及开放空间的领域边界，提升资源利用和配置效率，促进公私权力的制衡和明确利益关系。这些关键问题的解决，可有效保障社会公正、促进社会整合和减少社会排斥	A7、A8、B3、B5
	14	技术创新	技术创新是当代国家与地区的主要动力之一。强调一种"社会技术"的创新：充分结合地域条件和环境特征，推进适宜技术的应用，完善可持续技术评价的必要条件，促进制度本土化的有效运作等	A2、A3、A13、A14、A24、B10、B14、B19、B20、B22、B24
	15	专门的协调管理机构的配置	对于重大项目和创新实践作用尤其关键	A4、A15、A16、B11
	16	开放型、多元化的运行体系	子集面向：过程组织方式（如公众参与的结合与渗透、合作推进的模式）；动态的反馈与调节；多元主体参与、城市规划二级管理模式、技术推进、政策激活、实施工具的部署等方面	A3、A17、A20、A25、B2、B9、B18
政策法规	17	资源利用强度标准	子集面向：梯级电价、水价、容积率、密度、高度、低环境影响和可持续产业的比重、可再生能源的利用、垃圾回收利用	对于冲突的影响可以分为控制型和协调型两类。其中，控制型内容面向资源、利益、文化、生活质量等对城市整体性、延续性起关键作用的冲突诱发因素；协调型内容则面向城市个性、社会环境、人们的生活方式，以及开放性、多样性等良好特性的建构，是促进城市空间可持续发展建构内涵提升、社会保障的重要内容
				A5、A13、A21、B3、B4、B5、B10、B19
	18	公共空间资源的保证	子集面向：住房、公共设施的布局保障不被推诿、高层住宅落影对街道影响的减少、控制风环境影响、公共服务网络、道路、河流、景观	A9、A13、A17、A21、A26、B3、B15
	19	限制新建筑体的负面影响	子集面向：安全、阳光、通风、视线、文化景观	A6、A8、A13、A24、B4、B5、B16
	20	城市开放性	子集面向：公共空间、可达性、连通性、限大、路网梯度、本地生物多样性	A8、A21、B1、B3
	21	风险管理	子集面向：避难场所、环评标准、安全管理、联动平台、资源利用模式	A18、A21、A24、B4、B16、B19、B20
	22	保障性住房	子集面向：建设比例的保证，如规定廉租房、经济适用房和中低价位、中小套型普通商品住房建设用地的供应比例，平衡建设总量，准入及退出机制，社会覆盖面，新技术、新材料的应用，多元化的建设投资模式	A19、A26、B8、B15、B23、B24
	23	本土格局与生活方式的延续	子集面向：现有文化传统和空间肌理的保有、社会网络、回迁模式、原住民的比例	A6、A7、B6、B7
	24	外来人口生活保证	生活保障标准、教育、培训和提供技能、城市与农村的联系	A19、A22、B15、B23

（续表）

对策	编号	导则建议		实证研究中冲突应对的策略集合关系项
		导则指向	包含的关键词或子集，导则建构内涵	
行动机制	25	三力协同	政策力、市场力、社会力是当今社会发展和城市运行中三股重要的力量，其协同作用是行动机制作用的动力根源，共享可持续性策略和长期协同行动应成为决策共识。其中政策力构成以政府意志为主导、公共投资为主体、以追求城市品质为目标的城市发展的牵引力；市场力构成以多元利益集团投资为主导、以追求经济回报为目标的城市发展的驱动力；社会力则构成以城市居民的需求为导向、以追求生活便利、舒适为目标的城市发展的推动力	A15, A16, A25, B2, B21, B23
	26	多元共治	注重城市发展的实施机制中社会因素的考量，加强社会组织的培育及参与机制，提升自我动员及有序表达，注重公众的反响和反映，而非以上层权力和利益考核为导向，强调政府职能的转变、管理体系的创新	A15, A16, A20, A25, B2, B12, B15
行动机制	27	观念引导	借助设计内容及政策法规促进形成公平的社会机制，在现实世界中保障更多数人的利益、促进人们正当利益的满足，激发更为广泛的社会责任感，促进一种更趋合理的主导价值观的建立；注重将文化传承及人文关怀、绿色低碳、协同发展等先进理念逐步融合进城市的发展思路之中，为城市选择和未来发展方向加入新的助推力	A10, A11, A14, A17, B17, B21
	28	技术联结	行动者的技术取向；创造需求和供应相互调节的机会，促进多样化的技术战略；技术和社会协同发展；技术与社会的互动	A3, A4, A5, A6, AII, B9, B13, B14, B22
	29	整合与同质的程度	整合的程度：主要对各种力量产生影响，并依赖于被整合的价值及冲突因素及其之间的相互作用，对变化的实际过程和未来的行动模式施加决定性的影响；同质的程度：体现为一种结果的累积和认知的广度与宽度，从而在具体行动和实践过程中会导致策略建构不同的重要性、不同的影响力，联系的广泛性与紧密性也将有所不同	A2, A3, A5, A6, A11, A22, B12, B15, B18
	30	体制渗透	与现有制度体系、政策法规及管理体系等的衔接与结合，多层次的规划设计支撑；行动体系要有效发挥作用，还必须与现实机制关联结合。与现有政策及管理体系的衔接与结合，多层次的规划设计支撑，以及程序结构上的综合安排，都是体制渗透的重要途径	A1, A2, A13, A16, A18, B9, B11, B12, B13, B18, B23, R24
	31	时序衔接	时间和空间的双重维度，强调城市与自然、城市局部与整体、城市内部空间环境与外部影响因素之间的关系的协调；阶段行动与长远格局	A4, A5, A16, A18, B16, B18
	32	城市设计师的作用	对城市的定位与发展背景进行更广阔的分析，把握关键而有效的冲突应对因素，制定明确的准则和标准；应政治地思考问题和参与行动，对权力关系、相互竞争的需求和利益以及政治经济结构的背景进行明确的评价；更多地关注和利用适宜技术、促进保护更新，强调收益和协同的框架和工具的有效的社会选择方法的形成	A3, A6, A7, A11, A14, A20, A25, B3, B4, B6, B7, B10, B14, B21, B22, B24

表 5.8 上海可持续城市设计本土策略实施导则冲突应对的预设评价

对策	编号	导则指向	契合总体导向	回应冲突领域				
				城乡冲突	新旧冲突	环境及资源危机	公私冲突	全球与本土碰撞
设计原则	1	集约紧凑	1	√	√	√	√	—
	2	功能混合	1,3	√	√	√	√	√
	3	交通和谐	1,2,3	√	√	√	√	√
	4	公共及开放空间	1,2,3	√	√	√	√	√
	5	特色建构	1,5	—	√	√	√	√
	6	保护更新	1,5	—	√	√	√	√
	7	社会公正	2,4	√	√	√	√	√
	8	社会包容	1,4	√	√	√	√	√
程序结构	1	顶层设计	4	√	√	√	√	√
	2	公众参与	2,4	√	√	√	√	√
	3	监督与反馈机制	4,5	√	√	√	√	√
	4	调节机制	4,5	√	√	√	√	√
	5	确定过渡带	2	√	√	—	√	√
	6	技术创新	1,3,5	√	√	√	√	√
	7	专门的协调管理机构的配置	4	√	√	√	√	√
	8	开放型、多元化的运行体系	5	√	√	√	√	√
政策法规	1	资源利用强度标准	1,3		√	√	√	√
	2	公共空间资源的保证	2,4	√	√	√	√	√
	3	限制新建筑体的负面影响	3		√	√	√	√
	4	城市开放性	3	√	√	√	√	√
	5	风险管理	3,4	√	√	√	√	√
	6	保障性住房	2	√	√	—	√	√
	7	本土格局与生活方式的延续	1	—	√	√	√	√
	8	外来人口生活保证	4	√	√	√	√	√
行动机制	1	三力协同	4	√	√	√	√	√
	2	多元共治	4	√	√	—	√	√
	3	观念引导	1,4	√	√	√	√	√
	4	技术联结	1,5	√	√	√	√	√
	5	整合与同质的程度	1,5	√	√	√	√	√
	6	体制渗透	4	√	√	√	√	√
	7	时序衔接	1,4	√	√	√	√	—
	8	城市设计师的作用	1,2,3,5	√	√	√	√	√

注：契合总体导向一栏，1代表技术适宜导向、2代表公共优先导向、3代表健康安全导向、4代表决策统筹导向、5代表方法
创新导向。

研究创新的价值与后续计划

本书以可持续发展理论为基石，以社会学及其相关理论为引鉴，试图借助冲突主义的立场联结以及本土建构的线索贯穿，拓展研究视域、突破专业束缚，探索冲突视野下可持续城市设计本土策略的理论体系与实践机制，促成城市空间可持续发展建构"从冲突到平衡"的现实性转化，达成冲突的消减或消解，并试图在以下三个主要方面得出有益的结论。

其一，系统梳理冲突视野下可持续城市设计的相关理论与重要实践成果，初步建构可持续城市设计本土策略的理论体系，探讨其概念框架及发展导向。当前中国城市设计的理论与实践发展亟须突破"物质性"和"纯技术"的领域，结合深层次的认识论及社会政经学等学科领域，来更具"情境性"地进行一种"本土化"的整体建构，探寻更趋适宜的可持续建构的策略应答。冲突视野下的"可持续城市设计本土策略"，恰恰回应了这样一种未来导向的现实轨迹，有利于社会、经济、环境与政治等各种因素在创造性空间中共同运作，从而促使城市未来的发展呈现出无限丰富的可能性。米歇尔·福柯的话极富启示性，"我们必须抗拒审视巨型的客体社会和其他巨大的整体性之诱惑，我们同时也要避免这些诱惑所埋下的普遍架构和系统陷阱"。以此为警示，当我们将"可持续城市设计本土策略"作为一个整合性概念模型，并过滤其核心目标以形成理论预期的同时，还必须强调充分认识我国国情、创新思维与方法，促进形成冲突应对的路径指引与实践考察，从而形成更具现实意义和更广阔范围内的策略覆盖与践行。对于可持续城市设计本土策略实践机制的分析，本书侧重以下三点：①策略实践的联系方式，指在与具体的实践对象相联系时，可以借助什么进行联结，使其协调运行、有效发挥作用；②策略实践的发生过程，指向上述联系方式在实践过程中所表现出的主要特征与内在联系；③策略实践的动态适应，本质上考察的是具体行动途径的存在条件与变革导向，以此增强实践情境下设计建构的适应性与灵活性。

其二，联结冲突主义的理论、方法及应用立场，分析当前中国城市可持续空间建构面临的冲突情境与要素激发，探索社会建构机制过滤下的可持续城市设计整合性的本土策略建构框架。将视线转至转型期的中国社会，可以清晰地发现，其政治、经济体制及社会生态都具有强烈的自身特性；而城市空间发展与建设形态也呈现出多种冲突问题，有的矛盾甚至已经非常尖锐，显露出各种利益的消长、交割和冲撞，对城市与社会的良性发展构成了不利影响，并大多具有非零和的特点。本书关注可持续语境下不同利益主体的观念与行为映射，针对城市空间可持续发展建构所面临的主要冲突领域展开实践分析，并借助社会建构的视点启发与价值提炼，综合考察其诱发因素、发展特点及应对方法。

其三，结合当前中国的具体国情、当代社会的价值选择及城市政治经济发展路径在物质空间中的现实投影。以上海为例，具体考察冲突的构成、形成原因及作用机制，借助实践研究的分析路径与机制耦合，促进生成冲突视野下的可持续城市设计本土策略对策及实施建议。需要指出的是，通过建构分析的方法形成可持续城市设计本土策略的基本框架，在本质上反应的是一种"自上而下"的研究结构，这种以具有先验性的理论结论为主导的方式，容易存在演绎上的不够深入、缺乏精密。而聚焦一定地域并选取代表性样本进行阐释，则有利于借助于城市空间建构的社会、历史、背景的嵌入式分析，以一种"自下而上"研究方式的反映与配合，丰富研究的基本假设和策略建构。这也是本书以上海作为实证进行研究的重要原因。

作为理论研究的创新价值可以概括为以下三点。

第一，关于研究对象与视角。"可持续城市设计"是 21 世纪城市所面临的诸多挑战和压力下的必然产物，指明了城市设计理论与实践拓展的未来方向。然而，我国与其相关的理论与实践研究仍处于探索和起步阶段，还没有形成相对较为系统的研究方法与成果内容。尤其缺少将其与我国现实的可持续发展困境与冲突境遇密切关联在一起进行的综合研究与考察。以一种"冲突"楔入的分析视角，强调"本土策略"建构的线索贯穿，面向上海城市空间可持续建构所面临的五个冲突领域，综合考查本土城市设计案例的空间建构方式和社会事件发展的社会行动应答，探索冲突视野下的可持续城市设计本土策略的理论体系与实践机制。

第二，关于研究框架与方法。本书建立了冲突视野下的可持续城市设计本土策略的理论框架，并借助一种社会建构下冲突求解的过滤机制，初步建构可持续城市设计本土策略体系，继而落实于一种与城市发展的阶段性紧密结合的、"技术路线"与"行动路线"相耦合的实践分析路径，促进形成应对上海城市空间可持续发展建构的五个冲突领域的策略集合，进而促成可持续城市设计本土策略实践对策及实施建议的最终建构，整体体现为一种从"元话语"到"主情境"的系统耦合、新质突现的"冲突"建构图景。

第三，关于研究内容与成果。构成一种冲突视野下的可持续城市设计本土策略深耕，从本土理论的涵构、冲突分析的楔入、双重维度的建构、本土冲突的特征、本土适宜的探索五个相互联结的方面将整体研究聚合在一起，在研究内容与成果上的综合性、深入性和实践性上具备了一定创新：①本土理论的涵构，对"可持续城市设计本土策略"进行概念及研究领域的界定，并探讨其作为一种思考方式和与现实紧密关联的建构导向的本土意义所在；②冲突分析的楔入，"冲突"主题得以从"冲突的局势"与"冲突的应对"两个方面进行研究分解，并贯穿于具体落实于技术路线与行动路线的联结性研究，初步描摹出一种侧重"策略耦合、新质突现"的可持续城市设计策略"冲突"建构的实

践路径，强调尊重社会现实和历史、关注客观社会环境、分析"此时此地"的问题；③双重维度的建构，指涉"空间建构"与"社会行动"的本土策略耦合，其中空间建构维度的研究具体落实于以七个城市设计案例为坐标的"技术路线"的分析；社会行动维度的研究则具体落实于以四个社会事件主题为动线的"行动路线"的考察，并最终耦合生成可供分析与借鉴的冲突应对的策略集合，包括二十六个有利举措和二十四个不利方面；④本土冲突的特征，指出上海城市空间可持续发展建构面临五大冲突领域，即城乡冲突、新旧冲突、环境及资源危机、公私冲突、全球与本土碰撞，并进一步建立了可持续城市设计本土策略应对的涉及二十个问题面向的冲突分析框架，在此基础上对上海1990年以来的三个主要发展阶段的冲突特征与强度总结分析；⑤本土适宜的探索，基于上述研究内容，进一步提炼核心导向、关键对策及实施导则，探索可持续城市设计更趋适宜的本土策略可能。研究形成的策略体系内容涵盖"总体导向"和"四位一体"的对策体系两个层面。书中以此为骨架进一步提出了上海可持续城市设计本土策略实施具体化的三十二项导则建议，并对其面向五个冲突领域的应对效应进行了预设评价。

总的来看，本书借助一种多学科综合的、"冲突"研究与分析的思路，以上海为例，初步建构了可持续城市设计本土策略的理论框架与实践机制。然而，可持续城市设计本土策略的实践运作与未来检验还有待进一步推展；再者，后续研究中可对比国内其他城市进行更加全面和系统的总结与研究，并侧重相关数据与指标的量化；最后，由于笔者对社会学及相关学科的理论研究尚浅，基于"冲突"研究分析的整合性、针对性还有待强化，故所建构的体系在社会性更趋契合的维度上仍有待深入考察。

参考文献

[1]   Ali Madanipour. Design of Urban Space: An Inquiry into a Socio-spatial Press[M]. New York: John Wiley and Sons Ltd, 1996.

[2]   Arif Dirlik. The Global in the Local [M]//Global/local: Cultural Production and the Transnational Imaginary. Durham: Duke University Press, 1996:21-29.

[3]   Bruno Latour. Reassembling the Social: An Introduction to Actor-network-Theory [M]. Oxford : Oxford University Press, 2005.

[4]   David Gosling, Barry Maitland. Concepts of Urban Design: Academy Editions [M]. London: St. Martins Press, 1884.

[5]   David Harvey. Social Justice and the City[M]. Baltimore: John Hopkins University Press and London: Edeard Arnold, 1973.

[6]   Douglas Farr. Sustainable Urbanism: Urban Design with Nature [M]. Hoboken: John Wiley & Sons, Inc, 2008.

[7]   Edward Soja. Regions in Context: Spatiality, Periodicity and the Historical Geography of the Regional Question [J]. Society and Space, 1985(3):177.

[8]   Eliel Sarine. The City: Its Growth, Its Decay, Its Future [M]. New York: Reinhold Publishing Corporationt , 1943.

[9]   Greg Young. Reshaping Planning with Culture [M]. Aldershot: Ashgate, 2008.

[10]   Henri Lefebvre. Reflections on the Politics of Space [M]//Radical Geography. Chicago: Maaroufa Press, 1977.

[11]   Henri Lefebvre. The Production of Space [M]. Oxford : Blackwell Publishing, 1974.

[12]   Ian L. McHarg. Design with Nature [M]. New York: Nature History Press, 1969.

[13]   Jane Jacobs, Jane. The Death and Life of Great American Cities [M]. New York: Random House, 1961.

[14]   JDS Architects. From "Sustain" to "Ability" [M]// Ecological Urbanism. Baden: Lars Müller Publishers, 2010.

[15]   Jo Foord. Mixed-Use Trade-Offs: How to Live and Work in a "Compact City" Neighbourhood [J]. Built Environment, 2010, 36(1):47-62.

[16]   John Friedmann. Planning Cultures in Transition [M]//Comparative Planning Culture. London: Routledge , 2005: 29-44.

[17]   Jonathan Barnett. Urban Design as Public Policy [M]. New York: McGraw Hill Text 1974.

[18]   Joseph E. Stiglitz. Making Globalization Work [M]. New York: WW Norton, 2006.

[19]   Karl Marx. Capital: A Critical Analysis of Capitalist Production [M]. New York: International, 1967.

[20]   Lawrence B. Smith, Kenneth T. Rosen, George Fallis. Recent Developments in Economic Models of Housing Markets [J]. Journal of Economic Literature, 1988, 26(1): 29-64.

[21]   Lewis Mumford. The Culture of Cities[M]. London, 1983.

[22]   Manuel Castells, Peter Hall. Technopoles of the World——The making of 21st Century Industrial Complexes[M]. London: Routledge, 1994.

[23]   Max Weber. Economy and Society: An Outline of Interpretive Sociology [M]. New York: Bedminster Press, 1921.

[24]   Mike Jenks, Colin Jones. Dimensions of the Sustainable City (Future City) [M]. New York: Springer, 2010.

[25]   Patrick M. Condon. Seven Rules for Sustainable Communities: Design Strategies for the

Post Carbon World [M]. Washington: Island Press, 2010.

[26] Ralf Dahrendorf. Class and Class Conflict in Industrial Society [M]. Stanford: Stanford University Press, 1959.

[27] Ralf Dahrendorf. Essays in the Theory of Sociology [M]. Stanford: Stanford University Press, 1967.

[28] Randall Collins. On The Micro-Foundation of Macro-Sociology [J]. America Journal of Sociology, 1981, 86 : 984-1104.

[29] Rachel Cooper, Graeme Evans, Christopher Boyko. Designing Sustainable Cities [M]. Oxford : Blackwell Publishing , 2009.

[30] Rem Koolhass, Bruce Mau. S, M, L, XL [M]. New York: Monacelli Press, 1995.

[31] Richard Register. Eco Cities: Rebuilding Cities in Balance with Nature [M]. Gabriola Island, BC: New Society Publishers, 2006.

[32] Rob J. Krueger, David Gibb. The Sustainable Development Paradox: Urban Political Economy in the United States and Europe[M]. New York:The Guilford Press, 2007.

[33] Sergio Sismondo. Some Social Constructions [J]. Social Studies of Science, 1993, 23:515-553.

[34] Sharon Zukin. The Cultures of Cities [M]. Oxford: Blackwell Publishing, 1995.

[35] Timothy Beatley. Biophilic Cities: Integrating Nature into Urban Design and Planning [M]. Washington : Island Press, 2010.

[36] Tom Daniels，Katherine Daniels. Environmental Planning Handbook: For Sustainable Communities and Regions[M]. Washington : American Planning Association, 2003.

[37] Joerg Knieling, Frank Othengrafen. Planning Culture in Europe: Decoding Cultural Phenomena in Urban and Regional Planning [M]. Farnham : Ashgate Publishing Limited, 2009.

[38] Christian Norberg-Schulz. Genius Loci: Towards a Phenomenology of Architecture[M]. New York: Rizzoli, 1979.

[39] 阿米塔·巴维斯卡尔，党生翠. 暴力与欲望：大都市德里营建过程中的空间、权力和身份 [J]. 国际社会科学杂志（中文版），2004(1):89-97.

[40] 阿诺德·汤因比. 历史研究（上册）[M]. 刘北成，译. 上海：上海人民出版社，2005.

[41] 埃里克·沃尔夫. 欧洲与没有历史的人民 [M]. 赵丙祥，等，译. 上海：上海世纪出版集团，2006.

[42] 安东尼·吉登斯. 社会学：第 5 版 [M]. 李康，译. 北京：北京大学出版社，2009.

[43] 安维复. 社会建构主义的"更多转向"[M]. 北京：中国社会科学出版社，2008.

[44] 包亚明. 后现代性与地理学的政治 [M]. 上海：上海教育出版社，2001.

[45] 彼得·伯格，托马斯·卢克曼. 现实的社会构建 [M]. 汪涌，译. 北京：北京大学出版社，2009.

[46] 布赖恩·特纳. Blackwell 社会理论指南：第 2 版 [M]. 李康，译. 上海：上海人民出版社，2003.

[47] C. 赖特·米尔斯. 社会学的想象力 [M]. 陈强，张永强，译. 北京：生活·读书·新知三联书店，2005.

[48] 陈燕. 公平与效率 [M]. 北京：中国社会科学出版社，2007.

[49] 陈易. 城市建设中的可持续发展理论 [M]. 上海：同济大学出版社，2003.

[50] 陈章龙. 社会转型时期的价值冲突与主导价值观的确立 [D]. 南京：南京师范大学，2005.

[51] 城市土地研究学会. 都市滨水区规划 [M]. 马青，等，译. 沈阳：辽宁科学出版社，2007.

[52] 崔宁. 重大城市事件对城市空间结构的影响——以上海世博会为例 [D]. 上海：同济大学，2007.

[53] "大虹桥"开发的谋士 [J]. 上海经济，2009(10):31.

[54] 大虹桥，是重心但不是唯一 [J]. 沪港经济，2009(12):28-29.

[55] 迪尔凯姆. 社会学方法的准则 [M]. 北京：商务印书馆，1995.

[56] 董慰. 城市设计框架及其模型研究 [D]. 哈尔滨：哈尔滨工业大学，2009.

[57] 费定. 2010 世博会与上海城市的功能性发展 [D]. 上海：同济大学，2004.

[58] 冯骥才. 我们的城市形象陷入困惑 [J]. 北京规划建设，2006(2):37‐381.

[59] 高璟. 黄浦江城市空间演进及成因机制研究 [D]. 上海：同济大学，2012.

[60] 顾朝林．发展中国家的城市管治研究及其对我国的启发 [J]．城市规划，2001(9)：13-14.

[61] 管娟．上海中心城区城市更新运行机制演进研究——以新天地、8 号桥和田子坊为例 [D]．上海：同济大学，2008.

[62] 郭海燕．"技术悖论"与技术生态化 [J]．科学与管理，2007，27(3):33-34.

[63] 郭挺．上海旧城改造中住房拆迁补偿政策的变迁及影响因素分析（1980-2006）[D]．上海：同济大学，2007.

[64] 顾朝林，等．气候变化、碳排放与低碳城市规划研究进展 [J]．城市规划学刊，2009(3):38-45.

[65] 大卫·哈维．后现代的状况 [M]．北京：商务印书馆，2003.

[66] 贺海峰．顶层设计与多点突破 [J]．决策，2011(1):32.

[67] 何子张．城市规划中空间利益调控的政策分析 [M]．南京：东南大学出版社，2009.

[68] 洪浩，寿子琪．中国 2010 年上海世博会科学技术报告 [M]．上海：上海科学技术出版社，2010.

[69] 洪亮平．城市设计历程 [M]．北京：中国建筑工业出版社，2002.

[70] 黄琲斐．面向未来的城市规划和设计——可持续性城市规划和设计的理论及案例分析 [M]．北京：中国建筑工业出版社，2004.

[71] 霍华德·威亚儿达．非西方发展理论——地区模式与全球趋势 [M]．董正华，昝涛，郑振清，译．北京：北京大学出版社，2005.

[72] 金勇．城市设计实效论 [M]．南京：东南大学出版社，2008.

[73] 杰克·奈特．制度与社会冲突 [M]．周伟林，译．上海：上海人民出版社，2009.

[74] 康芒斯．制度经济学 [M]．于树生，译．北京：商务印书馆，1962.

[75] 李将．城市历史遗产保护的文化变迁与价值冲突——审美现代性、工具理性与传统的张力 [D]．上海：同济大学，2006.

[76] 李军鹏．公共服务型政府 [M]．北京：北京大学出版社，2004.

[77] 李宏伟．现代技术的陷阱：人文价值冲突及其整合 [M]．北京：科学出版社，2008.

[78] 李怀．城市空间结构分化的社会学解析：经典与启示 [J]．甘肃行政学院学报，2010(2):12-17，42.

[79] 李亮．中国城市规划变革背景下的城市设计研究 [D]．北京：清华大学，2006.

[80] 李琳．紧凑城市中"紧凑"概念释义 [J]．城市规划学刊，2008(3)：41-45.

[81] 李伦新，等．"后世博"背景下的海派文化——第九届海派文化学术研讨会论文集 [M]．上海：文汇出版社，2011.

[82] 李强，等．城市化进程中的重大社会问题及其对策研究 [M]．北京：经济科学出版社，2009.

[83] 李少云．城市设计的本土化——以现代城市设计在中国的发展为例 [M]．北京：中国建筑工业出版社，2005.

[84] 李振宇．城市·住宅·城市——柏林与上海住宅建筑发展比较（1949-2002）[M]．南京：东南大学出版社，2004.

[85] 梁胜．城市拆迁：公权私权大博弈 [J]．廉政瞭望，2004(7):40.

[86] 列宁．谈谈辩证法问题 [M]．北京：人民出版社，1990.

[87] 刘森林．辩证法的社会空间 [M]．长春：吉林出版社，2005.

[88] 刘易斯·芒福德，城市发展史——起源、演变和前景 [M]．宋俊岭，倪文彦，译．北京：中国建筑工业出版社，2005.

[89] 刘云．建筑与城市的本土观——现代本土建筑理论与设计实践研究 [D]．上海：同济大学，2006.

[90] 卢汉龙，吴书松．时代性与社会学 [M]．上海：上海社会科学院出版社，2010.

[91] 罗小未．上海新天地——旧区改造的建筑历史、人文历史与开发模式的研究 [M]．南京：东南大学出版社，2002.

[92] 卡尔·曼海姆．文化社会学论要 [M]．刘继同，左芙蓉，译．北京：中国城市出版社，2002.

[93] Matthew Carmona，等．城市设计的维度 [M]．冯江，袁粤，等，译．江苏：江苏科学技术出版社，2005.

[94] 毛佳樑，王剑．站在新起点，谋求新发展——黄浦江两岸综合开发建设的回顾与展望 [J]．上海城市规划，2011(4):10-13.

[95] 毛世英．消费主义与可持续发展观的冲突分析 [J]．沈阳师范大学学报（社会科学版），2004，28(6):43-

47.

[96] 蒙布里亚尔. 行动与世界体系 [M]. 庄晨燕，译. 北京：北京大学出版社，2007.

[97] 莫里斯·迈斯纳. 马克思主义、毛泽东主义与乌托邦主义 [M]. 张宁，陈铭康，等，译. 北京：中国人民大学出版社，2005.

[98] 莫天伟，岑伟. 新天地地段——淮海中路东段城市旧式里弄再开发与生活形态重建 [J]. 城市规划汇刊，2001（4）：1-3，79-82.

[99] 彭震伟. 农村建设可持续发展研究框架和案例 [J]. 现代城市研究，2004(4)：8-11.

[100] 乔恩·兰. 城市设计 [M]. 黄阿宁，译. 沈阳：辽宁科学技术出版社，2008.

[101] 乔纳森·H·特纳. 社会学理论的结构（上）：第 6 版 [M]. 邱泽奇，张茂元，等，译. 北京：华夏出版社，2001.

[102] 仇保兴. 追求繁荣与舒适——中国典型城市规划、建设与管理的策略：第 2 版 [M]. 北京：中国建筑工业出版社，2007.

[103] Roger Trancik. 找寻失落的空间——都市设计理论 [M]. 谢庆达，译. 台北：田园城市文化事业有限公司，2002.

[104] 上海城市房地产估价有限公司. 2016 年上海房地产市场的重大事件及影响 [J]. 上海房地，2017(3)：26-28.

[105] 上海多伦路文化名人街管委会. 多伦路文化名人街的保护与开发——写在多伦路文化名人街一期保护开发十周年之际 [J]. 文化月刊，2010(1)：30-33.

[106] 上海市发展改革研究院. 超越 GDP 的新理念新模式——中国 2010 年上海世博会后续效应研究 [M]. 上海：格致出版社，上海人民出版社，2011.

[107] 上海市政府发展研究中心，等. 2012 上海城市经济与管理发展报告——上海虹桥商务区体制、机制创新研究 [M]. 上海：上海财经大学出版社，2012.

[108] 上海实业东滩投资开发（集团）有限公司，ARUP，设计新潮杂志社. 东滩 [M]. 上海：上海三联书店，2006.

[109] 时匡，加里·赫克，林中杰. 全球化时代的城市设计 [M]. 北京：中国建筑工业出版社，2006.

[110] 孙德禄. 点击中国策划（五）——城市策略 [M]. 北京：中国经济出版社，2008.

[111] 孙施文. 公共空间的嵌入与空间模式的翻转——上海"新天地"的规划评论 [J]. 城市规划，2007(8)：80-87.

[112] 世界银行. 2020 年的中国 [M]. 北京：中国财政经济出版社，1997.

[113] 塔尔科特·帕森斯. 社会行动的结构 [M]. 张明德，麦冀南，彭刚，译. 南京：译林出版社，2003.

[114] 唐纳德·沃特森，艾伦·布拉特斯，罗伯特·G·谢卜利. 城市设计手册 [M]. 刘海龙，郭凌云，俞孔坚，译. 北京：中国建筑工业出版社，2006.

[115] 唐子来，陈琳. 经济全球化时代的城市营销策略：观察和思考 [J]. 城市规划学刊，2006(6):45-53.

[116] 涂姗. 转型时期的农村土地冲突研究 [D]. 武汉：华中科技大学，2009.

[117] 万勇. 上海旧区改造的历史演进、主要探索和发展导向 [J]. 城市发展研究，2009(11):97-101，52.

[118] 王芳. 环境社会学新视野——行动者、公共空间与城市环境问题 [M]. 上海：人民出版社，2007.

[119] 王建国. 城市设计 [M]. 南京：东南大学出版社，2004.

[120] 王卡. 城市设计过程保障体系研究 [D]. 杭州：浙江大学，2006.

[121] 王思斌. 多元嵌套结构下的情理行动——中国人社会行动模式研究 [J]. 学海，2009(1)：54-61.

[122] 王淑芬. 居住区环境更新与城市本土性——以北京农展南里环境改造规划为例 [J]. 技术交流，2009(7)：63-66.

[123] 王伟强. 和谐城市的塑造：关于城市空间形态演变的政治经济学实证分析 [M]. 北京：中国建筑工业出版社，2005.

[124] 王伟强. 历史文化风貌区的空间演进 [N]. 文汇报，2006-10-15.

[125] 王伟强，王孟永. 双重全球化背景下城市发展的作用力机制探讨 [J]. 上海城市规划，2010(1):3-8.

[126] 王志军，李振宇. "一城九镇"对郊区新城镇的启示 [J]. 建筑学报，2006(7):8-11.

[127] 王志忠. 可持续发展的行为分析与制度安排 [D]. 南京：南京农业大学，2003.

[128] 威廉·邓恩. 公共政策分析导论 [M]. 谢明，杜子芳，伏燕，等，译. 北京：中国人民大学出版社，

2002.

[129] 文伯. 畅想"大虹桥"[J]. 上海企业，2011(4):8.

[130] 吴信训. 上海世博与上海发展 [M]. 上海：上海大学出版社，2011.

[131] 孙斌栋，吴雅菲. 上海居住空间分异的实证分析与城市规划应对策略 [J]. 上海经济研究，2008(12):3-10.

[132] 吴志强. 上海世博会可持续规划设计 [M]. 北京：中国建筑工业出版社，2009.

[133] 吴志强. 重大事件对城市规划学科发展的意义及启示 [J]. 城市规划学刊，2008(6):16-19.

[134] 夏忠. 考虑冲突、补偿和风险的水资源合理配置研究 [D]. 西安：西安理工大学，2007.

[135] 谢菲，魏春雨. 信息社会中城市设计的冲突与选择 [J]. 南方建筑，2001(4):88-90.

[136] 谢国平. 财富增长的试验：浦东样本：1990-2010[M]. 上海：上海人民出版社，2010.

[137] 邢怀滨. 社会建构论的技术观 [M]. 沈阳：东北大学出版社，2005.

[138] 徐长乐，曾群华. 后世博效应——与长三角一体化发展的区域联动 [M]. 上海：格致出版社，上海人民出版社，2012.

[139] 许和隆. 冲突与互动：转型社会政治发展中的制度与文化 [D]. 苏州：苏州大学，2006.

[140] 徐明前. 城市的文脉——上海中心城区旧住区发展方式新论 [M]. 上海：学林出版社，2004.

[141] 阎树鑫，关也彤. 面向多元开发主体的实施性城市设计 [J]. 规划师，2007,31(11):21-26.

[142] 杨东平. 城市季风：北京和上海的文化精神 [M]. 北京：新星出版社，2006.

[143] 杨国枢. 中国人的心理与行为：本土化研究 [M]. 北京：中国人民大学出版社，2004.

[144] 杨海. 消费主义思潮下上海历史文化风貌区的空间效应演进研究 [D]. 上海：同济大学，2003.

[145] 杨敏. 社会行动的意义效应：社会转型加速期现代性特征研究 [M]. 北京：中国人民大学出版社，2005.

[146] 杨沛儒. 生态城市主义：尺度、流动与设计 [M]. 北京：建筑工业出版社，2010.

[147] 杨万东，张建君，黄树东，等. 经济发展方式转变："本土派"与"海外派"的对话 [M]. 北京：中国人民大学出版社，2011.

[148] 杨晰峰. 虹桥商务区学术报告 [R]. 上海城市规划协会，2012.

[149] 杨正联. 公共政策语境中的话语与言说 [M]. 北京：光明日报出版社，2010.

[150] 姚凯. 上海控制性编制单元规划的探索和实践——适应特大城市规划管理需要的一种新途径 [J]. 城市规划，2007,31（8）：52-57.

[151] 郁鸿胜. 后世博效应与区域发展的长效制度设计 [J]. 上海城市管理，2011(1)：27-30.

[152] 俞可平，等. 海外学者论浦东开发开放 [M]. 北京：中央编译出版社，2002.

[153] 俞斯佳. 迎接申城滨江开发新时代——黄浦江两岸地区规划优化方案简介 [J]. 上海城市规划，2002（1）:16-28.

[154] 张鸿雁，张登国著. 城市定位论——城市社会学理论视野下的可持续发展战略 [M]. 南京：东南大学出版社，2008.

[155] 张京祥. 公权与私权博弈视角下的城市规划建设 [J]. 现代城市研究，2010(5):7-12.

[156] 张思宁. 价值冲突与秩序重建 [M]. 北京：社会科学文献出版社，2011.

[157] 张庭宾. "复苏"梦将耗去人类自我拯救的最后时间：世界大国已进入"社会稳定力"竞争期 [N]. 第一财经报，2011-08-22.

[158] 张庭伟. 城市高速发展中的城市设计问题：关于城市设计原则的讨论 [J]. 城市规划汇刊，2001(3):5-10.

[159] 张卫民. 北京城市可持续发展综合评价研究 [D]. 北京：北京工业大学，2002.

[160] 张向和. 垃圾处理场的邻避效应及其社会冲突解决机制的研究 [D]. 重庆：重庆大学，2010.

[161] 张永林. 上海多伦路历史风貌区的分类保护和综合开发——上海多伦路文化名人街资源保护开发策略和措施 [N]. 中国文化报，2011-02-23.

[162] 张仲礼，周冯琦. 上海资源环境发展报告（2011）——世博后城市可持续发展 [M]. 北京：社会科学文献出版社，2011.

[163] 赵德余. 公共政策共同体、工具与过程 [M]. 上海：上海人民出版社，2011.

[164] 赵万里. 科学的社会建构 [M]. 天津：天津人民出版社，2002.

[165] 赵旭东 . 反思本土文化建构 [M]. 北京：北京大学出版社，2003.

[166] 郑杭生 . 本土特质与世界眼光 [M]. 北京：北京大学出版社，2006.

[167] 郑时龄，陈易 . 世博会规划设计研究 [M]. 上海：同济大学出版社，2006.

[168] 郑卫 . 城市公共设施规划冲突研究 [D]. 上海：同济大学，2006.

[169] 郑永年 . 中国模式：经验与困局 [M]. 杭州：浙江人民出版社，2010.

[170] 周振华 . 创新转型与稳态增效——2012/2013 年上海发展报告 [M]. 上海：格致出版社，上海人民出版社，2013.

[171] 诸大建，刘淑妍 . 上海市苏州河环境综合治理中的合作参与研究 [J]. 公共行政评论，2008(5):152-177.

[172] 朱大可 . 来自建筑的反讽 [J]. 风窗，2003(7):78.

[173] 朱洪，苏瑛 . 李青华上海交通发展历程和演变趋势 [J]. 上海城市规划，2012(2):40-44.

[174] 朱静蕾 . 上海能源消费现状、问题与对策建议 [J]. 统计科学与实践，2011(9):42-44.

[175] 朱荣林 . 解读田子坊——我国城市可持续发展模式的探索 [M]. 上海：文汇出版社，2009.

[176] 邹干江 . 冲突与转化：中国社会价值的现代性演变 [M]. 北京：中国传媒大学出版社，2008.

[177] 庄宇 . 城市设计的运作 [M]. 上海：同济大学出版社，2004.

致谢

　　1996 年，我进入同济大学就读城市规划专业，在上海这座城市学习、工作、生活，于今已有二十二载。伴随着城市的演进、变化，自身也在不断前进、成长。

　　母校的启迪与学术熏陶，以及硕士导师彭震伟教授、博士导师王伟强教授的悉心栽培与教导，我一直深深感激，铭记在心；家人的陪伴与支持，尤其是女儿的纯真甜美、欢乐笑声，常令我尽扫阴霾、动力激生；同时，还一直在收获前辈、朋友、同事、同学们的无私帮助与热情关怀。特别感谢为本书做序的业内专家曹嘉明、李振宇、叶贵勋，为本书出版耗费心力的上海科学技术出版社的相关编辑；感谢上海文化发展基金会图书出版专项基金的资助，特别感谢王慧莹、罗镔、王剑、王璐妍、管娟等，你们构成了我人生的另一种财富。

　　2013 年，进入华建集团规划院工作以来，在上海城市更新发展的大背景下，借助集团优势平台、多专业力量，我得以不断深化专业知识、进步提升，将科研与实践紧密结合，进一步审视城市发展中的诸多问题，进行可持续城市设计的理论积累和实践探索，从而使本书在此时此刻的完成，更具时效性和实效性。

　　究其根本，城市发展中的冲突不会消亡，城市更不会消亡。无论城市如何发展、我们的生活方式如何变化，都离不开对于城与乡、新与旧、环境与资源、公与私、全球与本土等主题的思考与关注，城市更（gēng）新，城市更（gèng）新！

　　心怀感恩，历久弥新；从容沉淀，历久弥新。